REFRIGERAÇÃO

3.ª edição

Blucher

ENNIO CRUZ DA COSTA

Engenheiro Mecânico, Eletricista e Civil
Professor Titular da Escola de Engenharia da
Universidade Federal do Rio Grande do Sul
Porto Alegre (RS)

REFRIGERAÇÃO

3ª edição

Refrigeração

© 1982 Ennio Cruz da Costa

3ª edição – 1982

12ª reimpressão – 2019

Editora Edgard Blücher Ltda.

Blucher

Rua Pedroso Alvarenga, 1245, 4º andar

04531-934 – São Paulo – SP – Brasil

Tel.: 55 11 3078-5366

contato@blucher.com.br

www.blucher.com.br

FICHA CATALOGRÁFICA

Costa, Ennio Cruz da,
   Refrigeração/ Ennio Cruz da Costa –
São Paulo: Blucher, 1982.

v. ilust.

Bibliografia.
ISBN 978-85-212-0104-5

1. Refrigeração – Tecnologia I. Título.

C837r

CDD-621.56

CDU-621.56/59

Índice para catálogo sistemático:

1. Refrigeração: Tecnologia   621.56/59

PREFÁCIO DA TERCEIRA EDIÇÃO

Este volume faz parte de nossa obra sobre Termotécnica, constituída das seguintes publicações:

TERMODINÂMICA
MECÂNICA DOS FLUIDOS
TRANSMISSÃO DE CALOR
COMPRESSORES
CALEFAÇÃO
REFRIGERAÇÃO
VENTILAÇÃO
CONFORTO TÉRMICO ARTIFICIAL (Física Aplicada à Construção)
CONFORTO TÉRMICO NATURAL (Arquitetura Ecológica)

A refrigeração surgiu em sua primeira edição, em 2 volumes, em 1975, como decorrência da experiência de 28 anos de magistério superior e atividade profissional, na especialidade, assim como, curso de aperfeiçoamento em Técnicas Frigoríficas que realizamos na França.

Apenas 7 anos decorridos surge a 3.ª edição desta obra, agora em volume único, em trabalho esmerado da Editora Edgard Blücher Ltda.

Fazem parte desta publicação estudos tanto sobre a produção como a conservação e utilização do frio.

Na produção do frio é tratada com detalhes a refrigeração mecânica, com seus respectivos equipamentos, e os demais processos de refrigeração como a ejeção do vapor d'água, a absorção e a refrigeração termoelétrica.

Na conservação do frio são estudados os isolantes, as técnicas de isolamento e os dispositivos para armazenagem de produtos refrigerados.

Na aplicação do frio são abordados assuntos como a fabricação de gelo, a criogenia e a conservação dos alimentos pelo frio dando-se ênfase especial ao projeto de enterpostos frigoríficos.

Toda obra é orientada no sentido teórico-prático de modo a dar tanto ao estudante como ao profissional, a par de um bom embasamento teórico, os elementos de cálculo indispensáveis para a elaboração de projetos objetivos.

Para isto, todos os assuntos, além de estudados teoricamente com detalhes, são acompanhados de tabelas, dados práticos, exemplos numéricos que, estamos certos, tornam esta obra um auxiliar valioso para o engenheiro que se dedica a esta parte da termotécnica.

O AUTOR

ÍNDICE

NOTAÇÕES

A — Equivalente calorífico do trabalho mecânico (1/427 kcal/kgfm).

B — Energia utilizável (kcal/kgf).

B_i — Módulo de Biot.

C — Calor específico (kcal/kgf$^\circ$C), Concentração (kgf/m^3), Condutividade elétrica (mhos/m).

C_v — Calor específico a volume constante referido à unidade de massa.

C_p — Calor específico à pressão constante referido à unidade de massa.

C_v' — Calor específico a volume constante referido à unidade de volume.

C_p' — Calor específico à pressão constante referido à unidade de volume.

C_m — Calor específico médio.

D — Diâmetro (m).

De — Diâmetro equivalente.

D' — Coeficiente de difusão (m^2/h).

E — Energia (kgfm, kcal), Empuxo (kgf), Módulo de elasticidade (kgf/m^2), Poder de emissão (kcal/m^2.h).

$E\lambda$ — Poder de emissão monocromática (kcal/m^2.h).

F — Força, Energia livre, Coeficiente de correção de $\Delta t l_n$.

F_c — Fator de contato, Força centrífuga.

F_e — Fator de emissividade.

F_d — Fator de disposição ou de forma.

F_{BP} — Fator de by-pass.

G — Peso (kgf ou N), Entalpia livre (kcal/kgf).

G_h — Descarga em peso por hora.

G_s — Descarga em peso por segundo.

G_r — Número de GRASHOF.

G_z — Número GRATZ.

H — Entalpia (kcal/kgf), Altura total (m).

H_e — Entalpia equivalente.

H_p — Entalpia equivalente à energia potencial.

H_c — Entalpia equivalente à energia cinética.

H_l — Entalpia do líquido.

H_v — Entalpia do vapor.

I — Momento de inércia (m^4).

J — Equivalente mecânico do calor (427 kgfm/kcal).

K — Coeficiente geral de transmissão de calor, (kcal/m^2.h$^\circ$C), Constante, Coeficiente de rugosidade.

K' — Coeficiente de evaporação.

K_D — Coeficiente de empuxo.

L — Trabalho (kgfm), Comprimento (m).

L_u — Trabalho utilizável.

L_i — trabalho não utilizável de contrapressão.

L_e — Trabalho externo.

L_m — Trabalho utilizável externo.

L_R — Trabalho de atrito.

L_v — Comprimento virtual.

L_e — Número de LEWIS.

M — Massa (kg).

M_h — Descarga em massa por hora, Velocidade de massa (kg/m^2.h).

M_s — Descarga em massa por segundo, Velocidade de massa (kg/m^{2}s).

N — Número de mol, Número de AVOGADRO, Número de rotações (RPM).

Nu — Número de NUSSELT.

NTU — Número de unidades de transferência.

P — Perímetro, Permeabilidade (gm/m^2.h mmHg), Potência.

Pe — Potência efetiva, Número de PECLET.

Pr — Número de PRANDTL.

P_t — Potência teórica.

P_i — Potência indicada.

P_f — Potência frigorífica (fg/h, TR).

P_c — Potência calorífica (kcal/h).

Q — Quantidade de calor (kcal).

Q_e — Quantidade de calor externo.

Q_R — Quantidade de calor de atrito.

Q' — Quantidade de calor não compensado.

R — Constante específica dos gases (m/K).

Re — Número de REYNOLDS.

R_t — Resistência térmica ($^\circ$C h/kcal).

R_v — Resistência à passagem do vapor (mmHgh/g).

S — Entropia (kcal/K), Superfície (m^2).

S_m — Superfície média.

S_a — Superfície das aletas.

S_p — Superfície primária.

S_e — Superfície externa, Entropia externa.

S_i — Superfície interna, Entropia interna.

S_l — Entropia do líquido.

S_v — Entropia do vapor.

Sc — Número de SCHMIDT.

St — Número de STANTON.

Sh — Número de SHERWOOD.

T — Temperatura absoluta (K).

T_o — Temperatura absoluta correspondente a 0°C (273,15K).

Ts — Temperatura absoluta de saturação.

T_c — Temperatura absoluta do ponto crítico.

T_t — Temperatura absoluta de estagnação.

TTS — Temperatura do termômetro seco (ts).

TTU — Temperatura do termômetro úmido (tu).

V	– Volume (m^3).		p	– Pressão absoluta (kgf/m^2).
V_h	– Vazão por hora (m^3/h).		p_e	– Pressão efetiva.
V_s	– Vazão por segundo (m^3/s).		p_a	– Pressão atmosférica.

V – Volume (m^3).

V_h – Vazão por hora (m^3/h).

V_s – Vazão por segundo (m^3/s).

V_{ar} – Volume do ar.

V_e – Vazão do ar exterior.

V_i – Vazão do ar de insuflamento.

V_R – Vazão do ar de retorno.

V_m – Vazão do ar de mistura, volume molecular.

U – Energia interna (kcal/kgf).

U_t – Energia interna cinética.

U_p – Energia interna potencial.

U_ℓ – Energia interna do líquido.

U_v – Energia interna do vapor.

a – Difusibilidade térmica (m^2/h), Relação de estrangulamento, Número de cilindros, Velocidade angular, Aceleração, Coeficiente de absorção.

b – Constante.

c – Velocidade absoluta (m/s).

c_o – Velocidade do fluxo não perturbado, Velocidade reduzida às condições normais.

c_f – Velocidade de face.

c_v – Velocidade crítica.

d – Distância.

div. – Divergente.

e – Base neperiana, Espessura de camada limite turbulenta.

e_o – Espessura da camada limite laminar.

e_s – Espessura da subcamada laminar.

f – Coeficiente de atrito médio em placas, Forças.

f' – Coeficiente de atrito local em placas.

f_d – Fator de disposição de feixe de tubos.

g – Aceleração da gravidade, Componente em peso.

h – Altura, Constante de PLANCK.

i – Número de efeitos, Grau de isolamento, Perda de carga unitária ($kgf/m^2 m$).

j – Perda de carga em condutos ou acessórios (jc, ja).

k – Coeficiente de condutividade, Coeficiente de POISSON, Constante de BOLTZMANN, Constante.

l – Comprimento, Espessura, Largura do rotor.

l_e – Comprimento equivalente, Espessura equivalente.

l_a – Distância axial.

l_n – Distância normal.

m – Peso molecular, Número de estágios de compressão.

mR – Constante geral dos gases.

n – Número de fileiras, Expoente politrópico, Índice de renovação do ar.

p – Pressão absoluta (kgf/m^2).

p_e – Pressão efetiva.

p_a – Pressão atmosférica.

p_o – Pressão atmosférica normal.

p_c – Pressão cinética, Pressão crítica.

p_s – Pressão de saturação, Pressão estática ou dinâmica.

p_t – Pressão total ($p_s + p_c$).

p_v – Pressão parcial do vapor dágua.

p_{ar} – Pressão parcial do ar seco.

q – Calor de aquecimento de um líquido (kcal/kgf).

r – Raio, Calor de vaporização (kcal/kgf), Coeficiente de reflexão.

r_e – Raio externo, Relação de expansão.

r_i – Raio interno.

r_c – Raio crítico, Relação de compressão.

r_h – Raio hidráulico.

t – Temperatura em $^\circ C$, Coeficiente de transmissividade.

t_s – Temperatura de saturação, Temperatura de saída.

t_i – Temperatura do ar de insuflamento, Temperatura da interface.

t_r – Temperatura do ar de retorno.

t_e – Temperatura do ar externo, Temperatura de entrada.

t_m – Temperatura do ar de mistura, Temperatura média.

t_f – Temperatura do fluido.

t_p – Temperatura da parede.

t_{ar} – Temperatura do ar.

t_v – Temperatura do vapor.

u – Volume diferencial do vapor ($v_s - \sigma_s$) m^3/kgf, Velocidade periférica (m/s), Velocidade tangencial (m/s).

v – Volume específico (m^3/kgf).

v_s – Volume específico do vapor saturado seco (m^3/kgf).

v_c – Volume específico crítico (m^3/kgf).

x – Umidade absoluta ou conteúdo de umidade do ar úmido, Título de um vapor, Coordenada.

y – Coordenada.

z – Coordenada, Número de pás, Relação de expansão.

α – Coeficiente de condutividade externa, Coeficiente de película na convenção, Coeficiente de contração, Coeficiente de temperatura.

α' – Coeficiente de compressibilidade (m^2/kfg).

α_c – Coeficiente de película na convenção ($kcal/m^2 . h^\circ C$).

α_i	– Coeficiente de transmissão de calor por irradiação (kcal/m². h°C).
β	– Coeficiente de dilatação (1/°C), Ângulo das pás dos ventiladores.
γ	– Peso específico (kgf/m³).
δ	– Densidade, Massa específica (kg/m³).
$\in$	– Coeficiente de espaço nocivo, Índice de compressão, Emissividade, Altura das asperezas, Eficiência de um intercambiador.
η	– Rendimento.
η_t	– Rendimento térmico, Rendimento teórico, Rendimento total.
η_g	– Rendimento gravimétrico.
η_v	– Rendimento volumétrico.
η_m	– Rendimento mecânico.
η_a	– Rendimento adiabático, Rendimento das aletas.
Θ	– Componente volumétrico, Fator de temperatura.
λ	– Comprimento de onda, Corficiente de atrito de condutos, Calor de formação de um vapor.
λ'	– Coeficiente de atrito dos acessórios dos condutos.
μ	– Coeficiente de fluxo, Viscosidade absoluta (kg/m . s), (kgfs/m²).
ν	– Viscosidade cinemática (m²/s).

π	– Relação entre circunferência e diâmetro.
σ	– Volume específico do líquido, Tensão, Tensão tangencial, Constante de irradiação.
σ_n	– Constante de irradiação de um corpo negro.
σ_R	– Tensão tangencial de REYNOLDS (turbulência), Tensão de ruptura.
σ_o	– Volume específico do líquido a 0°C.
σ_s	– Volume específico do líquido saturado, Tensão de segurança.
τ	– Tempo em horas.
φ	– Coeficiente de velocidade, Umidade relativa.
ψ	– Grau higrométrico.
ω	– velocidade relativa (m/s).
Ω	– Seção (m²).
Ω_e	– Seção equivalente, Abertura equivalente.
Ω_f	– Seção de face.
Ω_p	– Seção de perfil.
Ω_o	– Seção livre.
Δt	– Diferença de temperatura (°C).
ΔT	– Diferença de temperatura (K).
Δt_m	– diferença de temperatura média aritmética.
$\Delta t_{\ell n}$	– Diferença de temperatura média logarítmica.
∇	– Gradiente (grad.).
∇^2	– Laplaciano.

EQUIPAMENTOS

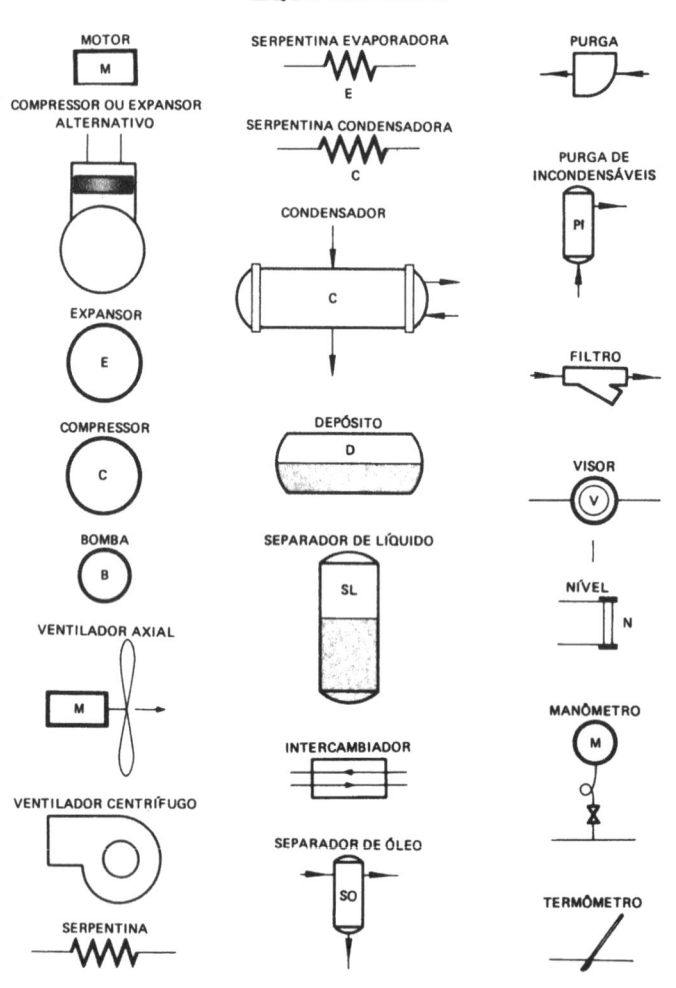

VÁLVULAS E ACESSÓRIOS

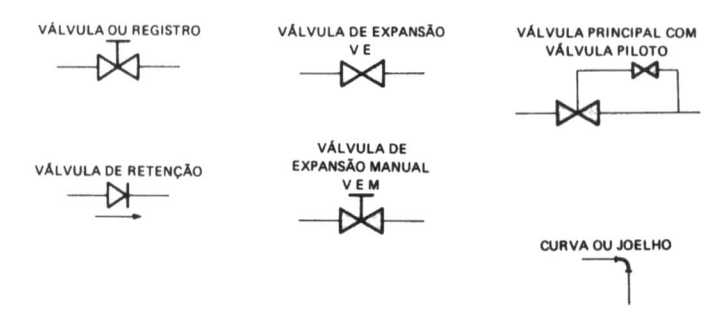

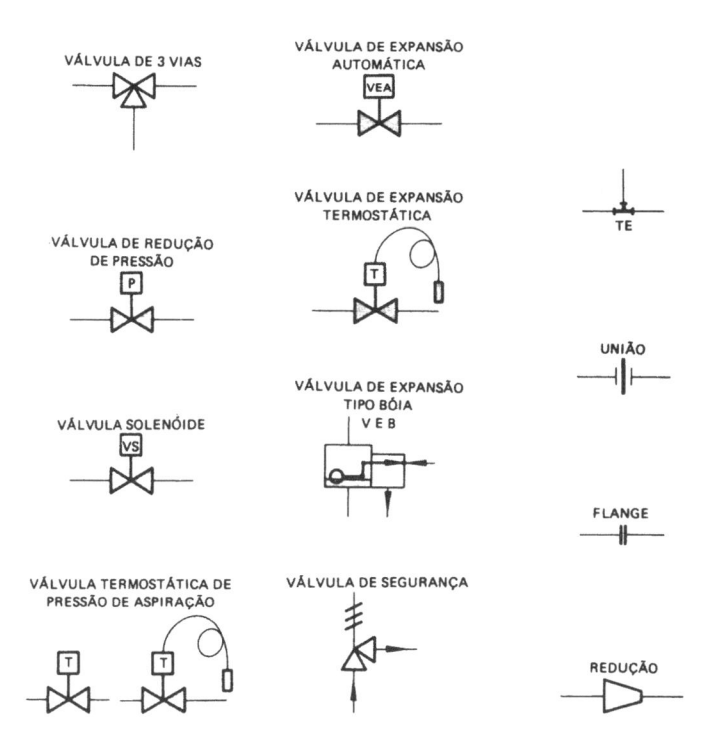

CONTROLES ELÉTRICOS

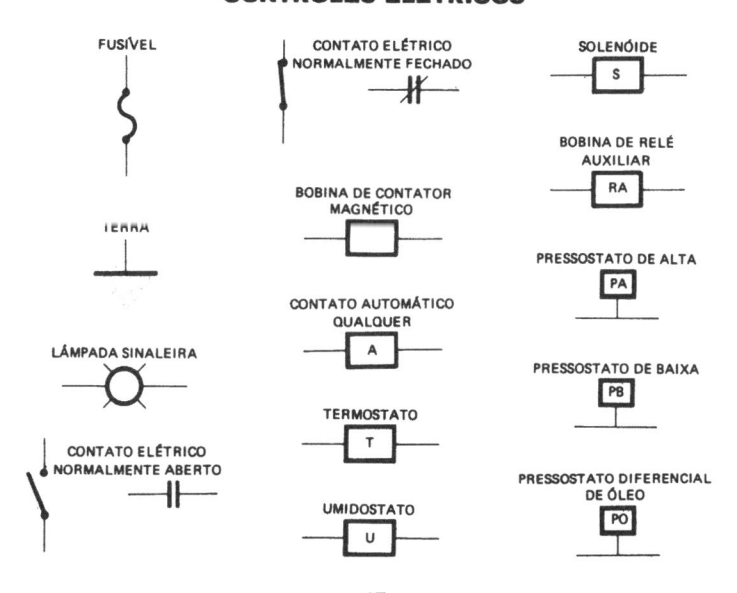

17

1. GENERALIDADES

1.1 – Definição

Embora a retirada de calor de um corpo seja designada, de uma maneira geral, de refrigeração, podemos fazer as seguintes distinções:

Arrefecimento

Abaixamento da temperatura de um corpo até a temperatura ambiente (TTS ou eventualmente TTU).

Resfriamento

Abaixamento da temperatura de um corpo da temperatura ambiente até a temperatura de congelamento ($\sim 0°C$).

Congelamento

Abaixamento da temperatura de um corpo aquém da sua temperatura de congelamento.

Com base nas considerações acima, é preferível reservar o termo refrigeração para os processos de retirada de calor dos corpos com dispêndio de energia (resfriamento e congelamento), embora esta definição não elimine a hipótese de se intensificar o arrefecimento de um corpo por meios artificiais, isto é, por meio da refrigeração.

Considerando que a tendência natural do calor é passar do corpo quente para o corpo frio, podemos concluir que o arrefecimento de um corpo, em relação ao ambiente, pode dar-se naturalmente; enquanto que o resfriamento e o congelamento necessitam, normalmente, da criação de um fluxo de calor em sentido contrário ao do gradiente térmico natural, o qual exige, de acordo com o segundo princípio da termodinâmica, dispêndio de energia utilizável.

Conforme veremos, esta pode ser de natureza mecânica, elétrica ou mesmo calorífica.

A quantidade de calor a ser retirada do sistema a refrigerar, na unidade de tempo, toma o nome de *potência frigorífica* ou *carga térmica de refrigeração* e é medida em frigorias por hora (fg/h). A frigoria corresponde a uma quilocaloria retirada ou, quilocaloria negativa, de acordo com a convenção de sinais já adotada no estudo da Termodinâmica.

Na prática, a potência frigorífica é avaliada em *Toneladas de Refrigeração* (TR), unidade que equivale à quantidade de calor a retirar da água o $0°C$, para formar uma tonelada de gelo a $0°C$, em cada 24 horas.

De acordo com o valor da tonelada adotada nos diversos países e, lembrando que:

1 Btu = 0,25198 kcal

1 lb = 0,453592 kgf

1 ton. = 1000 kgf

1 short ton = 2000 lb = 907,184 kgf

1 long ton = 2240 lb = 1016,047 kgf

Calor latente de solidificação da água = = 144 Btu/lb = 80 kcal/kgf

podemos relacionar as seguintes unidades de refrigeração com seus respectivos valores:

NOME	SÍM- BOLO	PESO		VALOR	
		ℓb	kgf	Btu/h	fg/h
Tonelada Standard Comercial Americana de Refrigeração	TR	2000	907,184	12.000	3023,95
Tonelada Métrica de Refrigeração	TRM	–	1000	13.228,4	3333,3
Tonelada Comercial Britânica de Refrigeração	TBR	–	1001,91	13.253,3	3339,7
Unidade Britânica Teórica de Refrigeração	UBR	–	1080	14.285,8	3600

Tabela 1.1

18

A técnica de refrigeração engloba quatro problemas distintos: o da produção, o da distribuição, o da conservação e o da aplicação do frio.

1.2 – Produção do frio

Teoricamente, qualquer fenômeno físico ou químico de natureza endotérmica pode ser aproveitado para a produção do frio.

Entre os processos endodérmicos usados na refrigeração, podemos citar:

a – a fusão de sólidos, como o gelo comum ($0°C$) e o gelo seco (neve carbônica $-78,9°C$);

b – a mistura de certos corpos com água (-20 a $-40°C$), com gelo de água (-20 a $-50°C$), ou com gelo seco ($-100°C$), as quais tomam o nome de misturas criogênicas;

c – a expansão de um gás com produção de trabalho;

d – a vaporização de um líquido puro ou de uma solução binária;

e – os fenômenos de adsorção;

f – os fenômenos termelétricos.

Os dois primeiros processos são descontínuos e se restringem a pequenas produções de frio (uso doméstico, em laboratórios, etc.), enquanto que os demais podem ser associados aos seus inversos, de modo a permitir a produção contínua do frio. Assim, a expansão de um gás associada à sua compressão é adotada nas máquinas frigoríficas a ar e na indústria da liquefação dos gases.

A vaporização contínua de um líquido puro, por sua vez, pode ser obtida:

– por meios mecânicos, nas chamadas máquinas frigoríficas de compressão de vapor;

– por meio de ejeção de vapor, usada nas máquinas frigoríficas de vapor-d'água;

– por meio de aquecimento, método usado nas chamadas instalações de absorção.

Os fenômenos de adsorção são aplicados nas máquinas de Sílica-gel, cujo funcionamento se assemelha ao das máquinas de absorção.

Os fenômenos termelétricos, por sua vez, são atualmente aplicados na técnica do frio apenas em pequena escala (pequenos refrigeradores domésticos e de laboratório), estando os estudos a respeito do aproveitamento direto da eletricidade para produção do frio ainda na sua fase de aprimoramento.

1.3 – Distribuição do frio

A distribuição do frio nas instalações frigoríficas convencionais, de uma maneira geral, pode ser feita:

a – por circulação direta do fluido que efetua o ciclo de refrigeração (fluido frigorígeno), seja este o ar (caso em que a circulação pode ser feita a circuito aberto ou fechado) ou um vapor. Neste caso, a refrigeração é dita *a expansão direta*, e o elemento que serve para a retirada do calor toma o nome de resfriador de expansão direta (evaporador, quando se trata de um ciclo que funciona com vapor);

b – por circulação de um líquido frigorígeno secundário (água ou salmoura), o qual refrigera o ambiente por meio de um resfriador de superfície (refrigeração seca), ou diretamente por mistura (refrigeração úmida). A refrigeração, neste caso, é dita *a expansão indireta*;

c – por circulação do ar frio, previamente refrigerado, por expansão direta ou indireta (água ou salmoura) em dispositivos apropriados chamados condicionadores.

1.4 – Conservação do frio

A conservação de um sistema a uma temperatura inferior à do meio ambiente exige a criação de resistências térmicas elevadas, a fim de reduzir o fluxo natural de calor que tende a uniformizar as temperaturas dos corpos.

Resistências térmicas elevadas são obtidas por meio dos isolamentos térmicos. Assim, a técnica da conservação de frio está ligada à construção de ambientes isolados e a problemas relacionados com o cálculo da carga térmica de manutenção da temperatura dos mesmos.

Os ambientes isolados podem ser:

- simples caixas;
- armários;
- câmaras móveis;
- câmaras fixas;
- containers;
- caminhões;
- vagões;
- barcos;
- aviões, etc, etc.

De acordo com o recurso de que dispõem esses ambientes isolados para a manutenção do frio, os mesmos podem ser classificados em:

- *isotérmicos*, quando simplesmente isolados;
- *refrigerados*, quando utilizam gelo comum ($0°C$), soluções eutéticas ($-55°C$), gelo seco ($-78,9°C$);
- *frigoríficos*, quando dispõem de equipamentos de produção contínua de frio.

1.5 – Aplicações do frio

Modernamente, são inúmeras as aplicações do frio, o qual é aproveitado praticamente em todos os ramos da atividade humana.

Assim, podemos citar:

a – *na indústria de alimentos*, seja na sua manufatura, tratamento térmico (pasteurização) como na sua armazenagem ou transporte, como acontece:
   - na fabricação de bebidas (vinhos, cervejas, etc.);
   - na industrialização do leite;
   - na fabricação do leite condensado e do leite em pó;
   - na fabricação da manteiga e da margarina;
   - na fabricação de queijos;
   - na fabricação de sorvetes;
   - na indústria de pão e de doces (chocolates, etc.);
   - na conservação de produtos agrícolas (cereais, etc.);
   - na conservação de frutas e legumes em atmosfera controlada;
   - na industrialização e conservação de produtos do mar;
   - na industrialização e conservação de carnes;
   - na elaboração e conservação de alimentos supergelados;
   - na liofilização do café, sucos de frutas, *champignons*, etc.

b – *na fabricação de gelo:*
   - gelo em blocos, em escamas, em cubos ou em cilindros;
   - seco (neve carbônica);
   - em pistas para patinação.

c – *na indústria de construção:*
   - na cura de grandes estruturas de concreto, como barragens, fundações, etc.;
   - no congelamento do solo para abertura de poços e túneis, ou na consolidação de fundações abaladas.

d – *na metalurgia:*
   - no tratamento térmico de aços rápidos;
   - na supressão da austenita residual dos aços;
   - na redução do endurecimento de certas ligas (alumínio);
   - na refrigeração de ferramentas durante o corte;
   - na refrigeração de eletrodos dos fornos elétricos e dos soldadores elétricos;
   - na solidificação de moldes de mercúrio;
   - na anodização;
   - na ligação de peças mecânicas por contração.

e – *na indústria química:*
   - na remoção de calor em reações químicas exotérmicas, a fim de garantir uma temperatura adequada durante o processo;
   - na extração de sais por diluição e refrigeração, a qual intensifica a cristalização, como acontece na obtenção, por cristalização, do Na_2SO_4, $FeSO_4$, etc. (pigmentos);
   - na separação de misturas de líquidos, como desparafinagem de óleos, estabilização de perfumes, desidratação do éter, destilação de fluidos voláteis, etc.;
   - na separação de misturas gasosas, como recuperação de solventes, fabricação de NH_3 por síntese, etc.;
   - na filtração de soluções aquosas contendo suspensões coloidais (pela refrigeração, a natureza coloidal das suspensões pode ser modificada, facilitando-se assim a sua filtração);

- na solidificação de materiais, como ceras, graxas, etc.;
- na intensificação da dissolução de um gás num líquido (absorção);
- na intensificação da fixação de gases e vapores por sólidos (adsorção);
- na secagem de gases;
- na desumidificação do ar para a produção de ácido fosfórico, de soda cáustica granulada, etc.;
- nos processos eletrolíticos, como o de anodização, de obtenção do hipoclorito de sódio, etc.;
- na produção de reações químicas a baixas temperaturas, como na fabricação de explosivos, na polimerização, etc.;
- na fabricação da amônia anidra;
- na fabricação da borracha sintética e dos adubos sintéticos;
- na armazenagem de substâncias sensíveis às temperaturas elevadas, como explosivos, polímeros, etc.;
- na liquefação de gases combustíveis, como CH_4, C_3H_8, C_4H_{10}, etc., ou dos gases industriais, como o ar, N_2, O_2, H_2, Cl_2, He, etc.

f — *no condicionamento do ar:*

- para conforto em residências, escritórios, fábricas, transportes, recreação, hospitais, sanatórios, etc.;
- para a refrigeração de minas profundas;
- para a indústria têxtil, fotográfica, etc.

g — *no aquecimento por bomba de calor:*

- para conforto no inverno;
- para o aquecimento de líquidos (piscinas, indústrias químicas, concentração de sucos de frutas, leite, etc.).

h — *na medicina:*

- na conservação de cadáveres (morgues);
- no congelamento de peças anatômicas;
- na liofilização de tecidos;
- na elaboração do plasma sangüíneo;

- na anestesia hipotérmica e na chamada anestesia local por congelamento, usada com sucesso atualmente;
- na hibernação artificial: o congelamento rápido do organismo vivo permite a sua recuperação após espaços de tempo bastante longos (congelamento rápido sem luta do organismo contra o frio);
- na cultura de fungos (antibióticos), na fabricação da insulina;
- na criodessecação;
- no endurecimento rápido de certos medicamentos em pasta;
- na conservação de certos vírus (alguns só vivem em temperaturas baixas).

— *aplicações diversas:*

- na conservação de produtos vários, como: couros, peles, tapetes, tecidos, flores, mudas, grãos, fumos, cigarros, baterias de acumuladores, material de ambalagem;
- na descolagem de lentes;
- na fabricação de bolas de golfe;
- na dessalinização da água do mar;
- na produção de chuva artificial (neve carbônica);
- na obtenção de vácuos elevados;
- na refrigeração das pilhas atômicas e reatores;
- nos testes de baixas temperaturas em laboratórios;
- nos testes de resistência humana nas câmaras estratosféricas;
- nos testes sobre redução da atividade vital para a recuperação de pacientes (hibernação artificial);
- nos testes sobre semicondutores e supercondutores;
- nas temperaturas muito baixas obtidas com o hidrogênio e o hélio, tem sido possível o estudo das propriedades da matéria como, por exemplo, a resistividade elétrica (a qual tende para zero) e o calor específico (o qual tende para zero) nas proximidades do zero absoluto.

2. REFRIGERAÇÃO MECÂNICA POR MEIO DE GASES

2.1 – Princípios de funcionamento

Assim como a compressão isentrópica de um gás acarreta o seu aquecimento, a expansão isentrópica do mesmo pode proporcionar o seu resfriamento, como bem nos mostra a relação:

$$\frac{T_2}{T_1} = \left(\frac{p_2}{p_1}\right)^{\frac{k-1}{k}}$$

De acordo com a expressão do 1.º Princípio de Termodinâmica, $dQ = dU + AdL$, no primeiro caso, o trabalho de compressão é transformado integralmente em energia interna (de natureza cinética em se tratando de um gás perfeito), enquanto que, no segundo caso, a energia interna é que se transforma integralmente em trabalho mecânico.

A redução da energia interna, que para os gases é na sua quase totalidade de natureza cinética, é que acarreta o abaixamento de temperatura citado.

Para isso, entretanto, é necessário que o trabalho da aludida expansão seja aproveitado, externamente, pois, caso o mesmo fosse transformado simplesmente em calor pelo atrito (experiência de Joule) a temperatura do sistema permaneceria praticamente a mesma.

É interessante salientar, desde já, que este comportamento caracteriza fundamentalmente as instalações de refrigeração mecânica por meio de gases, onde a necessária recuperação do trabalho de expansão exige, para as mesmas, um elemento adicional (expansor móvel), o qual, nas instalações de vapor, conforme veremos, pode ser dispensado. A fim de permitir um funcionamento contínuo nessas instalações, a expansão com produção de trabalho é associada à compressão. Para isto, o gás frigorígeno é inicialmente comprimido até atingir temperatura superior à do meio ambiente, de modo a poder ceder calor, para o mesmo, através de superfície transmissora adequada.

Expandindo-o novamente até a pressão inicial, atingir-se-á temperatura inferior à que o mesmo dispunha antes da compressão, o que possibilitará, com o auxílio de outro intercambiador de calor, a retirada contínua de calor de um meio refrigerado.

2.2 – Elementos da instalação

Nessas condições, a instalação em consideração deverá dispor essencialmente dos seguintes elementos:

a – compressor;
b – trocador de calor entre o gás em evolução e o meio ambiente (fonte quente);
c – expansor mecânico ou motor a gás;
d – trocador de calor entre o meio refrigerado e o gás em evolução (fonte fria).

A disposição adotada para os mesmos é a da Figura 2.2.1.

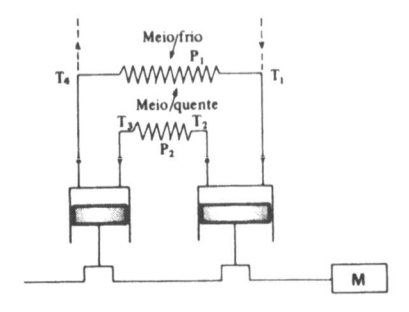

Figura 2.2.1

Quando o gás adotado é o ar, o circuito pode ser aberto, substituindo-se o 2.º trocador de calor (do meio frio) simples-

22

mente pela passagem de ar pelo recinto a refrigerar.

2.3 – Ciclo

Do exposto anteriormente, podemos depreender que o ciclo termodinâmico seguido pelo fluido em evolução numa instalação de refrigeração mecânica por meio de gás, é constituído das quatro transformações que seguem:

a – Compressão hipoteticamente isentrópica, na qual o gás, passando da pressão p_1 para a pressão p_2, consome um trabalho mecânico utilizável externo igual a:

$$AL_{m_{12}} = A \int_1^2 - vdp = - (H_2 - H_1) =$$
$$= - C_p (T_2 - T_1)$$

b – Passagem pelo 1.º trocador de calor, no qual o fluido cede para o meio ambiente (fonte quente), isobaricamente, a quantidade de calor:

$$Q_{23} = - C_p (T_2 - T_3) = - (H_2 - H_3)$$

c – Expansão hipoteticamente isentrópica, na qual o fluido em evolução, passando novamente da pressão p_2 para a pressão p_1, devolve um trabalho mecânico utilizável externo igual a:

$$AL_{m_{34}} = A \int_3^4 - vdp = - (H_4 - H_3) =$$
$$= - C_p (T_4 - T_3)$$

d – Passagem pelo 2.º trocador de calor, no qual o gás frigorígeno retira do meio a refrigerar (meio frio), isobaricamente, a quantidade de calor:

$$Q_{41} = + C_p (T_1 - T_4) = H_1 - H_4$$

As duas isentrópicas e as duas isobáricas apontadas perfazem o ciclo representado no diagrama pv da Figura 2.3.1.

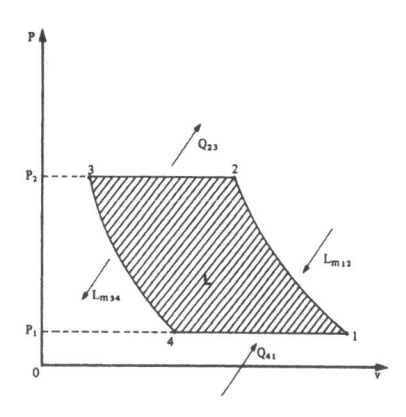

Figura 2.3.1

De acordo com a equação do 1.º Princípio da Termodinâmica, podemos escrever para o ciclo teórico em estudo:

$$dQ_E \equiv AdL_m$$

Isto é, o trabalho mecânico utilizável externo consumido ao longo do ciclo será:

$$AL_m = AL_{m_{12}} + AL_{m_{34}} = Q_{41} + Q_{23}$$

$$AL_m = - (H_2 - H_1) - (H_4 - H_3) =$$
$$= (H_1 - H_4) - (H_2 - H_3)$$

Interpretação semelhante pode ser feita no diagrama TS ou HS, onde os valores apontados podem ser facilmente calculados pela leitura direta das entalpias dos pontos 1, 2, 3, 4 (Figura 2.3.2).

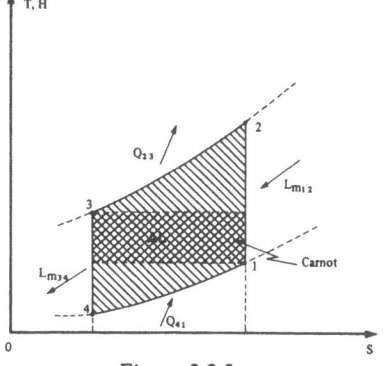

Figura 2.3.2

23

2.4 – Elementos de Cálculos

A quantidade de calor retirada do meio a refrigerar, em uma instalação de refrigeração, dada em frigorias por kgf de fluido em evolução, toma o nome de *EFEITO FRIGORÍFICO*:

$$Q_{41} = H_1 - H_4 = C_p (T_1 - T_4) \text{ fg/kgf}$$

(2.4.1)

A quantidade de calor cedida ao meio ambiente, em kcal por kgf de fluido em evolução, toma o nome de *EFEITO CALORÍFICO*, isto é, em valor absoluto:

$$Q_{32} = H_2 - H_3 = C_p (T_2 - T_3) \text{ kcal/kgf}$$

(2.4.2)

Finalmente, a quantidade de calor correspondente ao trabalho mecânico em jogo, por cada kgf de fluido em circulação, toma o nome de *EFEITO MECÂNICO*, ou seja, em valor absoluto:

$$AL_m = Q_{32} - Q_{41} = (H_2 - H_3) - (H_1 - H_4) =$$
$$= C_p [(T_2 - T_3) - (T_1 - T_4)]$$

(2.4.3)

A relação entre o efeito frigorífico e o efeito mecânico toma o nome de *COEFICIENTE DE EFEITO FRIGORÍFICO*, isto é:

$$\in = \frac{Q_{41}}{AL_m} = \frac{H_1 - H_4}{(H_2 - H_3) - (H_1 - H_4)} =$$
$$= \frac{T_1 - T_4}{(T_2 - T_3) - (T_1 - T_4)}$$

Como, entretanto, ao longo das isentrópicas 12 e 34 verifica-se:

$$\frac{T_2}{T_1} = \frac{T_3}{T_4} = \left(\frac{p_2}{p_1}\right)^{\frac{k-1}{k}}$$

podemos ainda fazer:

$$\in = \frac{T_1\left(1 - \dfrac{T_4}{T_1}\right)}{T_2\left(1 - \dfrac{T_3}{T_2}\right) - T_1\left(1 - \dfrac{T_4}{T_1}\right)} =$$
$$= \frac{T_1}{T_2 - T_1} = \frac{1}{\left(\dfrac{p_2}{p_1}\right)^{\frac{k-1}{k}} - 1}$$

(2.4.4)

expressão que nos mostra que o coeficiente de efeito frigorífico é, teoricamente, função única da relação de compressão adotada no ciclo, decrescendo com o aumento desta.

No caso de tratar-se de um ciclo ideal de Carnot, para o qual o coeficiente de efeito frigorígeno seria máximo, as trocas térmicas Q_{32} e Q_{41} se verificariam isotermicamente às temperaturas mais próximas T_3 e T_1, donde (Figura 2.3.2):

$$\in_{Carnot} = \frac{Q_{41}}{Q_{32} - Q_{41}} = \frac{T_1}{T_3 - T_1} > \frac{T_1}{T_2 - T_1}$$

A relação entre os coeficientes de efeito frigorífico, correspondentes ao ciclo teórico analisado e ao ciclo ideal de Carnot, toma o nome de *RENDIMENTO DO CICLO CONSIDERADO*, isto é:

$$\eta \text{ ciclo} = \frac{\in}{\in_{Carnot}} = \frac{T_3 - T_1}{T_2 - T_1}$$

(2.4.5)

a qual nos mostra que o ciclo de refrigeração por meio de um gás, teoricamente, se identifica com o ciclo ideal de Carnot (só para o caso em que $T_2 = T_3$).

Por outro lado, chamando de G_h o peso de fluido em evolução na unidade de tempo - hora (capacidade de compressor ou expansor), podemos definir:

a – *POTÊNCIA FRIGORÍFICA DA INSTALAÇÃO:*

$$P_f = G_h \cdot Q_{41} \text{ fg/h}$$

(2.4.6)

b – *POTÊNCIA CALORÍFICA DA INSTALAÇÃO:*

$$P_c = G_h \cdot Q_{32} \text{ kcal/h}$$

(2.4.7)

c – POTÊNCIA MECÂNICA TEÓRICA DA INSTALAÇÃO:

$$P_m = G_h\, AL_m \text{ kcal/h} = \frac{G_h \cdot AL_m}{632} \text{ cv} \qquad (2.4.8)$$

d – RENDIMENTO FRIGORÍFICO TEÓRICO DA INSTALAÇÃO:

$$\eta_f = \frac{P_f}{P_m} = \frac{G_h\, Q_{41}}{\dfrac{G_h\, AL_m}{632}} = \qquad (2.4.9)$$

$$= 632 \in \text{ fg/cv.h}$$

2.5 – Exemplo numérico

Seja uma instalação de refrigeração mecânica por meio do ar. Consideremos como temperatura mínima para o trocador de calor com a fonte quente +30°C e máxima para o trocador de calor com a fonte fria − 15°C, isto é:

$$T_3 = 273 + 30°C = 303 \text{ K}$$

$$T_1 = 273 - 15°C = 258 \text{ K}$$

e admitamos para T_2 um valor bastante próximo de T_3, a fim de garantir um bom rendimento para o ciclo teórico em estudo:

$$T_2 = T_3 + 10°C = 303 + 10 = 313 \text{ K}$$

Nestas condições, podemos calcular:

$$\frac{T_2}{T_1} = \frac{T_3}{T_4} = \left(\frac{p_2}{p_1}\right)^{\frac{k-1}{k}} = \frac{313}{258} = 1,213$$

$$T_4 = \frac{T_3}{1,213} = \frac{303}{1,213} = 250 \text{ K } (-23°C)$$

$$\frac{p_2}{p_1} = 1,213^{\frac{k}{k-1}} = 1,213^{\frac{1,4}{0,4}} = 1,213^{3,5} = 1,95$$

$$\in = \frac{T_1}{T_2 - T_1} = \frac{258}{313 - 258} = \frac{258}{55} = 4,69$$

$$\eta \text{ ciclo} = \frac{T_3 - T_1}{T_2 - T_1} = \frac{45}{55} = 0,817 \ (81,7\%)$$

$$\eta_f = 632 \in = 632 \times 4,69 = 2970 \text{ fg/cv.h}$$

Donde, para uma potência frigorífica básica de 1 TR (3023,95 fg/h), a capacidade dos elementos mecânicos da instalação (compressor e expansor):

$$G_h = \frac{P_f}{Q_{41}} = \frac{P_f}{Cp\,(T_1 - T'_4)} = \frac{3023,95}{0,24 \times 8} = 1575 \text{ kgf/h}$$

Ou ainda, imaginando para p_1 a pressão atmosférica normal, a vazão às condições de aspiração do compressor ($p_1 = 10.333$ kgf/m^3, $t_1 = -15°C$, $\gamma_1 = 1,36$ kgf/m^3):

$$V_h = \frac{G_h}{\gamma_1} = \frac{1575}{1,36} = 1158 \text{ m}^3/\text{h}$$

$$\gamma_1 \times Q_{14} = \frac{P_f}{V_h} = 1,36 \times 1,92 =$$

$$= \frac{3023,95}{1158} = 2,61 \text{ fg/m}^3$$

2.6 – Dados práticos

Os valores obtidos no exemplo anterior são aparentemente satisfatórios, quando comparados com aqueles obtidos nas instalações convencionais de refrigeração mecânica por meio de vapores (V. Tabela 3.11.9).

Na realidade, entretanto, devido aos atritos internos que se verificam durante as fases de compressão e expansão, estas não se dão isentropicamente. Nestas condições, mesmo teoricamente − não considerando os rendimentos de natureza mecânica − não só o trabalho de compressão é maior como o de expansão é menor do que os calculados (Figura 2.6.1).

Assim sendo, o coeficiente de efeito frigorífico passará a ter, em valores absolutos, a expressão:

$$\in = \frac{Q_{4'1}}{AL_{m_{12'}} - AL_{m_{4'3}}} = \frac{H_1 - H_4'}{(H_2' - H_1) - (H_3 - H_4')}$$

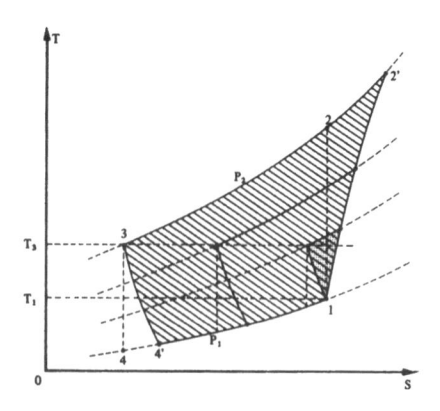

Figura 2.6.1

E fazendo, de acordo com o conceito de rendimento adiabático[2,4]:

$$-AL_{m_{12}}' = (H_2' - H_1) = \frac{H_2 - H_1}{\eta_{ac}}$$

$$-AL_{m_{34}}' = (H_4' - H_3) = \eta_{ae}(H_4 - H_3)$$

$$H_1 - H_4' = H_1 - H_3 + H_3 - H_4' =$$

$$= H_1 - H_3 + \eta_{ae}(H_3 - H_4)$$

$$H_1 - H_4' = H_1 - H_4 - (H_3 - H_4) +$$

$$+ \eta_{ae}(H_3 - H_4) =$$

$$= H_1 - H_4 - (1 - \eta_{ae})(H_3 - H_4)$$

onde η_{ac} e η_{ae} representam, respectivamente os rendimentos adiabáticos de compressão e expansão, obtemos:

$$\in = \frac{(H_1 - H_4) - (1 - \eta_{ae})(H_3 - H_4)}{\dfrac{H_2 - H_1}{\eta_{ac}} - \eta_{ae}(H_3 - H_4)}$$

(2.4.4a)

ou ainda, tratando-se de um gás.

$$\in = \frac{(T_1 - T_4) - (1 - \eta_{ae})(T_3 - T_4)}{\dfrac{T_2 - T_1}{\eta_{ac}} - \eta_{ae}(T_3 - T_4)}$$

(2.4.4b)

Expressão que nos mostra, que para rendimentos adiabáticos da ordem de 90%, o coeficiente de efeito frigorífico teórico é cerca de 20 vezes menor que o calculado no exemplo numérico anterior.

Uma análise mais profunda do exposto, num diagrama TS como o da figura 2.6.1, realmente nos mostra que para temperaturas T_1 e T_3 pré-fixadas (meio frio e meio quente), relações de compressão baixas determinam menores trabalhos de compressão, mas também reduzem o efeito frigorífico, podendo mesmo anulá-lo, quando $T_4' = T_1$.

Por outro lado, o aumento indefinido da relação de compressão torna nulo o vapor de $\in$, pois, enquanto T_2 cresce indefinidamente (trabalho), T_4 e T_4' são limitados inferiormente pela existência de zero absoluto.

Nessas condições, podemos concluir que existe uma relação de compressão ótima, a qual depende não só das temperaturas limites (T_1 e T_3) adotadas, como dos rendimentos adiabáticos dos elementos mecânicos da instalação.

É o que nos mostra a análise numérica da equação 2.4.4b, resumida na Tabela 2.6.1, onde podemos notar que, para as temperaturas limites de $-15°C / +30°C$ e rendimentos adiabáticos da ordem de 80 a 90%, a relação de compressão ótima verifica-se para valores compreendidos entre 4 e 4,5.

p_2/p_1	$\in$ nas condições $-15°C / +30°C$		
	$\eta_a = 0,80$	0,85	0,90
2	0	0,0415	0,270
3	0,326	0,528	0,870
4	0,458	0,644	0,920
5	0,450	0,624	0,885

Tabela 2.6.1

Baseados nos dados registrados na tabela anterior, podemos afirmar que, mesmo para a relação de compressão ótima, as instalações de refrigeração mecânica por meio do ar apresentam um rendimento frigorífico de apenas 300 a 600 fg/cv.h, bastante inferior, portanto àqueles obtidos nas instalações convencionais de refrigeração mecânica por meio de vapores (3000 fg/cv.h, nas condições de $-15°C/+30°C$).

Este rendimento precário, na realidade, pode ser aumentado para 500 a 750 fg/cv.h, adotando-se a refrigeração do compressor, o que diminui o trabalho de compressão sem influir sobre o trabalho de expansão e o efeito frigorífico.

Além do baixo rendimento apontado, as instalações de refrigeração por meio do ar apresentam ainda o grave inconveniente de exigirem, quando trabalham com aspiração à pressão atmosférica, elementos mecânicos de grande tamanho, em virtude do baixo efeito frigorífico volumétrico do ar $\gamma_1 Q_4'_1$ (2,61 fg/m³ no exemplo numérico dado), ou volume deslocado por Tonelada de Refrigeração (1158 m³/h.TR no exemplo numérico já citado), valor este mais de cem vezes superior ao de uma instalação de refrigeração por meio de vapor (F–12).

Para contornar este inconveniente, podem ser adotados compressores e expansores do tipo centrífugo, embora, para os mesmos, os rendimentos adiabáticos sejam inferiores ao dos compressores do tipo alternativo.

Outra solução seria o uso do ar em circuito fechado, adotando-se pressão elevada na aspiração.

2.7 – Emprego

A refrigeração mecânica por meio do ar foi, praticamente, o primeiro processo de refrigeração mecânica adotado industrialmente (1850).

Com o aparecimento dos líquidos frigoríficos, usados nas máquinas de refrigeração mecânica por meio de vapores, ele foi abandonado em 1860.

Na época da guerra de 1914, este processo passou novamente a ser usado nos navios de guerra, para a refrigeração da munição, sendo abandonado, mais tarde, para dar lugar à refrigeração por meio de ejetores de vapor-d'água.

Com o aperfeiçoamento das turbomáquinas, que permitem a produção de grandes volumes de ar comprimido, este tipo de refrigeração passou novamente a ser usado, principalmente na ventilação de minas profundas e, até poucos anos atrás, na refrigeração das cabinas de aviões (quando pousados), associado ao sistema de pressurização, necessário para viagens a grandes altitudes.

Atualmente, a refrigeração por expansão de um gás, com produção de trabalho, é ainda aplicada para a liquefação de gases pelo processo Claude, no qual o próprio gás é o fluido frigorígeno (Figura 2.7.1).

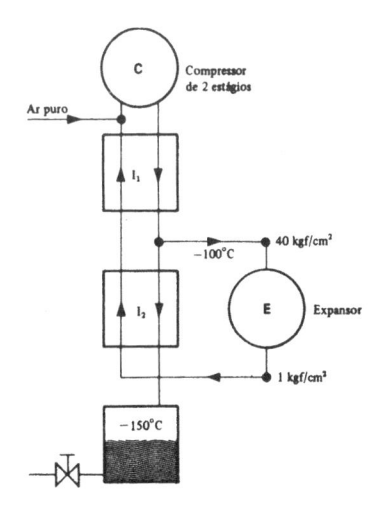

Figura 2.7.1

3. REFRIGERAÇÃO MECÂNICA POR MEIO DE VAPORES

3.1 – Princípio de funcionamento

A refrigeração mecânica por meio de vapores consiste na produção contínua de líquido frigorígeno, o qual, por vaporização, nos fornece a desejada retirada de calor do meio a refrigerar.

A diferença fundamental entre este processo e o anterior reside no fato de que, tanto o calor cedido pelo fluido em evolução à fonte quente (meio ambiente) como o retirado pelo mesmo da fonte fria (meio a refrigerar) são calores latentes (calor de condensação ou vaporização).

Nestas condições, as trocas térmicas que se verificam isobaricamente nos intercambiadores passam a ser também praticamente isotérmicas, o que aproxima mais o ciclo de transformações seguido pelo fluido em evolução ao ciclo ideal de Carnot.

Por outro lado, como neste caso a expansão do fluido se dá dentro da zona de saturação,

- onde uma expansão isentálpica, apesar da entropia crescente, se aproxima da isentrópica;
- e na qual, devido à grande variação de energia potencial (vaporização), o balanço energético (a energia global do sistema permanece constante) acusa uma grande redução de energia cinética interna (temperatura);

torna-se praticamente obrigatória a substituição do expansor mecânico por uma operação de laminagem, a qual é efetuada por meio de uma simples válvula, dita *de expansão*.

Embora haja uma pequena redução de rendimento de ciclo (pela substituição da expansão teoricamente isentrópica por uma isentálpica), as válvulas de expansão tornaram-se de uso corrente neste tipo de instalações, o que

constitui uma grande simplificação, do ponto de vista mecânico, em relação às instalações precedentes.

A par desta vantagem, as instalações mecânicas de refrigeração que funcionam com vaporização de líquidos apresentam um grande efeito frigorífico volumétrico, em virtude de ser o calor latente de vaporização volumétrico (γr) bastante superior ao calor sensível volumétrico disponível economicamente nas máquinas de refrigeração a gás ($\gamma\, C_p\, \Delta_t$). Isto traz como conseqüência a redução do tamanho do compressor, o qual, conforme tivemos oportunidade de analisar, pode ser até cem vezes menor do que os adotados nas instalações precedentes.

Para conseguirmos a vaporização de um líquido, é necessário que a tensão de seu vapor (função da temperatura) seja superior à pressão a que está submetido. Assim, quanto mais baixa for a pressão, mais baixa poderá ser a temperatura de vaporização e, portanto, mais baixa a temperatura conseguida no meio a refrigerar.

Por outro lado, para que a vaporização seja contínua, o fluido vaporizado deve ser novamente condensado. Isto se consegue, fazendo a vaporização em recinto fechado, no qual a pressão é mantida no valor desejado, aspirando-se continuamente o vapor formado por meio de um compressor. O vapor, então comprimido, pode ceder calor ao meio ambiente, por meio de um trocador de calor adequado, condensando-se novamente.

O líquido assim obtido, por meio de uma válvula de expansão, pode ser colocado à pressão de vaporização, compatível com a temperatura de refrigeração desejada, voltando a ser vaporizado.

O fenômeno em si pode ser comparado com o frio obtido sobre a mão com um simples lança-perfume ($C_2 H_5 Cl$).

No tubo, à temperatura ambiente, o cloreto de etila está a uma pressão absoluta de aproximadamente 2 kgf/cm². Ao abrir-se a válvula (de expansão), o líquido passa para a pressão atmosférica, vaporizando-se a uma temperatura de cerca de 12°C. Se esta vaporização é feita em recinto fechado, e o vapor formado é recolhido por meio de um compressor, o processo pode ser contínuo. Basta para isto que o compressor comprima o fluido novamente até a pressão de 2 kgf/cm² e o calor de condensação seja retirado do mesmo até a sua completa liquefação (Figura 3.1.1).

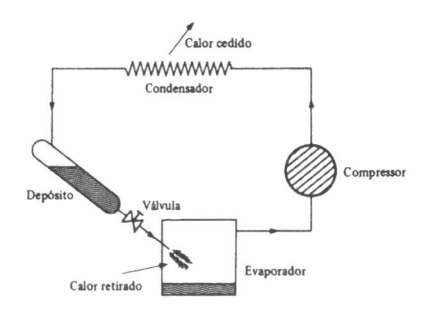

Figura 3.1.1

Assim, uma instalação de refrigeração mecânica por meio de um vapor nada mais é do que um conjunto de elementos ligados em circuito fechado, destinados a liquefazer o fluido frigorígeno e possibilitar a sua vaporização contínua em condições de pressão adequadas.

3.2 – Elementos da instalação

Do exposto, podemos concluir que uma instalação de refrigeração mecânica por meio de vapores deverá dispor essencialmente dos seguintes elementos:

a – compressor;
b – condensador;
c – válvula de expansão;
d – evaporador.

A disposição esquemática destes órgãos, à semelhança da Figura 3.1.1, onde a função do depósito do fluido condensado pode ser exercida pelo próprio condensador, está representada na Figura 3.2.1.

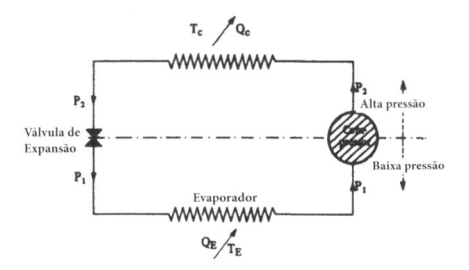

Figura 3.2.1

Quando a retirada de calor do ambiente a refrigerar não é feita diretamente pelo evaporador (refrigeração por expansão direta), a instalação dispõe ainda de um resfriador à expansão indireta, que trabalha com um refrigerante secundário (água ou salmoura).

Além dos elementos apontados, as instalações em apreço podem dispor de elementos acessórios, como:

a – depósitos de líquido frigorígeno;
b – separadores de não-condensáveis;
c – separadores de líquido;
d – separadores de óleo;
e – intercambiadores de calor auxiliares como:
  – resfriador de água de condensação;
  – resfriadores intermediários;
  – sub-resfriadores, etc.;
f – filtros;
g – bombas;
h – ventiladores;
i – canalizações e isolamentos;
j – aparelhos de segurança e controle como:
  – registros;
  – válvulas de segurança;
  – válvulas solenóides;
  – termostatos;
  – pressostatos;
  – dispositivos de redução de capacidade, etc.

3.3 – Ciclo

O ciclo termodinâmico das transformações sofridas pelo fluido frigorígeno, em evolução numa instalação de refrigeração mecânica por meio de vapores, pouco difere daquele que se verifica nas instalações estudadas anteriormente e nas quais o fluido usado é um gás.

Assim, podemos relacionar para o caso as quatro transformações representadas no diagrama pv da Figura 3.3.1:

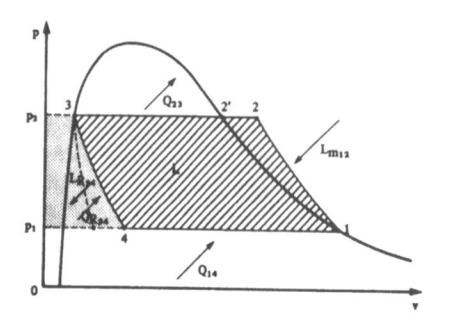

Figura 3.3.1

1-2 – Compressão hipoteticamente isentrópica, na qual o vapor saturado ou superaquecido (regime úmido ou seco), que abandona o evaporador à pressão p_1, passa para a pressão p_2, consumindo um trabalho mecânico utilizável externo igual a:

$$AL_{m12} = AL_{u12} = A \int_1^2 - vdp = -(H_2 - H_1)$$

2-3 – Passagem pelo condensador, onde o vapor superaquecido, proveniente da compressão, é inicialmente resfriado isobaricamente até à temperatura de saturação para, a seguir, ser condensado isobárica-isotermicamente, cedendo ao meio ambiente (fonte quente) a quantidade de calor:

$$Q_{23} = H_3 - H_2$$

3-4 – Operação de laminagem, na qual o vapor condensado é expandido isentalpicamente (adiabática com transformação integral do trabalho de expansão em calor de atrito), passando novamente da pressão p_2 para a pressão p_1, transformação na qual se verifica:

$$H_3 = H_4$$

isto é:

$$AL_{u34} = A \int_3^4 - vdp = AL_{R34} = Q_{R34}$$

4-1 – Passagem pelo evaporador, no qual o líquido frigorígeno já parcialmente vaporizado na válvula de expansão sofre sua vaporização final, retirando do meio a refrigerar (fonte fria) a quantidade de calor:

$$Q_{41} = H_1 - H_4$$

De acordo com a equação do 1.º Princípio da Termodinâmica e lembrando que $L = L_e + L_R = L_u + L_i = L_m + L_R + L_i$ podemos escrever para o ciclo em estudo:

$$Q = AL = AL_u = AL_{m12} + AL_{R34}$$

isto é:

$$Q_{23} + Q_{R34} + Q_{41} \equiv AL_{m12} + AL_{R34}$$

De modo que o trabalho mecânico utilizável externo, consumido ao longo do ciclo, nos será dado por:

$$AL_{m12} = Q_{23} + Q_{41}$$

$$AL_{m12} = (H_3 - H_2) + (H_1 - H_4) = -(H_2 - H_1)$$

o que, aliás, corresponde à interpretação física dada à variação de antalpia ao longo de uma transformação adiabática.

É interessante, entretanto, salientar que este trabalho não é dado pela área do ciclo 1234, tal como registrada no diagrama da Figura 3.3.1, a qual na realidade representa o trabalho mecânico total em jogo entre o sistema e o meio externo:

$$AL = AL_u = AL_{m12} + AL_{R34}$$

isto é, o trabalho mecânico desenvolvido contra o sistema pelo compressor (negativo), descontado da parcela devolvida pelo sistema em forma de calor de atrito (positivo) pela expansão isentálpica.

Assim, o trabalho mecânico utilizável externo, realmente consumido, nos é dado analiticamente por:

$$AL_{m12} = AL - AL_{R34}$$

e graficamente pela soma das áreas 1234 + +34$p_1 p_2$, isto é, pela área do conjunto 12$p_2 p_1$.

A mesma interpretação pode ser feita no diagrama TS da Figura 3.3.2, onde as áreas representam quantidades de calor.

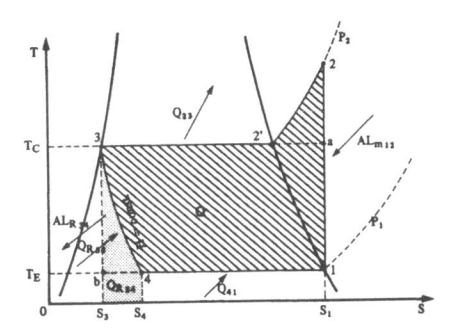

Figura 3.3.2

Com efeito, lembramos que:

$$Q = Q_E + Q_R = Q_{23} + Q_{41} + Q_{R34} =$$
$$= AL_{m12} + Q_{R34}$$

obtemos:

$$AL_{m12} = Q - Q_{R34}$$

onde Q, parcela negativa, nos é dada pela área 1234 (equivalente a AL), enquanto Q_{R34}, parcela positiva, nos é dada pela área $S_3 34 S_4$. Portanto, o trabalho mecânico utilizável externo do ciclo $AL_{m12} = -(H_2 - H_1)$ não fica alterado pelo uso da válvula de expansão, pois o trabalho mecânico que nela se desenvolve é integralmente perdido na forma de calor de atrito (reveja também a Figura 3.3.1).

À semelhança do que já foi feito para uma instalação de refrigeração mecânica por meio de gases, podemos, para o caso das instalações por meio de vapores em estudo, citar os seguintes elementos de cálculo:

a – *EFEITO FRIGORÍFICO* ou calor em jogo por kgf de fluido frigorígeno no evaporador:

$$\boxed{Q_E = Q_{41} = H_1 - H_4 \ \text{fg/kgf}} \quad (3.3.1)$$

b – *EFEITO CALORÍFICO* ou calor em jogo por kgf de fluido frigorígeno no condensador (em valor absoluto):

$$\boxed{Q_C = Q_{32} = H_2 - H_3 \ \text{kcal/kgf}} \quad (3.3.2)$$

c – *EFEITO MECÂNICO* ou trabalho mecânico em jogo por kgf de fluido frigorígeno no compressor (em valor absoluto):

$$\boxed{\begin{aligned} AL_m &= Q_{32} - Q_{41} = (H_2 - H_3) - (H_1 - H_4) = \\ &= H_2 - H_1 \ \text{kcal/kgf} \end{aligned}}$$

$$(3.3.3)$$

d – *COEFICIENTE DE EFEITO FRIGO-RÍFICO* ou relação entre efeito frigorífico e efeito mecânico:

$$\boxed{\in = \frac{Q_E}{AL_m} = \frac{H_1 - H_4}{H_2 - H_1}} \quad (3.3.4)$$

que nos dá o número de frigorias de calor retiradas da fonte fria por quilocaloria de trabalho mecânico dispendido.

O coeficiente de efeito frigorífico, conforme nos mostra o diagrama TS da Figura 3.3.2, diminui com o afastamento das temperaturas T_E e T_C. Isto se deve ao fato de que, com o abaixamento de T_E em relação a T_C, o efeito frigorífico Q_E diminui, enquanto o efeito mecânico AL_m aumenta.

Nestas condições, podemos concluir que o trabalho consumido com à produção do frio cresce rapidamente com o abaixamento da temperatura desejada (o valor econômico da frigoria depende essencialmente da temperatura em que a mesma é retirada).

e – Tratando-se de um ciclo ideal de Carnot, o coeficiente de efeito frigorífico, para temperaturas limites definidas, atinge o valor máximo. Neste caso, as trocas de calor Q_E e Q_C seriam isotérmicas e se verificariam respectivamente às temperaturas constantes T_E e T_C, do modo que, lembrando o já exposto no item 2.4, podemos escrever (V. Figura 3.3.2):

$$\in_{Carnot} = \frac{Q_E}{Q_C - Q_E} = \frac{\text{Área } S_3 \ b \ 1 \ S_1}{\text{Área } b \ 3 \ a \ 1}$$

isto é:

$$\in_{Carnot} = \frac{Q_E}{Q_C - Q_E} = \frac{T_E}{T_C - T_E}$$

f – A relação entre os coeficientes de efeito frigorífico, correspondentes ao ciclo teórico analisado e ao ciclo ideal de Carnot, toma o nome de *RENDIMENTO DO CICLO CONSIDERADO:*

$$\eta_{ciclo} = \frac{\in}{\in_{Carnot}} \qquad (3.3.5)$$

O coeficiente de efeito frigorífico de um ciclo de Carnot independe do fluido frigorígeno usado. Para o caso dos ciclos reais, em virtude das deformações apresentadas pela isoterma superior T_C (no ponto 2 a temperatura é superior a T_C) e pela expansão adiabática (no ponto 4 a entropia é superior a S_3), o coeficiente de efeito frigorífico não só é menor do que aquele ideal correspondente ao ciclo de Carnot, como depende do fluido frigorígeno adotado. Do ponto de vista do rendimento do ciclo, um bom fluido frigorígeno será aquele cujo ciclo de transformações se aproxima do ciclo ideal de Carnot. Para isto, são necessárias características termodinâmicas especiais que estudaremos em separado. Por outro lado, chamando de G_h o peso do fluido em evolução por hora (capacidade do compressor), podemos ainda relacionar como elementos de cálculo das instalações em estudo:

g – *POTÊNCIA FRIGORÍFICA DA INSTALAÇÃO*

$$P_f = G_h \times Q_E \; fg/h \qquad (3.3.6)$$

h – *POTÊNCIA CALORÍFICA DA INSTALAÇÃO*

$$P_C = G_h \times Q_C \; kcal/h \qquad (3.3.7)$$

i – *POTÊNCIA MECÂNICA TEÓRICA DA INSTALAÇÃO*

$$P_m = G_h \times AL_m \; kcal/h = \frac{G_h \, AL_m}{632} \; cv \qquad (3.3.8)$$

j – *RENDIMENTO FRIGORÍFICO TEÓRICO DA INSTALAÇÃO*

$$\eta_f = \frac{P_f}{P_m} = 632 \, \frac{Q_E}{AL_m} = 632 \in fg/cv.h \qquad (3.3.9)$$

A determinação das entalpias dos pontos 1, 2 e 3, necessária para o cálculo das grandezas apontadas, pode ser feita por meio de tabelas, diagramas ou mesmo fórmulas práticas.

Assim, tabelas comuns de vapores saturados, semelhantes às já apontadas para o vapor de água, nos fornecem diretamente as entalpias de vapor saturado seco (H_1) e do líquido (H_3) em função tanto da pressão como da temperatura.[2]

Por sua vez, a entalpia do vapor superaquecido à saída do compressor (H_2) pode ser obtida igualmente por meio de tabelas, em função da pressão p_2 e da temperatura T_2 correspondentes ao final da compressão hipoteticamente isentrópica, ao longo da qual se verifica:

$$\frac{T_2}{T_1} = \left(\frac{P_2}{P_1}\right)^{\frac{k-1}{k}}$$

ou ainda, analiticamente, a partir da entalpia do vapor saturado seco à mesma pressão (H_2'), pois, como sabemos, o calor de superaquecimento que se verifica ao longo da isobárica p_2 é igual a:

$$H_2 - H_2' = C_{pm} (T_2 - T_2')$$

Assim, podemos determinar:

$$H_2 = H_2' + C_{pm} \left[T_1 \left(\frac{P_2}{P_1}\right)^{\frac{k-1}{k}} - T_2' \right]$$

$$(3.3.10)$$

bastando, para isto, conhecer os valores de C_{pm} e k para o vapor superaquecido do fluido frigorígeno adotado.

Por outro lado, os diagramas TS e pH, onde os ciclos de funcionamento das máquinas frigoríficas são de fácil representação, podem nos fornecer os valores desejados das entalpias para os pontos característicos 1 2 3 4, por leitura direta.

Para isto basta que o diagrama TS disponha das linhas de igual entalpia, que aparecem como curvas inclinadas que tendem à horizontal na zona de superaquecimento (Figura 3.3.3).

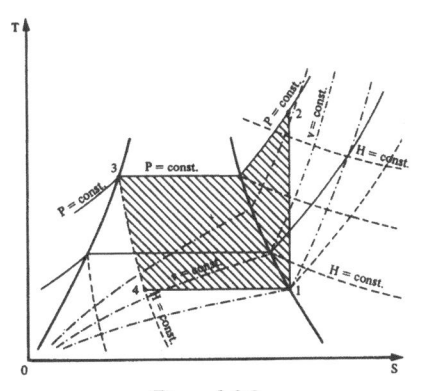

Figura 3.3.3

No diagrama pH, atendendo a que o ciclo de refrigeração por meio de vapores é usualmente constituído de uma compressão adiabática (teoricamente isentrópica), duas isobáricas e uma expansão adiabático-isentálpica, a fim de facilitar a representação do ciclo basta que apareçam as linhas de igual entropia, enquanto que os valores desejados das entalpias serão lidos diretamente nas abscissas (Figura 3.3.4).

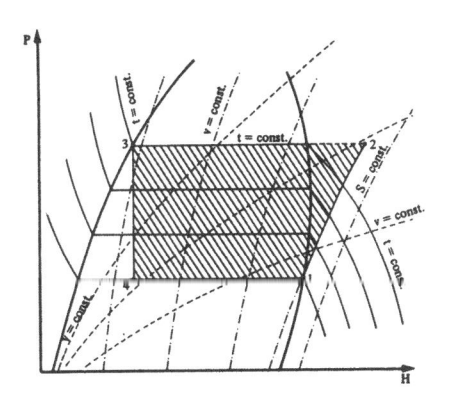

Figura 3.3.4

Com o intuito de facilitar o cálculo da capacidade dos compressores e dimensionamento das canalizações, é interessante fazer constar ainda nestes diagramas as linhas de igual volume (v = constante).

Finalmente, a determinação dos valores das entalpias dos pontos característicos dos ciclos de refrigeração pode ser feita por meio de fórmulas empíricas mais ou menos complexas, semelhantes às já estudadas para o vapor-d'água, ou ainda por meio de fórmulas práticas simplificadas, que nos fornecem diretamente as quantidades de calor e os trabalhos mecânicos em jogo, em função das temperaturas t_E e t_C de vaporização e condensação, e dos graus de sub-resfriamento Δt_C à saída do condensador e de superaquecimento Δt_E à saída do evaporador.

Assim, para o F–12 (Freon–12) podemos estabelecer, com erros inferiores a 1%, em kcal/kgf:

$$Q_E = 37,319 - 0243\, t_C + 0,112\, t_E + $$
$$+ 0,24\, \Delta t_C + 0,14\, \Delta t_E$$

$$Q_C = 38,2766 - 0,14451\, t_C - (0,0243 + $$
$$+ 0,0006803\, t_C)\, t_E + 0,24\, \Delta t_C + $$
$$+ 0,175\, \Delta t_E$$

$$AL_m = 0,9576 + 0,09849\, t_C - (0,1363 + $$
$$+ 0,0006803\, t_C)\, t_E + 0,035\, \Delta t_E$$

$$(3.3.11)$$

3.4 – Regime úmido e regime seco

Uma instalação de refrigeração funciona em regime úmido, quando o vapor à aspiração do compressor é úmido ($x < 1$), permanecendo úmido durante a sua compressão.

Ao contrário, uma instalação de refrigeração funciona em regime seco, quando o vapor, à aspiração do compressor, é um vapor saturado seco ($x = 1$) ou quando o mesmo é superaquecido durante a compressão.

O diagrama TS da Figura 3.4.1 nos mostra dois ciclos de refrigeração superpostos, funcionando um (ab 34) em regime úmido e o outro (1 2 3 4) em regime seco.

Como é fácil notar, o coeficiente de efeito frigorífico obtido no funcionamento em regime úmido, ao menos teoricamente (considerando a fase 34 como sendo a isentrópica 34'), é sempre superior àquele obtido no funcionamento a regime seco, devido à área adicional de trabalho criada pelo superaquecimento durante a compressão, isto é:

$$\frac{\text{Área a4'76}}{\text{Área ab 34'}} > \frac{\text{Área } 14'75}{\text{Área } 122'34'}$$

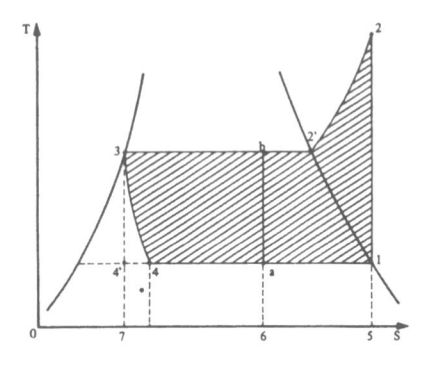

Figura 3.4.1

Apesar disso, melhores conhecimentos sobre o assunto tornam este proceder pouco recomendado.

Assim, para evitar batidas de líquido no final da compressão e a intensificação da transmissão de calor nas paredes internas do compressor (efeito de parede) no início da compressão, o fluido frigorígeno é geralmente aspirado no estado de vapor saturado seco ou vapor levemente superaquecido.

Para garantir tais condições de funcionamento, entre o evaporador e o compressor é instalado um separador de líquido que, funcionando com uma válvula de expansão tipo bóia (evaporador inundado), faz com que só o vapor que se acumula na sua parte superior seja aspirado pelo compressor (Figura 3.4.2).

Em instalações pequenas que usam os FREONS (miscíveis com o lubrificante), ou em instalações sujeitas a rápidas mudanças de temperatura de evaporação (ar condicionado), adotam-se válvulas de expansão termostáticas que, comandadas pela pressão de sucção e pela temperatura do fluido aspirado, garantem para o mesmo um leve superaquecimento.

Na realidade, devido às trocas de calor que se verificam nas canalizações que ligam o evaporador ao compressor, o fluido aspirado pelo compressor torna-se, por vezes, mais superaquecido do que seria de desejar.

3.5 – Sub-resfriamento e superaquecimento

Dá-se o nome de sub-resfriamento ao abaixamento da temperatura do fluido frigorígeno após sua condensação, e de superaquecimento à elevação da temperatura do mesmo após sua vaporização.

A retirada de uma certa quantidade de calor do fluido frigorígeno depois de condensado, quando feita à custa de uma fonte de calor externa (meio ambiente), aumenta de igual quantidade o efeito frigorígeno do mesmo, sem alterar o trabalho de compressão, conforme nos mostram os diagramas TS (Figura 3.5.1) e pH (Figura 3.5.2).

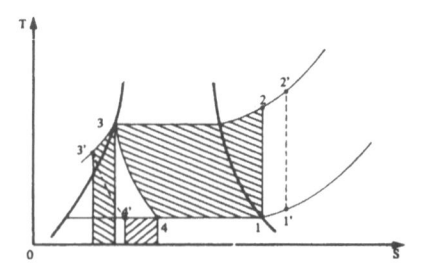

Figura 3.5.1

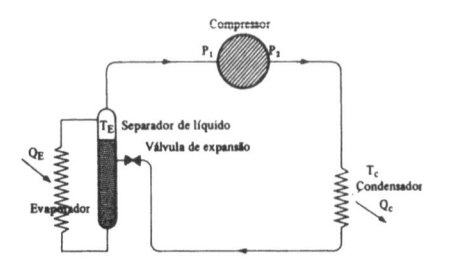

Figura 3.4.2

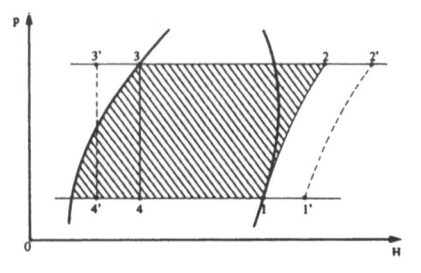

Figura 3.5.2

Onde podemos notar que, sendo:

$$H_3 = H_4 \quad e \quad H_3' = H_4'$$

teremos:

$$H_3 - H_3' = H_4 - H_4'$$

O sub-resfriamento obtido nestas condições, portanto, aumenta o coeficiente de efeito frigorífico do ciclo $\in = Q_E/AL_m$, isto é:

$$\frac{H_1 - H_4'}{H_2 - H_1} > \frac{H_1 - H_4}{H_2 - H_1}$$

O sub-resfriamento pode ser obtido, na prática, por meio do superdimensionamento do condensador ou através de um intercambiador de calor adicional, dito sub-resfriador, colocado à saída do condensador.

O superaquecimento, por sua vez, apesar de aumentar o efeito frigorífico, conforme nos mostra a mesma figura, aumenta também a área correspondente ao trabalho mecânico de compressão de tal forma, que o coeficiente de efeito frigorífico, dependendo do fluido frigorígeno adotado, pode tanto aumentar como diminuir, isto é:

$$\frac{H_1' - H_4}{H_2' - H_1'} \gtrless \frac{H_1 - H_4}{H_2 - H_1}$$

Assim, para fluidos frigorígenos que apresentam uma 1.1.s. $(x = 1)$ próxima de uma isentrópica, a par de um calor específico do vapor elevado (como é o caso dos FREONS), o superaquecimento é favorável, enquanto que para fluidos frigorígenos como a NH_3 não é aconselhável.

É interessante salientar, entretanto, que o superaquecimento, aumentando o volume específico do fluido que é aspirado pelo compressor, reduz a capacidade do mesmo, de modo que a potência frigorífica da instalação, $P_f = G_h \times Q_E$ pode se manter constante ou mesmo sofrer uma diminuição (NH_3).

Outra decorrência do superaquecimento é a desvantajosa elevação da temperatura final da compressão.

Face ao exposto, o superaquecimento excessivo do fluido frigorígeno que deixa o evaporador deve ser considerado como indesejável, limitando-se o grau de elevação da temperatura, Δt_E, a um máximo de $5°C$ a $10°C$.

Mesmo assim, havendo perigo de entrada de líquido no compressor (instalações com válvulas de expansão termostáticas, especialmente as de FREON), é usual adotarem-se intercambiadores de calor, nos quais o vapor aspirado é aquecido em contracorrente pelo fluido frigorígeno já condensado (V. Figura 3.5.3).

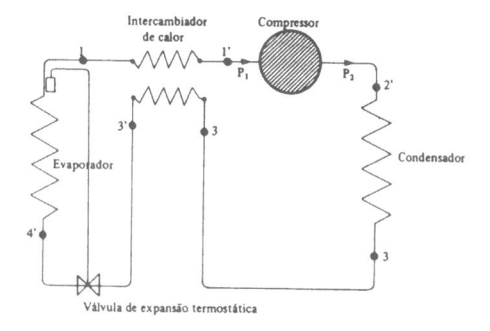

Figura 3.5.3

Neste caso teremos:

$$H_1' - H_1 = H_3 - H_3' = H_4 - H_4'$$

e o efeito frigorífico passará a ser $H_1 - H_4'$ enquanto o coeficiente de efeito frigorífico aumenta de

$$\frac{H_1 - H_4}{H_2 - H_1} \quad para \quad \frac{H_1 - H_4'}{H_2' - H_1'}$$

e a potência frigorífica da instalação permanece praticamente a mesma.

Ao contrário, quando Δt_E é elevado, à custa de calor ambiente (transmissão de calor ao longo da canalização que liga o evaporador ao compressor), é interessante, por vezes (NH_3), reduzir este superaquecimento por meio da injeção de líquido à entrada de compressor.

Tal proceder, além de evitar a formação de temperaturas excessivas na descarga do compressor, aumenta a capacidade do mesmo, embora este aumento de capacidade nem sempre corresponda a um aumento de potência frigorífica da instalação.

Assim, imaginando que g kgf de fluido frigorígeno liquefeito são injetados na canalização do fluido superaquecido que é aspirado

35

pelo compressor (Figuras 3.5.4 e 3.5.5), de tal forma a criar um vapor saturado seco à pressão p_1, deveremos ter:

$$(1 - g) H_1' + g H_4 = H_1$$

donde:

$$g = \frac{H_1' - H_1}{H_1' - H_4}$$

$$1 - g = \frac{H_1 - H_4}{H_1' - H_4}$$

(3.5.1)

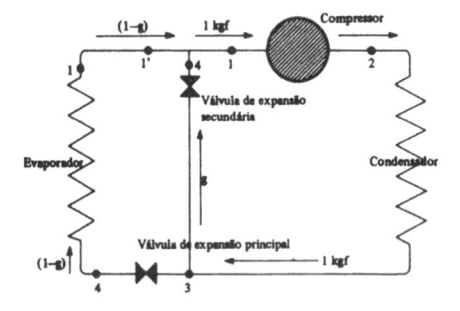

Figura 3.5.4

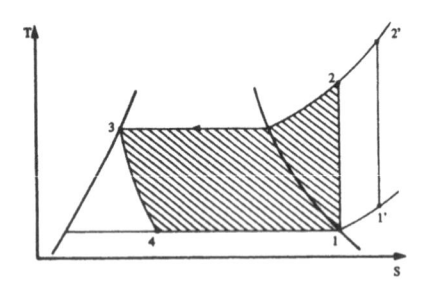

Figura 3.5.5

Nestas condições, como para cada kgf de fluido comprimido apenas $(1 - g)$ kgf atravessa o evaporador, o efeito frigorífico passa a ser:

$$(1 - g) (H_1 - H_4)$$

de modo que o coeficiente de efeito frigorífico nos será dado por:

$$\in = \frac{(1 - g) (H_1 - H_4)}{H_2 - H_1} = \frac{(H_1 - H_4) (H_1 - H_4)}{(H_1' - H_4) (H_2 - H_1)}$$

Ora, como, dependendo do fluido frigorígeno, podemos ter:

$$\frac{H_1' - H_4}{H_2' - H_1'} \gtrless \frac{H_1 - H_4}{H_2 - H_1}$$

ou ainda,

$$\frac{H_2 - H_1}{H_2' - H_1'} \gtrless \frac{H_1 - H_4}{H_1' - H_4}$$

isto é,

$$\frac{H_2 - H_1}{H_2' - H_1'} \gtrless (1 - g)$$

Concluimos que:

$$\frac{(1 - g) H_1 - H_4}{H_2 - H_1} \lessgtr \frac{H_1 - H_4}{H_2' - H_1'}$$

isto é, o coeficiente de efeito frigorífico obtido com a injeção de líquido à entrada do compressor pode ser tanto superior como inferior ao inicial.

Assim, para a NH_3, cujo superaquecimento, conforme vimos, reduz o coeficiente de efeito frigorífico, a adoção da injeção de líquido em estudo trará, como conseqüência, o aumento do rendimento frigorífico da instalação.

Paralelamente à vantagem já apontada — a redução da temperatura final — a melhoria da refrigeração do compressor e o aumento da capacidade deste, com possível aumento da potência frigorífica da instalação, tornam este processo altamente recomendável para tais tipos de fluidos frigorígenos (NH_3).

As instalações com injeção de líquido à entrada do compressor ficam grandemente simplificadas nos sistemas de refrigeração industrial de NH_3, nos quais é adotado separador de líquido central com circulação de amônia líquida, pois a expansão do fluido frigorígeno é feita por válvula única localizada próxima do compressor (Figura 3.5.6).

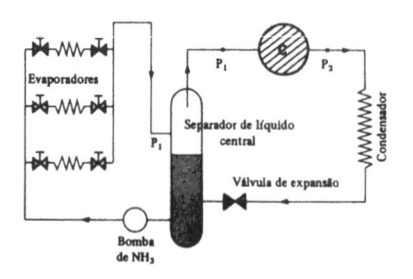

Figura 3.5.6

3.6 – Ciclo de refrigeração a duas temperaturas de vaporização

A obtenção de duas temperaturas de vaporização num mesmo ciclo de refrigeração é feita, usualmente, pela utilização de dois compressores colocados em paralelo, como nos mostram as Figuras 3.6.1 e 3.6.2.

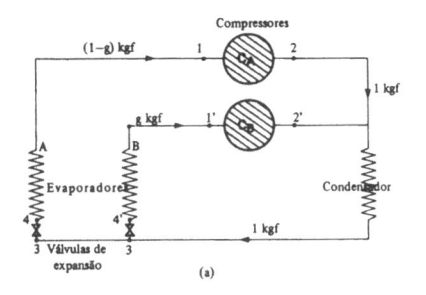

Figura 3.6.1

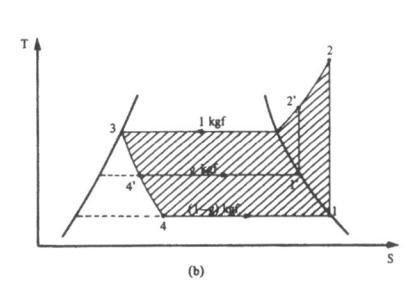

(b)

Figura 3.6.2

Nestas condições, de acordo com o diagrama TS da Figura 3.6.2, os coeficientes de efeito frigorífico de cada um dos evaporadores serão:

$$\frac{H_1{}' - H_4{}'}{H_2{}' - H_1{}'} \quad e \quad \frac{H_1 - H_4}{H_2 - H_1} \quad \text{onde } H_4{}' = H_4 = H_3$$

De modo que podemos dizer que o coeficiente de efeito frigorífico global da instalação será:

$$\in = \frac{g\,(H_1{}' - H_4{}') + (1 - g)\,(H_1 - H_4)}{g\,(H_2{}' - H_1{}') + (1 - g)\,(H_2 - H_1)} \qquad (3.6.1)$$

Enquanto que, sendo P_{f_A} e P_{f_B}, respectivamente, as potências frigoríficas dos evaporadores A e B, as capacidades dos compressores serão:

$$G_A = \frac{P_{f_A}}{H_1 - H_4} \qquad G_B = \frac{P_{f_B}}{H_1{}' - H_4} \quad \text{kgf/h} \qquad (3.6.2)$$

de tal forma que:

$$g = \frac{G_B}{G_A + G_B} \quad e \quad (1 - g) = \frac{G_A}{G_A + G_B}$$

Atendendo ao aspecto econômico da instalação, o ciclo anterior pode ser simplificado, adotando-se um único compressor e uma válvula de redução de pressão, conforme está esquematizado nas Figuras 3.6.3 e 3.6.4, onde:

$$(1 - g)\,H_1 + g H_1{}' - H_1{}''$$

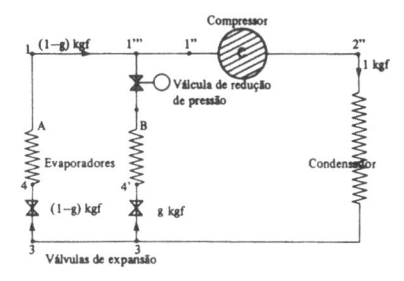

Figura 3.6.3

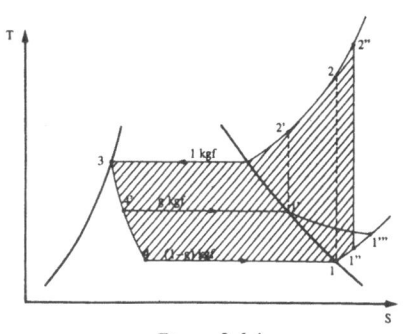

Figura 3.6.4

Neste caso, o coeficiente de efeito frigorífico do ciclo passa a ser:

$$\in = \frac{g(H_1{}' - H_4{}') + (1 - g)\,(H_1 - H_4)}{(H_2{}'' - H_1{}'')} \qquad (3.6.3)$$

portanto inferior ao anterior.

Tal situação decorre da expansão isentálpica $1'1'''$ que se verifica na válvula de redução de pressão, a qual, além de dissipar pelo atrito o trabalho de compressão de g kgf de fluido entre as pressões p_1 e p_1', contribui para o superaquecimento do vapor que deixa o evaporador.

A análise da desigualdade apontada:

$$\frac{g(H_1' - H_4') + (1 - g)(H_1 - H_4)}{(H_2'' - H_1'')} <$$

$$< \frac{g(H_1' - H_4') + (1 - g)(H_1 - H_4)}{g(H_2' - H_1') + (1 - g)(H_2 - H_1)}$$

nos mostra, por outro lado, que a mesma aumenta com g, o que nos indica que o procedimento em estudo é econômico (do ponto de vista do consumo) apenas para o caso em que a potência do evaporador B seja pequena em relação à potência total da instalação.

3.7 – Ciclo com compressão por estágios

Quando a diferença entre as temperaturas da fonte quente e da fonte fria do ciclo de refrigeração é muito elevada, a relação de compressão a ser vencida pelo compressor atinge valores tais, que torna aconselhável o uso da compressão por estágios.

Com efeito, conforme estudos já efetuados,[5] o aumento da relação de compressão não só reduz o rendimento volumétrico do compressor, como acarreta a elevação da temperatura de descarga do mesmo, elevação esta responsável pela carbonização do óleo, corrosão das válvulas e, mesmo, perigo de explosão.

Acresce ainda o fato de que a compressão por estágios permite, por meio da refrigeração intermediária, a redução do trabalho de compressão e, portanto, o aumento de rendimento frigorífico da instalação.

Assim, a partir das condições ambientes $(+ 25^\circ C)$ e dependendo do fluido frigorígeno utilizado, as temperaturas de evaporação recomendadas em função do número de estágios são as seguintes:

para 1 estágio $> -35^\circ C$
para 2 estágios $-35^\circ C$ a $-70^\circ C$
para 3 estágios $< -70^\circ C$

Os ciclos de refrigeração à compressão por estágios podem ser de dois tipos, cujas características fundamentais estão resumidas a seguir:

a – *expansão única*
  – o aproveitamento do frio é feito só à temperatura mais baixa;
  – o sub-resfriamento é de superfície;
  – a válvula de expansão principal se reduz a uma única (donde o nome do processo).

b – *expansão fracionada*
  – o aproveitamento do frio pode ser feito tanto à temperatura mais baixa oomo a temperaturas intermediárias;
  – o sub-resfriamento é feito por mistura;
  – as válvulas de expansão principais são em número igual ao número de estágios (o que acarreta maior complexidade para este sistema).

Em qualquer um dos casos, o arrefecimento do fluido frigorígeno entre as diversas etapas de compressão pode ser feito tanto por injeção de líquido à entrada do compressor como, quando possível, simultaneamente à custa do meio ambiente (água de arrefecimento) e da injeção já citada.

Assim, uma instalação de refrigeração com compressão em 2 estágios e expansão única, esquematicamente, tomaria o aspecto da Figura 3.7.1, onde podemos notar que:

O fluido frigorígeno comprimido pelo compressor de baixa pressão C_B sofre inicialmente um arrefecimento à água R para, a seguir, por meio de injeção de líquido intermediário em S_2, atingir as condições de vapor saturado seco.

Aspirado pelo compressor de alta pressão C_A, o vapor à pressão intermediária p_1' é comprimido e passa pelo condensador onde é liquefeito, sofrendo um sub-resfriamento inicial.

Parte do líquido, assim formado, é injetada no separador intermediário S, enquanto que a parte restante, que pode economicamente ter o seu sub-resfriamento intensificado pelo líquido à pressão intermediária deste mesmo reservatório, vai ao evaporador E, onde, expandido até a pressão p_1 criada pelo compressor de baixa, é vaporizado, produzindo o frio.

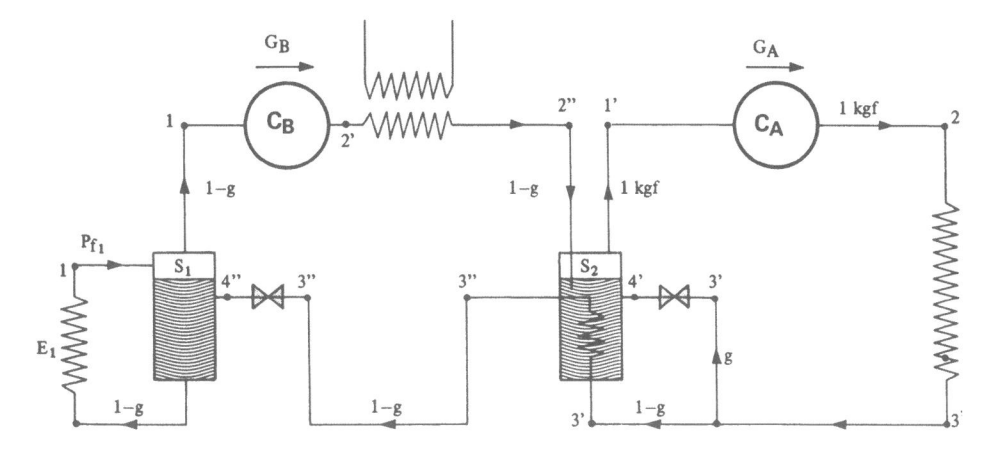

Figura 3.7.1

A análise termodinâmica do ciclo em consideração pode ser feita com o auxílio dos diagramas TS (Figura 3.7.2) e pH (Figura 3.7.3):

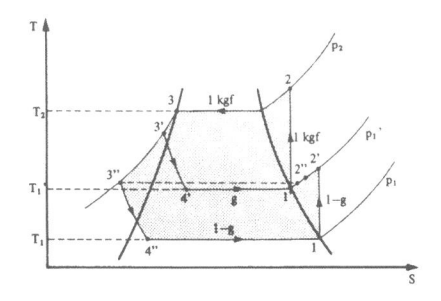

Figura 3.7.2

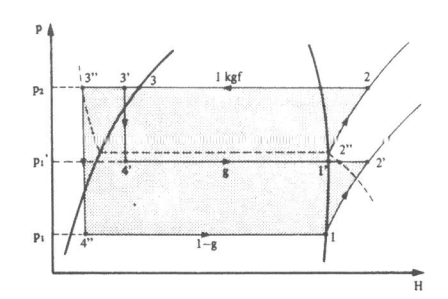

Figura 3.7.3

Assim, g é a parcela de fluido que vaporiza em S_2 ($H_4' - H_1'$) para arrefecer $(1 - g)$ kgf de fluido de H_2'' para H_1', e sub-resfriar $(1 - g)$ kgf de fluido de H_3' para H_3'', isto é:

$$g (H_1' - H_4') = (1 - g) (H_2'' - H_1') +$$
$$+ (1 - g) (H_3' - H_3'')$$

Ou ainda, de acordo com o balanço energético em S_2 (V. Figura 3.7.1):

$$gH_4' + (1 - g) H_2'' + (1 - g) H_3' =$$
$$= (1 - g) H_3''' + H_1'$$

Donde, lembrando que $H_4' = H_3'$ podemos calcular:

$$1 - g = \frac{H_1' - H_3'}{H_2'' - H_3''}$$

$$g = \frac{(H_2'' - H_3'') - (H_1' - H_3')}{H_2'' - H_3''} \quad (3.7.1)$$

De modo que podemos calcular as seguintes características:

EFEITO FRIGORÍFICO

$$Q_E = (1 - g) (H_1 - H_4'') \text{ fg/kgf} \quad (3.7.2)$$

EFEITO CALORÍFICO

$$Q_C = (1 - g) (H_2' - H_2'') +$$
$$+ (H_2 - H_3') \text{ kcal/kgf} \quad (3.7.3)$$

$$AL_m = Q_C - Q_E = (1-g)(H_2' - H_1) + (H_2 - H_1')$$

$$(3.7.4)$$

COEFICIENTE DE EFEITO FRIGORÍFICO

$$\in = \frac{Q_E}{AL_m} = \frac{(1-g)(H_1 - H_4'')}{(1-g)(H_2' - H_1) + (H_2 - H_1')}$$

$$(3.7.5)$$

CAPACIDADE DO COMPRESSOR DE ALTA

$$G_A \quad kgf/h$$

CAPACIDADE DO COMPRESSOR DE BAIXA

$$G_B = (1-g) G_A \quad kgf/h$$

POTÊNCIA FRIGORÍFICA

$$P_f = G_A Q_E = (1-g) G_A (H_1 - H_4'') \quad fg/h$$

$$(3.7.6)$$

POTÊNCIA MECÂNICA TEÓRICA

$$P_m = \frac{G_A AL_m}{632} =$$

$$= \frac{(1-g) G_A (H_2' - H_1) + G_A (H_2 - H_1')}{632} \quad cv$$

$$(3.7.7)$$

$$\eta_f = \frac{P_f}{P_m} = 632 \in = \frac{632 (1-g)(H_1 - H_4'')}{(1-g)(H_2' - H_1) + (H_2 - H_1')}$$

$$(3.7.8)$$

as quais nos permitem demonstrar numericamente que o rendimento frigorífico do ciclo em consideração é superior ao daquele correspondente a uma compressão única.

Tal melhoria se deve:

a — ao arrefecimento à água 2'2" que reduz o trabalho de compressão sem consumo de energia do ciclo;

b — ao arrefecimento por meio de injeção 2"1' que, apesar de consumir $(1-g)(H_2'' - H_1')$ frigorias à pressão p_1', provoca uma redução do trabalho de compressão ainda vantajosa (pois corresponde a um dessuperaquecimento à custa de frio à pressão intermediária);

c — ao sub-resfriamento 3'3" que, embora consumindo

$$(1-g)(H_3' - H_3'')$$

frigorias à pressão p_1', provoca igual produção de frio à pressão inferior p_1.

No segundo caso, em que o frio é aproveitado não só na pressão mais baixa como também nas pressões intermediárias (expansão fracionada), o esquema de uma instalação de refrigeração com compressão em dois estágios toma o aspecto da Figura 3.7.4.

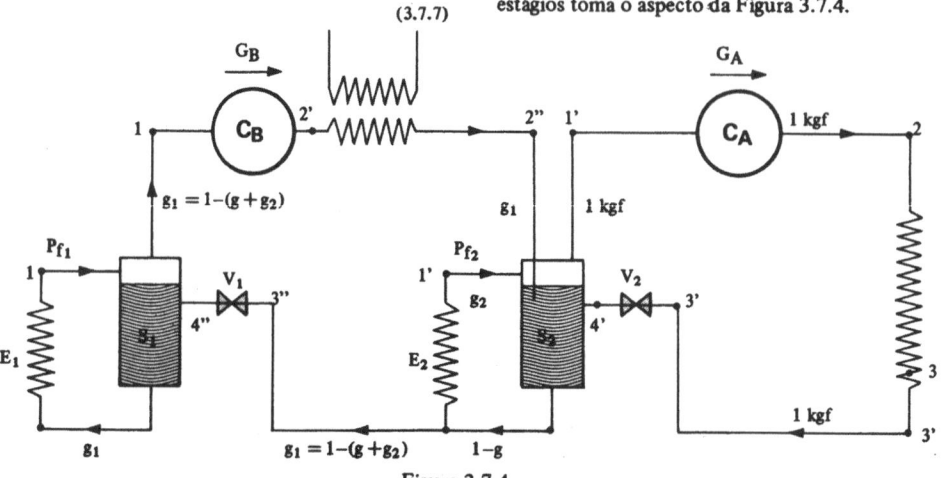

Figura 3.7.4

Neste sistema, o fluido frigorígeno comprimido no compressor de baixa pressão C_B é arrefecido à água em R, atingindo as condições de vapor saturado seco no separador de líquido S_2 que serve aos evaporadores que trabalham à temperatura intermediária.

A seguir, o vapor saturado seco à pressão intermediária p_1' é comprimido pelo compressor de alta pressão C_A e passa pelo condensador onde é liquefeito, sofrendo um sub-resfriamento inicial.

O líquido assim formado é expandido por meio da válvula de expansão V_2 até a pressão intermediária p_1', no separador de líquido S_2 já citado, onde não só serve para o arrefecimento final do vapor que vem do compressor de baixa e seu próprio sub-resfriamento até à temperatura de saturação correspondente a p_1', como também para a produção de frio a esta temperatura (intermediária) por meio dos evaporadores E_2.

Do separador S_2, o líquido frigorígeno segue para o separador de baixa temperatura S_1, onde, por meio da válvula de expansão V_1, atinge a pressão p_1 criada pelo compressor de baixa.

O fluido frigorígeno, nestas condições, poderá produzir frio e baixa temperatura, por meio dos evaporadores E_1, que funcionam com o separador central S_1.

A análise termodinâmica das transformações seguidas pelo fluido frigorígeno pode ser feita com o auxílio dos diagramas TS (Figura 3.7.5) e pH (Figura 3.7.6), onde chamando de:

g   a parcela de fluido frigorígeno nas condições 4' (pressão p_1) consumida no arrefecimento da parcela $g_1 = 1 - g - g_2$ de vapor descarregado pelo compressor de baixa que passa das condições 2" para 1', e na passagem desta mesma parcela das condições 4' para 3" (sub-resfriamento por mistura);

g_2 A parcela de fluido frigorígeno consumida para a produção de frio desde as condições 4' até 1' nos evaporadores E_2 de temperatura intermediária;

g_1 a parcela de fluido frigorígeno consumida para a produção de frio desde as condições 4" até 1 nos evaporadores E_1 de baixa temperatura,

verifica-se:

$$g\,(H_1' - H_4') = g_1\,(H_2'' - H_1') + g_1\,(H_4' - H_3'')$$

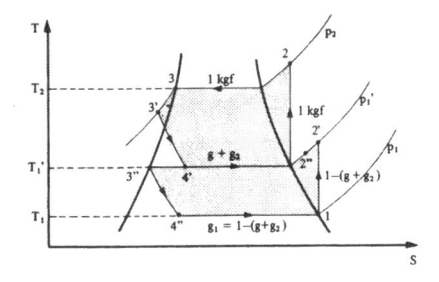

Figura 3.7.5

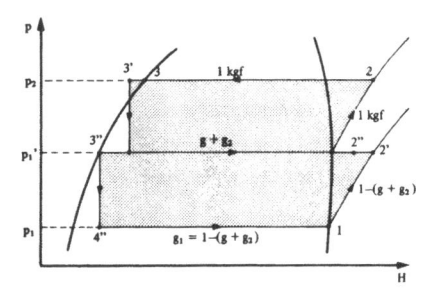

Figura 3.7.6

Ou ainda, de acordo com o balanço energético em S_2 (V. Figura 3.7.4):

$$H_4' + g_2 H_1' + (1 - g - g_2)H_2'' = H_1' + g_2 H_4' + (1 - g - g_2)H_3''$$

onde, sendo

$$g + g_1 + g_2 = 1$$

podemos calcular:

$$g = \frac{(1 - g_2)\,[(H_2'' - H_1') + (H_4' - H_3'')]}{H_2'' - H_3''}$$

(3.7.1a)

$$1 - g = \frac{(H_1' - H_4') + g_2\,[(H_2'' - H_1') + (H_4' - H_3'')]}{H_2'' - H_3''}$$

Isto é, os valores de g e $(1 - g)$, se identificam com os do caso anterior para $g_2 = 0$ (produção de frio à temperatura intermediária nula), apenas ocorrendo agora que o ponto 3" representa as condições do líquido na zona de saturação (líquido no interior do separador S_2, já que o sub-resfriamento do fluido condensado é feito por mistura e não por superfície, como acontecia no caso anterior).

Assim, podemos igualmente calcular as seguintes grandezas características:

EFEITOS FRIGORÍFICOS

$$
\begin{array}{l}
Q_{E_1} = g_1 \, (H_1 - H_4") \ \text{fg/kgf} \\[2mm]
Q_{E_2} = g_2 \, (H_1' - H_4') \ \text{fg/kgf}
\end{array}
$$

(3.7.2a)

EFEITO CALORÍFICO

$$
Q_C = g_1 \, (H_2' - H_2") + (H_2 - H_3') \ \text{kcal/kgf}
$$

(3.7.3a)

EFEITO MECÂNICO

$$
AL_m = Q_C - Q_{E_1} - Q_{E_2} = g_1 (H_2' - H_1) + \\
+ (H_2 - H_1') \ \text{kcal/kgf}
$$

(3.7.4a)

COEFICIENTE DE EFEITO FRIGORÍFICO

$$
\in \, = \frac{g_1 \, (H_1 - H_4") + g_2 \, (H_1' - H_4')}{g_1 \, (H_2' - H_1) + (H_2 - H_1')}
$$

(3.7.5a)

onde, para

$$
g_2 = 0 \ (\text{produção de frio em } E_2 \text{ nula})
$$

$$
g_1 = 1 - g - g_2 = 1 - g
$$

obtemos para $\in$ valor idêntico ao obtido no caso anterior, o que nos mostra que a solução presente difere da anterior apenas no consumo de g_2 nos evaporadores E_2.

CAPACIDADE DO COMPRESSOR DE ALTA

$$
G_A \ \text{kgf/h}
$$

CAPACIDADE DO COMPRESSOR DE BAIXA

$$
G_B = (1 - g - g_2) \, G_A = g_1 \, G_A \ \text{kgf/h}
$$

PESO DO FLUIDO VAPORIZADO EM E_1

$$
g_1 \, G_A = G_B \ \text{kgf/h}
$$

PESO DO FLUIDO VAPORIZADO EM E_2

$$
g_2 \, G_A \ \text{kgf/h}
$$

POTÊNCIA FRIGORÍFICA EM E_1 e POTÊNCIA FRIGORÍFICA EM E_2

$$
\begin{array}{l}
P_{f_1} = g_1 \, G_A \, (H_1 - H_4") \ \text{gf/h} \\[2mm]
P_{f_2} = g_2 \, G_A \, (H_1' - H_4') \ \text{gf/h}
\end{array}
$$

(3.7.6a)

POTÊNCIA MECÂNICA TEÓRICA EM C_B e POTÊNCIA MECÂNICA TEÓRICA EM C_A

$$
\begin{array}{l}
P_{mB} = \dfrac{g_1 \, (H_2' - H_1) \, G_A}{632} \ \text{cv} \\[4mm]
P_{mA} = \dfrac{(H_2 - H_1') \, G_A}{632} \ \text{cv}
\end{array}
$$

(3.7.7a)

RENDIMENTO FRIGORÍFICO TEÓRICO

$$
\eta_f = \frac{P_f}{P_m} =
$$

$$
= \frac{632 \, [g_1 \, (H_1 - H_4") + g_2 \, (H_1' - H_4')]}{g_1 \, (H_2' - H_1) + (H_2 - H_1')} \ \text{fg/cv.h}
$$

(3.7.8a)

Das expressões anteriores, podemos calcular as parcelas g, g_1 e g_2 do fluido em evolução no ciclo de refrigeração, em função dos dados naturais do problema, que normalmente são as potências frigoríficas (P_{f_1} e P_{f_2}) e as características gerais de funcionamento, que nos permitem a localização das transformações termodinâmicas nos diagramas TS e pH.

Assim, as equações 3.7.1a e 3.7.6a nos fornecem:

$$g_1 = \frac{H_1{}' - H_4{}'}{(H_2{}'' - H_3{}'') + \dfrac{P_{f_2}}{P_{f_1}}(H_1 - H_4{}'')}$$

(3.7.9)

$$g_2 = \frac{H_1 - H_4{}''}{(H_1 - H_4{}'') + \dfrac{P_{f_1}}{P_{f_2}}(H_2{}'' - H_3{}'')}$$

(3.7.10)

$$g = \frac{(H_2{}'' - H_3{}'') - (H_1{}' - H_4{}')}{\dfrac{P_{f_2}}{P_{f_1}}(H_1 - H_4{}'') + (H_2{}'' - H_3{}'')}$$

(3.7.11)

parcelas estas que, como sabemos, devem perfazer 1 kgf, isto é:

$$g + g_1 + g_2 = 1$$

A orientação dos cálculos de instalações desta natureza pode ser feita então como segue:

— *dados* P_{f_1} *e* P_{f_2} e as condições gerais de funcionamento da instalação, traça-se no diagrama TS ou pH o ciclo correspondente e efetuam-se as leituras das entalpias de todos os pontos característicos;

— *calculam-se a seguir as parcelas* g, g_1 e g_2, com as quais ficam definidas as capacidades dos compressores de baixa e de alta:

$$G_B = g_1 \, G_A = \frac{P_{f_1}}{H_1 - H_4{}''} \qquad G_A = \frac{G_B}{g_1}$$

Seguem-se as determinações das características dos compressores, como sejam: dimensões, rotações e potências de acionamento, em função do fluido, k, γ_1, p_2/p_1, $\in$, arrefecimento, etc.[5].

O dimensionamento anterior exige, naturalmente, a constância da carga térmica de cada uma das temperaturas em que é produzido o frio. Havendo variação de carga, os compressores deverão ter dispositivos de redução de capacidade, caso contrário as temperaturas de vaporização do fluido frigorígeno sofrerão alterações.

Tratando-se de compressão por estágios, sem utilização da produção de frio à temperatura intermediária (P_{f_2} e g_2 nulos), a escolha da pressão intermediária de vaporização deverá recair naquela que corresponda a um trabalho de compressão mínimo, isto é:

$$P_{mA} + P_{mB} = \text{mínimo}$$

A determinação desta pressão intermediária ideal é feita por tentativas no diagrama TS, fazendo-se:

$$H_2 - H_1{}' = H_2{}' - H_1$$

situação esta que corresponde aproximadamente ao valor[5]

$$p_1{}' \cong \sqrt{p_1 \, p_2}$$

ou, mais exatamente:

$$p_1{}' = \sqrt{p_1 \, p_2} + 0,35 \ \text{kgf/cm}^2$$

Czlaplinski e outros, com a finalidade de reduzir a temperatura de descarga na alta, aconselham:

$$T_1{}' = \sqrt{T_1 T_2}$$

Tal escolha é possível no caso de serem adotados dois compressores, um de baixa (booster) e um de alta, cujas capacidades possam ser alteradas independentemente pela modificação da rotação de cada um, até ser atingida a situação ideal apontada.

No caso, entretanto, de adotar-se compressor único tipo *compound* em dois estágios, com cilindros de baixa e de alta iguais e acoplados ao mesmo eixo (mesma rotação), a capacidade de cada estágio nos será dada por:

$$G_A = n_a \, V_c \, \eta_{ga} \, \gamma_1{}' \ N \ 60 \ \text{kgf/h}$$

$$G_B = n_b \, V_c \, \eta_{gb} \, \gamma_1 \ N \ 60 \ \text{kgf/h}$$

donde:

$$\frac{G_A}{G_B} = \frac{n_a \cdot \eta_{ga} \cdot \gamma_1{}'}{n_b \cdot \eta_{gb} \cdot \gamma_1}$$

Isto é, a fixação do número de cilindros de alta n_a e de baixa n_b dificilmente verificará as capacidades G_A e G_B, e os valores de γ_1' e γ_1 estabelecidos para a condição ideal.

Naturalmente, a escolha dos números citados deverá recair na solução mais próxima da ideal, isto é:

$$\frac{n_a}{n_b} = \frac{G_A \cdot \eta g_b \cdot \gamma_1}{G_B \cdot \eta g_a \cdot \gamma_1'} \qquad (3.7.12)$$

Entretanto, feita esta análise inicial e escolhida uma relação de números inteiros diferente daquela dada pela expressão 3.7.12, o sistema passará a funcionar com uma pressão intermediária real p_1' tal que seu γ_1' correspondente verifique a igualdade acima.

A determinação desta pressão intermediária real p_1' é feita por meio de tentativas em função do valor de γ_1' citado, imaginando-se para uma primeira aproximação os rendimentos gravimétricos:

$$\eta g = \left[1 + \in - \in_{(r_p)}^{\frac{1}{n}} \right] \frac{T_1}{T_a} \, f$$

dos dois estágios como iguais.

A pressão intermediária assim obtida apresenta a desigualdade

$$p_1' \neq \sqrt{p_1 p_2}$$

a qual determina alterações no ciclo de funcionamento inicialmente previsto para a instalação, o que exige o recálculo de G_A e G_B para uma segunda aproximação.

Na realidade, o conhecimento da pressão intermediária não é essencial, a análise proposta sendo apenas aconselhável para a fixação judiciosa do número de cilindros de cada uma das etapas de compressão, a fim de que a mesma se verifique com a máxima economia de trabalho possível.

A orientação geral dos cálculos, neste caso, pode ser a seguinte:

a – traçado do ciclo no diagrama TS ou pH para a situação ideal;

b – cálculo das parcelas g e g_1 em função das entalpias dos pontos característicos locados no diagrama e da potência frigorífica P_{f_1};

c – cálculo de G_A e G_B;

d – determinação da relação n_a/n_b que verifica a situação ideal dada por $\gamma_1' = f \ (p_1' = \sqrt{p_1 p_2})$, considerando-se $\eta g_a = \eta g_b$;

e – escolha do número de cilindros que mais se aproxima daquela relação acima;

f – verificação também aproximada do valor de γ_1' e, portanto, p_1' que, na realidade, decorrem da escolha anterior.;

g – recálculo dos ítens anteriores de a até f, face a este novo valor de p_1';

h – determinação das demais características do compressor (dimensões, rotação e potência) em função dos elementos calculados anteriormente, e dos restantes dos quais também dependem: fluido, k, $\in$, arrefecimento, etc.

3.7.1 – Exemplo

Calcular as potências mecânicas de uma instalação frigorífica de NH_3, cujas características de funcionamento são:

Condensação $+35°C$
Evaporação N.º 2 $-15°C \, (P_{f_2} = 150.000 \ fg/h)$
Evaporação N.º 1 $-30°C \, (P_{f_1} = 300.000 \ fg/h)$

Obs.: Para atingir a temperatura de $-30°C$ em dois estágios de compressão, a temperatura intermediária ideal seria $-1,7°C$ (V. item 3.7).

Para a instalação em consideração, foram adotadas cinco soluções, a seguir analisadas:

SOLUÇÃO I – Dois compressores $(C_A + C_B)$ em expansão fracionada.

Para esta solução I, foram aplicadas as seguintes fórmulas:

$$g_1 = \frac{(H_1' - H_4')}{(H_2'' - H_3'') + \dfrac{P_{f_2}}{P_{f_1}} (H_1 - H_4'')}$$

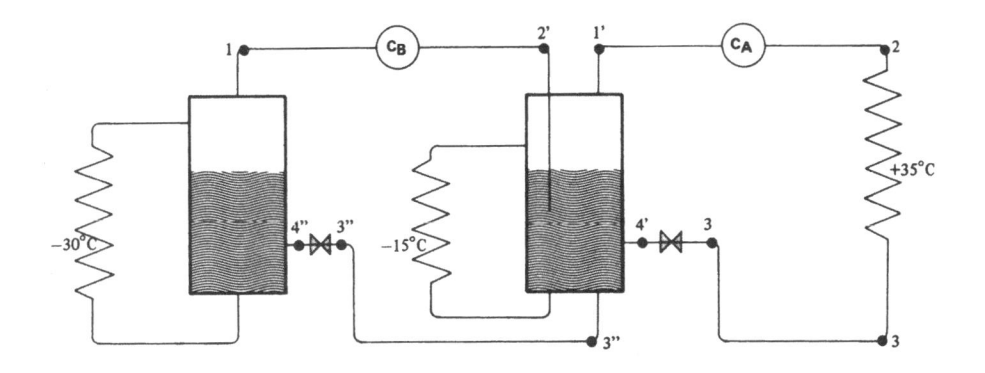

Figura 3.7.1.1.a

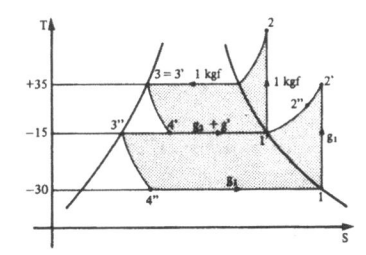

Figura 3.7.1.1.b

$$g_2 = \frac{(H_1 - H_4")}{(H_1 - H_4") + \dfrac{P_{f_1}}{P_{f_2}} (H_2" - H_3")}$$

$$g' = \frac{(H_2" - H_3") - (H_1' - H_4')}{\dfrac{P_{f_2}}{P_{f_1}} (H_1 - H_4") + (H_2" - H_3")}$$

$$G_B = \frac{P_{f_1}}{H_1 - H_4"} \qquad G_A = \frac{G_B}{g_1} = G_T$$

$$Q_{E_1} = g_1 (H_1 - H_4")$$

$$Q_{E_2} = g_2 (H_1' - H_4')$$

$$Q_C = g_1 (H_2' - H_2") + (H_2 - H_3')$$

$$AL_{mA} = (H_2 - H_1')$$

$$AL_{mB} = g_1 (H_2' - H_1)$$

$$AL_m = g_1 (H_2' - H_1) + (H_2 - H_1') =$$
$$= Q_C - Q_{E_1} - Q_{E_2}$$

$$\in = \frac{Q_{E_1} + Q_{E_2}}{AL_m}$$

$$P_{mB} = \frac{g_1 G_T AL_{mB}}{632} = \frac{G_B (H_2' - H_1)}{632}$$

$$P_{mA} = \frac{G_T AL_{mA}}{632} = \frac{G_A (H_2 - H_1')}{632}$$

$$P_{mT} = P_{mA} + P_{mB}$$

$$\eta_f = \frac{P_{f_1} + P_{f_2}}{P_{mA} + P_{mB}} = 632 \in$$

SOLUÇÃO II — Um compressor *compound* para a temperatura mais baixa e um compressor de um estágio para a temperatura intermediária.

Para esta solução II, foram aplicadas as seguintes fórmulas:

$$g_2 = 0$$

$$g_1 = \frac{H_1' - H_4'}{(H_2" - H_3") + \dfrac{P_{f_2}}{P_{f_1}} (H_1 - H_4')}$$

$$g' = \frac{H_2" - H_3") - (H_1' - H_4')}{\dfrac{P_{f_2}}{P_{f_1}} (H_1 - H_4") + (H_2" - H_3")} \quad \therefore$$

$$\therefore G' = g'G_T$$

$$G_B = G_1 = g_1 G_A = \frac{P_{f_1}}{H_1 - H_4"}$$

45

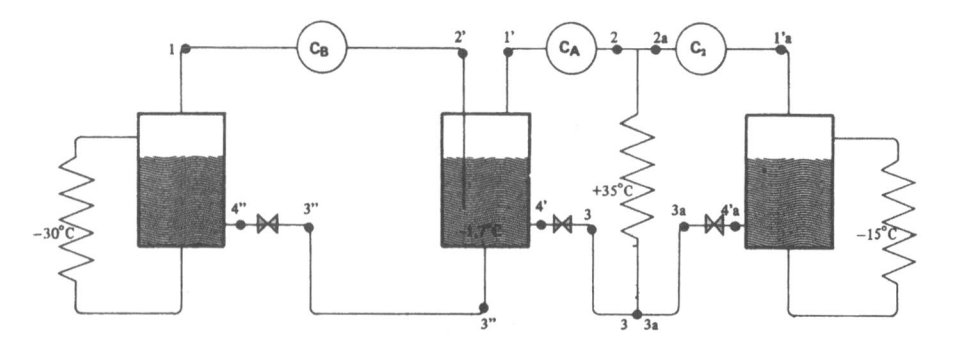

Figura 3.7.1.2.a

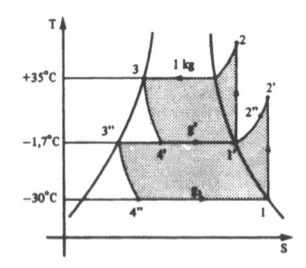

Figura 3.7.1.2.b

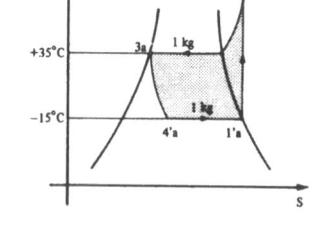

Figura 3.7.1.2.c

$$G_T = G_A = G_B + G'$$

$$G_2 = \frac{P_{f_2}}{H_1{'}_a - H_{4a}{'}}$$

$$Q_{E_1} = (H_1 - H_4{''}) g_1$$

$$Q_{E_2} = H_1{}_a{'} - H_{4a}{'}$$

$$Q_{C_1} = g_1 (H_2{'} - H_2{''}) + H_2 - H_3$$

$$Q_{C_2} = H_{2a} - H_{3a}$$

$$AL_{mA} = H_2 - H_1{'}$$

$$AL_{mB} = g_1 (H_2{'} - H_1)$$

$$AL_{m2} = H_{2a} - H_1{}_a{'}$$

$$\in_1 = \frac{Q_{E_1}}{AL_{mA} + AL_{mB}} \qquad \eta_{f_1} = 632 \in_1 = \frac{P_{f_1}}{P_{mA} + P_{mB}}$$

$$\in_2 = \frac{Q_{E_2}}{AL_{m2}} \qquad \eta_{f_2} = 632 \in_2 = \frac{P_{f_2}}{P_{m2}}$$

$$P_{mA} = \frac{AL_{mA} \, G_A}{632} = \frac{G_A (H_2 - H_1{'})}{632}$$

$$P_{mB} = \frac{AL_{mB} \, G_A}{632} = \frac{G_B (H_2{'} - H_1)}{632}$$

$$P_{m_2} = \frac{AL_{m2} \, G_2}{632}$$

$$P_{mT} = P_{mB} + P_{mA} + P_{m_2}$$

SOLUÇÃO III — Compressor de um estágio para a temperatura mais baixa e compressor de um estágio para a temperatura intermediária.

46

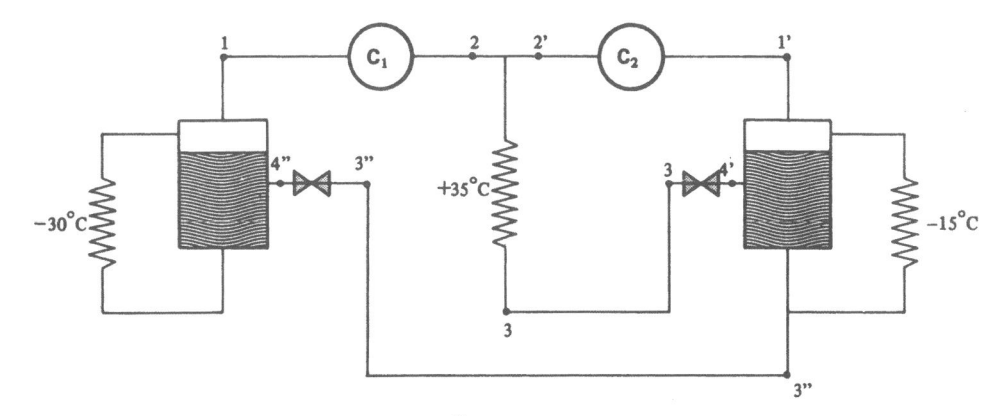

Figura 3.7.1.3.a

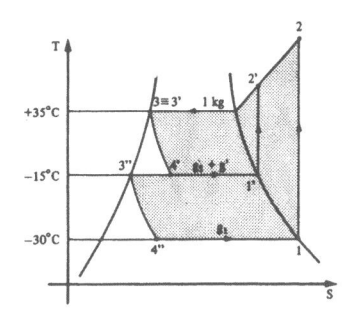

Figura 3.7.1.3.b

Para esta solução III, foram empregadas as seguintes fórmulas:

$$G_1 = \frac{P_{f_1}}{H_1 - H_4''} \quad \therefore \quad g_1 = \frac{G_1}{G_1 + G_2 + G'}$$

$$G_2 = \frac{P_{f_2}}{H_1' - H_4'} \quad \therefore \quad g_2 = \frac{G_2}{G_1 + G_2 + G'}$$

$$G' = \frac{\bar{G}_1 (H_4' - H_3'')}{H_1' - H_4'} \quad \therefore \quad g' = \frac{G''}{G_1 + G_2 + G'}$$

$$G_T = G_1 + G_2 + G'$$

$$Q_{E_1} = g_1 (H_1 - H_4'')$$

$$Q_{E_2} = g_2 (H_1' - H_4')$$

$$Q_C = (g_2 + g') (H_2' - H_3) + g_1 (H_2 - H_3)$$

$$AL_{m_1} = g_1 (H_2 - H_1)$$

$$AL_{m_2} = (g_2 + g') (H_2' - H_1')$$

$$AL_m = AL_{m_1} + AL_{m_2}$$

$$\in_1 = \frac{Q_{E_1}}{AL_{m_1}} \quad \therefore \quad \eta_{f_1} = 632 \in_1$$

$$\in_2 = \frac{Q_{E_2}}{AL_{m_2}} \quad \therefore \quad \eta_{f_2} = 632 \in_2$$

$$\in = \frac{Q_{E_1} + Q_{E_2}}{AL_m} \quad \therefore \quad \eta_f = 632 \in$$

$$P_{m_1} = \frac{G_1 (H_2 - H_1)}{632}$$

$$P_{m_2} = \frac{(G_2 + G') (H_2' - H_1')}{632}$$

$$P_{mT} = P_{m_1} + P_{m_2}$$

SOLUÇÃO IV – Compressor único *compound*, para as duas temperaturas.

Para esta solução IV, foram aplicadas as seguintes fórmulas:

$$G_T = G' + G_1 + G'' + G_2$$

$$g_1 = \frac{G_1}{G_T}; \ g_2 = \frac{G_2}{G_T}; \ g' = \frac{G'}{G_T}; \ g'' = \frac{G''}{G_T}$$

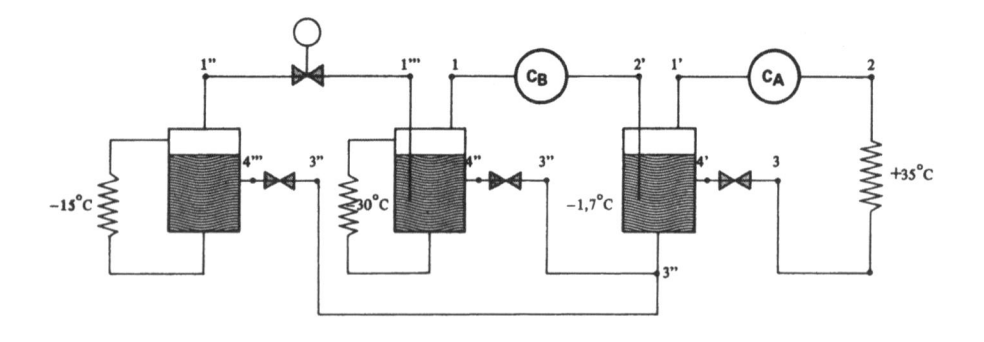

Figura 3.7.1.4.a

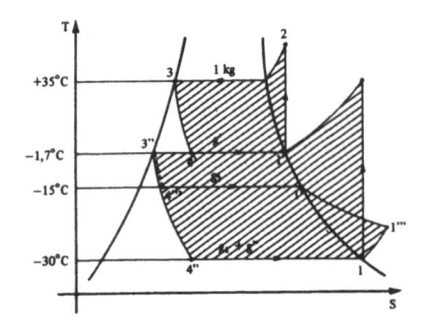

Figura 3.7.1.4.b

$$G_1 = \frac{P_{f_1}}{H_1 - H_4''}$$

$$G_2 = \frac{P_{f_2}}{H_1'' - H_4'''},$$

$$G_T = \frac{(G_T - G')(H_2' - H_3')}{H_1' - H_4'} \quad \text{onde}$$

$$G_T - G' = G_1 + G'' + G_2$$

$$G'' = \frac{G_2 (H_1''' - H_1)}{H_1 - H_4''}$$

$$Q_{E_2} = g_2 (H_1'' - H_4''')$$

$$Q_{E_1} = g_1 (H_1 - H_4'')$$

$$Q_C = H_2 - H_3$$

$$AL_{mA} = H_2 - H_1'$$

$$AL_{mB} = (H_2' - H_1)(1 - g')$$

$$\in = \frac{Q_{E_1} + Q_{E_2}}{AL_{mA} + AL_{mB}}$$

$$\eta_f = \frac{P_{f_1} + P_{f_2}}{P_{mT}} = 632 \in$$

$$P_{mA} = \frac{G_T \, AL_{mA}}{632} = \frac{G_T (H_2 - H_1')}{632}$$

$$P_{mB} = \frac{G_T \, AL_{mB}}{632} = \frac{(G_T - G')(H_2' - H_1)}{632}$$

$$P_{mT} = P_{mA} + P_{mB}$$

SOLUÇÃO V – Compressor único, de um único estágio, para as duas temperaturas.

Para esta solução V, foram aplicadas as seguintes fórmulas:

$$G_1 = \frac{P_{f_1}}{H_1 - H_4''}$$

$$G_2 = \frac{P_{f_2}}{H_1' - H_4'}$$

$$G_T = G_1 + G_2 + G'$$

$$1 = g_1 + g_2 + g'$$

$$g' = \frac{g_2 (H_1' - H_1)}{H_1 - H_4''}$$

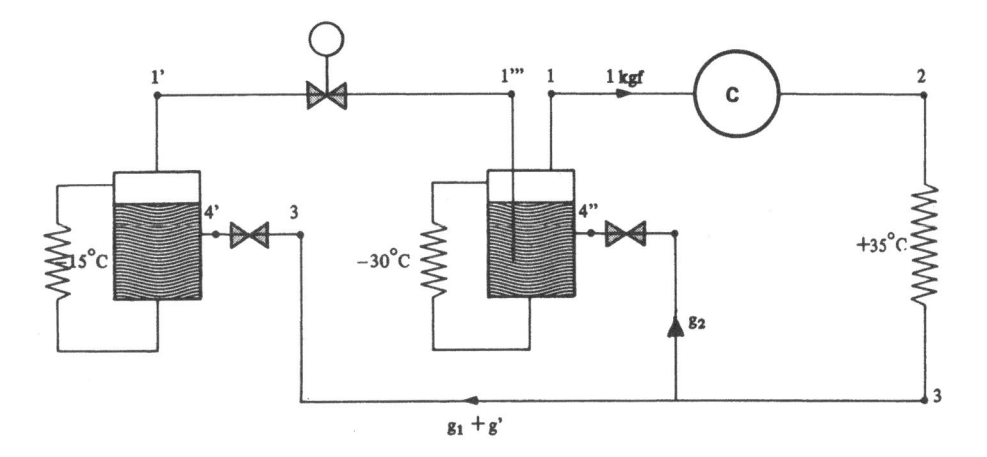

Figura 3.7.1.5.a

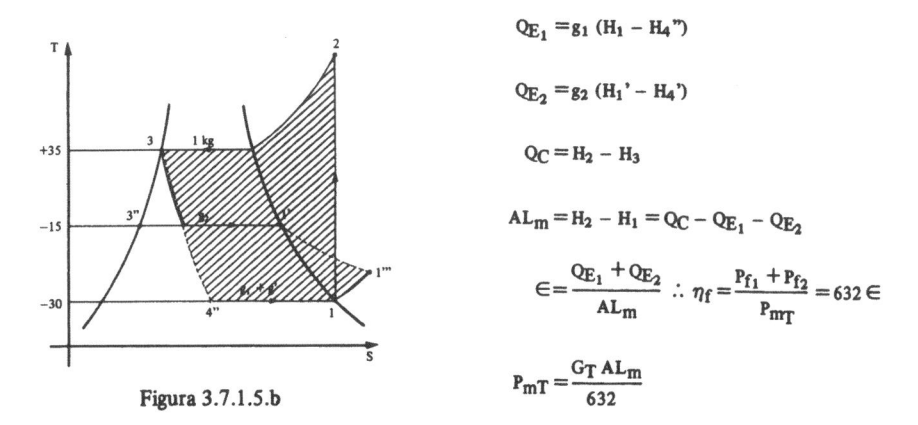

Figura 3.7.1.5.b

$$Q_{E_1} = g_1 (H_1 - H_4")$$

$$Q_{E_2} = g_2 (H_1' - H_4')$$

$$Q_C = H_2 - H_3$$

$$AL_m = H_2 - H_1 = Q_C - Q_{E_1} - Q_{E_2}$$

$$\in = \frac{Q_{E_1} + Q_{E_2}}{AL_m} \quad \therefore \quad \eta_f = \frac{P_{f_1} + P_{f_2}}{P_{mT}} = 632 \in$$

$$P_{mT} = \frac{G_T AL_m}{632}$$

Das tabelas e diagramas TS, obtemos:

Características		I	II	III	IV	V
$t_c = +35°C$	H_2	359,3	342	384	342	384
	H_{2a}	-	359,30	-	-	-
	$H_{3a} = H_3 = H_3''$	39,65	39,65	39,65	39,65	39,65
	H_2'	-	-	359,3	-	-
	p_2	13,765	13,765	13,765	13,765	13,765
$t_1' = -15°C$	H_1'	297,12	-	297,12	-	297,12
	H_{1a}'	-	297,12	-	-	-
	$H_2' = H_2''$	312	-	359,3	-	-
	H_4'	39,65	-	39,65	-	39,65
	H_{4a}'	-	39,65	-	-	-
	H_3''	-16,41	-	-16,41	-	-
	H_1''	-	-	-	297,12	-
	H_4'''	-	-	-	-1,87	-
	p_1'	2,41	-	2,41	$P_1'' = 2,41$	2,41
	p_{1a}'	-	2,41	-	-	-
	γ_1'	1,966	-	1,966	$\gamma_1'' = 1,966$	1,966
	γ_{1a}'	-	-	-	-	-
$t_1' = 1,7°C$	H_1'	-	301,048	-	301,048	-
	$H_2' = H_2''$	-	331,50	-	331,50	-
	H_4'	-	39,65	-	39,65	-
	H_3''	-	-1,87	-	-1,87	-
	P_1'	-	4,121	-	4,121	-
	γ_1'	-	3,258	-	3,258	-
$t_1 = -30°C$	H_4''	-16,41	-1,87	-16,41	-1,87	39,65
	H_1	291,91	291,91	291,91	291,91	291,91
	H_1'''	-	-	-	297,12	297,12
	P_1	1,219	1,219	1,219	1,219	1,219
	γ_1	1,038	1,038	1,038	1,038	1,038

Tabela 3.7.1.1

Por outro lado, as fórmulas selecionadas nos fornecem:

Características	I	II	III	IV	V
g_1	0,5335	0,784	0,550	0,522	0,667
g_2	0,3195	0	0,329	0,256	0,326
g'	0,147	0,216	0,121	0,215	0,007
g''	–	–	–	0,007	–
G_1	–	1021,17	973,01	1021,17	1189,25
G_2	–	582,59	582,59	501,68	582,59
G'	–	281,34	258,93	421,734	12,03
G''	–	–	–	8,896	–
G_T	–	1302,51	1814,53	1953,48	1783,87
G_A	1823,82	1302,51	–	–	–
G_B	973,01	1021,17	–	–	–
Q_{E_1}	164,488	230,32	169,57	153,35	168,26
Q_{E_2}	82,261	257,47	84,70	76,54	83,94
Q_C	319,65	–	333,23	302,35	344,35
Q_{C_1}	–	302,35	–	–	–
Q_{C_2}	–	319,65	–	–	–
A_{Lm}	72,901	–	78,62	–	92,09
A_{Lm_1}	–	–	50,64	–	–
A_{Lm_2}	–	62,18	27,98	–	–
A_{Lm_A}	–	40,95	–	40,952	–
A_{Lm_B}	–	31,04	–	31,07	–
$\in$	3,384	–	3,234	3,19	2,739
$\in_1$	–	3,198	3,348	–	–
$\in_2$	–	4,140	3,027	–	–
η_f	2138,70	–	1739,89	2016,08	1731
η_{f_1}	–	2021,13	2115,93	–	–
η_{f_2}	–	2616,48	1913,06	–	–
P_{mA}	179,405	84,366	–	126,54	–
P_{mB}	31,242	63,97	–	95,95	–
P_{m_1}	–	–	141,77	–	–
P_{m_2}	–	57,31	82,79	–	–
P_{mT}	210,647	205,646	224,56	222,49	259,93

Tabela 3.7.1.2

3.8 – Ciclo binário ou em cascata

Quando a diferença das temperaturas limites do ciclo atinge valores elevados ($> 100°C$), verifica-se que: ou a pressão superior aproxima-se do ponto crítico, com os indiscutíveis inconvenientes decorrentes da forma superior das linhas limites superior e inferior da zona de saturação do fluido em evolução (que afasta grandemente o ciclo do correspondente à situação ideal de Carnot), ou a pressão inferior torna-se tão baixa que cria problemas de vedação difíceis de contornar.

Nestas condições, a fim de aproveitar as vantagens simultâneas de linhas limites próximas às isentrópicas – (o que se verifica para pressões bastante inferiores à pressão crítica) – e de pressões de descarga não muito elevadas nem de sucção muito baixas, é interessante a repartição do ciclo de refrigeração em duas etapas, adotando-se dois fluidos frigorígenos que funcionam na disposição binária já estudada para o caso das máquinas térmicas.

Neste caso, um primeiro fluido, cuja temperatura crítica é bastante elevada, funciona em ciclo de refrigeração que cria diferenças de temperaturas entre o meio ambiente e uma temperatura intermediária, que servirá como fonte quente do ciclo de refrigeração de um segundo fluido, que se caracteriza por ter elevadas pressões de saturação mesmo a baixas temperaturas.

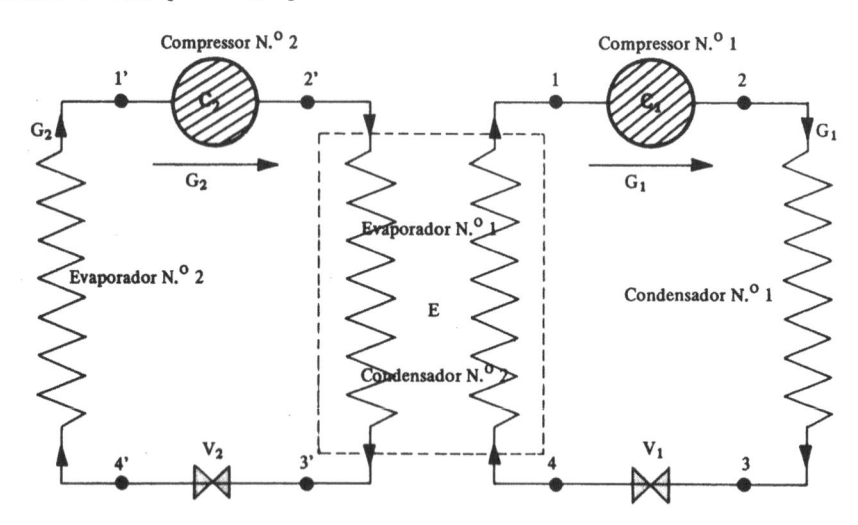

Figura 3.8.1

O esquema geral de uma instalação deste tipo está registrado na Figura 3.8.1, enquanto que o estudo analítico do ciclo que lhe corresponde pode ser feito com o auxílio do diagrama TS da Figura 3.8.2, onde estão superpostas as linhas limites das zonas de saturação dos dois fluidos em evolução.

Assim podemos escrever:

$$G_1 (H_1 - H_4) = G_2 (H_2' - H_3')$$

$$\frac{G_1}{G_2} = \frac{H_2' - H_3'}{H_1 - H_4} \qquad (3.8.1)$$

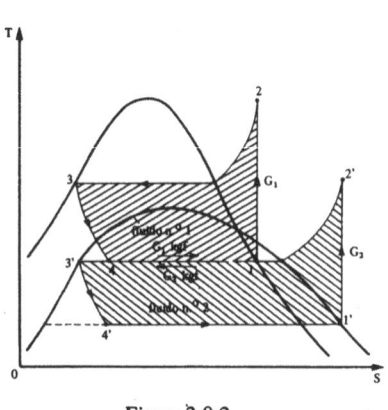

Figura 3.8.2

E considerando, como peso de referência do fluido em evolução, 1 kgf do fluido n.º 2, teremos:

$$Q_{E_2} = H_1{}' - H_4{}' \quad kcal/kgf \qquad (3.8.2)$$

$$Q_C = \frac{G_1}{G_2}(H_2 - H_3) = \frac{H_2' - H_3'}{H_1 - H_4}(H_2 - H_3) \quad kcal/kgf \qquad (3.8.3)$$

$$AL_m = (H_2' - H_1') + \frac{G_1}{G_2}(H_2 - H_1) =$$
$$= Q_C - Q_{E_2} \quad kcal/kgf \qquad (3.8.4)$$

$$\in = \frac{Q_{E_2}}{AL_m} = \frac{H_1{}' - H_4'}{(H_2' - H_1') + \dfrac{G_1}{G_2}(H_2 - H_1)} =$$
$$= \frac{H_1{}' - H_4{}'}{(H_2' - H_1') + \dfrac{H_2' - H_3'}{H_1 - H_4}(H_2 - H_1)} \qquad (3.8.5)$$

E as capacidades dos compressores em funcionamento no referido ciclo seriam:

$$G_2 = \frac{P_{f2}}{H_1' - H_4'} \quad G_1 = \frac{H_2' - H_3'}{H_1 - H_4} \qquad (3.8.6)$$

donde:

— potência frigorífica:

$$P_f = G_2 \, Q_{E2} = G_2 \, (H_1' - H_4') \quad fg/h \qquad (3.8.7)$$

— potências mecânicas teóricas:

$$P_{m1} = \frac{G_1 \, (H_2 - H_1)}{632} \quad cv \qquad (3.8.8)$$

$$P_{m2} = \frac{G_2 \, (H_2' - H_1')}{632} \quad cv$$

— rendimento frigorífico teórico:

$$\eta_f = \frac{P_f}{P_m} = \frac{632 \, (H_1{}' - H_4{}')}{(H_2' - H_1') + \dfrac{H_2' - H_3'}{H_1 - H_4}(H_2 - H_1)} \quad fg/cv.h \qquad (3.8.9)$$

Embora as vantagens individuais de cada um dos ciclos que constituem o ciclo binário em estudo sejam indiscutíveis — (os coeficientes de efeito frigorífico de cada um deles, teoricamente, são superiores aos correspondentes de um ciclo de fluido único com compressão em dois estágios), além de apresentarem as vantagens de pressão superior não muito elevada e pressão inferior não muito baixa — não raro acontece que, em vista do aparecimento do intercambiador de superfície intermediário entre os dois fluidos (o qual exige um gradiente de temperatura), o mesmo apresenta rendimento frigorífico global inferior ao ciclo correspondente ao fluido único com dois estágios de compressão.

A escolha dos fluidos para a execução deste tipo de ciclo deve ser feita, essencialmente, em função de sua pressão crítica (temperatura crítica) e de sua temperatura de solidificação.

A Tabela 3.8.1 nos mostra as características citadas, para diversos fluidos, normalmente usadas na produção de baixas temperaturas.

FLUIDO	p_c kgf/cm^2	t_c °C	$t_{solid.}$ °C
NH_3	115,2	132,4	− 77,7
F−12	40,87	111,5	−155
F−22	50,33	96	−160
ETANO	50,3	32,1	−183,6
ETILENO	51,4	9,3	−169,4
F−13	39,4	28,8	−181
F−14	33,3	145,7	− 94

Tabela 3.8.1

3.9 – Ciclo para a produção de gelo seco

Gelo seco ou neve carbônica é a designação que usualmente recebe o CO_2 sólido, porque, à pressão atmosférica, o mesmo se transforma diretamente em gás por sublimação, sem passar pela fase líquida.

Com efeito, como sabemos, as três linhas limites — que representam, num sistema de coordenadas p, T, as pressões de equilíbrio em função das temperaturas, respectivamente entre as fases sólido-líquido, sólido-gás e líquido-gás – unem-se num mesmo ponto chamado tríplice que, para o CO_2, se verifica a uma pressão superior à pressão atmosférica (5,28 kgf/cm² e – 56,6°C). (V. Figura 3.9.1).

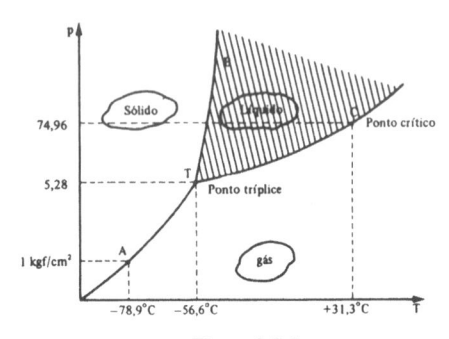

Figura 3.9.1

Nestas condições, o CO_2 no estado líquido não pode existir abaixo da pressão de 5,28 kgf/cm² nem abaixo da temperatura de – 56,6°C.

Assim, à pressão atmosférica, o CO_2 sólido passa diretamente ao estado de gás ou de vapor à temperatura de – 78,9°C.

O gelo seco, além de ser de cômoda utilização (não molha), tem um calor de sublimação a – 78,9°C de 136,5 kcal/kgf, e um calor de superaquecimento do gás, à pressão constante (1 kgf/cm²) até 0°C, de 16,5 kcal/kgf.

Daí o gelo seco fornecer 153 kcal/kgf a 0°C, ou seja, quase o dobro daquela produção de frio correspondente ao gelo comum de água.

Além disso, o peso específico do gelo seco a – 56,6°C é de 1560 kgf/m³ (o CO_2 líquido à mesma temperatura pesa 1178 kgf/m³) de modo que, para um mesmo volume, a produção de frio do gelo seco é mais do que 3 vezes a do gelo de água.

O CO_2 para a fabricação de gelo seco é obtido:

a – por combustão direta do carvão;

b – por calcinação de carbonatos;

c – como subproduto nos gases residuais de diversas indústrias, como a petrolífera, de fermentação, etc.;

d – da natureza, onde se encontra na água que sai das fontes minerais.

Os ciclos de refrigeração, adotados para a produção do gelo seco, podem ser resumidos nos seguintes:

a – Liquefação à temperatura ambiente (alta pressão, ~ 60 kgf/cm²), a qual consiste em comprimir o CO_2 em três estágios até cerca de 65 a 80 kgf/cm², com arrefecimentos intermediários por meio de água ou de injeção de líquido expandido para, a seguir, condensá-lo por meio de água à temperatura ambiente.

b – Liquefação sob média pressão, a qual consiste em comprimir o gás até cerca de 18 a 20 kgf/cm² em dois estágios, com arrefecimento intermediário por meio de água ou de injeção de líquido expandido para, a seguir, provocar a sua condensação a uma temperatura de aproximadamente –18°C, por meio de uma instalação frigorífica auxiliar (geralmente de NH_3 com compressão a estágio único), de acordo com o ciclo binário já estudado.

c – Liquefação sob baixa pressão, comprimindo o gás até cerca de 10 a 12 kgf/cm² em um só estágio, e condensando-o a – 40°C por meio de uma instalação frigorífica auxiliar (geralmente de absorção de NH_3).

O CO_2 condensado, em qualquer um dos processos apontados, é expandido por laminagem até uma pressão inferior a do ponto tríplice (geralmente da ordem de 1 kgf/cm²), em recipiente fechado.

A maior parte do líquido se transforma em neve e, a restante, em gás à temperatura de – 79°C, que é recuperada pelos compressores através de um sub-resfriador que reduz a temperatura do líquido em expansão.

Estando cheio o recipiente, a neve é comprimida, por meio de prensas, em blocos de 12 a 100 kgf.

Nos processos a e b, a expansão pode ser fracionada, aproveitando-se os reservatórios intermediários dos diversos estágios de compressão como arrefecedores, o que reduz o consumo de energia da instalação.

Dos três processos citados, o b é o mais complexo, mas consome, em geral, menos energia que os demais, devido ao melhor rendimento da instalação frigorífica por compressão de NH_3.

O esquema de uma instalação de produção de CO_2 sólido, à alta pressão, em três estágios de compressão, com arrefecimentos intermediários por meio de água e injeção de líquido expandido, aparece na **Figura** 3.9.2, onde podemos notar:

B – Recipiente de aspiração.

C_B – Compressor de baixa pressão ($>$ 5,3 kgf/cm²).

C_A – Compressor de alta pressão ($\sim$ 70 kgf/cm²).

C_M – Compressor de média pressão ($\sim$ 20 kgf/cm²).

A – Arrefecedores intermediários à água.

C – Condensador.

V_1, V_2, V_3 – Válvulas de expansão.

S.L. – Separadores de líquido (arrefecedores de injeção).

S – Sub-resfriador.

D – Depósito separador de sólido-gás.

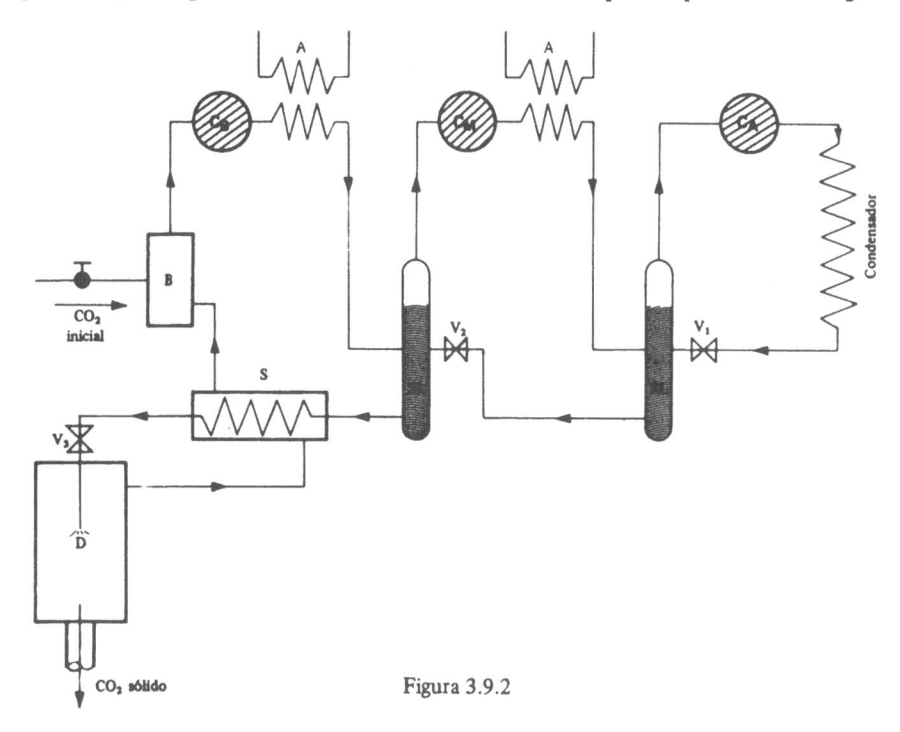

Figura 3.9.2

No diagrama TS, as transformações termodinâmicas que caracterizam o funcionamento da instalação em consideração tomam o aspecto registrado na Figura 3.9.3 onde deixou de ser considerado o efeito do sub-resfriador S.

Assim, tomando como unidade de peso do sistema em evolução 1 kgf de CO_2 que passa pelo condensador, podemos escrever:

$$g_1 (H_1''' - H_4') = (1 - g_1)(H_2''' - H_1''') + (1 - g_1)(H_4' - H_3'')$$

$$g_2 (H_1'' - H_4'') = (1 - g_1 - g_2)(H_2' - H_1'') + (1 - g_1 - g_2)(H_4'' - H_3''')$$

donde:

$$g_1 = \frac{(H_2''' - H_1''') + (H_4' - H_3'')}{H_2''' - H_3''} \qquad (3.9.1)$$

55

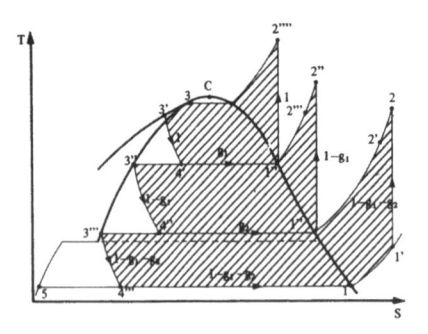

Figura 3.9.3

$$g_2 = (1 - g_1) \frac{(H_2' - H_1'') + (H_4'' - H_3''')}{(H_2' - H_3''')} =$$

(3.9.2)

$$= \frac{(H_1''' - H_4')(H_2' - H_1'' + H_4'' - H_3''')}{(H_2''' - H_3'')(H_2' - H_3''')}$$

Na realidade, o sistema é aberto, de modo que da parcela $1 - g_1 - g_2$ que atinge o recipiente D apenas

$$g_0 = (1 - g_1 - g_2) \frac{H_1 - H_4'''}{H_1 - H_5}$$ (3.9.3)

representa gelo seco que poderá ser então separado.

A parte restante $1 - g_1 - g_2 - g_0$, na forma de vapor saturado seco (H_1), é misturada com parcela igual a g_0 de CO_2 no recipiente de aspiração B, atingindo as condições assinaladas em 1', de tal forma que:

$$H_1' = \frac{(1 - g_1 - g_2 - g_0) H_1 + g_0 H_0}{1 - g_1 - g_2}$$

(3.9.4)

Com os elementos já assinalados, todos os pontos do ciclo de funcionamento da instalação podem ser determinados e podemos calcular:

$$Q_E = (1 - g_1 - g_2)(H_1' - H_4''') \quad \text{fg/kgf de } CO_2$$
$$\text{através do condensador}$$

(3.9.5)

$$Q_C = (1 - g_1 - g_2)(H_2 - H_2') +$$
$$+ (1 - g_1)(H_2'' - H_2''') + (H_2'''' - H_3') \text{kcal/kgf}$$

(3.9.6)

$$AL_m = Q_C - Q_E = (1 - g_1 - g_2)(H_2 - H_1') +$$
$$+ (1 - g_1)(H_2'' - H_1'') + (H_2'''' - H_1'') \quad \text{kcal/kgf}$$

(3.9.7)

É interessante observar que o efeito frigorífico corresponde à retirada de calor necessária para que g_0 kgf de CO_2, nas condições de entrada na instalação (H_0), se transforme em gelo seco (H_5), de modo que se verifica também que:

$$Q_E = g_0 (H_0 - H_5) \quad \text{fg/kgf de } CO_2 \text{ através}$$
$$\text{do condensador}$$

(3.9.8)

Por outro lado, considerando como G kgf/h a capacidade do compressor de alta (CO_2 através do condensador), podemos calcular:

$$P_f = G(1 - g_1 - g_2)(H_1' - H_4''') =$$
$$= G.g_0 (H_0 - H_5) \quad \text{fg/h}$$

(3.9.9)

$$P_m = \frac{G A L_m}{632} \text{cv}$$ (3.9.10)

Donde o rendimento frigorífico teórico:

$$\eta f = \frac{P_f}{P_m} = 632 \frac{Q_E}{AL_m} = \frac{632 g_0 (H_0 - H_5)}{AL_m} \text{ fg/c.v.h}$$

(3.9.11)

ou ainda a relação:

$$\frac{G g_0}{P_m} = \frac{\eta f}{(H_0 - H_5)} \quad \frac{\text{kgf gelo seco}}{\text{cv.h}}$$

(3.9.12)

que representa o peso de gelo seco produzido por hora para cada cavalo-vapor de potência de compressão da instalação.

3.9.1 – Exemplo

Calcular a produção teórica de gelo seco em kgf/cv.h de uma instalação de alta pressão em três estágios de compressão, como a analisada, onde as pressões intermediárias escolhidas são 1 kgf/cm^2, 6 kgf/cm^2, 30 kgf/cm^2 e 70 kgf/cm^2.

O CO_2 disponível é admitido na instalação a 20°C e 760 mm Hg.

Nestas condições, o diagrama TS ou pH do CO_2 nos fornece (de acordo com a Figura 3.9.3):

H_O (CO_2 a 20°C e 760 mm Hg) = 173 kcal/kgf

H_5 (CO_2 sólido a 760 mm Hg) = 16,7 kcal/kgf

H_1 = 153,6 kcal/kgf

H_1" = 155,3 kcal/kgf

H_1"' = 156,4 kcal/kgf

H_2' = 174 kcal/kgf (30°C a 6 kgf/cm^2)

H_2" = 173 kcal/kgf

H_2"' = 168 kcal/kgf (30°C a 30 kgf/cm^2)

H_2"" = 165,3 kcal/kgf

$H_3 = H_3' = H_4' = 122$ kcal/kgf

H_3" = H_4" = 96,6 kcal/kgf

H_3"' = H_4"' = 73,0 kcal/kgf

ficando apenas a determinar, os valores de H_1' e H_2 até agora desconhecidos.

Nestas condições, podemos calcular:

$$g_1 = \frac{(H_2\text{"'} - H_1\text{"'}) + (H_4\text{'} - H_3\text{"})}{H_2\text{"'} - H_3\text{"}} =$$

$$= \frac{(168 - 156,4) + (122 - 96,9)}{168 - 96,6} = 0,513$$

$$g_2 = (1 - g_1)\frac{H_2\text{'} - H_1\text{"} + H_4\text{"} - H_3\text{"'}}{H_2\text{'} - H_3\text{"'}} =$$

$$= 0,487\frac{(174 - 155,3) + (96,6 - 73)}{174 - 73} = 0,2035$$

$$1 - g_1 - g_2 = 1 - 0,7165 = 0,2835$$

Na realidade, o sistema é aberto de modo que, da parcela anterior que atinge o recipiente D, apenas

$$g_O = (1 - g_1 - g_2)\frac{H_1 - H_4\text{"}}{H_1 - H_5} =$$

$$= 0,2835 \times \frac{153,6 - 73}{153,6 - 16,7} = 0,1665$$

representa gelo seco que poderá ser então separado.

A parte restante

$$1 - g_1 - g_2 - g_O = 0,2835 - 0,1665 = 0,117$$

na forma de vapor saturado seco a – 78,9°C (H_1), é misturada com parcela igual a g_O de CO_2 a 20°C e 760 mm Hg (H_O), para atingir as condições de aspiração assinaladas em 1', de tal forma que:

$$H_1\text{'} = \frac{0,117\ H_1 + 0,1665\ H_O}{0,2835} =$$

$$= \frac{0,117 \times 153,6 + 0,1665 \times 173}{0,2835} =$$

$$= 165\ \text{kcal/kgf}$$

donde podemos determinar (isentrópica):

$$H_2 = 191\ \text{kcal/kgf (105°C)}$$

Fica assim completamente caracterizado o ciclo em estudo, e podemos escrever:

$$Q_E = (1 - g_1 - g_2)(H_1\text{'} - H_4\text{"'}) = 0,2835\ (165 - 73)$$

$$= 26,0\ \text{fg/kgf de } CO_2 \text{ no } C_A$$

$$Q_C = (1 - g_1 - g_2)(H_2 - H_2\text{'}) + (1 - g_1)(H_2\text{"} - H_2\text{"}) $$

$$+ (H_2\text{"'} - H_3\text{'}) = 0,2835\ (191 - 174) +$$

$$+ 0,487\ (173 - 168) + (165,3 - 122) =$$

$$= 50,8\ \text{kcal/kgf}$$

$$AL_m = (1 - g_1 - g_2)(H_2 - H_1') + (1 - g_1)(H_2'' - H_1'')$$

$$+ (H_2''' - H_1'') = 0,2835(191 - 165) +$$

$$+ 0,487(173 - 155,3) + (165,3 - 156,4) =$$

$$= 24,8 \text{ kcal/kgf}$$

Por outro lado, considerando como G kgf/h a capacidade do compressor de alta, podemos igualmente calcular:

$$P_f = G Q_E = G g_0 (H_O - H_5) = 26 G \text{ fg/h}$$

$$P_m = \frac{G AL_m}{632} = 0,0392 G \text{ cv}$$

$$\eta_f = \frac{P_f}{P_m} = \frac{26}{0,0392} = 664 \text{ fg/cv.h}$$

ou ainda a relação:

$$\frac{g_0 G}{P_m} = \frac{\eta_f}{H_O - H_5} = \frac{664}{173 - 16,7} =$$

$$= \frac{664}{156,3} = 4,25 \text{ kgf/cv.h}$$

que representa o peso de gelo seco produzido por hora por cada cv teoricamente instalado.

3.10 – Ciclos frigorígenos para a liquefação de gases

Um gás pode ser liquefeito, quando sua temperatura atinge valores inferiores à temperatura crítica e a pressão a que está submetido não é inferior à correspondente ao seu ponto tríplice.

Quanto à última condição, é fácil satisfazê-la, pois, para os gases ditos permanentes, seu valor é exíguo.

O contrário acontece com as temperaturas críticas cujos valores, para os gases mais comuns, se situam entre -100 e $-200°C$.

Para obter tão baixas temperaturas são usados dois processos básicos:

a – o de Linde, que consiste em expandir o gás comprimido sem executar trabalho exterior;

b – o de Claude, que consiste em expandir o gás comprimido executando trabalho exterior.

Qualquer que seja o processo a seguir (Figura 3.10.1), seu objetivo é converter o gás – que se encontra à pressão atmosférica e à temperatura ambiente (ponto 1) – em líquido a esta mesma pressão (ponto 3). Para efetuar esta transformação, é necessário gastar uma certa quantidade de trabalho, o qual será maior ou menor dependendo do processo adotado.

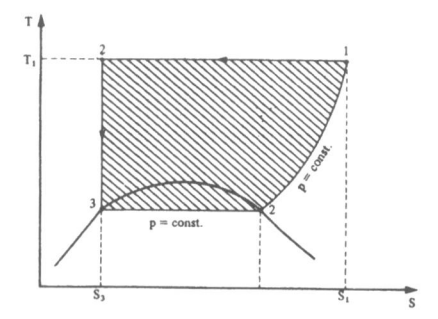

Figura 3.10.1

De acordo com o já estudado,[2] o trabalho mínimo dispendido entre 1 e 3, o qual coincide com o trabalho máximo que seria realizado pelo sistema, caso o mesmo passasse de 3 para 1 seguindo transformações reversíveis, nos é dado pelo conceito de energia utilizável, isto é:

$$dB = dH - T_o dS$$

$$AL_{m \text{ mín.}} = - \int_1^3 dB = H_1 - H_3 - T_1 (S_1 - S_3)$$

Assim, para o ar ambiente a 20°C, podemos assinalar:

$$T_1 = 293 \text{ K}$$

$$S_1 = 1,01 \text{ kcal/kgf K}$$

$$S_3 = 0,1 \text{ kcal/kgf K}$$

$$H_1 = 104,5 \text{ kcal/kgf}$$

$$H_3 = 1,0 \text{ kcal/kgf}$$

de modo que teremos:

$$AL_{m_{min}} = 104,5 - 1 - 297\,(1,01 - 0,1) =$$
$$= -162,5 \text{ kcal/kgf}$$

o que corresponde a uma potência teórica de:

$$\frac{162,5}{632} = 0,257 \; \frac{cv.h}{kgf}$$

Como é fácil verificar o trabalho em consideração corresponde à área hachurada da Figura 3.10.1.

$$\text{ÁREA } S_3 \, 2 \, 1 \, S_1 = T_1 \, (S_1 - S_3)$$
$$\text{ÁREA } S_3 \, 3 \, 2 \, 1 \, S_1 = H_1 - H_3 = \int_1^3 dQ_p$$

E podemos concluir que o processo ideal de liquefação de um gás seria constituído por uma transformação isotérmica de compressão 1 2 seguida de uma expansão isentrópica (com execução de trabalho externo) 2 3.

O processo de Linde baseia-se na imperfeição dos gases reais em relação aos ideais.

Com efeito, embora a experiência de Joule tenha mostrado que a variação da energia interna potencial dos gases é desprezável [e que, portanto, C_p, $H = f(T)$], experiências posteriores devidas a Kelvin permitiram verificar que a expansão isentálpica de um gás (sem realização de trabalho externo) não é isotérmica.

Assim, as equações dos 2 primeiros princípios da termodinâmica nos permitem chegar a expressão:

$$\left(\frac{\partial T}{\partial p}\right)_H = \frac{T\left(\dfrac{\partial v}{\partial T}\right)_p - v}{C_p} \qquad (3.10.1)$$

cujo valor é diferente de zero, positivo ou negativo, quando os gases não seguem com exatidão a equação $pv = RT$.

A valores positivos correspondem reduções de temperaturas em função de reduções de pressão, enquanto que, para valores negativos, acontece o contrário.

Existe, portanto, para cada gás à temperatura ambiente uma pressão limite bem definida, para a qual a relação $(\partial T/\partial p)_H$ muda de sinal.

Para a maior parte dos gases esta pressão é elevada, de modo que nas expansões comuns sempre haverá um esfriamento.

Assim, para o ar pode-se empregar a fórmula empírica:

$$\Delta_t = (0,268 - 0,00086 \; p)\left(\frac{273}{T}\right)^3 \Delta_p$$

$$(3.10.2)$$

a qual nos dá, para uma temperatura T e pressão p iniciais, o abaixamento de temperatura Δ_t resultante de uma queda de pressão isentálpica Δ_p.

Esta fórmula nos mostra que a pressão citada, de inversão do fenômeno, para o ar é de 310 kgf/cm².

Para o hidrogênio e o hélio, a relação 3.10.1 já à temperatura ambiente é negativa, de modo que um esfriamento por expansão isentálpica dos mesmos só é possível a temperaturas inferiores.

No processo de Linde, para conseguir um abaixamento de temperatura suficiente para a liquefação do ar, o mesmo é comprimido em 3 estágios, com arrefecimentos intermediários, até uma pressão de 200 kgf/cm²

O ar comprimido, a seguir, é expandido até a pressão atmosférica por meio de 1 ou 2 laminagens.

Inicialmente, eram adotadas instalações com expansão única; entretanto, atualmente o sistema mais empregado é o de dupla expansão, por ser o mais econômico.

A Figura 3.10.2 nos mostra o esquema de uma instalação deste último tipo, onde o ar previamente purificado e secado em PS é comprimido inicialmente por um compressor de baixa C_B para, a seguir, ser arrefecido até a temperatura ambiente inicial por meio do intercambiador de água A_1.

Segue-se uma segunda etapa de compressão em C_M com novo arrefecimento A_2, na qual o ar atinge uma pressão próxima à do seu ponto crítico (37,2 kgf/cm²).

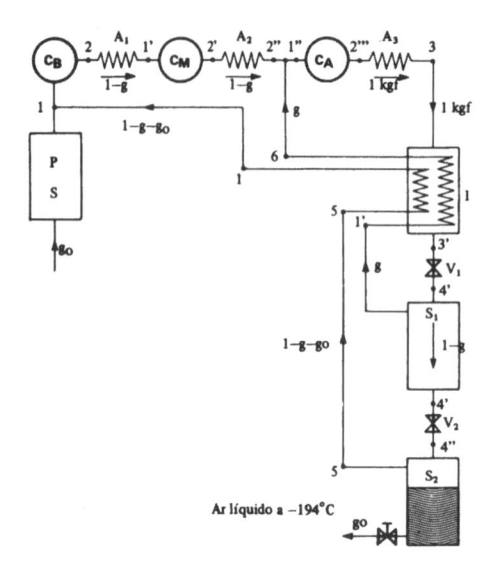

Figura 3.10.2

Finalmente, numa última etapa em C_A seguida de um último arrefecimento à água A_3, o ar atinge pressões da ordem de 200 kgf/cm², mantendo sua temperatura praticamente igual à ambiente.

O ar passa, a seguir, pelo intercambiador de calor I formado por tubos concêntricos dispostos em forma helicoidal, no qual circula em contracorrente o ar já esfriado por efeito das laminagens sofridas em V_1 e V_2, separado nos separadores S_1 e S_2.

O esfriamento, que então se obtém, será eficaz depois de um certo tempo de funcionamento da instalação.

Atingidas as condições de regime, a temperatura do ar antes da primeira válvula de expansão será bastante baixa e a liquefação do mesmo poderá ser obtida, ou não, no primeiro separador de líquido, dependendo da temperatura de expansão ser menor ou maior do que aquela correspondente ao ponto crítico.

Neste ponto, parte do ar volta ao intercambiador de calor (cerca de 80%), enquanto que a parte restante se dirige a uma segunda válvula de expansão, donde sai a pressão atmosférica, produzindo a desejada liquefação de parte de sua massa, descarregando-se a restante para a atmosfera através do mesmo intercambiador I já citado.

A pressão do primeiro separador é igual à pressão de aspiração do compressor de alta, de modo que o gás dele retirado, através do intercambiador I, é novamente comprimido em C_A, voltando a circular pelo sistema.

As pressões adotadas são geralmente 1 kgf/cm², 6 kgf/cm², 40 kgf/cm² e 200 kgf/cm²,

As transformações seguidas pelo ar nas condições analisadas podem ser representadas num diagrama TS, o qual toma o aspecto da Figura 3.10.3, onde podemos notar as alterações sofridas pelo ciclo real em relação ao ideal da Figura 3.10.1.

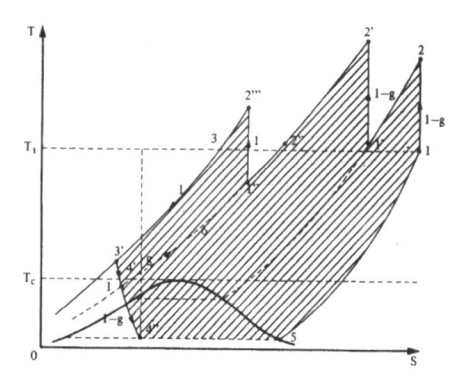

Figura 3.10.3

Após as compressões, o ar é trazido respectivamente aos pontos 1', 2" e 3 por meio dos arrefecedores A.

A passagem de 2" para 1" corresponde à mistura do ar nas condições 2", que sai do arrefecedor A_2, com o ar nas condições 6, que sai do intercambiador I.

A passagem de 3 para 3' corresponde ao arrefecimento em I.

Nestas condições, podemos calcular:

$$H_1" = g\,H_6 + (1-g)\,H_2" \qquad (3.10.3)$$

enquanto que a parcela de ar liquefeito, em relação ao kgf de ar comprimido pelo compressor de alta C_A, será:

$$g_0 = (1-g)\,\frac{H_5 - H_4"}{H_5 - H_0} \qquad (3.10.4)$$

De modo que o arrefecimento 3 3' nos será dado por:

$$(H_3 - H_3') = (1 - g - g_O)(H_1 - H_5) + g(H_6 - H_4')$$

(3.10.5)

Assim, fixando-se os pontos 1" e 6, podemos calcular g, o qual é da ordem de 0,8, enquanto que, fixando-se o ponto 3' ($H_3' = H_4' = H_4''$) podemos calcular g_O, o qual é da ordem de 0,06.

Nestas condições, podemos determinar:

$$Q_E = (1 - g)(H_5 - H_4'') = g_O(H_5 - H_O)$$
$$Q_C = (1 - g)(H_2 - H_1' + H_2' - H_2'') + (H_2''' - H_3)$$
$$AL_m = (1 - g)(H_2 - H_1 + H_2' - H_1') + H_2''' - H_1''$$

(3.10.6)

A produção que se obtém com instalações deste tipo é da ordem de 1,4 cv.h/kgf de ar líquido, valor este bastante inferior àquele correspondente a uma instalação ideal (0,257 cv.h/kgf ar líquido).

Para melhorar o rendimento da instalação em estudo, atendendo a que o ar é um fluido frigorígeno pouco conveniente, pode-se efetuar o arrefecimento na zona das temperaturas mais baixas, por meio de um fluido mais adequado, intercalando no trajeto do ar a 200 kgf/cm² um novo arrefecedor de NH_3 a $- 50°C$, o qual pode ser fracionado em 2 partes, correspondentes a 2 estágios de compressão.

O processo de Claude para a liquefação dos gases funciona de acordo com o ciclo de refrigeração a gás já estudado.

3.11 – Fluidos frigorígenos

Fluidos frigorígenos, agentes frigorígenos ou simplesmente refrigerantes, como vulgarmente são chamados, são as substâncias empregadas como veículos térmicos na realização dos ciclos de refrigeração.

Inicialmente foram usados, como fluidos frigorígenos, NH_3, CO_2, SO_2 e CH_3 Cl.

Mais tarde, com a finalidade de atingir temperaturas de $- 75°C$, Linde empregou N_2O (1912), C_2H_6 (1916) e mesmo o propano C_3H_8, apesar do perigo de explosão.

Com o desenvolvimento da indústria frigorígena, entretanto, novos equipamentos foram projetados, crescendo mais e mais a necessidade de novos refrigerantes.

Assim, o emprego da refrigeração mecânica no lar e o uso de compressores rotativos e centrífugos determinaram a pesquisa de novos produtos que levaram à descoberta dos *hidrocarbonetos fluorados*, sintetizados a partir dos hidrocarbonetos da série metano e etano que, devido às suas excepcionais qualidades, constituem modernamente os fluidos frigorígenos por excelência, para a maior parte das instalações de refrigeração.

Estes refrigerantes são normalmente chamados de FREONS (DuPont) ou FRIGENS (Hoechst), e são classificados por meio de 3 algarismos.

O primeiro algarismo indica o número de átomos de carbono menos 1 $(n - 1)$. Assim, os derivados do metano terão, como primeiro algarismo, o zero, enquanto que os derivados do etano terão o número um.

O segundo algarismo indica o número de átomos de hidrogênio mais 1, caracterizando assim, a combustibilidade do refrigerante.

O terceiro algarismo indica o número de átomos de flúor.

Assim, podemos registrar os seguintes hidrocarbonetos fluorados, com suas respectivas classificações:

FÓRMULA E NOME	CLASSIFICAÇÃO
$CC\ell_2F_2$ Diclorodifluormetano	F–12 ou R–12
$CH\ell F_2$ Monoclorodifluormetano	F–22 ou R–22
$CC\ell F_3$ Monoclorotrifluormetano	F–13 ou R–13
$CHC\ell_2 F$ Dicloromonofluormetano	F–21 ou R–21
$C_2C\ell_2F_4$ Diclorotetrafluoretano	F–114 ou R–114
$CC\ell_3F$ Tricloromonofluormetano	F–11 ou R–11
$C_2C\ell_3F_3$ Triclorotrifluoretano	F–113 ou R–113
$C_2C\ell F_5$ Monocloropentafluoretano	F–115 ou R–115

Tabela 3.11.1

Atualmente, esta sendo largamente usado um fluido frigorígeno especial, designado por F–502 ou R–502, que resulta da mistura azeotrópica do $C_2C\ell F_5$ com o $CHC\ell F_2$.

Um fluido frigorígeno pode ser caracterizado a partir dos 4 pontos de vista distintos, a seguir relacionados:

a – Rendimento do ciclo

A fim de que um fluido frigorígeno dê à instalação um bom rendimento frigorífico, o ciclo de funcionamento da mesma deve aproximar-se o mais possível do ciclo ideal de Carnot.

Para caracterizar o maior ou menor afastamento do ciclo de funcionamento real de um fluido frigorígeno qualquer, daquele ideal de Carnot, adota-se o conceito já estudado de rendimento do ciclo:

$$\eta_{ciclo} = \frac{\in}{\in_{Carnot}}$$

onde $\in = \dfrac{Q_E}{AL_m}$ e $\in_{Carnot} = \dfrac{T_E}{T_C - T_E}$ são os coeficientes de efeito frigorífico correspondentes respectivamente ao ciclo real do fluido em estudo e ao ciclo ideal de Carnot.

Como cada fluido constitui, sob o aspecto real de funcionamento, um caso particular, para a determinação de $\in$ é necessário dispor do diagrama entrópico do fluido.

Para facilitar, entretanto, esta análise, visando, principalmente, ao caso de fluidos dos quais não se dispõe de diagramas de cálculo TS ou pH, Plank (1940) avaliando aproximadamente as áreas b34 e a2'2 da Figura 3.3.2, que caracterizam o afastamento apontado, estabeleceu a fórmula prática:

$$\eta_{ciclo} = = 1 - \frac{1}{2}\frac{T_C}{T_E}(T_C - T_E)\frac{\dfrac{T_S - T_E}{T_C(T_C - T_E)} + \dfrac{T_E}{T_C} + \dfrac{C_1}{C_0C_p}}{\dfrac{r_E}{C_0} - (T_C - T_E)}$$

$$(3.11.1)$$

onde:

T_C – Temperatura absoluta de condensação.

T_E – Temperatura absoluta de vaporização.

T_S – Temperatura absoluta de sub-resfriamento.

r_E – Calor de vaporização à temperatura T_E.

C_0 – Calor específico do líquido ($x = o$).

C_1 – Calor específico do vapor ao longo da 1.l.s. ($x = 1$).

C_p – Calor específico do vapor superaquecido à pressão constante.

Para calcular o valor de C_1 pode ser empregada a fórmula:

$$C_1 - C_0 = \frac{dr}{dT} - \frac{r}{T}$$

a qual, com o auxílio da expressão aproximada:

$$r = a(T_{Crítica} - T)^{1/3}$$

nos fornece:

$$C_1 = C_0 - r_m\frac{1}{3(T_{Crítica} - T_m)} + \frac{1}{T_m}$$

$$(3.11.2)$$

onde:

r_m – Calor médio de vaporização entre T_E e T_C

$T_{Crítica}$ – Temperatura absoluta do ponto crítico

$$T_m = \frac{T_C + T_E}{2}$$

Nestas condições, podemos concluir que, do ponto de vista em estudo, um bom fluido frigorígeno deverá apresentar:

– um pequeno calor específico do vapor ao longo da 1.l.s. (isto é, 1.l.s. próxima de uma isentrópica, o que, conforme nos mostra a equação 3.11.2, decorre de uma elevação do ponto crítico do refrigerante em relação às temperaturas de funcionamento do ciclo);

– elevados calores específicos do líquido e do vapor superaquecido à pressão constante (pequena área a 2'2);

- calor de vaporização elevado em relação ao calor específico do líquido (pequena área b34 em relação à restante).

Assim, aplicando a fórmula de Plank a diversos fluidos frigorígenos, para as condições de:

$t_C = 30\,^{\circ}C$ $t_E = 15\,^{\circ}C$ $t_S = 30\,^{\circ}C$

obtemos os valores da tabela 3.11.2, os quais conferem aproximadamente com os resultatados obtidos diretamene através dos diagramas de cálculo que constam do estudo comparativo feito à Tabela 3.11.8.

FLUIDO	$CH_2C\ell_2$	$CFC\ell_3$	$CH_3C\ell$	SO_2	NH_3	$CF_2C\ell_2$	H_2O
η Ciclo	0,876	0,866	0,851	0,844	0,826	0,820	0,710

Tabela 3.11.2

Assim disso, a fórmula de Plank nos mostra claramente que:

- o afastamento do ciclo real em relação àquele ideal de Carnot aumenta com a diferença de temperaturas: $T_C - T_E$;
- o sub-resfriamento é tanto mais vantajoso quanto menor for o valor de C_1 e maior a diferença entre as temperaturas de condensação e vaporização.

b – *Construção*

Do ponto de vista construtivo, os fluidos frigorígenos devem:

- ser quimicamente inertes em relação aos metais, juntas e lubrificantes usados na instalação;
- ser miscíveis com a água, a fim de evitar congelamento da mesma nas canalizações, quando a temperatura adotada for inferior a $O^{\circ}C$;
- apresentar, no estado de vapor, boa condutibilidade térmica, a fim de permitir as trocas de calor com pequenos gradientes de temperatura;
- ter baixa viscosidade, a fim de dar origem a pequenas perdas de carga;
- exigir, para as temperaturas de funcionamento de ciclo, relações de compressão baixas;
- ter pressão de saturação, correspondente à temperatura de vaporização não inferior à atmosférica, mormente no caso de compressores alternativos a cárter aberto, a fim de evitar infiltração de ar no sistema;

- ter, por outro lado, tanto a pressão como a temperatura de descarga não muito elevadas, a fim de permitir construções leves, tanto do compressor como das canalizações e de facilitar a lubrificação e a vedação (valor de k próximo de 1);
- ter temperatura de congelamento inferior à menor temperatura de funcionamento da instalação;
- não se misturar com o óleo lubrificante, a fim de evitar o arrasto do mesmo, quando da passagem do fluido pelo compressor, o que poderia acarretar o esvaziamento do cárter (é o que acontece com os FREONS, cujas canalizações devem ser projetadas de modo a garantir o retorno do óleo ao compressor);
- apresentar calor de vaporização volumétrico $(r\gamma)$ elevado, a fim de garantir um tamanho de compressor reduzido.

c – *Segurança*

Atendendo à segurança pessoal e material, os fluidos frigorígeno devem ser:

- não-inflamáveis e não-explosivos, quando misturados com o ar (sob este aspecto, podem ser considerados: *não-inflamáveis*, os fluidos frigorígenos que não contêm átomos de H_2, como os FREONS saturados; *pouco inflamáveis*, a NH_3, o CH_3Cl e os FREONS não-saturados; e *muito inflamáveis*, o C_2H_5Cl, o C_2H_4, o C_2H_6, o C_3H_8, etc.);

– atóxicos (quanto à toxicidade, os fluidos frigorígenos podem ser classificados acordo com os números-índices que constam da tabela 3.11.3, caracterizados em função de concentração percentual em volume ao ar e da duração de exposição que causam efeito letal ou intoxicação grave).

ÍNDICE	CONCENTRAÇÃO % volume ao ar	EXPOSIÇÃO Tempo
1	0,5 a 1%	5 minutos
2	0,5 a 1%	30 minutos
3	2 a 2,5%	1 hora
4	2 a 2,5%	2 horas
5a	Menos nocivo que o grupo 4	
5b	Entre os grupos 5a e 6	
6	Algum efeito	2 a 20 horas

Tabela 3.11.3

– bastante estáveis ao calor, principalmente, nas temperaturas de funcionamento do ciclo (sob este aspecto, alguns refrigerantes se decompõem ao fogo, dando origem ao Fosgênio ($COC\ell_2$), que, em caso de incêndios, poderá dificultar o combate às chamas);

– facilmente identificáveis no caso de escapamentos (fugas), seja pelo odor seja por meio de fenômenos visíveis (colorações, fumos, etc.), seja ainda por meio de efeitos secundários (como variação de resistências elétricas aquecidas); assim, os FREONS podem ser facilmente localizados por meio das chamadas lamparinas HALIDE, que constam essencialmente de uma chama de álcool que aquece uma massa de cobre; um tubo flexível permite a circulação do ar desde a zona suspeita de fugas até a lamparina. Caso haja vestígios de FREON, a chama muda de coloração, passando de azul para verde azulada.

d – *Disponibilidade e custo*

São, por seu turno, condições que, na maior parte das vezes, se impõem na seleção do fluido frigorígeno a usar nas instalações frigoríficas, principalmente as de natureza industrial de grande capacidade.

Esta é a razão pela qual, ainda hoje, a amônia é um dos refrigerantes mais usados (grandes frigoríficos), sendo apenas substituída pelos FREONS em instalações de pequeno porte, instalações de compressores rotativos e centrífugos, e instalações de ar condicionado (devido ao seu forte odor).

As Tabelas 3.11.4, 3.11.5, 3.11.6 e 3.11.7, baseadas nos pontos de vista apontados, resumem as características de grande número de fluidos frigorígenos, distribuídos de acordo com a temperatura de funcionamento da instalação em que são usualmente adotados.

A Tabela 3.11.8, por sua vez, nos mostra o estudo comparativo do ciclo entre diversos fluidos frigorígenos, funcionando nas condições *standard americana* de $-15°C/+30°C$.

FLUIDOS FRIGORÍGENOS PARA TEMPERATURAS MÉDIAS

N.º	NOME	AMÔNIA	DICLORODIFLUOR– METANO	MONOCLORODIFLUOR– METANO	CLORETO DE METILA	ANIDRIDO SULFUROSO
1	Designação Comercial		FREON–12	FREON–22	ARTIC	–
2	Fórmula	NH_3	$CC\ell_2F_2$	$CHC\ell F_2$	$CH_3C\ell$	SO_2
3	Peso molecular M	17,03	120,92	86,48	50,49	64,06
4	Constante R m/K	49,8	7,0127	9,806	$\sim$17	$\sim$ 13,2
5	Calor específico C_p kcal/kgf°C	0,5202	0,142	0,1499	0,24	0,1511
6	Calor específico C_v kcal/kgf°C	0,0411	0,126	0,1261	0,20	0,121
7	Expoente isentrópico k	1,312	1,13	1,178	1,27	1,271
8	Calor expecífico do líquido kcal/kgf°C	1,105	0,222	0,287	0,374	0,330
9	Peso específico do líquido a 0°C kgf/m³	638,6	1394	1,285	962	1442
10	Pressão de saturação a −10°C kgf/cm²	2,97	2,234	3,63	1,81	1,034
11	Pressão de saturação a +25°C kgf/cm²	10,225	6,636	10,75	5,80	3,97
12	Volume específico do vapor a −10°C m³/kgf	0,418	0,07813	0,0654	0,233	0,328
13	Calor de vaporização a −10°C r kcal/kgf	309,64	38,07	51,2	99,25	93,13
14	Calor de vaporização vol. a −10°C r/vs kcal/m³	740	487,29	782,85	426,67	284
15	Pressão crítica kgf/cm²	115,2	40,87	50,33	68,1	80,3
16	Temperatura crítica °C	132,4	111,5	96,0	143,12	157,2
17	Temperatura de ebulição (760 mm Hg) °C	−33,4	−29,8	−40,80	−23,7	−10
18	Temperatura de solidificação °C	−77,7	−155	−160	−97,6	−75,3
19	Condutividade térmica a 20°C Líquido	0,42	0,0780	0,0893	0,14	0,17
20	kcal/m°C.h Vapor (1 atm)	0,021	0,00836	0,01017	0,009	0,008
21	Viscosidade absoluta 20°C Líquido	0,791	0,949	0,827	0,869	1,05
22	kg/mh Vapor (1 atm)	0,046	0,049	0,047	0,038	0,054
23	Odor	Acre-Irrespirável	Inodoro	Inodoro	Clorofórmio	Inodoro – Sufocante
24	Combustibilidade	Pouca	Nenhuma	Muito pouca	Pouca	Nenhuma
25	Limites de explosão (% volume no ar)	17 a 27	–	–	8,1 a 18,6	–
26	Temperatura de inflamação °C	700 − 780	–	–	–	–
27	Toxicidade	Índice 2	Índice 6	Índice 5-A	Índice 4	Índice 1
28	Ação corrosiva sobre metais	Cobre, zinco	Práticamente nula	Borracha	Anidro só o alumínio	Nenhuma (anidro)
29	Ação sobre lubrificantes	Não dissolve os óleos	Miscível Usa óleos não-higroscópicos	Pouco Miscível Usa óleos não-higroscópicos	Miscível – Usa glicerina e óleos minerais claros	Usa óleos claros
30	Solubilidade na água a 30°C	Muita	Pouca		Pouca	Muita
31	Estabilidade ao calor	Até 150°C	–	–	Estável	Estável
32	Produtos da decomposição ao fogo		$HC\ell$, HF, $COC\ell_2$		$HC\ell$, $COC\ell_2$	–
33	Localização de fugas	Bastão de enxofre inflamado	Lamparina de álcool (Halide) Detector eletrônico	Lamparina de álcool (Halide) Detector eletrônico	Odor, Lamparina de álcool 1% acroleína −lacrimogênio	Água amoniacal

65

Tabela 3.11.4

N.º	NOME		TRICLORETO DE ETILENO	DICLORETO DE ETILENO	CLORETO DE METILENO	TRICLOROMONOFLUOR – METANO	TRICLOROTRIFLUOR – ETANO
1	Designação comercial		TRIELINE	DIELINE	CARRENE 1	*FREON–11 ou CARRENE–2	FREON–113
2	Fórmula		$C_2HC\ell_3$	$C_2H_2C\ell_2$	$CH_2C\ell_2$	$CC\ell_3F$	$C_2C\ell_3F_3$
3	Peso Molecular M		131,38	96,93	84,94	137,38	187,39
4	Constante R m/ K		$\sim 6,4$	$\sim 8,5$	$\sim 9,8$	$\sim 6,9$	~ 5
5	Calor específico C_P kcal/kgf°C		0,12	0,1625	0,154	0,1374	0,1633
6	Calor específico C_v kcal/kgf°C		0,105	0,1425	0,131	0,1213	0,1516
7	Expoente isentrópico k		1,14	1,14	1,18	1,130	1,082
8	Calor específico do líquido kcal/kgf°C		0,233	0,270	0,34	0,202	0,218
9	Peso específico do líquido a 0°C kgf/m³		1470	1270	1350	1538	1626
10	Pressão de saturação a – 10°C kgf/cm²		0,016	0,075	0,114	0,261	0,0923
11	Pressão de saturação a + 25°C kgf/cm²		0,103	0,396	0,577	1,0825	0,456
12	Volume específico do vapor a – 10° m³/kgf		11,0	3,06	2,240	0,616	1,306
13	Calor de vaporização a – 10° r kcal/kgf		62,4	75	88,6	46,27	38,57
14	Calor de vaporização vol. a – 10°C r/vs kcal/m³		5,7	24,6	39,4	75,11	29,53
15	Pressão crítica kgf/cm²		51	56	63,3	44,6	34,8
16	Temperatura crítica °C		270	243	239	+ 198	214,1
17	Temperatura de ebulição (760 mm Hg) °C		87	50	+ 40,3	+ 23,77	47,57
18	Temperatura de solidificação °C		– 87,8	– 56,7	– 96,6	– 111	– 35
19	Condutividade térmica a 20°C	Líquido	–	–	–	0,082	0,0782
20	kcal/m.°C.h	Vapor (1 atm)	–	–	–	0,007	0,00675
21	Viscosidade absoluta 20°C	Líquido	–	–	–	1,589	2,228
22	kg/m.h	Vapor (1 atm)	–	–	–	0,0388	0,0374
23	Odor		Clorofórmio	Clorofórmio	Clorofórmio	–	–
24	Combustibilidade		Nenhuma	Pouca	Pouca	Nenhuma	Nenhuma
25	Limites de explosão (% volume no ar)		–	5,6 a 11,4	–	–	–
26	Temperatura de inflamação °C		–	–	–	–	–
27	Toxicidade		4	Índice 4	Índice 4	Índice 5-A	Índice 4 a 5
28	Ação corrosiva sobre metais		Praticamente nula	Borracha, anidro não ataca metais	Praticamente nula	–	–
29	Ação sobre lubrificantes		–	–	Miscível	Miscível	Miscível
30	Solubilidade na água a 30°C		Nula	Pouca	Pouca	0,013%	0,013%
31	Estabilidade ao calor		Estável	Estável	Estável	Estável	Estável
32	Produtos da decomposição ao fogo		–	$HC\ell$, $COC\ell_2$	$HC\ell$, $COC\ell_2$	$HC\ell$, HF, $COC\ell_2$	$HC\ell$, HF, $COC\ell_2$
33	Localização de fugas		–	Lamparina de álcool	Lamparina de álcool	Lamparina de álcool Detector eletrônico	Lamparina de álcool Detector eletrônico

Tabela 3.11.5

FLUIDOS FRIGORÍGENOS PARA TEMPERATURAS MÉDIAS

N.º / NOME	DICLOROTETRAFLUOR-ETANO	DIMETILAMINA	CLORETO DE ETILA	DICLOROMONOFLUOR-METANO	FORMIATO DE METILA
1 Designação comercial	FREON–114	–	–	FREON–21	–
2 Fórmula	$C_2C\ell_2F_4$	$(CH_3)_2\,NH$	$C_2H_5C\ell$	$CHC\ell_2F$	HCO_2CH_3
3 Peso molecular M	170,93	45,06	64,5	102,93	60,03
4 Constante R m/ K	∼ 5,6	–	∼ 12,8	∼ 4,6	–
5 Calor específico C_p kcal/kgf°C	0,1629	–	0,273	0,1364	–
6 Calor específico C_v kcal/kgf°C	0,1502	–	0,2425	0,1156	–
7 Expoente isentrópico k	1,1088	1,15	1,1257	1,165	–
8 Calor específico do líquido kcal/kgf°C	0,238	0,56	0,376	0,256	1,12
9 Peso específico do líquido a 0°C kgf/m³	1530	680	925	1428	990
10 Pressão de saturação a – 10°C kgf/cm²	0,595	0,48	0,46	0,47	0,161
11 Pressão de saturação a + 25°C kgf/cm²	2,2	2,12	1,62	1,45	0,794
12 Volume específico do vapor a – 10°C m³/kgf	0,214	–	0,856	0,459	2,48
13 Calor de vaporização a – 10°C r kcal/kgf	34	144,6	97,2	57,86	127
14 Calor de vaporização vol. a – 10°C /vs kcal/m³	158,8	–	113,7	126,05	51,2
15 Pressão crítica kgf/cm²	33,3	53,4	53,3	52,7	61,1
16 Temperatura crítica °C	145,7	164,6	182,8	178,5	214
17 Temperatura de ebulição (760 mm Hg) °C	3,55	7,0	13,1	8,92	31,2
18 Temperatura de solidificação °C	– 94	–	– 139	– 135	– 100
19 Condutividade térmica a 30°C Líquido	0,067	–	–	0,1046	–
20 kcal/m.°C.h Vapor (1 atm)	0,0097	–	–	0,0085	–
21 Viscosidade absoluta 30°C Líquido	1,278	–	–	1,19	–
22 kg/m.h Vapor (1 atm)	0,042	–	–	0,0417	–
23 Odor	–	–	Éter	–	–
24 Combustibilidade	Nenhum	Sim	Muita	Pouca	Sim
25 Limites de explosão (% volume no ar)	–	–	4,9 a 13,5	–	–
26 Temperatura de inflamação °C	–	–	–	–	–
27 Toxicidade	Índice 6	–	Índice 4	Índice 4	Índice 3
28 Ação corrosiva sobre metais	Anidro Nenhuma	–	Anidro Nenhuma	Anidro Nenhuma	Anidro Nenhuma
29 Ação sobre lubrificantes	Usa óleos não higroscópicos	–	Miscível – Usa glicerina	Miscível – Usa óleos não higroscópicos	Usa óleos não higroscópicos
30 Solubilidade na água a 30°C	0,011%	–	Pouco	0,16%	–
31 Estabilidade ao calor	Estável	–	Estável	Estável	–
32 Produtos da decomposição ao fogo	$HC\ell$, HF, $COC\ell_2$	–	$HC\ell$, $COC\ell_2$	$HC\ell$, HF, $COC\ell_2$	–
33 Localização de fugas	Lamparina de álcool Detector eletrônico	–	Difícil	Lamparina de álcool Detector eletrônico	–

67

Tabela 3.11.6

FLUIDOS FRIGORÍGENOS PARA TEMPERATURAS BAIXAS

N.º	NOME		ANIDRIDO CARBÔNICO	ÓXIDO NITROSO	ETILENO	ETANO	MONOCLOROTRIFLUOR–METANO
1	Designação comercial		–	GÁS HILARIANTE	–	–	FREON–13
2	Fórmula		CO_2	N_2O	C_2H_4	C_2H_4	$CC\ell F_3$
3	Peso molecular M		44,005	44,02	28,05	30,07	104,47
4	Constante R m/K		19,3	–	31,2	30,8	–
5	Calor específico C_p kcal/kgf°C		0,2025	–	0,359	0,397	–
6	Calor específico C_v kcal/kgf°C		0,1558	–	0,286	0,324	–
7	Expoente isentrópico k		1,3	1,31	1,24	1,202	1,15
8	Calor específico do líquido kcal/kgf°C		0,692	0,70	1,30	0,802	0,283
9	Peso específico do líquido a 0°C kgf/m³		924,8	1110	341	411,7	1120
10	Pressão de saturação a – 50°C kgf/cm²		6,97	7,94	10,5	5,62	4,28
11	Pressão de saturação a + 25°C kgf/cm²		65,59	58,8	> P crítica	42,98	36,24
12	Volume específico do vapor a – 50°C m³/kgf		0,0554	0,0517	0,0515	0,0983	0,03774
13	Calor de vaporização a – 50°C r kcal/kgf		80,56	81	90,5	101,68	31,63
14	Calor de vaporização vol. a – 50°C r/vs kcal/m³		1455	1570	1760	1034,3	840
15	Pressão crítica kgf/cm²		75,2	75	51,4	50,3	39,4
16	Temperatura crítica °C		31	36	+ 9,3	32,1	28,8
17	Temperatura de ebulição (760 mm Hg) °C		– 78,5 (Sublimação)	– 88,7	– 103,5	– 88,63	– 81,4
18	Temperatura de solidificação °C		– 56,6 (P. Tríplice)	– 91,0	– 169,4	– 183,6	– 181
19	Condutividade térmica a 30°C	Líquido	0,06	–	–	–	–
20	kcal/m.°C.h	Vapor (1 atm)	0,044	–	–	–	–
21	Viscosidade absoluta 30°C	Líquido	0,173	–	–	–	–
22	kg/m.h	Vapor (1 atm)	0,0759	–	–	–	–
23	Odor		Inodoro	–	–	Éter – Asfixiante	–
24	Combustibilidade		Nenhuma	Nenhuma	Muita	Muita	Não
25	Limites de explosão (% volume no ar)		–	–	3 a 34%	5,1 a 15%	–
26	Temperatura de inflamação °C		–	–	540 – 550	520 – 630	–
27	Toxicidade		Índice 5-a	–	–	Índice 5-b	–
28	Ação corrosiva sobre metais		Nenhuma	–	–	Nenhuma	–
29	Ação sobre lubrificantes		Miscível	–	–	–	Imiscível
30	Solibilidade na água a 30°C		–	–	–	–	–
31	Estabilidade ao calor		Estável	–	–	Estável	–
32	Produtos da decomposição ao fogo		–	–	–	–	–
33	Localização de fugas		Difícil – Sabão	–	–	Difícil	Detector eletrônico

Tabela 3.11.7

ESTUDO COMPARATIVO ENTRE OS DIVERSOS FLUIDOS FRIGORÍGENOS

(−15°C/+ 30°C)

Fluido	Pressão de saturação kgf/cm²		Relação de compressão	Efeito frigorífico fg/kgf	Fluido em circulação por TR kgf/h	Líquido em circulação por TR m³/h	Volume específico do Vapor (−15°C) m³/kgf	Volume deslocado por(−15°C) TR m³/h	Coeficiente de efeito frigorífico teórico	Rendimento frigorífico teórico fg/cv.h	Temperatura de descarga do compressor (isentrópica)
	−15°C	+30°C									
CO_2	23,24	73,34	3,15	30,8	98,2	0,106	0,0166	1,63	2,56	1615	71°C
NH_3	2,41	11,895	4,94	26,4	11,43	0,019	0,51	5,82	4,75	3000	99°C
CCl_2F_2	1,863	7,592	4,08	28,4	106,5	0,081	0,0925	9,87	4,70	2960	39°C
$CHClF_2$	3,02	12,25	4,06	38,6	78,3	0,066	0,0781	6,12	4,66	2940	55°C
CH_3Cl	1,487	6,658	4,48	83,4	36,2	0,039	0,278	10,1	4,63	2930	81°C
SO_2	0,828	4,66	5,63	79,2	38,2	0,027	0,402	15,38	4,87	3080	90,5°C
$C_2Cl_2F_4$	0,476	2,578	5,42	23,9	126,3	0,087	0,264	33,3	4,74	2970	90°C
C_2H_5Cl	0,326	1,9	5,83	79,1	38,2	0,043	1,005	38,4	5,19	3280	41°C
$CHCl_2F$	0,368	2,2	5,97	49,7	60,9	0,044	0,571	34,8	5,11	3230	60°C
C_2HCl_3	0,0109	0,118	10,84	52	58	0,0394	15,0	868	5,09	3210	73°C
$C_2H_2Cl_2$	0,0614	0,505	8,23	63,5	47,6	0,0382	3,93	186,5	5,14	3250	60°C
CH_2Cl_2	0,0825	0,705	8,56	74,7	40,4	0,0299	3,02	122	5,0	3160	85°C
CCl_3F	0,206	1,285	6,24	37,5	80,6	0,054	0,768	61,9	5,1	3220	45°C
$C_2Cl_3F_3$	0,0685	0,550	8,02	29,8	101,4	0,064	1,69	171	4,92	3110	30°C

Tabela 3.11.8

TABELAS e DIAGRAMAS

Seguem as tabelas de cálculo e diagramas dos principais fluidos frigorígenos, atualmente em uso, conforme o quadro abaixo:

SUBSTÂNCIAS	TABELAS		DIAGRAMAS	
	N.º	PÁG.	N.º	PAG.
NH_3	3.11.9	70	3.11.1	
F—22	3.11.10	71	3.11.2	
F—12	3.11.11	72	3.11.3/4	No final do livro
F—502	3.11.12	73	—	
F—11	3.11.13	74	3.11.5	
F—113	3.11.14	74	—	
$CH_3C\ell$	3.11.15	75	—	
CO_2	3.11.16	75	3.11.6	
SO_2	3.11.17	76	—	

PROPRIEDADES DO VAPOR SATURADO DE NH_3

$$C_p = 0,5202 \text{ kcal/kgf}^\circ C$$
$$k = 1,3$$

Temperatura °C	Pressão absoluta kgf/cm²	Peso específico kgf/m³		Entalpia kcal/kgf		Calor de vaporização kcal/kgf	Entropia kcal/kgf °K	
		Líquido	Vapor	Líquido	Vapor		Líquido	Vapor
50	20,727	562,9	15,756	157,40	408,69	251,29	1,1904	1,9681
45	18,170	571,2	13,774	151,43	408,61	257,18	1,1722	1,9806
40	15,850	579,5	12,005	145,52	408,37	262,85	1,1538	1,9933
35	13,765	587,5	10,431	139,65	407,97	268,32	1,1352	2,0061
30	11,895	595,2	9,034	133,84	407,43	273,59	1,1165	2,0191
25	10,225	602,8	7,795	128,00	406,75	278,66	1,0976	2,0324
20	8,741	610,3	6,694	122,38	405,93	283,55	1,0785	2,0459
15	7,427	617,6	5,718	116,72	404,99	288,27	1,0592	2,0598
10	6,271	624,7	4,859	111,11	403,95	292,84	1,0397	2,0741
5	5,259	631,7	4,108	105,54	402,80	297,26	1,0200	2,0889
0	4,379	638,6	3,452	100,00	401,52	301,52	1,0000	2,1041
− 5	3,620	645,3	2,883	94,50	400,13	305,63	0,9798	2,1199
− 10	2,966	652,0	2,390	89,03	398,67	309,64	0,9593	2,1362
− 15	2,410	658,5	1,966	83,59	397,12	313,53	0,9385	2,1532
− 20	1,940	665,0	1,604	78,17	395,46	317,29	0,9117	2,1710
− 25	1,546	671,4	1,297	72,78	393,72	320,94	0,8960	2,1896
− 30	1,219	677,7	1,038	67,42	391,91	324,49	0,8742	2,2090
− 35	0,950	683,9	0,823	62,08	390,03	327,95	0,8520	2,2294
− 40	0,732	690,0	0,645	56,80	388,10	331,30	0,8295	2,2510
− 45	0,556	696,0	0,500	51,45	386,10	334,65	0,8066	2,2739
− 50	0,417	702,0	0,381	46,20	384,10	337,90	0,7882	2,2978
− 55	0,308	707,9	0,288	41,20	382,10	340,90	0,7601	2,3233
− 60	0,223	713,8	0,213	36,10	380,00	343,90	0,7366	2,3507
− 65	0,160	719,6	0,155	31,00	377,85	346,85	0,7124	2,3794
− 70	0,111	725,3	0,111	25,90	375,70	349,80	0,6878	2,4101

Tabela 3.11.9

$$C_p = 0,19 \text{ (condensação a } 40°C)$$
$$k = 1,178$$

Temperatura °C	Pressão absoluta kgf/cm²	Peso específico kgf/m³		Entalpia kcal/kgf		Calor de vaporização kcal/kgf	Entropia kcal/kgf K	
		Líquido	Vapor	Líquido	Vapor		Líquido	Vapor
50	20,03	1084	88,50	116,23	152,33	36,10	1,0535	1,1652
48	19,10	1095	83,33	115,51	152,29	36,78	1,0514	1,1659
46	18,23	1105	79,37	114,82	152,26	37,44	1,0493	1,1666
44	17,39	1114	75,19	114,13	152,23	38,10	1,0472	1,1673
42	16,58	1123	71,43	113,45	152,19	38,74	1,0451	1,1680
40	15,79	1132	65,57	112,77	152,12	39,35	1,0429	1,1686
38	15,02	1141	64,10	112,10	152,07	39,97	1,0408	1,1693
36	14,30	1150	60,61	111,43	152,03	40,60	1,0386	1,1699
34	13,60	1158	57,47	110,77	151,97	41,20	1,0365	1,1706
32	12,92	1167	54,34	110,10	151,87	41,77	1,0344	1,1713
30	12,26	1176	51,55	109,44	151,78	42,34	1,0323	1,1720
28	11,63	1183	48,54	108,75	151,65	42,90	1,0302	1,1726
26	11,03	1190	46,08	108,10	151,54	43,44	1,0280	1,1732
24	10,45	1198	43,48	107,42	151,38	43,96	1,0258	1,1737
22	9,89	1206	41,15	106,78	151,27	44,49	1,0236	1,1743
20	9,35	1213	38,76	106,13	151,13	45,00	1,0214	1,1749
18	8,83	1220	36,63	105,50	151,00	45,50	1,0193	1,1756
16	8,34	1228	34,60	104,87	150,87	46,00	1,0172	1,1763
14	7,87	1235	32,57	104,25	150,72	46,47	1,0150	1,1768
12	7,42	1242	30,67	103,60	150,52	46,92	1,0128	1,1773
10	6,99	1249	28,90	103,00	150,36	47,36	1,0107	1,1780
8	6,57	1257	27,25	102,40	150,20	47,80	1,0086	1,1786
6	6,18	1264	25,64	101,77	150,01	48,24	1,0064	1,1792
4	5,82	1271	24,04	101,16	149,81	48,65	1,0043	1,1798
2	5,44	1278	22,57	100,58	149,63	49,05	1,0022	1,1805
0	5,10	1285	21,23	100,00	149,43	49,43	1,0000	1,1810
− 2	4,77	1292	19,92	99,43	149,23	49,80	0,9979	1,1816
− 4	4,46	1299	18,656	98,87	149,03	50,16	0,9959	1,1823
− 6	4,17	1305	17,48	98,31	148,83	50,52	0,9938	1,1829
− 8	3,89	1312	16,367	87,78	148,63	50,85	0,9918	1,1836
− 10	3,63	1318	15,29	97,25	148,45	51,20	0,9898	1,1844
− 12	3,37	1325	14,289	96,70	148,23	51,53	0,9878	1,1851
− 14	3,14	1331	13,32	96,18	148,02	51,84	0,9857	1,1857
− 16	2,92	1338	12,42	95,65	147,80	52,15	0,9837	1,1865
− 18	2,70	1344	11,57	95,12	147,58	52,46	0,9817	1,1873
− 20	2,51	1350	10,76	94,58	147,35	52,77	0,9796	1,1880
− 22	2,32	1356	10,00	94,04	147,12	53,08	0,9775	1,1888
− 24	2,14	1363	9,259	93,51	146,91	53,40	0,9754	1,1897
− 26	1,978	1369	8,621	93,00	146,71	53,71	0,9733	1,1906
− 28	1,824	1375	8,000	92,45	146,48	54,03	0,9712	1,1916
− 30	1,679	1382	7,407	91,90	146,25	54,35	0,9690	1,1925
− 32	1,542	1388	6,849	91,37	146,02	54,65	0,9668	1,1934
− 34	1,414	1394	6,329	90,85	145,79	54,94	0,9646	1,1943
− 36	1,295	1400	5,780	90,32	145,56	55,24	0,9624	1,1953
− 38	1,182	1405	5,319	89,77	145,29	55,52	0,9602	1,1963
− 40	1,076	1411	4,878	89,27	145,12	55,85	0,9579	1,1974
− 42	0,979	1416	4,484	88,75	144,85	56,10	0,9557	1,1984
− 44	0,891	1422	4,098	88,25	144,63	56,38	0,9534	1,1994
− 46	0,807	1427	3,745	87,72	144,39	56,67	0,9512	1,2007
− 48	0,730	1433	3,413	87,21	144,15	56,94	0,9488	1,2017
− 50	0,660	1439	3,096	86,70	143,90	57,20	0,9465	1,2028
− 52	0,593	1444	2,817	86,18	143,65	57,47	0,9442	1,2041
− 54	0,534	1450	2,545	85,67	143,40	57,73	0,9419	1,2053
− 56	0,479	1455	2,304	85,16	143,16	58,00	0,9396	1,2067
− 58	0,428	1460	2,079	84,65	142,91	58,26	0,9372	1,2080
− 60	0,382	1465	1,869	84,15	142,68	58,53	0,9348	1,2094
− 62	0,341	1470	1,689	83,65	142,44	58,79	0,9325	1,2109
− 64	0,303	1475	1,513	83,15	142,21	59,06	0,9302	1,2126
− 66	0,267	1480	1,341	82,64	141,96	59,32	0,9278	1,2141
− 68	0,2370	1484	1,130	82,15	141,74	59,59	0,9254	1,2159
− 70	0,2088	1489	1,064	81,64	141,49	59,85	0,9230	1,2176
− 72	0,1832	1494	0,9434	81,15	141,26	60,11	0,9206	1,2194
− 74	0,1605	1498	0,8292	80,64	141,01	60,37	0,9180	1,2211
− 76	0,1400	1503	0,7337	80,14	140,77	60,63	0,9155	1,2230
− 78	0,1213	1507	0,6464	79,65	140,54	60,89	0,9130	1,2250
− 80	0,1050	1512	0,5634	79,14	140,29	61,15	0,9104	1,2270

Tabela 3.11.10

PROPRIEDADES DO VAPOR SATURADO DE F–12

$C_p = 0,165$ (condensação a $40°C$)
$k = 1,13$

Temperatura °C	Pressão absoluta kgf/cm²	Peso específico kgf/m³		Entalpia kcal/kgf		Calor de vaporização kcal/kgf	Entropia kcal/kgf K	
		Líquido	Vapor	Líquido	Vapor		Líquido	Vapor
50	12,386	1213	68,56	111,91	141,66	29,75	1,03943	1,13151
48	11,828	1221	65,24	111,41	141,54	30,13	1,03788	1,13170
46	11,283	1230	61,95	110,91	141,40	30,49	1,03634	1,13188
44	10,763	1239	58,83	110,41	141,25	30,84	1,03478	1,13204
42	10,257	1247	55,90	109,91	141,10	31,19	1,03324	1,13222
40	9,7707	1255	53,13	109,41	140,94	31,53	1,03167	1,13236
38	9,2989	1263	50,51	108,92	140,77	31,85	1,03011	1,13250
36	8,8475	1270	48,01	108,43	140,61	32,18	1,02856	1,13266
34	8,4087	1278	45,62	107,94	140,43	32,49	1,02699	1,13280
32	7,9897	1285	43,31	107,45	140,25	32,80	1,02543	1,13294
30	7,5810	1293	41,11	106,97	140,08	33,11	1,02387	1,13310
28	7,1933	1300	39,06	106,49	139,89	33,40	1,02229	1,13322
26	6,8175	1308	37,04	106,01	139,70	33,69	1,02072	1,13337
24	6,4584	1315	35,11	105,53	139,50	33,97	1,01914	1,13350
22	6,1112	1321	33,28	105,06	139,31	34,25	1,01757	1,13364
20	5,7786	1329	31,50	104,59	139,12	34,53	1,01598	1,13378
18	5,4605	1335	29,87	104,12	138,91	34,79	1,01440	1,13392
16	5,1550	1342	28,19	103,65	138,70	35,05	1,01281	1,13407
14	4,8621	1349	26,66	103,18	138,49	35,31	1,01122	1,13422
12	4,5828	1355	25,19	102,72	138,29	35,57	1,00963	1,13439
10	4,3135	1362	23,79	102,26	138,08	35,82	1,00803	1,13455
8	4,0582	1368	22,47	101,80	137,86	36,06	1,00643	1,13471
6	3,8135	1375	21,18	101,35	137,65	36,30	1,00483	1,13488
4	3,5804	1381	19,95	100,90	137,43	36,53	1,00322	1,13506
2	3,3583	1388	18,76	100,45	137,21	36,76	1,00161	1,13524
0	3,1465	1394	17,65	100,00	136,99	36,99	1,00000	1,13546
− 2	2,9439	1400	16,59	99,56	136,77	37,21	0,99839	1,13566
− 4	2,7531	1407	15,57	99,11	136,54	37,43	0,99676	1,13586
− 6	2,5712	1413	14,60	98,67	136,32	37,65	0,99514	1,13609
− 8	2,3984	1419	13,68	9823	136,09	37,86	0,99351	1,13633
− 10	2,2342	1425	12,80	97,80	135,87	38,07	0,99188	1,13657
− 12	2,0793	1431	11,96	97,36	135,63	38,27	0,99025	1,13682
− 14	1,9321	1438	11,17	96,93	135,40	38,47	0,98860	1,13709
− 16	1,7940	1444	10,42	96,50	135,17	38,67	0,98696	1,13738
− 18	1,6627	1450	9,709	96,08	134,95	38,87	0,98531	1,13768
− 20	1,5396	1456	9,034	95,65	134,71	39,06	0,98365	1,13798
− 22	1,4227	1463	8,403	95,23	134,47	39,24	0,98200	1,13829
− 24	1,3140	1469	7,800	94,81	134,24	39,43	0,98033	1,13862
− 26	1,2109	1475	7,236	94,40	134,01	39,61	0,97867	1,13899
− 28	1,1149	1481	6,702	93,98	133,77	39,79	0,97699	1,13934
− 30	1,0245	1487	6,200	93,57	133,54	39,97	0,97532	1,13975
− 32	0,9400	1493	5,724	93,16	133,30	40,14	0,97364	1,14014
− 34	0,8610	1499	5,280	92,76	133,07	40,31	0,97194	1,14055
− 36	0,7875	1505	4,862	92,35	132,83	40,48	0,97026	1,14101
− 38	0,7189	1511	4,466	91,95	132,60	40,65	0,96855	1,14146
− 40	0,6551	1517	4,097	91,55	132,36	40,81	0,96685	1,14193
− 42	0,5953	1523	3,752	91,15	132,13	40,98	0,96515	1,14247
− 44	0,5409	1529	3,432	90,76	131,89	41,13	0,96342	1,14297
− 46	0,4900	1535	3,132	90,36	131,65	41,29	0,96170	1,14352
− 48	0,4432	1540	2,854	89,97	131,42	41,45	0,95997	1,14410
− 50	0,3999	1546	2,595	89,59	131,18	41,59	0,95824	1,14468
− 52	0,3602	1552	2,355	89,20	130,95	41,75	0,95650	1,14531
− 54	0,3236	1558	2,134	88,82	130,71	41,89	0,95474	1,14595
− 56	0,2900	1564	1,927	88,44	130,48	42,04	0,95300	1,14663
− 58	0,2595	1569	1,738	88,06	130,24	42,18	0,95122	1,14731
− 60	0,2315	1575	1,564	87,68	130,00	42,32	0,94946	1,14806
− 62	0,2059	1581	1,403	87,31	129,77	42,46	0,94769	1,14883
− 64	0,1829	1587	1,257	86,94	129,54	42,60	0,94589	1,14961
− 66	0,1618	1592	1,122	86,57	129,30	42,73	0,94411	1,15044
− 68	0,1429	1598	1,000	86,20	129,06	42,86	0,94230	1,15130
− 70	0,1258	1604	0,888	85,84	128,88	42,99	0,94050	1,15219

Tabela 3.11.11

Tempe-ratura °C	Pressão absoluta kgf/cm²	Peso específico kgf/m³		Entalpia kcal/Kgf		Calor de vaporização kcal/kgf	Entropia kcal/kgf K	
		Líquido	Vapor	Líquido	Vapor		Líquido	Vapor
50	21,50	1083	127,26	114,76	139,72	24,96	1,0487	1,1259
48	20,57	1095	120,82	114,11	139,60	25,49	1,0467	1,1261
46	19,67	1107	114,69	113,48	139,48	26,00	1,0448	1,1263
44	18,80	1120	108,89	112,85	139,35	26,50	1,0429	1,1265
42	17,96	1131	103,37	112,23	139,22	26,99	1,0410	1,1266
40	17,14	1142	98,13	111,62	139,08	27,46	1,0391	1,1268
38	16,36	1152	93,14	111,00	138,93	27,93	1,0372	1,1269
36	15,60	1163	88,40	110,39	138,78	28,39	1,0352	1,1271
34	14,87	1174	83,89	109,79	138,63	28,84	1,0333	1,1272
32	14,16	1183	79,59	109,18	138,47	29,29	1,0314	1,1274
30	13,48	1193	75,49	108,59	138,31	29,72	1,0295	1,1275
28	12,82	1203	71,58	108,00	138,15	30,15	1,0275	1,1277
26	12,19	1212	67,86	107,41	137,98	30,57	1,0256	1,1278
24	11,58	1223	64,31	106,81	137,80	30,99	1,0237	1,1280
22	10,99	1232	60,92	106,23	137,63	31,40	1,0217	1,1281
20	10,43	1241	57,69	105,65	137,45	31,80	1,0198	1,1283
18	9,883	1248	54,61	105,08	137,27	32,19	1,0178	1,1284
16	9,360	1258	51,67	104,50	137,09	32,59	1,0159	1,1286
14	8,858	1266	48,86	103,93	136,90	32,97	1,0139	1,1287
12	8,376	1276	46,18	103,36	136,71	33,35	1,0120	1,1289
10	7,914	1284	43,63	102,79	136,52	33,73	1,0100	1,1291
8	7,471	1292	41,19	102,23	136,33	34,10	1,0080	1,1293
6	7,046	1300	38,86	101,66	136,13	34,47	1,0060	1,1295
4	6,639	1309	36,64	101,11	135,94	34,83	1,0040	1,1297
2	6,250	1316	34,53	100,55	135,74	35,19	1,0020	1,1299
0	5,877	1325	32,51	100,00	135,54	35,54	1,0000	1,1301
- 2	5,522	1332	30,59	99,45	135,34	35,89	0,9980	1,1303
- 4	5,182	1341	28,76	98,90	135,14	36,24	0,9960	1,1306
- 6	4,858	1348	27,01	98,35	134,93	36,58	0,9939	1,1308
- 8	4,550	1355	25,35	97,81	134,73	36,92	0,9919	1,1311
-10	4,256	1362	23,77	97,27	134,52	37,25	0,9898	1,1314
-12	3,977	1370	22,27	96,73	134,32	37,59	0,9878	1,1317
-14	3,711	1377	20,84	96,19	134,11	37,92	0,9857	1,1320
-16	3,459	1385	19,49	95,66	133,90	38,24	0,9836	1,1323
-18	3,221	1393	18,20	95,13	133,69	38,56	0,9815	1,1327
-20	2,994	1401	16,98	94,60	133,48	38,88	0,9794	1,1330
-22	2,780	1408	15,83	94,06	133,26	39,20	0,9773	1,1334
-24	2,578	1414	14,73	93,54	133,05	39,51	0,9752	1,1338
-26	2,387	1422	13,70	93,01	132,83	39,82	0,9731	1,1342
-28	2,207	1429	12,72	92,49	132,62	40,13	0,9709	1,1346
-30	2,038	1435	11,80	91,97	132,40	40,43	0,9688	1,1350
-32	1,878	1443	10,93	91,46	132,19	40,73	0,9666	1,1355
-34	1,729	1449	10,10	90,94	131,97	41,03	0,9644	1,1360
-36	1,589	1456	9,35	90,42	131,75	41,32	0,9622	1,1365
-38	1,457	1464	8,61	89,92	131,53	41,61	0,9600	1,1370
-40	1,335	1471	7,92	89,41	131,31	41,90	0,9578	1,1375
-42	1,220	1477	7,29	88,91	131,09	42,18	0,9556	1,1381
-44	1,113	1484	6,69	88,40	130,86	42,46	0,9534	1,1387
-46	1,014	1490	6,13	87,90	130,64	42,74	0,9511	1,1393
-48	0,922	1497	5,61	87,40	130,42	43,02	0,9489	1,1399
-50	0,836	1504	5,12	86,90	131,19	43,29	0,9466	1,1406
-52	0,757	1511	4,67	86,41	129,97	43,56	0,9444	1,1413
-54	0,684	1515	4,24	85,92	129,74	43,82	0,9421	1,1420
56	0,617	1522	3,85	85,44	129,52	44,08	0,9398	1,1428
-58	0,555	1529	3,45	84,95	129,29	44,34	0,9375	1,1436
-60	0,498	1536	3,16	84,47	129,07	44,60	0,9352	1,1444
-62	0,446	1541	2,85	83,99	128,84	44,85	0,9328	1,1452
-64	0,398	1548	2,56	83,51	128,61	45,10	0,9305	1,1461
-66	0,355	1555	2,30	83,04	128,38	45,34	0,9281	1,1470
-68	0,315	1560	2,06	82,56	128,15	45,59	0,9258	1,1480
-70	0,280	1567	1,84	82,09	127,92	45,83	0,9234	1,1490
-72	0,247	1572	1,64	81,64	127,70	46,06	0,9210	1,1500
-74	0,218	1580	1,46	81,17	127,47	46,30	0,9186	1,1511
-76	0,191	1585	1,29	80,71	127,24	46,53	0,9162	1,1522
-78	0,168	1590	1,14	80,25	127,01	46,76	0,9138	1,1533
-80	0,146	1597	1,01	79,80	126,78	46,98	0,9113	1,1545

Tabela 3.11.12

PROPRIEDADES DO VAPOR SATURADO DE F-11

$$C_p = 0,1374 \text{ kcal/kgf}^\circ C$$
$$k = 1,13$$

Tempe-ratura °C	Pressão absoluta kgf/cm²	Peso específico kgf/m³		Entalpia kcal/kgf		Calor de vaporização kcal/kgf	Entropia kcal/kgf K	
		Líquido	Vapor	Líquido	Vapor		Líquido	Vapor
50	2,411	1415	12,90	110,37	151,13	40,81	0,0661	0,1932
45	2,078	1428	11,21	109,30	150,63	41,33	0,0629	0,1935
40	1,781	1440	9,70	108,23	150,06	41,83	0,0595	0,1937
35	1,516	1451	8,19	107,18	149,50	42,32	0,0561	0,1941
30	1,284	1463	7,15	106,14	148,94	42,80	0,0527	0,1944
25	1,082	1477	6,08	105,10	148,38	43,28	0,0493	0,1948
20	0,906	1488	5,16	104,07	148,81	43,74	0,0457	0,1953
15	0,753	1500	4,33	103,05	147,25	44,20	0,0422	0,1959
10	0,620	1511	3,63	102,03	146,67	44,64	0,0386	0,1964
5	0,507	1523	3,01	101,02	146,11	45,09	0,0350	0,1971
6	0,411	1535	2,47	100,00	145,52	45,52	0,0314	0,1979
− 5	0,330	1546	2,02	99,00	144,94	45,94	0,0277	0,1988
− 10	0,263	1558	1,63	97,99	144,36	46,37	0,0239	0,1998
− 15	0,207	1569	1,306	97,00	143,78	46,78	0,0201	0,2009
− 20	0,161	1580	1,037	96,01	143,20	47,19	0,0162	0,2021
− 25	0,124	1590	0,812	95,07	142,66	47,59	0,0123	0,2035
− 30	0,094	1601	0,628	94,04	142,02	47,98	0,0082	0,2049
− 35	0,070	1612	0,479	93,06	141,44	48,38	0,0041	0,2066
− 40	0,052	1623	0,360	92,08	140,84	48,76	0,0000	0,2085

Tabela 3.11.13

PROPRIEDADES DO VAPOR SATURADO DE F-113

$$C_p = 0,1633 \text{ kcal/kgf}^\circ C$$
$$k = 1,09$$

Tempe-ratura °C	Pressão absoluta kgf/cm²	Peso específico kgf/m³		Entalpia kcal/kgf		Calor de vaporização kcal/kgf	Entropia kcal/kgf K	
		Líquido	Vapor	Líquido	Vapor		Líquido	Vapor
50	1,123	1504	7,98	110,78	145,68	34,9	0,0680	0,1760
45	0,950	1517	6,81	109,67	144,97	35,3	0,0645	0,1754
40	0,798	1530	5,80	108,55	144,15	35,6	0,0610	0,1748
35	0,666	1541	4,91	107,45	143,45	36,0	0,0575	0,1744
30	0,552	1553	4,12	106,35	142,75	36,4	0,0539	0,1739
25	0,455	1565	3,43	105,27	142,07	36,8	0,0503	0,1735
20	0,371	1576	2,84	104,18	141,28	37,1	0,0467	0,1731
15	0,300	1588	2,33	103,13	140,53	37,4	0,0430	0,1728
10	0,241	1600	1,90	102,08	139,88	37,8	0,0393	0,1725
5	0,1917	1610	1,537	101,03	139,13	38,1	0,0356	0,1723
0	0,1508	1622	1,230	100,00	138,40	38,4	0,0318	0,1722
− 5	0,1175	1631	0,975	98,97	137,57	38,6	0,0281	0,1721
− 10	0,0905	1641	0,765	97,95	136,85	38,9	0,0242	0,1722
− 15	0,0689	1655	0,593	96,94	136,14	39,2	0,0203	0,1723
− 20	0,0518	1661	0,454	95,93	135,43	39,5	0,0164	0,1726
− 25	0,0384	1674	0,343	94,93	134,63	39,7	0,0124	0,1729
− 30	0,0281	1685	0,256	93,93	134,03	40,1	0,0083	0,1733

Tabela 3.11.14

PROPRIEDADES DO VAPOR SATURADO DE $CH_3C\ell$

$$C_p = 0,24 \text{ kcal/kgf}°C$$
$$k = 1,2$$

Tempe-ratura °C	Pressão absoluta kgf/cm²	Peso específico kgf/m³		Entalpia kcal/kgf		Calor de vaporiação kcal/kgf	Entropia kcal/kgf K	
		Líquido	Vapor	Líquido	Vapor		Líquido	Vapor
50	11,140	858	24,500	119,20	201,34	82,14	0,1220	0,3762
45	9,861	870	21,750	117,23	201,00	83,77	0,1158	0,3791
40	8,690	882	19,220	115,27	200,63	85,36	0,1096	0,3822
35	7,625	891	16,910	113,32	200,23	86,91	0,1033	0,3854
30	6,658	902	14,820	111,38	199,82	88,44	0,0970	0,3887
25	5,783	911	12,920	109,46	199,38	89,92	0,0906	0,3921
20	4,993	922	11,230	107,54	198,90	91,36	0,0842	0,3958
15	4,284	930	9,710	105,63	198,39	93,26	0,0776	0,3995
10	3,655	940	8,350	103,75	197,87	94,12	0,0710	0.4034
5	3,099	950	7,130	101,88	197,32	95,44	0,0643	0,4074
0	2,609	960	6,060	100,00	196,75	96,75	0,0575	0,4117
– 5	2,180	969	5,130	98,14	196,15	98,01	0,0506	0,4161
– 10	1,808	978	4,300	96,29	195,54	99,25	0,0437	0,4208
– 15	1,487	988	3,580	94,46	194,89	100,43	0,0367	0,4257
– 20	1,212	997	2,960	92,64	194,21	101,57	0,0295	0,4307
– 25	0,979	1007	2,425	90,81	193,51	102,70	0,0223	0,4361
– 30	0,783	1014	1,970	89,03	192,83	103,80	0,0150	0,4418
– 35	0,619	1022	1,583	87,23	192,12	104,89	0,0075	0,4479
– 40	0,484	1031	1,260	85,45	191,41	105,96	0	0,4544
– 45	0,378	1039	0,992	83,70	190,68	106,99	– 0,0078	0,4612
– 50	0,286	1048	0,772	81,94	189,95	108,01	– 0,0155	0,4687
– 55	0,216	1058	0,583	80,17	189,21	109,01	– 0,0230	0,4760
– 60	0,159	1068	0,442	78,47	188,46	109,99	– 0,0315	0,4846

Tabela 3.11.15

PROPRIEDADES DO VAPOR SATURADO DE CO_2

$$C_p = 0,2025 \text{ kcal/kgf}°C$$
$$k = 1,3$$

Tempe-ratura °C	Pressão absoluta kgf/cm²	Peso específico kgf/m³		Entalpia kcal/kgf		Calor de vaporização kcal/kgf	Entropia kcal/kgf K	
		Líquido	Vapor	Líquido	Vapor		Líquido	Vapor
31*	74,96	464	463,9	133,50	133,50	0	1,1098	1,1098
30	73,34	596	334,4	125,90	140,95	15,05	1,0854	1,1351
25	65,59	706	240,0	118,80	147,33	28,53	1,0628	1,1585
20	58,46	771	190,2	114,00	151,10	37,10	1,0468	1,1734
15	51,93	818	158,0	110,10	153,17	43,10	1,0340	1,1835
10	46,95	858	133,0	106,50	154,59	48,09	1,0218	1,1917
5	40,50	893	113,0	103,10	155,45	52,35	1,0103	1,1985
0	35,54	925	96,3	100,00	156,13	56,13	1,0000	1,2055
– 5	31,05	954	82,4	96,91	156,41	59,50	0,9890	1,2109
– 10	26,99	981	70,5	94,09	156,60	62,51	0,9787	1,2163
– 15	23,34	1006	60,2	91,44	156,70	65,26	0,9690	1,2218
– 20	20,06	1030	51,4	88,93	156,78	67,79	0,9594	1,2272
– 25	17,14	1053	43,8	86,53	156,67	70,14	0,9501	1,2328
– 30	14,55	1074	37,0	84,19	156,56	72,37	0,9408	1,2385
– 35	12,26	1095	31,2	81,88	156,39	74,51	0,9314	1,2443
– 40	10,25	1115	26,2	79,59	156,17	76,58	0,9218	1,2503
– 45	8,49	1134	21,8	77,30	155,89	78,59	0,9120	1,2565
– 50	6,97	1153	18,1	75,01	155,57	80,56	0,9020	1,2631
– 55,6**	5,28	1178	13,8	71,97	155,09	83,12	0,8835	1,2724

ura crítica.
ura do ponto tríplice.

Tabela 3.11.16

75

PROPRIEDADES DO VAPOR SATURADO DE SO_2

$$C_p = 0,1511 \text{ kcal/kgf}^\circ C$$
$$k = 1,256$$

Temperatura °C	Pressão absoluta kgf/cm²	Peso específico kgf/m³		Entalpia kcal/kgf		Calor de vaporização kcal/kgf	Entropia kcal/kgf K	
		Líquido	Vapor	Líquido	Vapor		Líquido	Vapor
50	8,35	1295	22,371	116,73	194,63	77,90	·1,058	1,300
45	7,27	1310	19,493	115,00	194,34	79,34	1,053	1,302
40	6,30	1327	16,949	113,26	194,02	80,76	1,047	1,306
35	5,43	1342	14,684	111,53	193,67	82,14	1,042	1,308
30	4,65	1356	12,626	109,82	193,30	83,48	1,036	1,311
25	3,93	1370	10,801	108,14	192,91	84,77	1,030	1,314
20	3,37	1383	9,225	106,48	192,50	86,02	1,024	1,317
15	2,82	1396	7,812	104,84	192,07	86,23	1,018	1,321
10	2,34	1409	6,493	103,21	191,61	88,40	1,012	1,324
5	1,93	1422	5,480	101,60	191,12	89,52	1,006	1,328
0	1,58	1434	4,552	100,00	190,60	90,60	1,000	1,332
− 5	1,28	1446	3,742	98,43	190,07	91,64	0,994	1,336
− 10	1,03	1458	3,052	96,88	189,52	92,64	0,988	1,340
− 15	0,82	1471	2,465	95,36	188,96	93,60	0,983	1,345
− 20	0,64	1484	1,973	93,87	188,38	94,51	0,977	1,350
− 25	0,50	1497	1,561	92,40	187,78	95,38	0,971	1,355
− 30	0,38	1509	1,222	90,95	187,16	96,21	0,965	1,361
− 35	0,29	1521	0,945	89,42	186,42	97,00	0,959	1,366
− 40	0,22	1533	0,726	88,01	185,76	97,75	0,953	1,372
− 45	0,16	1545	0,555	86,61	185,06	98,45	0,946	1,378
− 50	0,12	1557	0,412	85,28	184,38	99,10	0,940	1,384

Tabela 3.11.17

3.12 – Compressores

3.12.1 – Generalidades

Os compressores adotados na refrigeração mecânica por meio de vapores podem ser tanto alternativos como rotativos.

Os alternativos são geralmente de êmbolo, embora sejam adotados também, para pequenas unidades, os compressores de membrana (tipo eletromagnético).

Entre os rotativos volumétricos são usuais os compressores de palhetas ou de engrenagens e excepcionalmente os de pêndulo, enquanto que, entre os turbocompressores, são adotados em refrigeração normalmente os compressores centrífugos de 1 até 8 estágios.

A escolha do tipo de compressor depende essencialmente da capacidade da instalação e do fluido frigorígeno usado.

Assim, os compressores alternativos são preferidos para o caso de fluidos frigorígenos de calor de vaporização volumé-trico $r\gamma$ elevado, como NH_3, F–12, F–22, CH_3Cl, SO_2, CO_2, N_2O, C_2H_4, C_2H_6 e F–13, etc., trabalhando em instalações de pequeno e médio porte.

Os compressores rotativos são escolhidos para o caso de fluidos frigorígenos de calor de vaporização volumétrico $r\gamma$ médio, como acontece com o F–114, C_2H_5Cl, F–21 etc., ou mesmo como compressores de baixa pressão (booster) nas grandes instalações de compressão por estágios, onde o fluido frigorígeno usado é NH_3 ou F–22.

Os compressores centrífugos, por sua vez, são adotados em grandes instalações de refrigeração à água ou salmoura para fins industriais, ou para o condicionamento de ar, preferindo-se para seu funcionamento fluidos frigorígenos de baixo $r\gamma$, como C_2HCl_3, $C_2H_2Cl_2$, CH_2Cl_2 (CARRENE–1), F–11 (ou CARRENE–2, que é o mais usado) e F–113.

Excepcionalmente, em instalações de grande porte podem ser usados, em virtude de seu elevado peso específico à aspiração e baixa relação de compressão, também o F–114, SO_2, F–12, CH_3Cl e NH_3 que se caracterizam por um rendimento de ciclo elevado.

Atualmente, adotando-se altas rotações (24.000 rpm), tornou-se possível o uso de compressores centrífugos em instalações de pequena potência (40 TR), utilizando mesmo o FREON–12.

3.12.2 – Compressores alternativos

Os compressores alternativos de êmbolo usados em refrigeração podem ser:
- de simples ou duplo efeito;
- horizontais, verticais, em V, em W ou radiais;
- de um ou mais cilindros (até um total de 16 são adotados);
- acoplados diretamente no interior do próprio cárter em unidades ditas blindadas (herméticos ou semi-herméticos), ou com uma extremidade do eixo fora do cárter, vedado por meio de retentor adequado (Figura 3.12.2.1), e acoplados direta ou indiretamente (por meio de

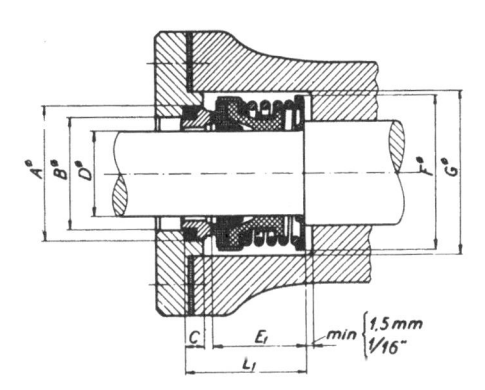

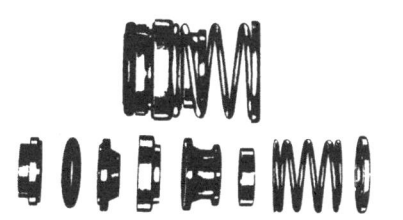

Figura 3.12.2.1

correias) a um motor elétrico ou máquina térmica;
- com lubrificação forçada ou por pescador (< 15 cv). Compressor alternativo especial, quanto à lubrificação, é o de labirinto, no qual, não havendo contato metálico entre o pistão e a parede do cilindro, não há necessidade da lubrificação deste.

Estes compressores [5] que servem tanto para a compressão de gases como para a compressão de fluidos frigorígenos, podendo trabalhar com relações de compressões elevadas, são atualmente fabricados pela Sulzer do Brasil S.A.:
- sem resfriamento do cilindro, ou com resfriamento por meio de aletas ao ar, ou por meio de câmaras de água (no cilindro, cabeçote ou em ambos). O tipo de resfriamento adotado depende da capacidade do compressor e da temperatura atingida pelo fluido comprimido.

Assim, para o F–12 são usuais compressores sem resfriamento, mesmo para potências elevadas.

Para SO_2, CH_3Cl e NH_3 é aconselhável o resfriamento do compressor a ar para pequenas unidades e à água para as maiores.

As válvulas de aço de alta qualidade podem ser tanto de palhetas como de disco ou canal.

As de palhetas são adotadas nas pequenas unidades enquanto que nas maiores são usuais as do tipo disco ou canal.

De uma maneira geral, as válvulas devem apresentar as seguintes características:
a – robustez e balanceamento;
b – ajuste perfeito para evitar fugas;
c – ter a maior área de passagem dentro do menor espaço possível;
d – oferecer passagem sem grandes mudanças de direção nem de seção;

e – ter pequeno peso combinado com levantamento mínimo ($\sim 1,9$ mm), a fim de garantir funcionamento silencioso;

f – verificar velocidades de passagem compatíveis com o fluido para o qual o compressor foi projetado.[5]

$$\frac{c}{r_i} \leq 0,4\sqrt{RT}$$

A colocação das válvulas de descarga é feita na tampa do cilindro, enquanto que a de sucção é colocada no topo do pistão (disposição em fluxo único adotada para NH_3, Figura 3.12.2.2), na parede do cilindro (disposição usual nos compressores de duplo efeito), ou mesmo no cabeçote do cilindro (com entrada através do cárter ou não).

Válvula de descarga
com mola de segurança.

Figura 3.12.2.3

Válvula de aspiração montada
no topo do pistão.

Figura 3.12.2.2

A tampa do cilindro geralmente é provida de mola de segurança, que permite o levantamento da sede da válvula de descarga para a saída do líquido, em caso de funcionamento irregular (Figura 3.12.2.3).

Os pistões são geralmente de ferro fundido, ferro-níquel (p/NH_3), ou ainda ferro fundido cromado, liga de alumínio (p/FREONS). Os mancais do tipo bucha são de liga de alumínio ou mesmo metal patente.

As buchas das bielas são de bronze fosforoso ou ferro fundido (> 100 kgf/cm^2), enquanto que os pinos dos pistões são de aço.

O controle da capacidade, manual ou automático, pode ser:

a – por variação da velocidade de acionamento;

b – por meio de espaços nocivos adicionais *(clearance pockets)*;

c – por meio de janelas nos cilindros ligados à sucção *(cylinder ports)*;

d – por levantamento da válvula de sucção de um ou mais cilindros (mais usado);

e – pelo uso de válvulas ligadas em paralelo com a válvula de sucção, entre a admissão e a cabeça do cilindro *(by-pass unloader)*;

f – por sangria do gás comprimido entre a descarga e a sucção;

g – variação do curso do pistão (pouco usado).

Os processos d, e e f permitem a partida sem carga do compressor, pelo que são os processos mais usados.

A Figura 3.12.2.4 nos mostra o moderno sistema de redução de capacidade por levantamento das válvulas de sucção, por meio de ação negativa da pressão de óleo adotada pela Trane em compressores de FREON para ar condicionado.

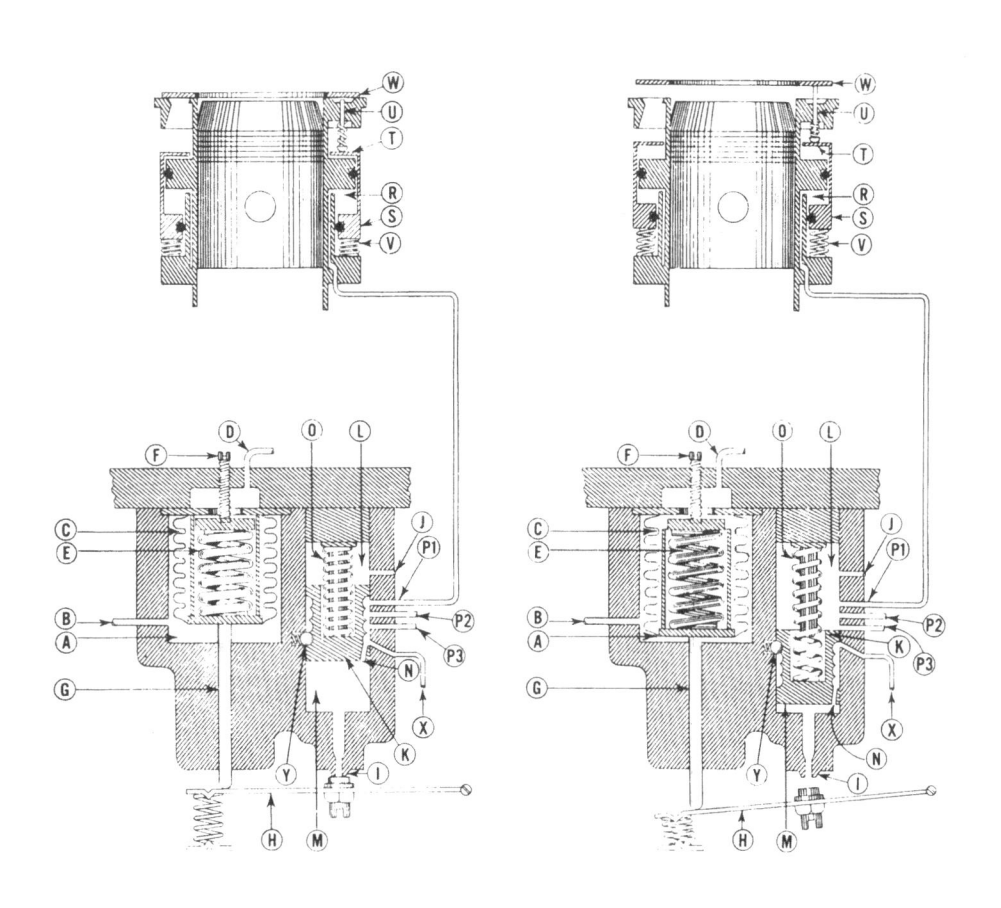

Figura 3.12.2.4

Tal processo, além de constituir dispositivo de segurança (pela falta da pressão de óleo, a carga do compressor é eliminada) e partida sem carga, permite controle automático de capacidade pela pressão de sucção ligada em B, ou ainda a alteração também automática da pressão de sucção de controle, pela introdução em D de uma pressão de ar controlada por termostato·ou umidostato pneumático.

A Figura 3.12.2.5 nos mostra, por sua vez, a colocação do acionador do controle de capacidade na tampa do cárter e a posição da mesma no bloco do compressor.

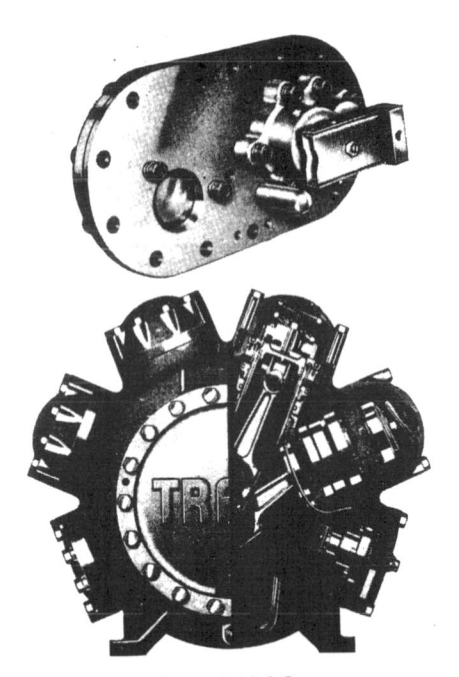

Figura 3.12.2.5

A rotação adotada varia de 250 a 3600 rpm, limitando-se usualmente a velocidade média dos pistões a 2 m/s para os lentos e a 4 m/s para os rápidos.

A relação adotada entre o diâmetro e o curso do pistão D/L varia de acordo com o tipo de compressor, tamanho dos cilindros, condições de funcionamento e rotação.

A Tabela 3.12.2.1 nos dá valores aproximados para diversos casos.

Disposição Cilindros	Fluido	Rotação	D/L
Vertical, V ou W	Freons	Alta	1,2 a 1,4
Vertical, V ou W	NH_3	Média	1 a 1,4
Horizontal	NH_3	Baixa	0,6 a 1
Horizontal	SO_2	Baixa	0,45 a 0,5
Horizontal	CO_2	Baixa	0,25 a 0,35

Tabela 3.12.2.1

O coeficiente de espaço nocivo $\in$, que deve estar de acordo com a relação de compressão a vencer, normalmente é inferior a 5% de modo a garantir rendimentos gravimétricos superiores a 60%.

Na realidade, os rendimentos gravimétricos dos compressores de refrigeração, calculados a partir da expressão:

$$\eta_g = \left[1 + \in - \in \left(\frac{p_2}{p_1}\right)^{\frac{1}{n}} \right] \frac{T_1}{T_a} f$$

onde para o caso:

$$\frac{T_1}{T_a} = 0,9 \quad a \quad 0,98$$

$$f = 0,9 \quad a \quad 0,95$$

acusam valores da ordem de 0,5 a 0,85. Na prática, conhecido o η_g de um compressor para a relação de compressão normal de funcionamento (dado de fábrica), o η_g correspondente a uma relação de compressão qualquer pode ser calculado com boa aproximação, considerando-o como uma função linear desta, conforme nos mostra a Figura 3.12.2.6.

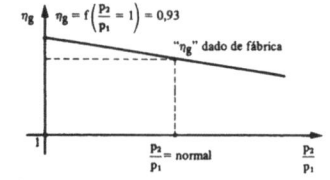

Figura 3.12.2.6

Por outro lado, a transformação seguida pelo fluido frigorígeno durante a fase de compressão, nas instalações de refrigeração, não pode ser considerada como uma politrópica de expoente n constante, embora este apresente valores médios como os da Tabela 3.12.2.2.

FLUIDO	RESFRIAMENTO	n
NH_3	À água	1,25 a 1,30
SO_2	À água	1,2 a 1,25
$CH_3C\ell$	A ar	1,1 a 1,15
F−22	A ar	1,05 a 1,1
F−12	A ar	1 a 1,03

Tabela 3.12.2.2

Tal observação decorre do fato de que no início da compressão, a temperatura é bastante inferior à do próprio cilindro (efeito de parede), enquanto que na fase final a mesma atinge valores por vezes elevados.

Nestas condições, o valor de n inicialmente superior a k (entrada de calor no sistema) torna-se na fase final da compressão inferior ao mesmo.

Tal fato, acrescido da laminagem (isentálpica) que ocorre nas válvulas de sucção e de descarga, tornam usual o conceito de rendimento adiabático η_a (semelhante ao adotado nos compressores centrífugos e axiais) para o cálculo do trabalho de compressão dos compressores de pistão usados em refrigeração, o qual, de acordo com a Figura 3.12.2.7, nos é dado pela relação entre o trabalho isentrópico teórico ($H_2 - H_1$) e o trabalho real hipoteticamente adiabático ($H_2' - H_1'$), isto é:

$$\eta_a = \frac{H_2 - H_1}{H_2' - H_1'} \qquad (3.12.2.1)$$

O rendimento adiabático dos compressores de refrigeração varia de 0,55 a 0,9 para os grandes, de NH_3, e de 0,53 a 0,85 para aqueles pequenos, de F–12.

É interessante ressaltar que o η_a dependerá essencialmente, do fluido frigorígeno, do aquecimento do compressor, do resfriamento adotado, da relação de compressão e do dimensionamento das válvulas.

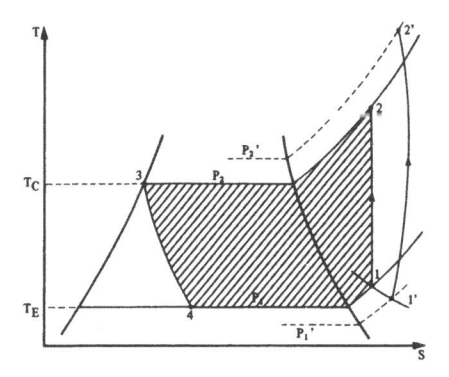

Figura 3.12.2.7

Além do rendimento adiabático para o cálculo da potência real do compressor, devemos considerar o rendimento mecânico, isto é:

$$P_m = \frac{(H_2 - H_1)\, G\ \text{kgf/h}}{632\ \eta_a\ \eta_m}\ cv$$

$$(3.12.2.2)$$

O rendimento mecânico dos compressores de refrigeração, que cresce com a potência[5] e a rotação dos mesmos, varia normalmente de 0,8 a 0,95.

3.12.3 – Compressores alternativos em 2 estágios

Nos sistemas de refrigeração por compressão em 2 estágios, a disposição adotada pode ser:

- dois compressores separados, sendo um de baixa pressão *(booster)* e outro de alta;
- compressor único, com cilindros de alta e baixa (disposição *compound*) diferentes ou não.

Em qualquer um dos casos, o dimensionamento dos compressores nos fornece a igualdade:

$$G\ \text{kgf/h} = a\ V\ \gamma_1 \eta_g\ N\ 60$$

De modo que, atribuindo o índice B às grandezas correspondentes ao circuito de baixa e A àquelas correspondentes ao circuito de alta, podemos concluir que:

Para o caso geral de 2 compressores separados, de volumes de cilindros e rotações diferentes, a relação de cilindros a adotar nos será dada por:

$$\frac{a_B}{a_A} = \frac{G_B}{G_A} \times \frac{\gamma_{1A}}{\gamma_{1B}} \times \frac{\eta_{gA}}{\eta_{gB}} \times \frac{V_A}{V_B} \times \frac{N_A}{N_B}$$

$$(3.12.3.1)$$

Considerando, por sua vez:

- vapor saturado seco à aspiração;
- os cilindros idênticos: $V_A = V_B$;
- funcionando à mesma rotação: $N_A = N_B$;

- sem aproveitamento da temperatura intermediária, a não ser para o resfriamento intermediário: $G_A = G_B + G_{RESFRIAMENTO\ INT.} \cong G_B$;
- a situação ideal (potência de compressão mínima), em que:

$$r_p = \frac{P_2}{p'} = \frac{p'}{p_1}, \text{ isto é: } r_p = \sqrt{\frac{p_2}{p_1}}$$

de modo que: $\eta_g A = \eta_g B$ e sendo para um vapor seco:

$$\gamma \cong \frac{p}{RT} \quad \gamma_{1B} = \frac{p_1}{RT_1} \quad \gamma_{1A} = \frac{p'}{RT'}$$

isto é:

$$\frac{\gamma_{1A}}{\gamma_{1B}} = \frac{T_1}{T'} \times \frac{p'}{p_1} = \frac{T_1}{T'} \sqrt{\frac{p_2}{p_1}}$$

Decorre daí a situação mais comum de produção de baixas temperaturas sem aproveitamento da temperatura intermediária, onde o tipo de compressor adotado é o *compound* de cilindros iguais, na qual deve se verificar então a relação aproximada:

$$\boxed{\frac{a_B}{a_A} \cong \frac{T_1}{T'} \sqrt{\frac{p_2}{p_1}}} \qquad (3.12.3.2)$$

3.12.3.1 – Exemplo

Para um compressor *compound*, funcionando com NH_3 entre as temperaturas de $-35°C / +35°C$, teremos:

$$t_C = +35°C \quad p_2 = 13,765 \text{ kgf/cm}^2$$

$$t_E = t_1 = -35°C \quad p_1 = 0,95 \text{ kgf/cm}^2$$

$$\sqrt{\frac{p_2}{p_1}} = \sqrt{\frac{13,765}{0,95}} = 3,8$$

$$p' = 3,8\, p_1 = 3,8 \times 0,95 = 3,61 \text{ kgf/cm}^2$$

$$t' = -5°C \text{ (saturado seco)}$$

$$\frac{a_B}{a_A} = \frac{273 - 35}{273 - 5} \times 3,8 = 3,37$$

Assim, atendendo a que o circuito de alta é, em parte, acrescido pelo fluido de resfriamento intermediário, a proporção correta a adotar entre os cilindros de baixa e os de alta seria 3.

Sendo os compressores separados, o acerto final da proporção ideal pode ser feito pela modificação da rotação, caso em que teríamos:

$$\boxed{\frac{a_B}{a_A} \cong \frac{T_1}{T'} \sqrt{\frac{p_2}{p_1}} \times \frac{N_A}{N_B}} \qquad (3.12.3.3)$$

3.12.4 – Comportamento dos compressores alternativos no ciclo

No funcionamento de compressores alternativos, nos ciclos de refrigeração com fluido e pressão de condensação p_2 determinados, nota-se que:

- a capacidade do compressor aumenta com a pressão de sucção p_1, pois tanto o rendimento gravimétrico η_g do compressor como o peso específico do fluido γ_1 aumentam com a mesma;
- o efeito frigorífico Q_E aumenta levemente com o aumento da pressão de sucção (Figura 3.12.4.1);
- o trabalho mecânico de compressão diminui grandemente com o aumento da pressão de sucção.

Nestas condições, podemos concluir que, embora a potência frigorígena $P_f = G\,Q_E$ só possa crescer com o aumento de p_1, o mesmo não acontece com a potência mecânica

$$P_m = \frac{G\,AL_m}{632\eta_m}$$

a qual não só pode aumentar como diminuir.

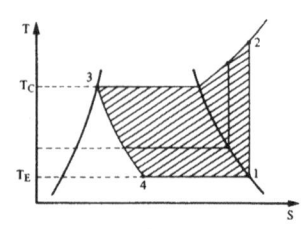

Figura 3.12.4.1

Na realidade, a potência mecânica absorvida pelos compressores alternativos apresenta um valor máximo, que se verifica praticamente para todos os fluidos frigorígenos para uma temperatura de sucção da ordem de $0°C$.

Tal observação é importante para o dimensionamento dos motores de acionamento de compressores, que, funcionando abaixo desta temperatura de demanda de potência crítica, deverão ter capacidade para atendê-la.

Análise mais completa das condições de funcionamento de um ciclo de refrigeração, onde aparecem as variações teóricas P_f, P_m e η_f em função das temperaturas de evaporação e de condensação, pode ser feita por meio das Tabelas 3.12.4.1, 3.12.4.2, 3.12.4.3, calculadas para um compressor de $\in = 0,04$ funcionando com F-12.

Nos sistemas de refrigeração mecânica por estágios, em que o motor do compressor de baixa é dimensionado para uma potência máxima compatível com uma pressão de descarga p', ele só deve ser ligado após se verificar esta pressão, o que se consegue colocando inicialmente em funcionamento o compressor de alta (V. Tabela 3.12.4.2).

$P_f = Q_E$ G referida a −15/+30					F−12 $\in$ = 0,04				
TEMPERATURA DE CONDENSAÇÃO t_c									
+15	+20	+25	+30	+35	+40	+45	+50	+55	+60
0,580	0,514	0,486	0,440	0,390	0,344	0,291	0,260	0,227	0,181
0,755	0,702	0,630	0,592	0,535	0,482	0,431	0,368	0,328	0,273
0,972	0,910	0,846	0,776	0,714	0,630	0,590	0,525	0,463	0,410
1,220	1,145	1,075	1,000	0,922	0,847	0,776	0,705	0,630	0,565
1,505	1,420	1,340	1,250	1,160	1,070	0,990	0,886	0,824	0,750
1,880	1,750	1,670	1,550	1,460	1,350	1,260	1,160	1,065	0,975
2,240	2,130	2,020	1,910	1,800	1,685	1,570	1,460	1,350	1,230
2,700	2,580	2,450	2,320	2,200	2,060	1,925	1,800	1,650	1,545
3,220	3,070	2,920	2,760	2,630	2,480	2,350	2,160	2,040	1,890

(TEMPERATURA DE EVAPORAÇÃO t_E: −30, −25, −20, −15, −10, −5, 0, +5, +10)

Tabela 3.12.4.1

$P_m = G\ AL_m$ referida a −15/+30					F−12 $\in$ = 0,04				
TEMPERATURA DE CONDENSAÇÃO t_c									
+15	+20	+25	+30	+35	+40	+45	+50	+55	+60
0,596	0,624	0,636	0,647	0,646	0,640	0,625	0,600	0,582	0,520
0,674	0,712	0,730	0,777	0,786	0,800	0,795	0,830	0,756	0,728
0,745	0,797	0,855	0,897	0,922	0,955	0,965	0,960	0,950	0,940
0,787	0,850	0,932	1,000	1,040	1,080	1,125	1,130	1,140	1,150
0,797	0,890	0,980	1,070	1,140	1,200	1,250	1,255	1,310	1,340
0,782	0,895	1,000	1,120	1,215	1,280	1,380	1,430	1,470	1,520
0,715	0,905	1,080	1,125	1,250	1,340	1,450	1,520	1,600	1,650
0,595	0,765	0,922	1,080	1,230	1,360	1,480	1,600	1,680	1,830
0,404	0,604	0,802	0,992	1,150	1,320	1,440	1,570	1,720	1,845

(TEMPERATURA DE EVAPORAÇÃO t_c: −30, −25, −20, −15, −10, −5, 0, +5, +10)

Tabela 3.12.4.2

$\eta_f = P_f/P_m$ referida a −15°C/ +30°C									
TEMPERATURA DE CONSERVAÇÃO t_c									
+15	+20	+25	+30	+35	+40	+45	+50	+55	+60
0,974	0,825	0,764	0,680	0,603	0,540	0,466	0,421	0,390	0,348
1,120	0,987	0,864	0,762	0,680	0,603	0,542	0,444	0,434	0,375
1,300	1,140	0,990	0,865	0,775	0,660	0,612	0,547	0,488	0,436
1,550	1,350	1,150	1,00	0,887	0,785	0,690	0,624	0,552	0,491
1,890	1,600	1,370	1,170	1,020	0,892	0,790	0,706	0,629	0,560
2,400	1,950	1,670	1,380	1,200	1,050	0,915	0,811	0,725	0,640
3,140	2,350	1,870	1,700	1,440	1,260	1,080	0,961	0,842	0,745
4,540	3,380	2,660	2,150	1,790	1,510	1,300	1,125	0,984	0,845
7,970	5,090	4,900	2,780	2,290	1,880	1,630	1,375	1,185	1,025

(TEMPERATURA DE EVAPORAÇÃO t_E: −30, −25, −20, −15, −10, −5, 0, +5, +10)

Tabela 3.12.4.3

3.12.5 – Compressores centrífugos

Este tipo de compressores é usado na técnica da refrigeração para o resfriamento de água ou salmoura em sistema de expansão indireta.

Assim, é comum a escolha de compressores centrífugos para as grandes instalações de ar condicionado, para o resfriamento de água ou salmoura destinada a indústrias de filmes, indústrias químicas e farmacêuticas, túneis de vento, câmaras de testes, refinarias de petróleo, centrais atômicas, etc.

Ultimamente, as unidades de refrigeração centrífugas têm sido usadas também para a condensação de vapores, como os de hidrocarbonetos e especialmente a amônia.

A principal limitação do uso de compressores centrífugos em refrigeração reside na grande disparidade entre as elevadas diferenças de pressão a vencer e as diminutas vazões em jogo, o que torna difícil a sua construção.

Assim, de acordo com o estudo já feito sobre compressores centrífugos, podemos fazer:

$$P_{f_{TR}} = \pi D_2\, l_2 C_2 m \cdot 3600\, \frac{r\gamma}{3024}$$

$$P_{f_{TR}} = \pi D_2 \cdot aD_2 \cdot \frac{C_2 m}{u_2}\, \frac{\pi D_2\, N}{60}\, 3600\, \frac{r\gamma}{3024}$$

expressão que para os limites mínimos de construção prática e econômica:

$$a = \frac{l_2}{D_2} > 0,05$$

$$\frac{C_2 m}{u_2} > 0,065$$

nos fornece a condição:

$$\boxed{P_{f_{TR}} > \frac{1,9\, r\gamma}{3024}\, D_2^{\,3}\, N}$$

3.12.5.1 – Exemplo

O condicionador de ar do *Boeing* 707 tem as seguintes características:

Fluido – Freon 12 ($\gamma r_0 \cong 655$ kcal/m^3)
Diâmetro – 0,15 m
Rotação – 24.000 rpm

Nestas condições, podemos calcular:

$$P_f > 33\ TR$$

Obs.: Na realidade, a instalação de ar condicionado do Boeing é de 40 TR.

Nas instalações estacionárias, que adotam ainda rotações da ordem de 6.000 rpm com diâmetro de 0,6 m, as capacidades de refrigeração mínimas recomendadas seriam as que constam da Tabela 3.12.5.1.1.

FLUIDOS		$P_{f_{TR}}$
Trieline	$C_2 HC\ell_3$	> 5
Dieline	$C_2 H_2 C\ell_2$	> 15
F–113	$C_2 C\ell_3 F_3$	> 20
Carrene–1	$CH_2 C\ell_2$	> 25
Carrene–2 (F–11)	$CC\ell_3 F$	> 50
F–114	$C_2 C\ell_2 F_4$	> 90
F–12	$CC\ell_2 F_2$	> 200
Anidro Sulfúrico	SO_2	> 200
Cloreto de Metila	$CH_3 C\ell$	> 275
Amônia	NH_3	> 500
Anidro Carbônico	CO_2	$> 1000\,*$

* Baixas temperaturas.

Tabela 3.12.5.1.1

O número de estágios (rotores centrífugos) necessários para a compressão depende essencialmente do fluido frigorígeno e das temperaturas de funcionamento do ciclo, podendo ser calculado por meio da expressão:[5]

$$A\, \frac{c^2}{2_g} = \frac{\Delta H_o}{m} \cong \frac{A\, v_m\, \Delta_p}{m}$$

onde fazendo $C/u_2 < 1,2$ $(\beta_2 \cong 50°)$ e considerando para u_2 o valor de 200 m/s, máximo compatível com a resistência do material utilizado, obtemos:

$$m = 0,146 \ \Delta H_0 \cong \frac{v_m \Delta_p}{2925}$$

$$v_m = f(t_m = 7,5°C)$$

De modo que podemos relacionar, para temperaturas de funcionamento do ciclo de $-15°C/+30°C$, os valores de m que constam da Tabela 3.12.5.1.2.

FLUIDO	$p_1 \frac{kgf}{cm^2}$	p_2	$\gamma_1 \frac{kgf}{m^3}$	$v_m \frac{m^3}{kgf}$	ΔH_0	m
TRIELINE	0,011	0,12	0,07	4,65	11,5	1,68
DIELINE	0,058	0,486	0,26	1,35	13	1,9
F−113	0,069	0,552	0,593	0,58	6,7	0,98
CARRENE−1	0,90	0,71	0,32	1,02	14	2,05
CARRENE−2 (F−11)	0,207	1,284	1,306	0,3	7,5	1,1
F−114	0,473	2,57	3,8	0,113	6,0	0,88
F−12	1,863	7,592	10,8	0,045	6,0	0,88
SO_2	0,82	4,65	2,465	0,17	16	2,34
$CH_3C\ell$	1,487	6,658	3,58	0,12	14	2,05
NH_3	2,41	11,90	1,97	0,24	54	7,9
CO_2	23,34	73,34	60	0,085	10,5	1,54
F−22	3,03	12,26	12,87	0,037	8,02	1,17

Tabela 3.12.5.1.2

De uma maneira geral, são usados compressores centrífugos de 1 a 3 estágios para o resfriamento de água, e de 3 a 8 estágios para o resfriamento de salmoura, condensação de vapores e outras aplicações industriais.

A disposição, geralmente adotada para as instalações centrífugas de resfrigeração, é a de unidades compactas que incluem o compressor, condensador, resfriador intermediário, com válvulas de expansão e evaporador.

As válvulas de expansão adotadas são do tipo bóia, que permitem a expansão fracionada (duas) do líquido através do resfriador intermediário (de mistura), o que garante a redução do trabalho de compressão e o aumento da capacidade do compressor (aspiração de vapor saturado seco tanto no estágio de baixa como no de alta).

Sua construção é em carcaça de aço ou ferro fundido, com rotores de liga de aço forjado ou alumínio fundido, deslocando-se em mancais de escorregamento.

A lubrificação é forçada por meio de bomba acionada pelo eixo do compressor, com resfriador de óleo e bomba externa auxiliar para a partida.

Os turbocompressores são ideais para serem acoplados diretamente a turbinas a vapor; entretanto, podem ser ligados a motores elétricos síncronos ou de indução diretamente ou por meio de caixas de engrenagens (1:2 a 1:8), com acoplamentos elásticos.

Assim, a Figura 3.12.5.1 nos mostra uma instalação Trane tipo Centravac de 2 estágios (ano 1966), acoplada diretamente a um motor de indução de 2 pólos, 60 Hz (3500 rpm), que trabalha com F−11 (600 a 1200 TR).

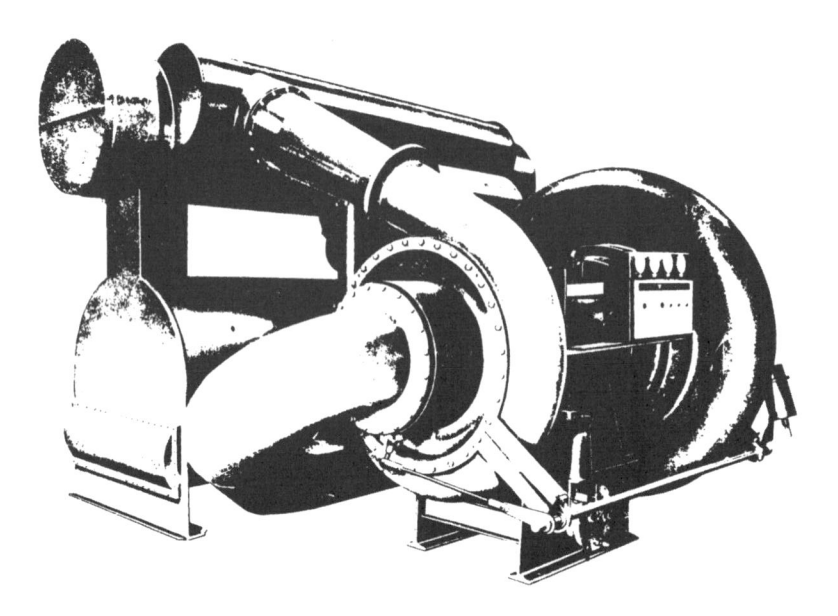

Figura 3.12.5.1

A Figura 3.12.5.2, por sua vez, apresenta uma instalação Carrier de 2 estágios (ano 1968), tipo hermética, acoplada diretamente a um motor de indução de 2 pólos, 60 Hz (3500 rpm), que trabalha com F–12 (400 a 600 TR).

1 – Sistema de lubrificação.
2 – Sub-resfriador.
3 – Filtro-secador e purga de incondensáveis.
4 – Câmaras de água.

5 – Bases.
6 – *Bafles* no condensador e resfriador (evaporador).
7 – Tubos do condensador e do resfriador com aletas integrais.
8 – Placa perfurada para a distribuição uniforme do refrigerante no resfriador (evaporador).
9 – Resfriador intermediário.
10 – Válvulas de expansão tipo bóia, de alta pressão (à direita) e de baixa pressão (à esquerda).

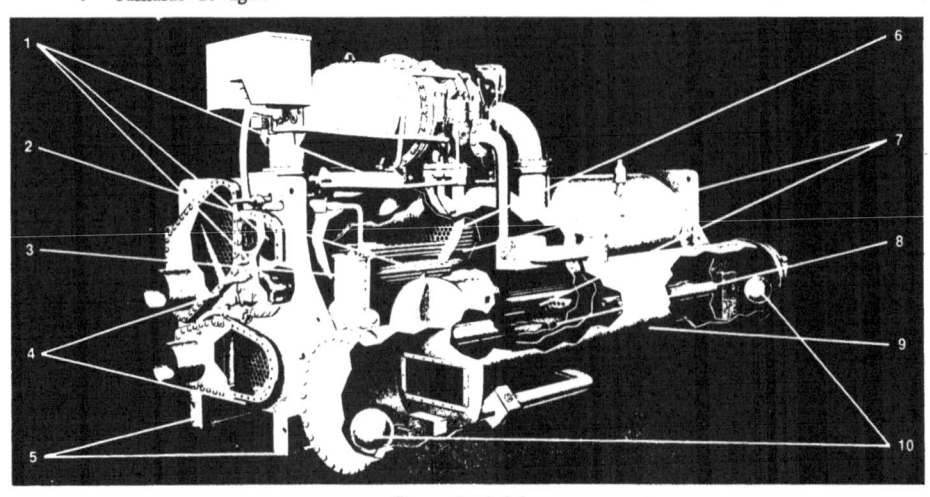

Figura 3.12.5.2.a

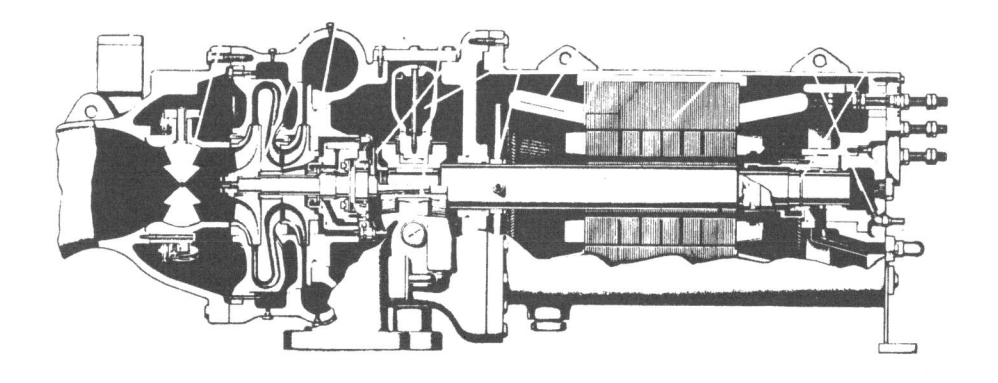

Figura 3.12.5.2.b

Modernamente, têm-se conseguido compressores centrífugos de 1 estágio que, trabalhando a 24.000 rpm com F—12, permitem a execução de instalações de condicionamento de ar com potências frigoríficas inferiores a 50 TR.

A Figura 3.12.5.3 nos mostra uma instalação deste tipo, fabricada pela Westinghouse (ano 1971), cuja potência frigorífica varia de 150 a 550 TR.

Figura 3.12.5.3.a

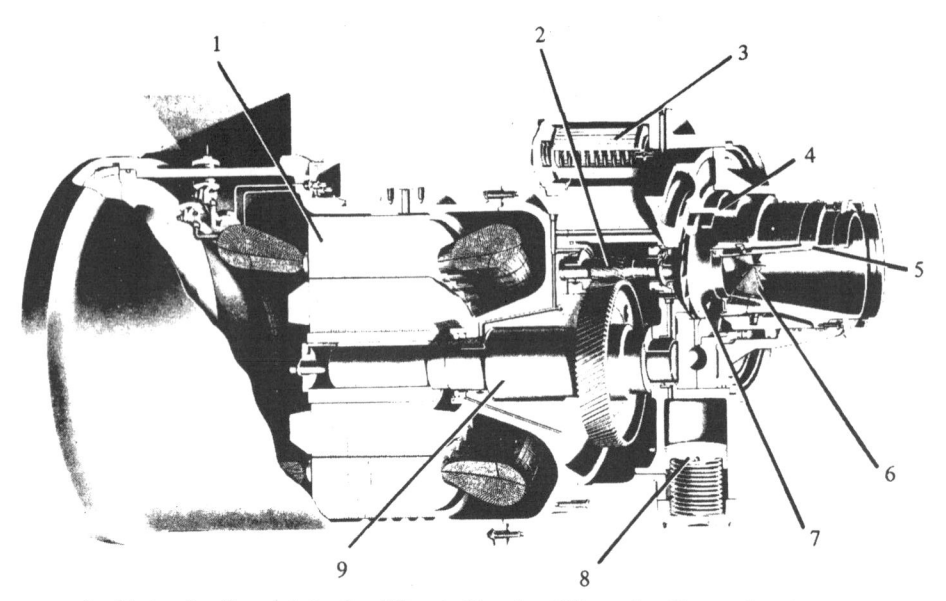

1 – Motor; 2 – Transmissão; 3 – Filtro de óleo; 4 – Difusor; 5 – Sistema de redução de capacidade; 6 – Veias-guias; 7 – Rotor; 8 – Lubrificação de emergência; 9 – Eixo.

Figura 3.12.5.3.b

O comportamento, em marcha, de um compressor centrífugo ligado a um circuito de refrigeração, em virtude de suas características próprias de funcionamento, é grandemente influenciado pela variação da relação de compressão e do peso específico do fluido aspirado.

Assim, as baixas diferenças de pressões a vencer e o peso específico elevado do fluido, no início do funcionamento da instalação, são causas de grandes sobrecargas que devem ser evitadas (redução da aspiração, redução da rotação, redução da vaporização, redução da condensação).

Tal controle é efetuado automaticamente ou manualmente, por meio de pressostatos ou manômetros colocados na alta e na baixa.

A redução da capacidade frigorífica da instalação, por sua vez, pode ser obtida por meio de distribuidor de palhetas diretrizes móveis (Figura 3.12.5.4), ou alteração da rotação (turbinas ou motores elétricos de rotores bobinados).

Figura 3.12.5.4

Por meio do distribuidor só é possível a redução da capacidade até cerca de 40%, em virtude da característica do compressor passar pela zona de instabilidade.

Para uma redução final, pode ser adotado o *by pass* de gás comprimido entre a descarga e o evaporador, embora este processo redunde no abaixamento do rendimento da instalação.

O uso de palhetas diretrizes móveis na aspiração, além de ser processo que mantém o rendimento, aliado ao uso de motor síncrono (em baixa carga) permite correção prática do baixo fator de potência da rede elétrica.

As principais vantagens do uso de compressores centrífugos em refrigeração são:

— instalação compacta, sem vibrações e de alta durabilidade;

— rendimento elevado ($\eta_a = 0,7$ a $0,8$ e $\eta_m = 0,95$), tanto para plena carga como carga reduzida;

— falta de contacto entre o fluido frigorígeno e o óleo.

A par destas vantagens, entretanto, as instalações centrífugas de refrigeração, além de funcionarem só em sistemas de expansão indireta (dois gradientes térmicos), apresentam os inconvenientes de alto custo inicial e sua delicada manutenção.

3.13 — Condensadores

O condensador tem por finalidade esfriar e condensar o vapor superaquecido, proveniente da compressão, nas instalações de refrigeração mecânica por meio de vapores.

Esta operação é feita transferindo-se o calor do fluido aquecido para o meio (fonte quente), usando-se para isto água, ar ou mesmo ar e água em contato.

A transmissão de calor num condensador verifica-se em três fases distintas: o dessuperaquecimento, a condensação e o sub-resfriamento (V. Figura 3.13.1).

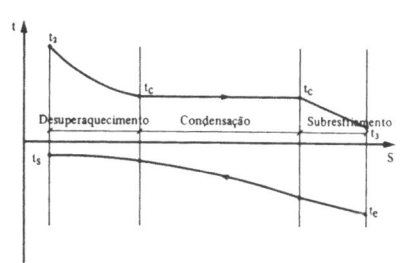

Figura 3.13.1

As parcelas de calor transmitidas em cada uma destas fases dependem essencialmente do fluido (C_v, C_p) e da relação de compressão, variando de 7,5 a 12,5% no dessuperaquecimento, 80 a 90% na condensação e 2,5 a 7,5% no sub-resfriamento.

A quantidade total de calor cedida à fonte quente na unidade de tempo, conforme vimos, toma o nome de potência calorífica e pode ser calculada tanto em função da capacidade do compressor G, como da sua potência frigorífica P_f ou mecânica P_m, isto é:

$$P_C = G\, Q_C = G\,(Q_E + AL_m) = P_f + 632\, P_m \eta_m \ \text{kcal/h}$$

$$P_C = G\, Q_E \left(1 + \frac{1}{\in}\right) = P_f\ \frac{\in + 1}{\in}\ \text{kcal/h}$$

$$P_C = G\, AL_m\,(\in + 1) = 632\, P_m \eta_m\,(\in + 1)\ \text{kcal/h}$$

(3.13.1)

O dimensionamento dos condensadores é feito por meio da expressão geral da resistência térmica.[6]

$$R_t = \frac{\Delta t}{Q} = \frac{1}{KS} = \frac{1}{\alpha_1\, S_1} + \Sigma\, \frac{\ell}{k\, S_m} + \frac{1}{\alpha_2\, S_2}$$

(3.13.2)

onde: Δt é a diferença de temperatura média logarítmica;

Q é o fluxo térmico dado em kcal/h;

K é o coeficiente global de transmissão de calor dado em kcal/m²h°C, o qual pode ser referido a uma superfície S qualquer, seja S_1, S_m ou S_2.

O valor de α_2, que tomaremos como sendo o coeficiente de película do fluido frigorígeno, depende essencialmente da natureza deste e da situação da parede.

Assim, para o caso de vapores superaquecidos, podemos adotar, para a sua determinação, equações do tipo:

$$Nu = K R_e{}^n P_r{}^m$$

Como sejam, para o interior de condutos:

$$\alpha_2 = 0,045 \left(\frac{m C_p}{22,4}\right)^{0,77} k^{0,23} \frac{c_o{}^{0,75}}{D^{0,25}}$$

(3.13.3a)

e para o exterior de condutos:

$$\alpha_2 = 0,3453 \, f_d \left(\frac{m C_p}{22,4}\right)^{0,61} k^{0,39} \frac{c_o{}^{0,61}}{D^{0,39}}$$

(3.13.3b)

expressões onde as unidades adotadas são kg, m, h.

Assim, para o primeiro caso, (interior de condutor) atendendo as condições normais de funcionamento das instalações frigoríficas, podemos elaborar a Tabela 3.13.1, que relaciona os valores limites de α_2 para alguns fluidos frigorígenos.

FLUIDO	m	C_p $\frac{kcal}{kgf^\circ C}$	k $\frac{kcal}{mh^\circ C}$	Co $\frac{m}{S}$	D m	α_2 $\frac{kcal}{m^2 h^\circ C}$
NH_3	17,03	0,5202	0,0217	16 a 65	0,020	258 / 90
SO_4	64,06	0,1511	0,008	8,5 a 35	0,020	138 / 48
$CH_3C\ell$	50,49	0,2400	0,0115	10 a 40	0,020	197 / 70
$F-12$	120,92	0,1420	0,0100	6 a 25	0,020	176 / 60
$F-22$	86,48	0,1499	0,01004	7 a 30	0,020	162 / 55

Tabela 3.13.1

Para o segundo caso, (exterior de condutor) em vista das velocidades adotadas serem mais baixas, estes valores são ainda menores (cerca de 30%).

Afortunadamente, a parcela de calor de superaquecimento numa instalação de refrigeração, além de ser pequena e manter uma diferença de temperatura elevada em relação ao meio, é em grande parte perdida ao longo da canalização de descarga que liga o compressor ao condensador.

Para o caso de vapores em condensação sobre paredes verticais, pode-se adotar a expressão:

$$\alpha_{2 \, Vert.} = \frac{4}{3}\left(\frac{g\delta^2 \, r \, k^3}{4\mu H \Delta_t}\right)^{0,25}$$

(3.13.4a)

a qual, para o caso de superfícies externas de tubos horizontais, toma o aspecto:

$$\alpha_{2 \, Horiz.} = 0,77 \, \frac{4}{3}\left(\frac{g\delta^2 \, r \, k^3}{4\mu n D \Delta_t}\right)^{0,25}$$

(3.13.4b)

onde: $g = 9,806 \cdot 3600^2 \, m/h^2$

δ é a massa específica em kg/m^3 do condensado à temperatura média da película $(t_v \times t_p)/2$;

r é o calor latente de vaporização em kcal/kg à temperatura do vapor t_v;

k é o coeficiente de condutividade em $kcal/m \, h \, ^\circ C$ do condensado à temperatura média da película;

μ é a viscosidade absoluta em kg/mh do condensado à temperatura média da película.

Os valores assim obtidos, entretanto, só são válidos para o caso dos condensados fluirem uniformemente, pois, para o caso real em que há formação de gotas, a transmissão de calor torna-se bastante mais intensa, pelo rompimento da película de condensado.

Tais considerações nos permitem aumentar de 20 a 30% os valores obtidos a partir das equações propostas.

Para o interior de tubos, é aplicável a equação 3.13.4b para $n = 1$, desde que os condensados sejam bem extraídos.

FLUIDO 30 a 40°C		NH$_3$	SO$_2$	CH$_3$Cℓ	F−22	F12
δ	kg/m^3	587,5	1342	891	1154	1274
r	kcal/kg	268,32	82,14	86,91	40,9	32,34
k	kcal/mh°C	0,431	0,162	0,129	0,0863	0,061
μ	kg/mh	0,732	0,878	0,922	0,812	0,887
α$_2$ Vert H = 3m	Δ$_t$ = 1°C	4291	2213	1523	1096	819
	2°C	3606	1860	1280	921	688
	3°C	3261	1682	1157	833	622
	4°C	3035	1565	1077	775	579
	5°C	2870	1480	1019	733	548
	6°C	2742	1414	973	700	523
α$_2$ Horiz n = 6 D = 20mm	1°C	7388	3810	2622	1887	1410
	2°C	6209	3203	2204	1586	1185
	3°C	5615	2896	1992	1434	1071
	4°C	5226	2695	1854	1334	997
	5°C	4942	2548	1755	1262	944
	6°C	4721	2435	1675	1205	901

Tabela 3.13.2

Assim, atendendo aos dados mais ocorrentes na prática, podemos elaborar a Tabela 3.13.2.

Finalmente, para o caso de líquidos na zona de sub-resfriamento, o valor de α_2, para o interior de tubos, pode ser calculado pela fórmula:

$$Nu = 0,024 \, Pr^{0,3} \, Re^{0,8}$$

isto é:

$$\alpha_2 = 0,024 \, \frac{k^{0,7}}{D^{0,2}} \, \frac{c^{0,3} \, c^{0,8} \, \delta^{0,8}}{\mu^{0,5}}$$

(3.13.5)

expressão onde as unidades adotadas são kg, h, m.

Como orientação, para velocidade da ordem de 1 m/s e diâmetros de 20mm, a Tabela 3.13.3 nos fornece os valores que seguem:

FLUIDO	C kcal/kg°C	k kcal/mh°C	δ kg/m^3	μ kg/hm	c m/h	D m	α$_2$ kcal/m^{2}h°C
NH$_3$	1,181	0,431	587,5	0,732	3600	0,020	4110
SO$_2$	0,326	0,162	1342	0,878	"	"	2490
CH$_2$Cℓ	0,390	0,129	891	0,922	"	"	1575
F−12	0,237	0,061	1274	0,887	"	"	1090
F−22	0,335	0,083	1154	0,812	"	"	1489

Tabela 3.13.3

Nestas condições, atendendo a que as trocas de calor de sub-resfriamento se dão com diferenças de temperaturas pequenas, podemos concluir que o superdimensionamento dos condensadores, para este fim, torna-se pouco econômico.

Na prática, é usual o dimensionamento de condensadores imaginando-se as trocas de calor como puramente de condensação e tomando-se, como segurança, um adicional de cerca de 10% para superar as condições desvantajosas existentes na fase do dessuperaquecimento.

Quanto ao somatório $\Sigma\, \ell/k$ que aparece na expressão geral 3.13.2, representa a soma das resistências térmicas dos materiais que constituem a parede de separação entre o fluido frigorígeno em condensação e o meio para o qual é rejeitado o calor.

Entre os materiais aludidos, devem ser incluídos não só o material original dos condutos, como também o material de incrustações e as películas de óleo lubrificante e de pintura, caso houver.

Para calcular a referida relação, cujo valor é tomado normalmente como sendo da ordem de 0,0002, adotaremos, para as condições normais de construção, os dados constantes na Tabela 3.13.4.

MATERIAL	k kcal/mh°C	1m	1/k
FERRO	50	0,003	0,000060
COBRE	300	0,001	0,000003
LATÃO	90	0,003	0,00003
INCRUSTAÇÕES	2	0,00015–0,0003	0,00008–0,000150
ÓLEO LUBRIFICANTE	0,12	0,00001–0,0001	0,00008–0,0008
PINTURA	0,2	0,000'	0,0005
GELO	1,9	0,006	0,003

Tabela 3.13.4

O coeficiente de película α_1 do fluido, ao qual é transmitido o calor do fluido frigorígeno em condensação, depende do tipo de fluido e do condensador adotado.

Assim, sob este aspecto, os condensadores podem ser classificados como a seguir:

3.13.1 – Condensadores à água

Os condensadores à água usam água à temperatura ambiente como meio exterior para a retirada de calor dos sistemas em evolução nas instalações frigoríficas.

A temperatura de condensação neste tipo de condensadores normalmente vale (V. Figura 3.13.1):

$$t_C = t_s + 2 \text{ a } 4^{\circ}C$$

enquanto que a elevação de temperatura da água só excepcionalmente atinge os 10°C, isto é:

$$t_s - t_e < 10^{\circ}C$$

A quantidade de água em circulação no condensador pode ser calculada pela expressão:

$$G_{H_2O} = \frac{P_C}{(t_s - t_e)} \text{ kgf/h}$$

De maneira geral, o valor de α_1 pode ser calculado a partir de uma das equações empíricas:

$$\alpha_1 = (1200 + 20\, t_{H_2O}) \frac{c^{0,8}}{D^{0,2}}$$

$$\alpha_1 = 2900\, (1 + 0,014\, t_{H_2O})\, c^{0,85}$$

(3.13.1.1)

As velocidades adotadas, atendendo à perda de carga no circuito da água e ao arraste de impurezas, são da ordem de 1 a 2 m/s.

Desta forma, a par da perda de carga de 2 a 6 m de coluna de água (2000 a 6000 kgf/m²), obtêm-se coeficientes de transmissão de calor, por convecção água-tubo que variam de 4000 a 7500 kcal/m^{2}h °C.

Os tipos mais comuns de condensadores a água são os seguintes:

3.13.1.1 – Submersos

Estes trocadores de calor são constituídos por uma serpentina de tubos, pela qual circula o fluido frigorígeno, submersa em um tanque por onde passa, em contracorrente, a água ambiente (Figura 3.13.1.1.1).

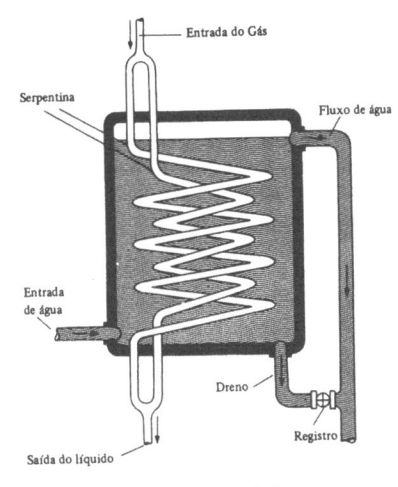

Figura 3.13.1.1.1

A par de sua simplicidade, este tipo de condensador é de baixo rendimento, em virtude da reduzida velocidade da água e do mau contacto entre a mesma e a serpentina.

Além disso, bolhas de ar, que se acumulam sobre a serpentina, dificultam o seu funcionamento.

A quantidade de água em circulação é bastante elevada e o seu coeficiente total de transmissão de calor K, para a amônia, é da ordem de 150 a 200 kcal/m^{2}h°C.

3.13.1.2 – De duplo tubo

Este tipo de condensador é constituído por 2 tubos concêntricos, geralmente de 1 1/4" e 2", ligados por meio de conexões adequadas que permitem a circulação da água, pelo tubo interno e do fluido frigorígeno, pelo espaço anular formado entre os 2 tubos (Figura 3.13.1.2.1).

A grande vantagem deste tipo de condensador é a sua construção STANDARD, que serve para instalações de qualquer capacidade.

Além disso, o mesmo pode ser localizado facilmente nos pontos mais convenientes, sem necessidade de estar abrigado.

Sua capacidade pode ser aumentada grandemente pela instalação de borrifadores de água sobre ele.

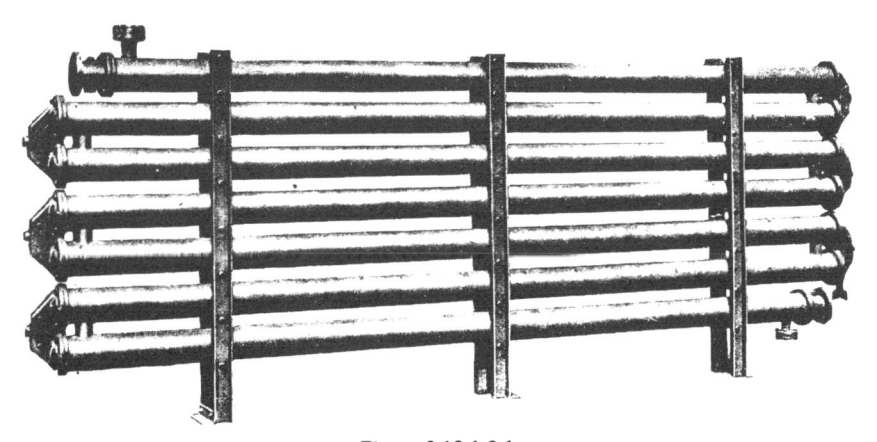

Figura 3.13.1.2.1

Por outro lado, a operação em contracorrente, com velocidade de água de 1 a 2 m/s, garante-lhe rendimentos elevados.

Assim, lembrando estudos feitos, podemos estabelecer para o coeficiente total de transmissão de calor K, deste tipo de condensador, para a fase de condensação, valores de ℓ/k da ordem de 0,0002, e diâmetro do tubo interno 1 1/4", a expressão aproximada:

$$K \cong \cfrac{1}{\cfrac{1}{3600\ c^{0,8}} + \cfrac{1}{5000} + \cfrac{1}{\alpha_2}}$$

com a qual podemos elaborar a Tabela 3.13.1.2.1.

A par das vantagens apontadas, o condensador de duplo tubo apresenta os inconvenientes de sua difícil limpeza e reparação, razão pela qual está cada vez mais em desuso.

FLUIDO	α_2 kcal/m²h°C	K kcal/m²h°C					
		1,0 m/s	1,2 m/s	1,4 m/s	1,6 m/s	1,8 m/s	2,0 m/s
NH_3	7388	1634	1739	1828	1901	1965	2024
SO_2	3810	1351	1424	1483	1531	1572	1610
$CH_3C\ell$	2622	1166	1218	1261	1295	1325	1351
F-12	1410	843	870	892	910	923	936
F-22	1887	993	1032	1063	1087	1107	1126

Tabela 3.13.1.2.1

3.13.1.3 – De serpentina e carcaça
(Shell and coil)

Os condensadores deste tipo são constituídos essencialmente de uma carcaça fechada, geralmente de forma cilíndrica, dentro da qual é disposta a serpentina de tubo único, por onde circula a água de condensação, conforme nos mostra a Figura 3.13.1.3.1.

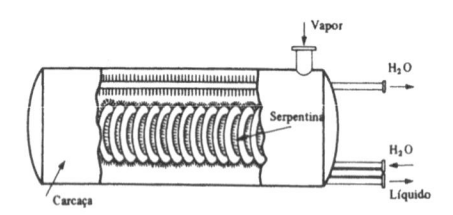

Figura 3.13.1.3.1

Devido também à sua difícil limpeza que é feita geralmente com uma solução de 25% de HCl em água com inibidor, este tipo de condensador é usado apenas em instalações pequenas, de FREON, até cerca de 15 TR.

As serpentinas usualmente são executadas em tubos de cobre de 1/2", 5/8" e 3/4" lisos ou aletados na proporção:

$$\frac{S_2}{S_1} = 4\ a\ 12$$

Os valores de K para o caso são bastante altos. Assim, referindo o coeficiente total de transmissão de calor à superfície interna da serpentina, a equação 3.13.2, dependendo do diâmetro do tubo e do número de aletas adotado, nos fornece valores da ordem de 2 a 3 vezes os da Tabela 3.13.1.2.1.

3.13.1.4 – De tubo e carcaça horizontal
(shell and tube, fechado)

Os condensadores tipo tubo e carcaça são constituídos essencialmente de uma carcaça cilíndrica ou casco, entre cujos extremos fechados por espelhos são mandrilados ou soldados tubos de diâmetros variáveis de 1/2" a 2".

A água circula no interior dos tubos, enquanto o fluido frigorígeno, que entra na parte superior do invólucro, é condensado no exterior dos mesmos, sendo recolhido na parte inferior.

A entrada da água nos tubos é feita através de tampas adequadas, que fecham os extremos da carcaça.

Por meio de câmaras estanques desenhadas nestas tampas, o número de passagens da água pelo condensador poderá ser aumentado, conseguindo-se assim aumentar a sua velocidade até os limites recomendados para se obter um bom rendimento na transmissão de calor.

O mesmo é feito em relação ao fluido frigorígeno, o qual pode circular pelo interior da carcaça, em passagens horizontais, que reduzem o número de tubos superpostos sobre os quais flui a película do condensado (V. Figura 3.13.1.4.1).

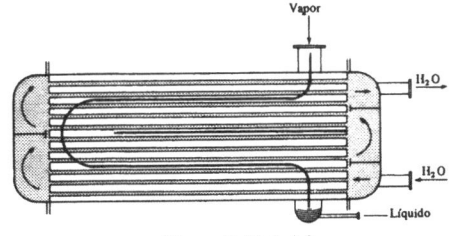

Figura 3.13.1.4.1

Estes condensadores dispõem regularmente de conexões para entrada e saída da água (nas tampas), conexão para entrada do vapor (na parte superior do envólucro), conexão para saída de vapor condensado (geralmente executada em recipiente adicional colocado na parte inferior do invólucro, onde se encontra também purga para o óleo lubrificante), válvula de segurança, purga de ar (colocadas na parte superior da carcaça), e indicador de nível do líquido condensado, caso a instalação não disponha de depósito para o recolhimento do líquido frigorígeno (V. Figura 3.13.1.4.2).

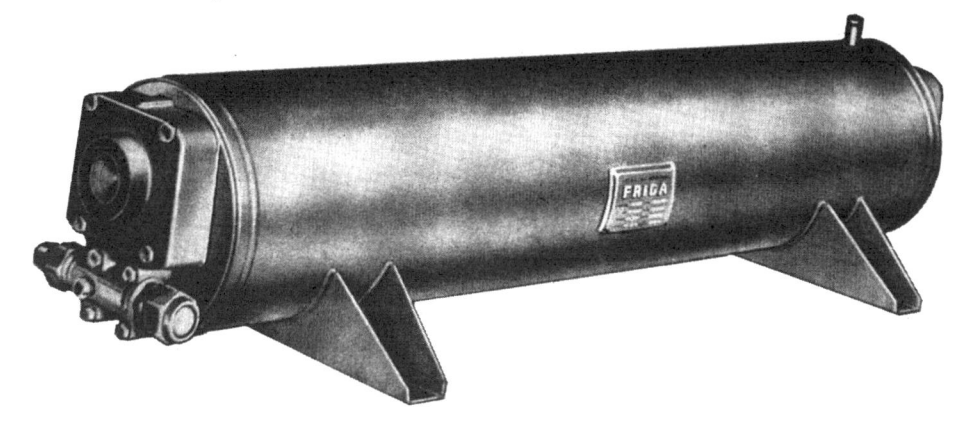

Figura 3.13.1.4.2

Este tipo de condensadores, embora não permita uma circulação exatamente em contracorrente, é de grande eficiência e de mais fácil manutenção do que o tipo de duplo tubo.

Além disso, embora não permitam a maleabilidade destes últimos, podem ser fabricados em elementos (geralmente de passagem única) que, montados em série e em paralelo, possibilitam a obtenção da capacidade de condensação desejada (condensadores de elementos ou multitubulares).

Os condensadores *Shell and Tube* fechados são fabricados normalmente com canos de ferro de 1" a 2" para a NH_3, e com canos de cobre de 1/2" a 3/4" para os FREONS.

O número de passes varia normalmente de 2 a 6.

Quando de tubos lisos, os valores de K são levemente inferiores aos registrados na Tabela 3.13.4.

Quando para FREONS, devido ao baixo valor de α_2, há grande interesse no aletamento externo dos tubos.

As aletas, neste caso, são de tipo circular integral, repuxadas do próprio tubo, na proporção $S_2/S_1 = 4$ a 8 (V. Figura 3.13.1.4.3)

Figura 3.13.1.4.3

O valor de K, referido à superfície interna dos tubos, pode atingir valores práticos da ordem de 4000 kcal/$m^2 h°C$.

3.13.1.5 – De tubo e carcaça vertical
(shell and tube, aberto)

Trata-se de condensador de tubo e carcaça, que difere do tipo anterior por ter seu invólucro disposto verticalmente e sem tampas em seus extremos.

A água é admitida na parte superior por meio de pequeno tanque, onde conexões especiais fazem com que a mesma flua, por gravidade, em forma de fina película, pela superfície interna dos tubos, caindo em reservatório inferior de onde é retirada.

Os tubos usados são geralmente de 2" de diâmetro, afastados entre si, centro a centro, de aproximadamente 3", com 3 a 5 m de comprimento. A instalação dos mesmos é feita normalmente fora da sala de máquinas, em ambiente aberto.

Como ligações, este tipo de condensador dispõe de entrada de água no tanque superior, entrada de fluido frigorígeno, saída dos condensados e óleo lubrificante, além de purga para o ar e válvula de segurança na parte superior (V. Figura 3.13.1.5.1).

Seu inconveniente principal é a altura elevada. Apesar deste inconveniente, a fácil limpeza torna-o preferido para as instalações frigoríficas de grande capacidade.

Para o cálculo de K deste tipo de condensador, torna-se preferível definir o coeficiente da película da água α_1, em função da vazão da mesma, em litros por minuto por tubo de 2" de diâmetro interno, a partir da expressão empírica:

$$\alpha_1 = 512 \text{ V } 1/\text{min. tubo 2"}$$

(3.13.1.5.1)

onde V normalmente vale 4 a 16 1/min. tubo 2".

Nestas condições, tomando para α_2 Vert. os valores que constam da Tabela 3.13.2 e para ℓ/k o valor de 0,0004, podemos relacionar os seguintes dados para condensadores de 3 m de altura funcionando com NH_3.

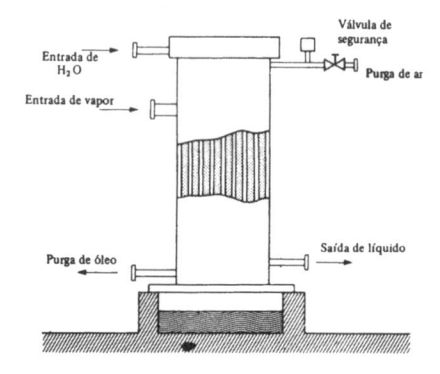

Figura 3.13.1.5.1

V ℓ/min tubo 2"	2	4	6	8	10	12	14	16
K_{NH_3}	600	846	981	1066	1125	1167	1200	1225

Tabela 3.13.1.5.1

3.13.2 – Condensadores à água e ar em contato

Nestes condensadores, o meio externo para a retirada de calor do sistema em evolução na instalação frigorífica é uma cortina ou chuveiro de água, a qual é posta em contato com uma corrente natural ou forçada de ar ambiente.

Uma vez estabelecidas as condições de regime de funcionamento, as temperaturas — tanto da água como do ar — não sofrem alterações.

O calor cedido pelo fluido frigorígeno à água, nestas condições, serve apenas para provocar a vaporização da mesma, de modo que o ar em contato, que tende para a saturação, sofre transformação praticamente isotérmica à temperatura TTS.

Caso a saturação fosse completa (caso limite), a quantidade de água evaporada por kgf de ar seco seria $\Delta_{x_s}^2$.

Na realidade a saturação completa não é obtida, de modo que, considerando-se um rendimento η_S para a mesma, podemos calcular o peso de água evaporada em função da quantidade de ar em circulação:

$$G_{H_2O_{ev.}} = \eta_S \, \Delta X_S \, G_{Ar}$$

O valor de η_s obtido nesses dispositivos está diretamente ligado ao problema de transmissão de calor entre água e ar[6]

Baseados, entretanto, em testes experimentais efetuados em dispositivos de fator de contato água-ar diversos (ASHRAE), podemos tomar, para o rendimento da saturação citada, os valores constantes da Tabela 3.13.2.1.

TIPO	η_S		
	Mínimo	Usual	Máximo
Tanque c/chuveiro	30	30 – 50	60
Torre c/borrifadores	40	45 – 55	60
Torre c/circulação natural	50	60 – 75	90
Torre c/circulação forçada	50	60 – 70	90

Tabela 3.13.2.1

Por outro lado, a temperatura da água, inferior à temperatura de condensação do fluido frigorígeno, depende da saturação obtida e tende para a temperatura de termômetro úmido do ar (cerca de 3 a 5°C superior à TTU).

Desta forma, podemos calcular a quantidade de água a evaporar:

$$G_{H_2O_{ev.}} = \frac{P_c}{600 - t_1} \text{ kgf/h}$$

onde: 600 é a entalpia do vapor de água à pressão parcial de vaporização

e t_1 = TTU + 3 a 5°C é a temperatura de regime da água, a qual corresponde praticamente à entalpia da mesma no início da vaporização.

Semelhantes a este tipo de condensadores, no funcionamento, são as chamadas torres de arrefecimento, que servem para a recuperação da água usada nos condensadores à água.

Nestas, a água, já aquecida pelo processo de condensação até uma temperatura t_1, é posta em contato com uma corrente de ar à temperatura ambiente, sofrendo um arrefecimento até uma temperatura t_1'.

Como o processo se verifica geralmente em contracorrente, o ar tem uma capacidade teórica de baixar a temperatura da água até a sua TTU.

Na prática, entretanto, este salto de temperatura só é parcialmente aproveitado, de tal forma, que considerando o rendimento de saturação já definido anteriormente, podemos escrever:

O calor cedido pela água serve unicamente para a sua parcial evaporação, de modo que o ar admitido à temperatura, TTS não saturado, sai à mesma temperatura, próximo da saturação.

Assim, como no caso anterior, podemos calcular:

O calor retirado da água

$$Q = G_{H_2O} (t_1 - t_1') \text{ kcal/h}$$

O qual é arrastado pela água evaporada:

$$G_{H_2O_{ev.}} = \frac{Q}{600 - t_1'}$$

na corrente de ar em circulação, na proporção de:

$$G_{Ar} = \frac{G_{H_2O_{ev.}}}{\eta_S \, \Delta X_S}$$

onde:

$$t_1' = t_1 - \eta_S (t_1 - TTU)$$

e ΔX_S é a variação máxima do conteúdo de umidade do ar em circulação, ao longo da isotérmica TTS.

Obs.: Na prática, a fim de reduzir o tamanho destes dispositivos, é normal propiciar leve elevação da temperatura TTS. do ar (maior ΔX_s), embora com isto a temperatura final atingida pela água seja maior.

Como condensadores que adotam a água em contato com o ar, como meio exterior para a retirada de calor, podemos citar:

3.13.2.1 – Condensador atmosférico

Este é constituído por uma série de tubos horizontais, por onde circula o fluido a condensar e através dos quais cai continuamente água em forma de chuva.

A água é distribuída por meio de um tubo ou calha perfurada, localizada acima do condensador, e é recolhida em baixo por meio de tanque apropriado.

O fluido frigorígeno entra pela parte de cima do conjunto de tubos e sai pela parte inferior dos mesmos (V. Figura 3.13.2.1.1).

Não havendo evaporação da água, este tipo de condensador funciona como os demais até agora estudados.

Quando o condensador atmosférico é colocado ao ar livre, ele funciona como um condensador à água e ar em contato, mantendo-se a temperatura da água práticamente constante, de modo que o calor é removido unicamente pela evaporação da mesma, a qual se dá na proporção de aproximadamente 1%.

A água evaporada é reposta no tanque inferior e o conjunto, por meio de bomba, volta ao distribuidor superior.

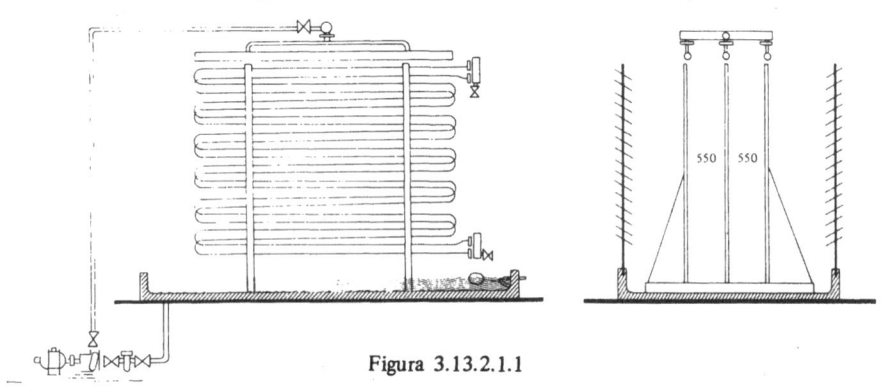

Figura 3.13.2.1.1

Estes condensadores são fabricados geralmente com tubos de 2" de diâmetro interno, colocados em 12 a 18 camadas horizontais.

O coeficiente total de transmissão de calor, para o caso, vale cerca de 250 a 500 kcal/m^{2}h°C, dependendo do fluido frigorígeno e da quantidade de água adotada. Esta, geralmente, é de 0,5 a 1 litro por segundo e por metro corrente de comprimento superior de condensador.

Para ativar a evaporação da água, é conveniente situar o condensador em local onde o ar possa ser renovado com facilidade (na direção dos ventos dominantes) e ao abrigo dos raios solares (armação de madeira em venezianas).

No sistema Sumak, as extremidades dos canos horizontais são ligados a coletores verticais de tal forma, que o fluido condensado abandona rapidamente o condensador.

Além disso, o circuito de água é dividido em partes: a primeira, de recirculação,

posta em contato com a zona de dessuperaquecimento e condensação e a de água fria de renovação, posta em contato com a parte final do condensador (Figura 3.13.2.1.2).

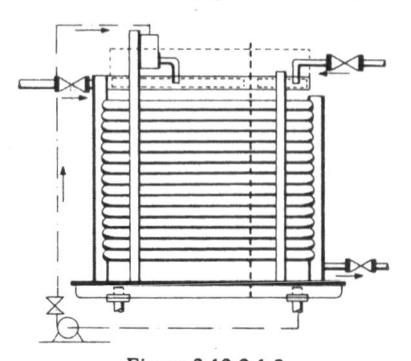

Figura 3.13.2.1.2

A água de recirculação, neste caso, é da órdem de 4 litros por segundo para cada 100.000 kcal/h, enquanto que a água fria renovada é cerca de 1/4 da anterior.

Esta disposição, além de apresentar a vantagem de uma pequena perda de pressão, aumenta o rendimento da transmissão de calor de tal forma, que o valor de K passa a ser 400 a 500 kcal/$m^2 h°C$.

No sistema Block com curvas de retenção (Figura 3.13.2.1.3), o fluido frigorígeno é introduzido pela parte inferior, enquanto que o vapor condensado sai pela parte superior.

As curvas destes condensadores têm uma forma tal, que mantêm os tubos parcialmente cheios de líquido.

A transmissão de calor é assim grandemente favorecida pelo borbulhamento do vapor injetado no seio do líquido.

Alguns destes condensadores, ditos tipo *bleeder* adotados nos E.U.A., levam purgas de líquido nos tubos superiores ligados com o depósito de líquido, com o fim de mantê-los sempre livres para oferecer maior superfície de esfriamento para os vapores que chegam do compressor (V. Figura 3.13.2.1.4).

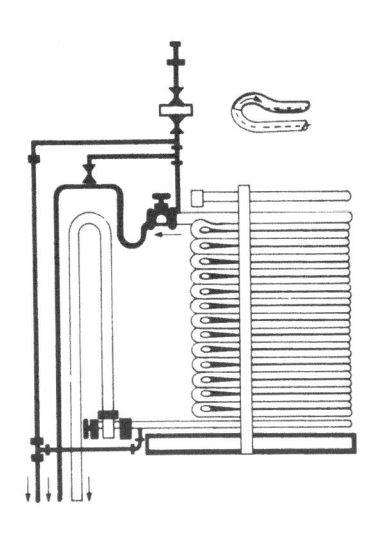

Figura 3.13.2.1.3

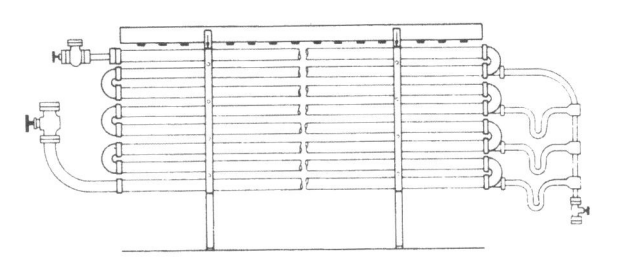

Figura 3.13.2.1.4

Para este tipo de condensador, o K fica bastante aumentado, podendo-se para o caso aplicar os valores registrados na Tabela 3.13.2.1.1, os quais foram obtidos para condensadores atmosféricos tipo *bleeder* de 12 X 2", para a NH_3, em função da quantidade de água usada por metro de comprimento superior dos mesmos.

$\dfrac{V_{H_2O}}{\ell/sm}$	$\dfrac{K_{NH_3}}{kcal/m^2 h°C}$
0,2	380
0,4	610
0,6	750
0,8	830
1	880

Tabela 3.13.2.1.1

3.13.2.2 – Condensador evaporativo

Trata-se da combinação de uma serpentina condensadora com uma torre de arrefecimento de água com ar forçado, isto é, um dispositivo onde o fluido frigorígeno é condensado e, ao mesmo tempo, a água usada para a sua condensação é esfriada.

Um condensador evaporativo é constituído de um circuito de água com borrifadores e bomba, um circuito de ar com eliminadores de gotas e ventilador, e uma serpentina condensadora para o fluido frigorígeno.

Todos estes elementos são montados em conjunto fechado de chapa ou alvenaria, como o esquematizado na **Figura 3.13.2.2.1**.

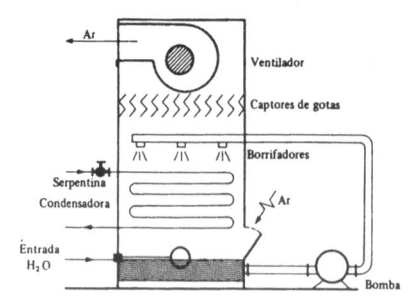

Figura 3.13.2.2.1

A aparência externa destes condensadores é a da Figura 3.13.2.2.2 (condensador evaporativo marca Worthington).

Figura 3.13.2.2.2

Na Figura 3.13.2.2.3 aparece um condensador de mesma fabricação, com o painel anterior removido, onde podemos notar:

1 – Serpentina condensadora.
2 – Válvula de segurança do depósito de líquido.
3 – Entrada de ar.
4 – Depósito de líquido.
5 – Tanque inferior.
6 – Entrada de água e dreno.
7 – Bomba de água.
8 – Saída do fluido condensado.
9 – Caixa externa.
10 – Entrada de fluido frigorígeno.
11 – Eixo do ventilador
12 – Protetor da Correia do motor do ventilador.

13 – Ventilador.
14 – Mancais do ventilador.
15 – Borrifadores.
16 – Eliminadores de gotas.
17 – Armação da caixa externa.
18 – Painel posterior.

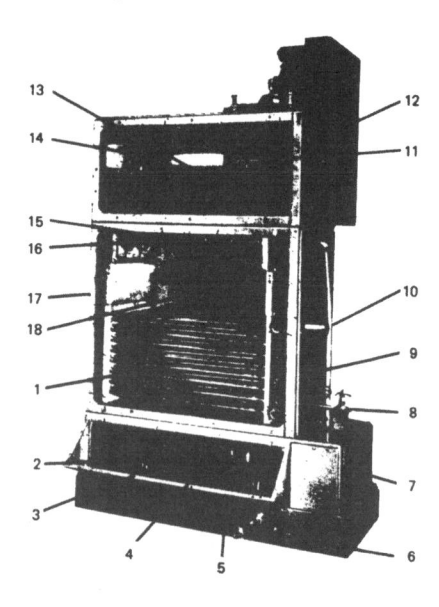

Figura 3.13.2.2.3

Os dados de cálculo dos condensadores evaporativos, que são semelhantes aos de uma torre de arrefecimento com circulação forçada de ar, podem ser resumidos como segue:

A área horizontal da torre é da ordem de $0,1$ m^2 por Tonelada de Refrigeração da instalação.

A quantidade de água em circulação por Tonelada de Refrigeração é da ordem de $0,35$ m^3/h, a qual é distribuída na proporção de $3,5$ m^3/h por metro quadrado de torre (cerca de $0,25$ a $2,5$ m^3/h por borrifador).

Esta água corresponde, na realidade, a cerca de 100 vezes a água evaporada, dada pela expressão:

$$G_{H_2O_{ev.}} = \frac{P_c}{600 - t_1},$$

Dependendo do tipo de eliminadores de gotas adotado, a água realmente consumida é superior à água evaporada, em vista do arrastamento de grande parte da mesma em forma de gotículas.

É necessário, nesses dispositivos, colocar na água aditivos químicos para prevenir a formação de incrustações e periodicamente mudar a água reaproveitada, para evitar a rápida concentração de impurezas criada pela evaporação.

A pressão adotada nos borrifadores, a fim de garantir uma perfeita distribuição da água, é da ordem de 1,0 kgf/cm^2.

A quantidade de ar em circulação, dada por:

$$V_{Ar} = \frac{G_{Ar}}{\gamma_{A_r}} = \frac{G_{H_2O_{ev.}}}{\eta_S \, \Delta X_s \gamma_{Ar}}$$

depende essencialmente das condições apresentadas pelo ar ambiente e é da ordem de 600 m^3/h por Tonelada de Refrigeração, o qual circula pela seção prevista de 0,1 m^2 com uma velocidade de cerca de 1,7 m/s. (Nas torres de resfriamento com circulação natural, ditas atmosféricas, esta velocidade é de cerca 0,8 m/s.)

A pressão necessária para o ventilador é da ordem de 20 a 25 mm H$_2$O, assim distribuídos:

Entrada do ar a 4 m/s:

$$\frac{c_e^2}{2g} \, \gamma = 0,06 \, c_e^2 \cong 1 \quad mm \, H_2O$$

Serpentina com 50%
de área livre e 6 fileiras:

$$0,4n \, c_f^2 = 0,4 \times 6 \times 3 \cong 7 \quad mm \, H_2O$$

Borrifadores:

$$0,5n \, c_f^2 = 0,5 \times 3 \cong 1,5 \quad mm \, H_2O$$

Captores:

$$15 \, c_f^2 = 2,25 \times 3 \cong 6,75 \, mm \, H_2O$$

Saída do ar a 10 m/s:

$$\frac{c_s^2}{2g} \, \gamma = 0,06 \, c_s^2 \cong 6 \quad mm \, H_2O$$

Total: 22,25 mm H$_2$O

O consumo de energia, por sua vez, pode ser calculado aproximadamente como sendo 0,1 a 0,2 cv. por Tonelada de Refrigeração (cerca de 10% da potência da instalação), correspondendo 0,05 a 0,075 cv à circulação da água e 0,075 a 0,15 cv à circulação do ar.

A altura da torre varia de 2 até cerca de 6 m.

As serpentinas deste tipo de condensadores (Figura 3.13.2.2.4) são geralmente executadas em tubos de 3/4" de aço (para a NH$_3$) ou de 5/8" de cobre (para os FREONS), lisos ou aletados (pouco usados devido ao problema da limpeza).

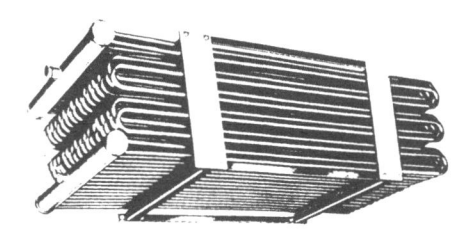

Figura 3.13.2.2.4

A transmissão de calor, no caso, cresce rapidamente com o aumento da temperatura de condensação e o abaixamento da temperatura do termômetro úmido de ar em circulação.

Os efeitos destas variáveis, que praticamente independem do fluido frigorígeno adotado, podem ser traduzidos pela expressão:

$$K \, \Delta_t = 200 \, t_C - 160 \, TTU - 1000$$

Assim, para diferenças de temperaturas t_C – TTU da ordem de 7 a 15°C em nosso clima, isto é, para TTU = 25°C teremos:

$$K \, \Delta_t = 1500 \, a \, 3000 \, kcal/m^2 h$$

Valores de K Δ_t da ordem de 1500 a 2000 são adotados em condensadores evaporativos de NH$_3$, a fim de limitar a temperatura de condensação a cerca de 35°C (pressão e temperatura de descarga do compressor muito elevadas), enquanto que valores de K Δ_t da ordem de 3000 são usuais em condensadores de FREON.

Assim, condensadores evaporativos fabricados normalmente para o F−12, em instalações de ar condicionado, têm superfícies de aproximadamente 1,2 m² por Tonelada de Refrigeração (cerca de 3600 kcal/h de potência calorífica).

Com o abaixamento da pressão de sucção, esta proporção deve ser acrescida, verificando-se para temperaturas de − 20°C acréscimos da ordem de 20% devido ao aumento da potência calorífica em função da potência frigorífica (cerca de 4400 kcal/h TR).

3.13.3 − Condensadores a ar

Os condensadores a ar usam o ar ambiente para a retirada do calor necessário à condensação dos fluidos frigorígenos.

Estes condensadores são utilizados unicamente em pequenas unidades de refrigeração, como refrigeradores domésticos e comerciais, pequenas câmaras frigoríficas, aparelhos de ar condicionado de capacidade inferior a 10 TR, etc.

Isto se deve ao fato de serem baixos os coeficientes de transmissão de calor de uma superfície para o ar, mesmo para o caso da circulação deste ser forçada, requerendo grandes áreas para o condensador, embora o seu peso seja inferior ao daqueles que trabalham com água.

Os condensadores a ar podem ser elaborados em forma de serpentina de tubos lisos ou aletados, em forma de radiador semelhante aos adotados nos automóveis, e em forma de placa.

Desses, os mais comuns são os condensadores em forma de serpentina de tubos lisos ou aletados.

Os condensadores de tubos lisos são formados unicamente por uma série de fileiras de tubos geralmente de cobre (para os FREONS) e excepcionalmente, de aço, nas bitolas de 3/8” a 1”.

Os condensadores de tubos aletados são constituídos por tubos, nos quais foram inseridas perpendicularmente chapas do mesmo metal ou de alumínio, em forma de espiral, placas retangulares planas ou corrugadas (Figura 3.13.3.1).

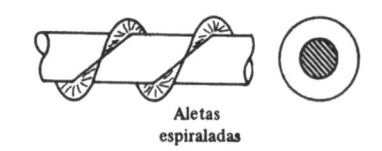
Aletas
espiraladas

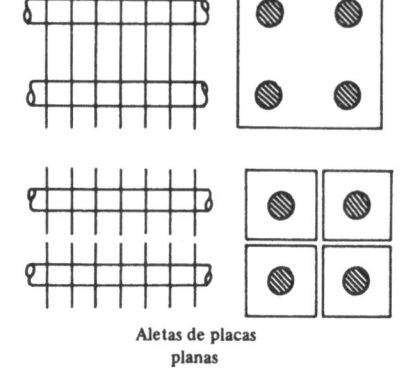
Aletas de placas
planas

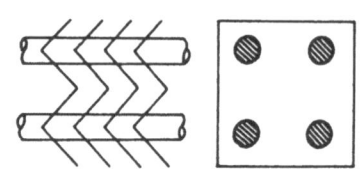
Aletas de
placas corrugadas

Figura 3.13.3.1

As aletas são fixadas por solda ou simplesmente por expansão mecânica dos tubos, a fim de assegurar um contato térmico entre as mesmas e o tubo.

O número de aletas por unidade de comprimento de tubo, as dimensões das mesmas e a distância entre os tubos varia de fabricante para fabricante.

Para caracterizar estas serpentinas, independentemente das dimensões e disposição dos elementos que as constituem, é usual adotar [6]:

A relação entre a superfície total de transmissão de cada camada de tubos e a superfície de face

$$\frac{S_p + S_a}{\Omega_f} = \frac{S_2}{\Omega_f}$$

A relação entre a área frontal livre (superfície medida perpendicularmente ao deslocamento do ar e livre de canos e aletas para a sua passagem) e a superfície de face Ω_o/Ω_f.

O número de camadas ou fileiras de tubos conputados ao longo do percurso do ar.

A Figura 3.13.3.2 nos mostra uma serpentina tipo Marlo, executada com tubos de cobre de 5/8" X 9/16", em disposição desencontrada, com distância entre tubos de 1 1/2", com aletas contínuas de alumínio de 1 1/2" de largura por fileira, fixadas por expansão mecânica, na proporção de 10 por polegada, com as seguintes características:

$$\frac{S_p + S_a}{\Omega_f} = \frac{S_2}{\Omega_f} = 25,5 \quad \frac{\Omega_o}{\Omega_f} = 0,55 \quad \text{Fileiras} = 6$$

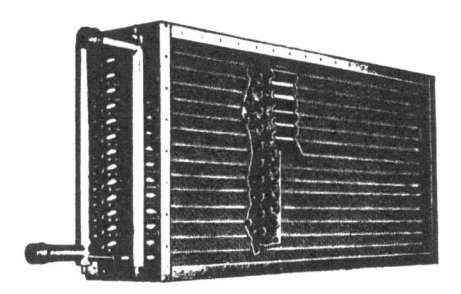

Figura 3.13.3.2

Para garantir uma boa transmissão de calor, o percurso do fluido frigorígeno nas serpentinas deve ser o quanto possível em contracorrente.

Além disso, a velocidade de escoamento do fluido frigorígeno nas mesmas deve estar compreendida entre limites que, sem criar grandes diferenças de pressão, garantam um bom coeficiente de transmissão de calor para o vapor em movimento.

Sob este aspecto, normalmente são adotadas seções de passagem fixadas em função da produção de frio, na ordem de 0,5 a 2 TR/cm², correspondendo os menores valores aos fluidos frigorígenos de menor calor de vaporização volumétrico (F−12, SO_2, etc.).

A circulação de ar pode ser natural ou forçada.

Quando forçada, as velocidades adotadas, referidas à superfície de face (velocidade de face c_f ou velocidade aparente), podem atingir 5 m/s, embora sejam usuais valores de apenas 1,5 a 3 m/s, para evitar grandes perdas de carga na circulação do ar.

Os coeficientes de transmissão total de calor para as serpentinas usuais, dentro dos limites de temperaturas adotados para os condensadores, dependem quase exclusivamente da velocidade real de circulação do ar em contato com as mesmas, de modo que podemos adotar os valores médios constantes na Tabela 3.13.3.1

Serpentina		Tubos lisos	Tubos aletados
Circulação Natural		16 – 18	8 – 12
Circulação Forçada (Velocidade real)	1 m/s	24 – 28	14 – 20
	1,5	32 – 36	18 – 27
	2	38 – 42	21 – 30
	2,5	42 – 46	23 – 35
	3	48 – 52	26 – 39
	3,5	54 – 58	28 – 42
	4	58 – 62	30 – 45
	4,5	62 – 66	32 – 48
	5	66 – 70	34 – 50
	5,5	70 – 74	35 – 52
	6	74 – 78	36 – 54

Tabela 3.13.3.1

O dimensionamento destas serpentinas de condensação, baseado na equação:

$$P_c = K \, S \, \Delta t \quad \text{kcal/h}$$

onde, sendo o calor P_c arrastado pelo ar, isto é, de acordo com a Figura 3.13.3.3.

$$P_c = V_h \, C_p \, (t_s - t_e) =$$
$$= 3600 \, c_f \, \Omega_f \, \gamma \, C_p \, (t_s - t_e)$$

e

$$\Delta t = \frac{(t_C - t_e) - (t_C - t_s)}{\ln \frac{t_C - t_e}{t_C - t_s}}$$

não pode ser feito diretamente, pois, para calcular S, é indispensável dispor de Δt e a velocidade real de escoamento de ar (da qual depende K).

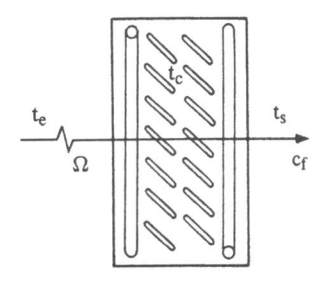

Figura 3.13.3.3

103

Ora, isto não é possível, porque mesmo que seja estipulada uma vazão de ar e, portanto, t_e e t_s, a velocidade do mesmo dependerá das dimensões da serpentina.

Fixando, por outro lado, a velocidade do ar, resulta a vazão indeterminada e, portanto, desconhecida a temperatura de saída do ar t_s.

Nestas condições, o cálculo de condensadores a ar, excluídos apenas aqueles que funcionam com circulação natural, só pode ser feito por tentativas, tabelas ou diagramas.

Uma das soluções mais simples para o caso é a já analisada [6] que emprega o conceito de fator de *by pass*

$$F_{BP} = \frac{t_C - t_s}{t_C - t_e}$$

o qual pode ser dado por meio de tabelas ou diagramas para cada tipo de serpentina, em função da velocidade da face c_f e do número de fileiras da mesma.

3.13.3.1 − Exemplo

Seja dimensionar uma serpentina condensadora para uma potência calorífica de 3600 kcal/h (instalação de ar condicionado de ~ 1 TR).

Fixando as temperaturas:

De condensação $t_C = ,50°C$;

De entrada de ar $t_e = 32°C$ (média das máximas);

E adotando uma serpentina Marlo 3/8", cujas características são [6]:

$$\Omega_f = 1 \ m^2$$
$$\Omega_o = 0,59 \ m^2$$
$$S_1 = 1,06 \ m^2$$
$$S_p = 1,18 \ m^2$$
$$S_m = 1,12 \ m^2$$
$$S_a = 14,35 \ m^2$$

c_f	K_2	F_{BP}		
		n = 3	4	5
1,625	39,0	0,330	0,228	0,157
1,950	42,8	0,366	0,262	0,187
2,275	45,7	0,397	0,290	0,214
2,600	48,5	0,422	0,317	0,238
2,925	51,3	0,447	0,336	0,261

Tabela 3.13.3.1.1

Podemos arbitrar:

$$F_{BP} = 0,25 \to n = 4 \quad c_f = 1,83 \ m/s$$
$$n = 5 \quad c_f = 2,76 \ m/s$$

donde:

$$F_{BP} = \frac{t_C - t_s}{t_C - t_e} = \frac{50 - t_s}{50 - 32} \to t_s = 45,5°C$$

Podemos calcular:

$$V = \frac{Q}{\gamma C_p (t_s - t_e)} \cong \frac{3600}{1,2 \cdot 0,24 (45,5 - 32)} = 926 \ m^3/h$$

$$\Omega_f = \frac{V}{3600 \ c_f} = \frac{926}{3600 \cdot 1,83} = 0,14 \ m^2 \ (p/n = 4)$$

$$\Omega_f = \frac{V}{3600 \ c_f} = \frac{926}{3600 \cdot 2,76} = 0,0932 \ m^2 \ (p/n = 5)$$

Como verificação, podemos ainda fazer:

$$Q = K_2 S_2 \ \Delta t_{ln} = K_2 \ n(S_a + S_p) \ \Omega_f \ \frac{(t_C - t_e) - (t_C - t_s)}{\ln \dfrac{t_C - t_e}{t_C - t_s}}$$

expressão que deve fornecer, com exatidão aceitável, o calor a dissipar de 3600 kcal/h, para qualquer uma das soluções escolhidas.

Os condensadores a ar tipo radiador (adotados em motores a explosão) e tipo placa (adotados em calefação) são poucos usados em refrigeração, limitando-se a sua escolha a refrigeradores de uso doméstico e instalações de pequena capacidade.

3.14 − Resfriadores

Tomam o nome de resfriadores os dispositivos das instalações de refrigeração onde o calor é retirado do meio.

Esta retirada de calor pode ser feita diretamente pelo fluido frigorígeno ou indiretamente por meio de um fluido intermediário (geralmente água ou salmoura).

No primeiro caso, a refrigeração é dita à expansão direta e, no segundo, indireta (V. Figuras 3.14.1 e 3.14.2).

A instalação de refrigeração por expansão indireta, apesar de ser mais complexa e apresentar menor coeficiente de efeito frigorífico (devido aos 2 gradientes térmicos a vencer com a máquina de frio) e, portanto, maior consumo de energia, torna-se por vezes interessante devido:

– à sua mais fácil distribuição do frio;

– à concentração da instalação de produção de frio, com linhas pequenas de fluido frigorígeno, o qual não circula pelo meio a refrigerar;

– ao seu elevado volante térmico, que decorre da grande massa de fluido intermediário refrigerado adotado (água ou salmoura), o qual permite uniformizar a produção de frio em instalações que se caracterizam por apresentar pontas de carga térmica elevadas (menor potência instalada).

Os resfriadores onde se dá a evaporação do fluido frigorígeno tomam o nome de evaporadores ou resfriadores de expansão direta, enquanto que aqueles que funcionam com o fluido intermediário (que é refrigerado em evaporador à parte) tomam o nome de resfriadores de expansão indireta.

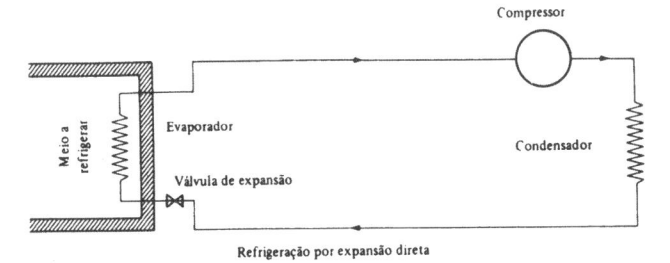

Refrigeração por expansão direta

Figura 3.14.1

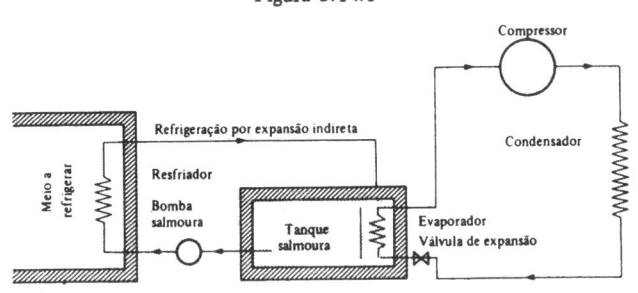

Figura 3.14.2

Os evaporadores ou resfriadores de expansão direta podem ser classificados:

– quanto ao fluido a refrigerar, em evaporadores para a refrigeração do ar (de superfície seca ou molhada), de líquidos e sólidos;

– quanto à circulação do fluido a refrigerar, em evaporadores de circulação natural ou forçada;

– quanto ao sistema de alimentação do fluido frigorígeno, em evaporadores inundados ou secos.

Os *evaporadores inundados* são aqueles que trabalham praticamente cheios de líquido frigorígeno, o qual tem seu nível controlado por meio de válvulas tipo bóia (a qual pode estar localizada tanto na alta como na baixa pressão).

Os evaporadores inundados são adotados nas instalações industriais (NH_3) e apresentam as seguintes características:

– menor perda de carga na sucção;

– menor possibilidade de arrasto de sujeira;

- maior rendimento na transmissão de calor (∿ 15%);
- fácil regulagem;
- fornecem vapor saturado seco (melhor capacidade gravimétrica para o compressor), sem necessidade de superaquecimentos adicionais para evitar que haja entrada de líquido no compressor (maior segurança para o compressor);
- grande inércia ao pararem (a não ser que se interrompa a canalização de sucção);
- exigem separador de líquido individual ou central.

A alimentação do fluido frigorígeno, neste caso, pode ser feita:

- *por injeção direta* (Figura 3.14.3), quando todos os evaporadores são alimentados pela alta, com exceção do último que é alimentado pelo separador (este deve ser colocado suficientemente alto, a fim de alimentar o evaporador por gravidade e, ao mesmo tempo, ser dimensionado de tal forma a evitar o refluxo de líquido para o compressor);

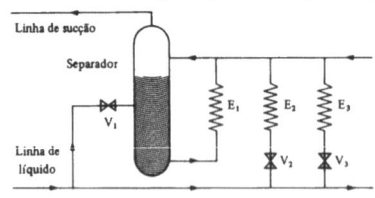

Figura 3.14.3

- *por gravidade*, individual ou geral (Figura 3.14.4), quando os separadores de líquido alimentam por gravidade todos os evaporadores (neste caso, os separadores podem ser individuais, parciais ou mesmo se reduzir a um único geral);

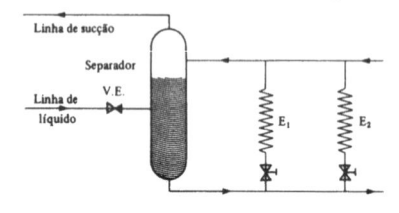

Figura 3.14.4

- *por bomba* (Figura 3.14.5), quando a alimentação dos evaporadores é feita a

partir de um separador, geralmente único (central), por meio de bomba.

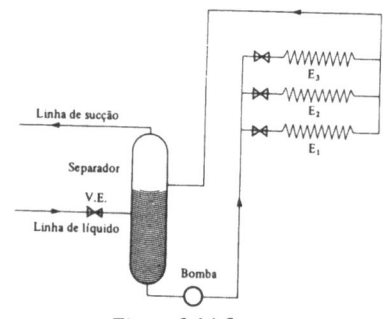

Figura 3.14.5

Os evaporadores secos são aqueles que trabalham com alimentação intermitente de líquido frigorígeno, controlada por meio de válvulas manuais ou automáticas, comandadas pela pressão ou temperatura de sucção (Figura 3.14.6).

Estes evaporadores não trabalham cheios de líquido e, a fim de evitar que haja entrada de líquido no compressor, os mesmos fornecem à saída vapor levemente superaquecido.

Por sua vez, os resfriadores de expansão indireta podem igualmente ser classificados em:

- resfriadores de superfície (seca ou molhada) ou de mistura;
- resfriadores de ar, de líquidos ou de sólidos;
- resfriadores de circulação natural ou forçada.

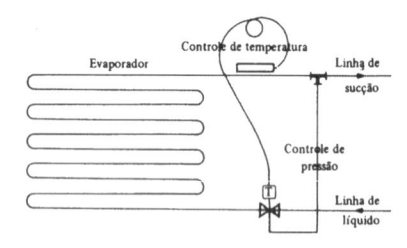

Figura 3.14.6

O fluido intermediário então adotado pode ser a água, quando a temperatura é superior a $0°C$, como acontece nas instalações centrais de ar condicionado que funcionam com água gelada.

Para temperaturas mais baixas, adotam-se misturas refrigerantes.

O cloreto de sódio ($NaCl + H_2O$) — adicionado de bicromato de sódio ($Na_2Cr_2O_7$) que lhe diminui a ação corrosiva — é usado quando o meio a refrigerar contém alimentos com o qual a salmoura entra em contato (carnes, peixes, etc.).

Para temperaturas inferiores a $-10^\circ C$ adotam-se, na ordem do custo da instalação;

- ($CaCl_2 + H_2O$) salmoura de cloreto de cálcio
- ($CH_3OH + H_2O$) metanol
- ($C_2H_5OH + H_2O$) etanol
- ($C_2H_6O_2 + H_2O$) etilenoglicol
- ($C_3H_8O_2 + H_2O$) propilenoglicol

As propriedades dos fluidos intermediários, usados na refrigeração à expansão indireta, estão relacionados na Tabela 3.14.1.

O cálculo do coeficiente total de transmissão de calor dos resfriadores é feito de maneira idêntica ao já visto para o caso dos condensadores.

Entretanto, em se tratando de resfriadores de expansão direta, os valores de α_1 da ebulição são de determinação bastante complexa.

Assim, enquanto que, na convecção sem mudança de fase, a geometria do sistema, a velocidade de escoamento, a viscosidade, a densidade, a condutividade térmica e o calor específico do fluido são suficientes para a determinação citada, na ebulição interferem outros valores importantes, como a característica da superfície, a tensão superficial, o coeficiente de expansão, o calor latente de vaporização, a pressão, a diferença de temperatura entre a superfície e o fluido em vaporização, etc.

Como decorrência da complexidade deste fenômeno, tanto equações gerais como dados práticos para o cálculo de α_1 são, até o presente momento, escassos e meramente particulares.

Inicialmente, a formação de vapor na ebulição dá-se por borbulhas isoladas (ebulição nucleada), verificando-se que os coeficientes de película mantêm uma nítida correlação com a carga térmica específica (Q/S kcal/m²h), com a diferença de temperatura entre a parede e o fluido em ebulição, ou mesmo com a velocidade mássica do fluido (M kg/hm²).

Com o aumento da carga térmica específica e, portanto, dos gradientes de temperatura, pode-se atingir uma formação contínua de vapor (ebulição em película) ocasião em que o valor de α_1 cai bruscamente devido à impossibilidade do aumento rápido das borbulhas.

SOLUÇÃO	Concentração em Peso %	Ponto de Congelação °C	Temperatura °C	Massa Específica kg/m³	Calor Específico kcal/kg°C	Condutividade Térmica kcal/mh°C	Viscosidade Absoluta kg/mh	Interior Tubos A	Exterior Tubos B
Água – H_2O		0	+ 10	999,2	1,002	0,504	4,72	1441,2	400
		0	+ 5	999,74	1,0047	0,496	5,58	1337	387,4
Cloreto de Sódio – $NaC\ell$	12	− 8	0	1093	0,865	0,417	7,56	1079,3	328,7
	20	− 16	− 10	1161	0,804	0,372	15,12	778,5	278,9
Cloreto de Cálcio – $CaC\ell_2$	12	− 7,2	0	1109	0,830	0,476	8,64	1102,3	350,3
	20	− 17,2	− 10	1196	0,723	0,461	17,28	823,8	309,3
	25	− 29,4	− 20	1255	0,671	0,432	37,08	588,9	267,0
	30	− 43,9	− 35	1318	0,634	0,417	100,08	394,0	229,4
Metanol – CH_3OH	15	− 10,3	0	985	1,000	0,417	11,52	889,3	310,8
	22	− 13,3	− 10	367	0,967	0,797	19,08	675,6	271,1
	35	− 30	− 20	961	0,885	0,342	35,64	469,2	222,4
	45	− 42,8	− 35	961	0,800	0,327	64,80	345,4	192,8
Etanol – C_2H_5OH	20	− 11,1	0	977	1,040	0,402	19,80	706,9	286,7
	25	− 15,3	− 10	977	1,015	0,372	29,52	569,6	254,4
	36	− 26,6	− 20	970	0,950	0,327	48,60	418,2	213,0
	52	− 45,5	− 35	953	0,810	0,283	72,72	301,9	172,5
Etilenoglicol – $C_3H_6O_2$	25	− 10,6	0	1036	0,910	0,447	13,32	877,1	316,8
	35	− 17,8	− 10	1057	0,840	0,417	24,48	649,1	274,1
	45	− 26,4	− 20	1079	0,760	0,372	61,92	408,4	219,3
	55	− 41,6	− 35	1105	0,670	0,327	270,00	203,3	160,4
Propilenoglicol – $C_3H_8O_2$	30	− 10,5	0	1033	0,940	0,387	28,8	597,3	262,2
	40	− 20,1	− 10	1046	0,890	0,357	72,0	389,8	217,3
	50	− 33,9	− 20	1065	0,830	0,342	288,0	215,3	173,0
	60	− 48,3	− 35	1076	0,770	0,312	2520,00	83,7	119,5

Tabela 3.14.1

Com base nestas considerações de ordem prática, os valores de α_1 podem ser determinados para cada caso particular por meio de fórmulas empíricas, mais ou menos simples.

Assim, para líquidos vaporizando-se no interior de tubos, Davis e David (1964) estabeleceram, em função da velocidade mássica, a expressão:

$$Nu = \frac{\alpha D}{k_l} = 0,06 \left(\frac{\delta_l}{\delta_v}\right)^{0,28} \left(\frac{D\,M\,x}{\mu_1}\right)^{0,87} Pr_l^{0,4}$$

(3.14.1)

onde:

M é a velocidade mássica dada em $kg/m^2\,h$;

x é o título do vapor em formação;

δ_l é a massa específica do líquido;

δ_v é a massa específica do vapor;

μ_1 é a viscosidade absoluta do líquido;

k_1 é o coeficiente de condutividade térmica do líquido;

Pr_l é o número de PRANDTL do líquido

Para a amônia, vaporizando-se no interior de tubos a temperatura de O a $-30°C$, N.S. Komarov propõe a fórmula:

$$\alpha_{NH_3} = 810 \left(\frac{Q}{1000S}\right)^{0,7} = 6,434 \left(\frac{Q}{S}\right)^{0,7} = 495,4\,\Delta\,t^{2,333}\ldots$$

(3.14.2)

Ou, ainda, especificamente para evaporadores do tipo *tubo e carcaça*:

para $Q/S > 2000$ $kcal/m^2\,h$

$$\alpha_{NH_3} = (3,58 + 0,018\,t_E)\left(\frac{Q}{S}\right)^{0,7}$$

(3.14.3)

para $Q/S < 2000$ $kcal/m^2\,h$

$$\alpha_{NH_3} = (103,2 + 0,19\,t_E)\left(\frac{Q}{S}\right)^{0,25}$$

(3.14.4)

Para o FREON–12 vaporizando-se no interior de tubos à temperatura de 0°C, o mesmo autor aconselha a expressão:

$$\alpha_{F-12} = 385 \left(\frac{Q}{1000\,S}\right)^{0,7} = 3,06 \left(\frac{Q}{S}\right)^{0,7} = 41,52\,\Delta t^{2,333}\ldots$$

(3.14.5)

Fórmula diversa das anteriores é a proposta por Carrier, para o FREON–12 e o FREON–22, vaporizando-se no interior de tubos de 3/8" a 5/8" D.E.:

$$\alpha = 0,96\,q$$

(3.14.6)

onde q, que tem as características de uma velocidade mássica, é a carga térmica por unidade de seção de passagem dos tubos e deve variar de 1250 a 2500 $kcal/cm^2\,h$.

A prática tem mostrado que, embora as fórmulas de Komarov:

$$\alpha = f\,(\Delta t)$$

e de Carrier:

$$\alpha = f\,(q)$$

sejam independentes, um bom projeto deve verificar simultaneamente:

$$q = 1250 \text{ a } 2500 \ kcal/cm^2 h$$

$$t = 4,2 \text{ a } 5,7 \ °C$$

Donde, para cada D, um comprimento mínimo de tubos a usar, tal que:

$$q = \frac{Q\ kcal/h\ tubo}{10.000\ \dfrac{\pi D^2}{4}}$$

$$\alpha_{FREON} = 0,96\,q = 41,6\,\Delta t^{2,33}\ldots$$

$$S = \pi D L = \frac{Q\ kcal/h\ tubo}{\alpha_{FREON}\,\Delta t} \rightarrow L_{mínimo}$$

Ou, ainda:

$$\frac{L_{mínimo}}{D} = \frac{10.000\,q}{4\alpha_{FREON}\,\Delta t} = \frac{2600}{\Delta t}$$

valores esses que constam na Tabela 3.14.2.

$q\,kcal/hcm^2$	α_{FREON}	Δt	$\dfrac{L_{mínimo}}{D}$
1250	1200	4,2	620
1500	1440	4,56	570
1750	1680	4,9	530
2000	1920	5,17	503
2250	2160	5,44	480
2500	2400	5,7	456
2750	2640	5,94	440
3000	2880	6,17	423
3250	3120	6,39	408
3500	3360	6,60	394

Tabela 3.14.2

Para a água ou salmoura, o valor de α_1 depende das propriedades físicas da mesma, verificando-se que este coeficiente diminui com o aumento da concentração do sal.

Assim, para o aquecimento no interior de tubos, podemos empregar a fórmula válida para $R_e > 3500$ (Carrier):

$$Nu = 0,023\, R_e^{0,8}\, Pr^{0,4}$$

isto é:

$$\alpha_1 = 0,023\,\frac{\delta^{0,8}\, k^{0,6}\, C^{0,4}}{\mu^{0,4}}\,\frac{c^{0,8}}{D^{0,2}} = A\,\frac{c^{0,8}}{D^{0,2}}$$

$$(3.14.7)$$

onde, para c m/s e D m, de acordo com os valores que constam da Tabela 3.14.1, A varia de 200 a 1400.

Para o exterior de condutos (escoamento perpendicular), a bibliografia indica várias fórmulas, entre as quais podemos citar para $R_e = 40$ a 4000:

$$Nu = 0,683\, Pr^{1/3}\, R_e^{0,466}$$

isto é:

$$\alpha_1 = 0,683\,\frac{\delta^{0,466}\, k^{0,666}\, C^{0,333}}{\mu^{0,133}}\,\frac{c^{0,466}}{D^{0,534}} =$$

$$= B\,\frac{c^{0,466}}{D^{0,534}}$$

$$(3.14.8)$$

onde, para c m/s e D m, de acordo com os valores que constam da Tabela 3.14.1, B varia de 150 a 400.

Por sua vez, as paredes de separação dos fluidos que trocam calor num resfriador podem ser constituídas de metal, incrustações, óleo, pintura e mesmo gelo, quando o meio a refrigerar é o próprio ar.

Nestas condições, devemos distinguir dois valores para $\Sigma \ell/k$, um para temperaturas superiores a $0°C$ que, de acordo com a Tabela 3.14.3, vale aproximadamente:

	COBRE	LATÃO	FERRO
LIMPO	0,000003	0,00003	0,00006
NORMAL	0,0002	0,0002	0,0002
SUJO	0,001	0,001	0,001

Tabela 3.14.3

e outro, para temperaturas inferiores a $0°C$, que inclui uma camada de gelo de até 1/4", a qual aumenta o referido coeficiente em 0,003.

Finalmente, o valor de α_2 correspondente ao meio a refrigerar depende essencialmente das condições de circulação e forma da parede, estando, portanto, ligado ao tipo de resfriador.

Assim, tratando-se do ar ambiente, a transmissão de calor que se verifica entre este e a superfície do resfriador dá-se simultaneamente na forma de calor sensível Q_S (pela variação da temperatura do ar) e na forma de calor latente Q_L (pela condensação da umidade do ar).

Nestas condições, para o cálculo das superfícies destinadas ao resfriamento e desumidificação do ar, é interessante adotar os conceitos de:

TEMPERATURA DE ORVALHO
DO EQUIPAMENTO

t_o (temp. da superfície resfriadora)

FATOR DE CALOR SENSÍVEL

$$F.C.S. = \frac{Q_S}{Q_L + Q_S}$$

Assim, o coeficiente de transmissão de calor α_2 entre a parede e o ar — atendendo a que, em virtude da condensação, o calor sensível que se transmite por convecção é adicionado da parcela de calor latente (que se transmite paralelamente ao calor sensível) — pode ser dado por:

$$\alpha_2 = \alpha_i + \alpha_c \frac{Q_S + Q_L}{Q_S} = \alpha_i + \frac{\alpha_c}{FCS}$$

(3.14.9)

onde:

— α_i é o coeficiente de transmissão de calor por irradiação que, para o caso de superfícies de ferro preto, vale aproximadamente:

$$\alpha_i = 4 \frac{\left(\frac{T_a}{100}\right)^4 - \left(\frac{T_o}{100}\right)^4}{T_a - T_o}$$

isto é, cerca de 2,5 a 3 kcal/m^{2}h$^\circ$C para diferenças de temperaturas de 5 a 15°C;

— α_c é o coeficiente de película o qual depende essencialmente da forma da superfície, das características do movimento e das condições de temperatura e pressão do ar.

Assim, para o caso de canos dispostos horizontalmente ao ar ambiente em circulação natural, podemos tomar para α_c os valores que decorrem da equação[6]:

$$\alpha_c = 0,94 \left(\frac{T_a - T_o}{D}\right)^{0,25}$$

isto é, cerca de 3 a 4,5 kcal/m^{2}h$^\circ$C para diferenças de temperaturas de 5 a 15°C.

Tratando-se do ar em circulação forçada, perpendicularmente a feixes de tubos[6], a equação a adotar é:

$$\alpha_c = 1,38 \, f_d \sqrt[4]{T_a} \frac{c_o^{0,61}}{D^{0,39}}$$

na qual f_d representa o fator de disposição dos tubos e c_o a velocidade real do ar referida às condições normais;

FCS é o fator de calor sensível, o qual pode ser calculado de acordo com o estudo do ar úmido[2] a partir da expressão:

$$\frac{1}{FCS} = \frac{Q_S + Q_L}{Q_S} = 1 + \frac{Q_L}{Q_S} = 1 + \frac{(x_a - x_o)}{C_p' (t_a - t_o)}$$

e que, dependendo de:

r — calor de condensação da água que, a baixas temperaturas, vale 680 kcal/kgf (ASHRAE);

C_p' — calor específico à pressão constante de ar úmido que, a baixas temperaturas, vale 0,242 kcal/kgf$^\circ$C;

x_a — conteúdo de unidade, em kgf de vapor por kgf de ar seco, à temperatura do ambiente t_a;

x_o — conteúdo de umidade, em kgf de vapor por kgf de ar seco, do ar saturado à temperatura da superfície resfriadora t_o;

assume valores da ordem de 1,0 a 1,6.

Análise mais detalhada da expressão anterior nos mostra que a retirada da umidade do ar cresce com a temperatura e o conteúdo de umidade do ar ambiente.

O estado do ar à saída do evaporador (t_s, x_s) pode ser determinado facilmente a partir da quantidade de calor retirada por kgf de ar $\Delta H = H_a - H_s$:

$$\frac{H_a - H_s}{H_a - H_o} = \frac{\Delta H}{C_p' (t_a - t_o) + r (x_a - x_o)} =$$

$$= \frac{t_a - t_s}{t_a - t_o} = \frac{x_a - x_s}{x_a - x_o}$$

Na prática, a solução deste tipo de problema é grandemente facilitada pelo uso do diagrama de Mollier para o ar úmido e do conceito de fator de *by pass*, F_{BP}.

Por outro lado, para o caso de líquidos, a transmissão de calor que se verifica entre este e a superfície do resfriador pode ser caracterizada por um valor de α_2 que, dependendo do tipo de circulação e do tipo de superfície, pode ser expresso:

— para o caso de circulação natural, no exterior de tubos horizontais, por

$$Nu = 0,5 \, (G_r F_r)^{0,25} \, p/GrPr = 10^3 \text{ a } 10^8$$

– para o caso de circulação forçada e esfriamento no interior de condutos, pelas equações:

$$Nu = 0,024 \, Pr^{0,3} \, R_e^{0,8} \quad (R_e > 104)$$

$$Nu = 0,0042 \, P_r^{0,3} \, R_e \quad (R_e < 104)$$

– para o caso de circulação forçada no exterior de condutos, pela equação:

$$Nu = 0,683 \, P_r^{1/3} \, R_e^{0,466} (R_e = 40 \text{ a } 4000)$$

Para maiores detalhes e tabelas, consulte *Transmissão de Calor* [6].

Do exposto, conclui-se que o cálculo do coeficiente global K de transmissão de calor de um resfriador depende não só dos fluidos que trocam calor, mas também das condições de circulação dos mesmos e da forma da parede que os separa, estando, portanto, ligado estreitamente ao tipo de intercambiador usado, pelo que passaremos a analisar cada um em particular.

3.14.1 – Resfriador de expansão direta para o ar

Podem ser do tipo placa, de tubos lisos ou aletados, com circulação natural ou forçada e com superfície seca ou molhada.

3.14.1.1 – Tipo placa

Estes evaporadores são constituídos de chapas de aço estampadas e justapostas de tal forma a criar uma serpentina de tubos de diâmetros da ordem de 1/2".

Os coeficientes de transmissão de calor global K para o caso valem:

- para o ar, por gravidade, 5 a 6 kcal/m² h°C;
- para o ar, com circulação forçada, 8 a 24 kcal/m² h°C;
- para gêneros em contato com a placa 10 a 14 kcal/m² h°C;

Estes resfriadores são usados unicamente em instalações de refrigeração comercial de pouca monta e em refrigeradores domésticos.

3.14.1.2 – Tubos lisos com circulação natural do ar

Estes resfriadores constam de tubos lisos de 3/4 a 2", dispostos diretamente no recinto a refrigerar, de modo a proporcionar um movimento natural do ar, conforme mostram as Figuras 3.14.1.2.1a, b e c.

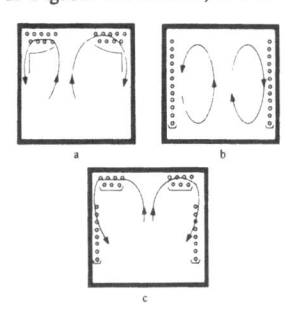

Figura 3.14.1.2.1

A colocação dos tubos deve ser feita preferencialmente nas superfícies (paredes e forros) em contato com o exterior.

Assim, nos recintos entre pisos refrigerados, é aceitável a disposição nas paredes, enquanto que no último pavimento, tratando-se de grandes câmaras, a colocação no forro se torna obrigatória para se obter melhor uniformidade da temperatura.

Abaixo dos tubos são colocadas bandejas *isoladas* para o recolhimento da água condensada ou da água de degelo.

Os evaporadores de tubos podem trabalhar em regime seco ou inundado, mantendo com o ambiente diferenças de temperaturas de 5 a 15°C, dependendo da umidade desejada.

A fim de evitar uma perda de carga excessiva, o comprimento dos tubos de cada bateria de evaporadores deve ser limitado.

Assim, dependendo da temperatura de sucção, a qual, para q = 500 kcal/h cm², determina velocidades da ordem de 1,5 a 5,0 m/s (NH_3), são usuais as baterias de tubos caracterizadas na Tabela 3.14.1.2.1, cujas perdas de carga, que variam de 100 a 350 kgf/m², correspondem a diferenças de temperatura de sucção de 0,07 a 0,7°C.

A Tabela 3.14.1.2.1 foi calculada para uma produção de frio correspondente a um Δ_t (fluido frigorígeno – ambiente) de aproximadamente 7,5°C.

Com o aumento desta diferença de temperatura, a potência frigorífica do evaporador aumenta e, conseqüentemente, também aumentarão as perdas de carga.

D	Ωcm^2	L m	S m^2	P_f TR	t_E °C	C m/s	Máximos	
							ΔP Pkgf/m^2	Δt°C $t_{Succão}$
3/4"	2,9	260	19,4	0,485	0	1,5	109	0,066
					− 15	2,7	193	0,2
					− 30	5,2	392	0,66
1"	5,0	350	33,4	0,835	0	1,5	109	0,066
					− 15	2,7	193	0,2
					− 30	5,2	392	0,66
1 1/4"	8,0	440	51,0	1,3	0	1,5	109	0,066
					− 15	2,7	193	0,2
					− 30	5,2	392	0,66
1 1/2"	11,0	520	70,0	1,8	0	1,5	109	0,066
					− 15	2,7	193	0,2
					− 30	5,2	392	0,66
2"	20,0	700	126,0	3,3	0	1,5	109	0,066
					− 15	2,7	193	0,2
					− 30	5,2	392	0,66

Tabela 3.14.1.2.1

De acordo com o já exposto, os valores de K para as baterias de tubos lisos colocados horizontalmente dependem, além do diâmetro e disposição dos tubos, da diferença de temperatura em relação ao ambiente, do grau de umidade e temperatura deste (capa de gelo).

Assim, para tubos de 2" (57 mm × 64 mm), em funcionamento inundado, podemos estabelecer os valores que constam da Tabela 3.14.1.2.2.

DISPOSIÇÃO	TEMP. DA CÂMARA	UMIDADE RELATIVA DA CÂMARA	TUBOS NA VERTICAL	DIF. DE TEMPERATURA		
				5°C	10°C	15°C
NAS PAREDES	0°C	85%	10	8,4	9,2	9,6
			14	9,6	10,3	10,7
			18	11,2	12,0	12,3
	− 10°C	90%	10	7,2	7,6	8,0
			14	8,2	8,6	8,9
			18	9,6	9,9	10,2
	− 20°C	95%	10	5,8	6,2	6,6
			14	6,6	7,1	7,4
			18	7,8	8,1	8,4
NO FORRO	0°C	85%	1	7,0	7,7	8,1
	− 10°C	90%	1	5,9	6,4	6,8
	− 20°C	95%	1	4,8	5,3	5,6

Tabela 3.14.1.2.2

Para o caso de tubos descobertos de gelo, pode-se também calcular o valor de K por meio da fórmula aproximada:

$$K = 2,8 \left(\frac{\Delta_t}{D}\right)^{0,25} \text{ kcal/m}^2\text{h}°C$$

$$(3.14.1.2.1)$$

a qual, tratando-se de evaporadores cobertos de neve, deve ser corrigida em 5 a 20% (20% para 1/4").

Para o caso de duas fileiras de tubos, tanto verticais como horizontais, verifica-se uma redução de 5 a 8% nos valores assinalados na tabela anterior.

3.14.1.3 – Tubos aletados com circulação natural do ar

A fim de intensificar a transmissão de calor dos tubos lisos, pela redução de sua principal resistência térmica (passagem de calor do tubo para o ar), são adotados aletas planas (circulares ou quadradas) ou aletas corrugadas circulares em espiral.

O número de aletas adotado é geralmente de 2,5 por polegada (100 aletas por metro) para temperaturas de evaporação inferior a 0°C, e de 4 por polegada (160 aletas por metro) para temperaturas de evaporação superiores a 0°C.

Para o NH_3, são usuais baterias de tubos de aço de 3/4", 1", 1 1/4" e 1 1/2" com aletas de chapa soldada de 5/8" a 1" de altura.

Para os FREONS, são usados tubos de cobre com aletas lisas de alumínio, contínuas, fixadas por expansão mecânica dos tubos.

Os tubos empregados são de 1/2", 5/8" e 3/4" espaçados entre si de 1 a 2".

As relações de S_2/S_1, assim obtidas, variam de 6 a 12, às quais correspondem rendimentos de aletas da ordem de 55% a 75%.

Nestas condições, os valores de K_1 referidos à superfície interna dos tubos nos serão dados por:

$$R_t = \frac{1}{K_1 S_1} = \frac{1}{\alpha_1 S_1} + \Sigma \frac{1}{kS_m} + \frac{1}{\alpha_2 (S_p + \eta_a S_a)}$$

$$(3.14.1.3.1)$$

3.14.1.3.1 – Exemplo

Calcular o coeficiente de transmissão de um evaporador de NH_3, de tubos de 57 × 64 mm aletados na proporção $S_2/S_1 = 6$, destinado a funcionar em câmara de − 10°C com amônia a − 20°C. Fazendo Δ_t amônia-tubo igual a 0,8°C, podemos calcular:

$$\alpha_1 = 495,4 \, \Delta_t{}^{2,333} \cdots = 294,3 \ \text{kcal/m}^2\text{h}^\circ\text{C}$$

$$\Sigma \frac{\ell}{k} = 0,0035 \ \text{(p/tubos com 1/4" de gelo)}$$

$$\alpha_2 = \alpha_i + \frac{\alpha_c}{FCS} \cong 2,75 + 3,1 \times 1,3 =$$

$$= 6,78 \ \text{kcal/m}^2\text{h}^\circ\text{C}$$

$$\alpha_c = 0,94 \ \frac{\Delta_t}{D}^{0,25} = \left[\frac{-10 - (-19)}{0,076}\right]^{0,25} =$$

$$= 3,1 \ \text{kcal/m}^2\text{h}^\circ\text{C}$$

$$\eta_a = 0,75 \left(\text{baixo } \alpha_2, \ \text{baixo } L_v \sqrt{\frac{2\alpha_2}{\ell k}}\right)$$

donde:

$$K_1 \cong \frac{1}{\dfrac{1}{294,3} + 0,0035 + \dfrac{1}{0,75 \times 6 \times 6,78}} =$$

$$= 25,2 \ \text{kcal/m}^2\text{h}^\circ\text{C}$$

valor este cerca de 3 vezes superior aos correspondentes da Tabela 3.14.1.2.2 que variam de 7,6 a 9,9.

3.14.1.4 – Tubos molhados com circulação natural do ar

Este tipo de evaporador é constituído por uma serpentina, geralmente de tubos lisos, que recebe continuamente sobre sua superfície, conforme a temperatura, um chuveiro de salmoura ou de água pura (Figura 3.14.1.4.1).

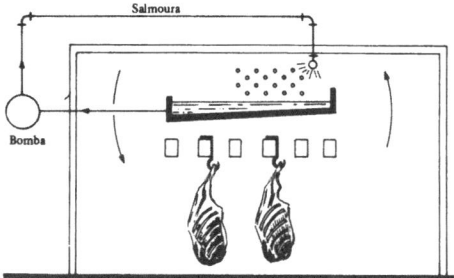

Figura 3.14.1.4.1

Seu uso, bastante reduzido atualmente, restringe-se às câmaras de resfriamento e armazenagem de produtos desidratáveis, como carnes.

A complexidade mecânica, a presença corrosiva da salmoura e o maior espaço necessário para a instalação deste sistema, em parte, são compensados pelas vantagens que seguem:

– dispensa do degelo;

– menor superfície de evaporador (K cerca de 50 a 100% superior ao do tipo seco);

– manutenção de um teor de umidade mais elevado na câmara (menor desidratação dos produtos armazenados).

3.14.1.5 – Superfície seca com circulação forçada de ar

Estes evaporadores, também chamados unidades resfriadoras (*unit coolers*), ou simplesmente condicionadores, são constituídos essencialmente de uma caixa metálica ou de alvenaria, na qual são instalados o intercambiador de calor, um forçador de ar (ventilador) e eventualmente um sistema de borrifadores de água para o degelo.

Os intercambiadores são geralmente elaborados com tubos de aço de 5/8" a 1", lisos ou com aletas planas ou helicoidais, também de aço, zincados a fogo para a amônia e com tubos de cobre de 5/8" com aletas planas de cobre ou alumínio para os FREONS.

As aletas são em número máximo de 4 por polegada (160 aletas por metro) para temperaturas superiores a 0°C, e de 2,5 por polegada (100 aletas por metro) para temperaturas inferiores a 0°C.

O número de tubos no sentido da passagem do ar é da ordem de 10, com velocidades frontais da ordem de 2 a 3 m/s.

Os de amônia são geralmente de funcionamento inundado, enquanto que os de FREON normalmente trabalham com válvula de expansão termostática.

Os forçadores de ar adotados podem ser tanto ventiladores centrífugos como helicoidais.

A quantidade de ar em circulação é da ordem de 1500 a 3000 m³/h por TR, o que corresponde a uma variação da temperatura do ar de 3,0 a 6,0°C (incluindo o calor latente) e, portanto, diferenças de temperatura entre a câmara e o fluido frigorígeno da ordem de 6 a 11°C.

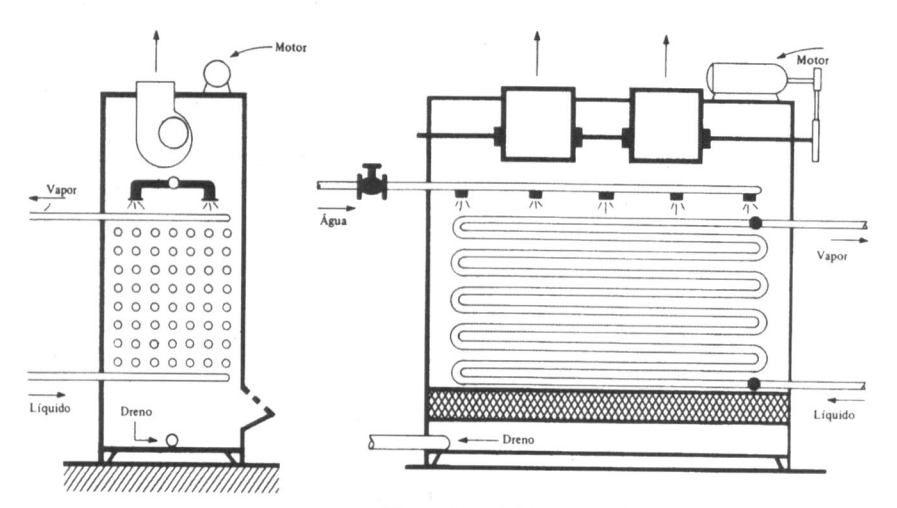

Figura 3.14.1.5.1

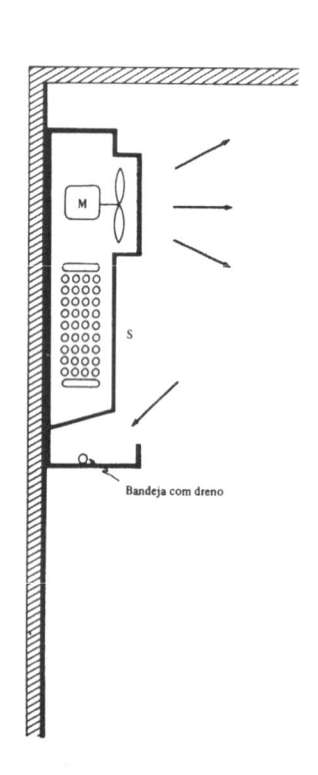

Figura 3.14.1.5.2

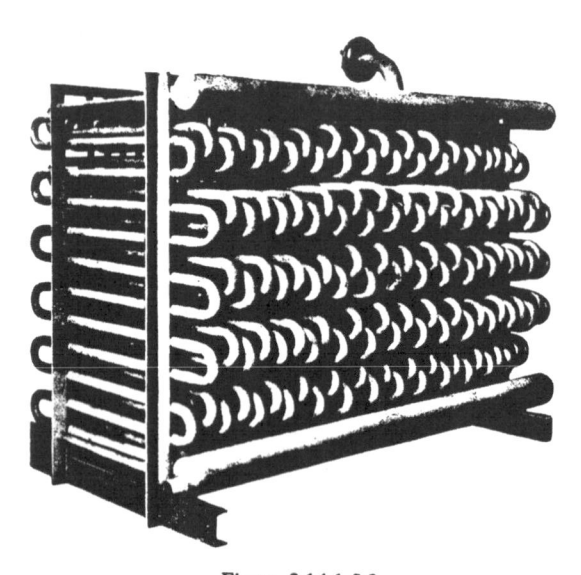

Figura 3.14.1.5.3

Figura 3.14.1.5.4

114

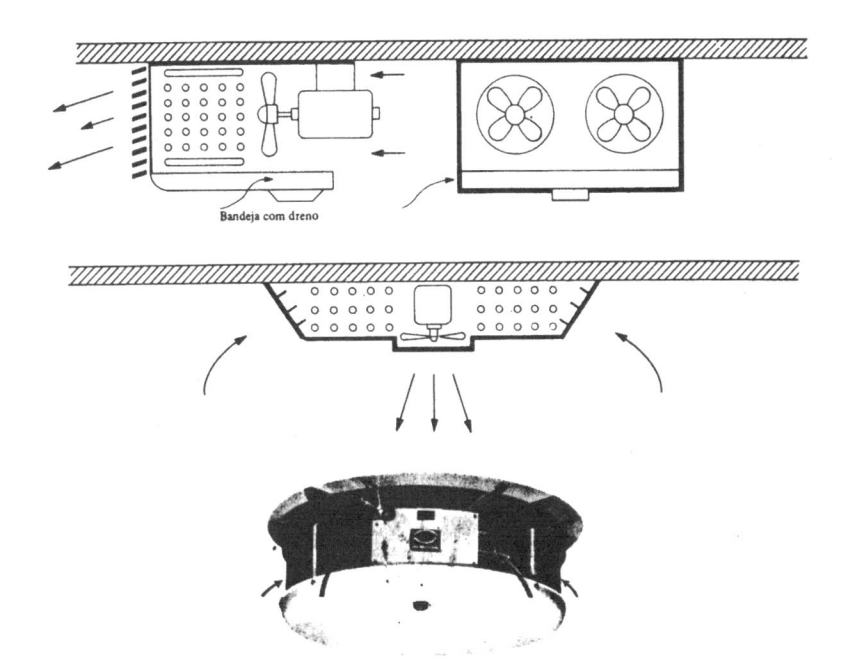

Figuras 3.14.1.5.5 a, b e c

A seção de passagem do ar será, portanto, para as velocidades já citadas, da ordem de 0,2 a 0,3 m² por TR.

As perdas de carga no circuito do ar, dependendo da existência ou não de condutos para a sua distribuição, assumem valores de 20 a 45 mm H_2O, o que corresponderá a uma potência instalada, para o acionamento dos forçadores de ar, de 0,3 a 1 cv por TR.

A disposição adotada, para os diversos elementos que constituem o condicionador, pode ser:

- em forma de armário para a colocação no piso, como nos mostra a Figura 3.14.1.5.1,

- vertical, para colocação na parede (Figura 3.14.1.5.2);

- de serpentinas horizontais colocadas perpendicularmente ou paralelamente a corrente de ar, em corredores apropriados ao lado das câmaras a refrigerar (Figuras 3.14.1.5.3 e 3.14.1.5.4);

- ou ainda horizontal de uma direção, duas direções ou mesmo radial, para a colocação no forro, como se pode notar nas Figuras 3.14.1.5.5 a, b e c.

Como vantagens e desvantagens deste tipo de evaporador, podemos citar:

- a construção compacta;

- a menor superfície de transmissão de calor (maior K);

- o fácil degelo;

- a boa distribuição de ar frio;

- a possibilidade de ser colocado fora da câmara ou câmaras;

- o consumo permanente de energia que pode atingir até 20% da energia da instalação;

- a difícil manutenção quanto a vazamentos, pinturas, etc.;

- a maior desidratação dos produtos, devido à circulação forçada do ar nas câmaras.

O cálculo do coeficiente de transmissão de calor global K de uma serpentina de tubos lisos ou aletados, com circulação forçada de ar, pode ser feito com o auxílio do formulário já apresentado no início deste item, no qual são computados tanto o calor sensível como o calor latente que entram em jogo.

Processo mais prático, entretanto, como já tivemos oportunidade de citar, é aquele que adota o conceito de F_{BP} o qual permite o dimensionamento das serpentinas a partir apenas da parcela de calor sensível que se transmite entre o ar e a superfície externa do evaporador.

Tal proceder, além de permitir seleção mais exata e fácil de serpentinas pré-fabricadas, possibilita a fixação do grau de umida-de da câmara, fator importante na técnica da conservação de produtos desidratáveis.

Esta orientação, entretanto, exige a análise inicial de cada tipo de serpentina para o cálculo prévio de seus fatores de *by pass.*

Como orientação, damos a seguir algumas serpentinas adotadas em refrigeração, com suas respectivas tabelas de fatores de *by pass,* em função de c_f e n.

SERPENTINA TIPO MADEF 1"

Com 4 aletas por polegada.

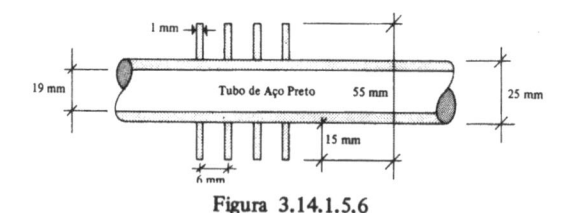

Figura 3.14.1.5.6

$$l_a = l_n = 55 \ mm$$
$$\Omega_f = 1 \ m^2$$
$$L = 18,2 \ m/fileira$$
$$S_1 = 1,086 \ m^2/fileira$$
$$S_p = 1,425 \ m^2/fileira$$
$$S_a = 11,6 \ m^2/fileira$$
$$\Omega_o = 0,455 \ m^2$$

c_f	α_2	η_a	NTU	F_{BP}			
				$n = 4$	6	8	10
2 m/s	65,33	0,62	0,252 n	0,365	0,221	0,133	0,081
2,5	74,88	0,59	0,222 n	0,412	0,264	0,169	0,109
3	83,69	0,58	0,204 n	0,442	0,294	0,196	0,130
3,5	91,91	0,56	0,186 n	0,475	0,328	0,226	0,156
4	99,75	0,54	0,172 n	0,503	0,356	0,253	0,179

Tabela 3.14.1.5.1

SERPENTINA TIPO MADEF 1"

Com 2,5 aletas por polegada.

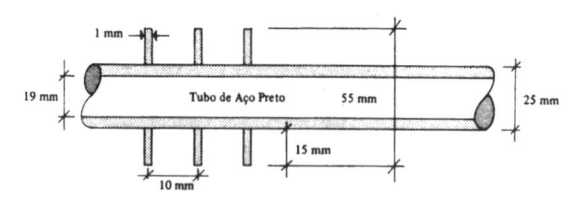

Figura 3.14.1.5.7

$$l_a = l_n = 55 \ mm$$
$$\Omega_f = 1 \ m^2$$
$$L = 18,2 \ m/fileira$$
$$S_1 = 1,086 \ m^2/fileira$$
$$S_p = 1,425 \ m^2/fileira$$
$$S_a = 6,98 \ m^2/fileira$$
$$\Omega_o = 0,49 \ m^2$$

c_f	α_2	η_a	NTU	F_{BP}			
				$n = 4$	6	8	10
2 m/s	62,44	0,62	0,161 n	0,525	0,381	0,276	0,200
2,5	71,57	0,60	0,144 n	0,562	0,422	0,316	0,237
3	80,00	0,58	0,131 n	0,592	0,456	0,351	0,270
3,5	87,86	0,565	0,121 n	0,616	0,484	0,380	0,298
4	95,34	0,55	0,112 n	0,639	0,511	0,408	0,326

Tabela 3.14.1.5.2

SERPENTINA TIPO MARLO 5/8"
Com 4 aletas por polegada.

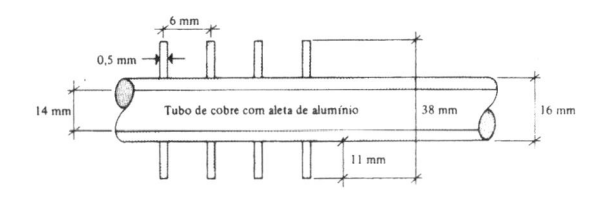

$l_a = l_n = 38$ mm

$\Omega_f = 1m^2$

$L = 26,3$ m/fileira

$S_1 = 1,16$ m²/fileira

$S_p = 1,32$ m²/fileira

$S_a = 11,3$ m²/fileira

$\Omega_o = 0,55$ m²

Figura 3.14.1.5.8

c_f	α_2	η_a	NTU	F_{BP}			
				n = 4	6	8	10
2 m/s	69,68	0,62	0,260 n	0,354	0,210	0,125	0,074
2,5	79,86	0,615	0,237 n	0,388	0,241	0,150	0,094
3	89,27	0,61	0,219 n	0,416	0,269	0,173	0,112
3,5	98,03	0,60	0,203 n	0,444	0,296	0,197	0,131
4	106,39	0,59	0,190 n	0,468	0,320	0,219	0,150

Tabela 3.14.1.5.3

SERPENTINA TIPO MARLO 5/8"
Com 2,5 aletas por polegada.

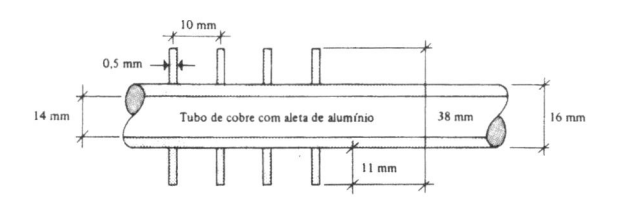

$l_a = l_n = 38$ mm

$\Omega_f = 1m^2$

$L = 26,3$ m/fileira

$S_1 = 1,16$ m²/fileira

$S_p = 1,32$ m²/fileira

$S_a = 6,77$ m²/fileira

$\Omega_o = 0,525$ m²

Figura 3.14.1.5.9

C_f	α_2	η_a	NTU	F_{BP}			
				n = 4	6	8	10
2 m/s	71,69	0,62	0,177 n	0,493	0,346	0,243	0,170
2,5	82,17	0,61	0,160 n	0,527	0,383	0,278	0,202
3	91,85	0,61	0,149 n	0,551	0,409	0,304	0,225
3,5	100,87	0,60	0,139 n	0,574	0,434	0,329	0,249
4	109,46	0,59	0,130 n	0,595	0,459	0,354	0,273

Tabela 3.14.1.5.4

3.14.1.5.1 – Exemplo

Seja dimensionar uma serpentina tipo Madef 1" com 2,5 aletas por polegadas para um *Unit-Cooler*, destinado a uma câmara frigorífica de carne congelada, que deve funcionar nas seguintes condições:

FLUIDO FRIGORÍGENO – NH_3

$t_{CÂMARA}$ – 25°C

$\varphi_{CÂMARA}$ 90%

FCS   95%

P_f 1 TR

Nestas condições, podemos calcular:

$$\frac{\Delta H}{\Delta_x} \cong \frac{600}{FCL} = \frac{600}{0,05} = 12.000$$

A carta psicométrica nos fornece a temperatura de orvalho a adotar para a serpentina:

$$t_0 = -29°C$$

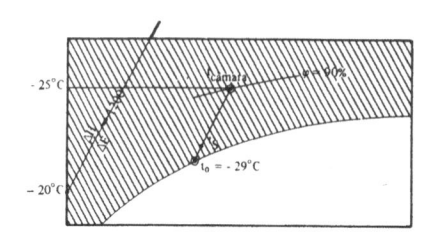

Figura 3.14.1.5.1.1

Adotando-se, por outro lado, uma serpentina de 10 fileiras, com uma velocidade de face de 3 m/s, para um baixo fator de *by pass*, obtemos das tabelas anteriores:

$$F_{BP} = 0,27$$

donde:

$$F_{BP} = \frac{t_s - t_0}{t_e - t_0} = \frac{t_s - (-29)}{-25 - (-29)} = 0,27$$

$$t_s = -29 + 1,08 = -28,02°C$$

$$V_i = \frac{Q_s}{\gamma C_p (t_e - t_s)} = \frac{P_f \cdot FCS}{\gamma C_p (t_e - t_s)}$$

$$V_i = \frac{0,95 \cdot 3024}{143 \cdot 0,242 \left[(-25) - (-28,02)\right]} =$$

$$= 2748,8 \ m^3/h$$

$$\Omega_f = \frac{V_i}{3600 \ c_f} = \frac{2748,8}{3600 \cdot 3} = 0,2545 \ m^2$$

A perda de carga, da serpentina com gelo, no circuito do ar, é da ordem de:

$$J_{serpentina} \cong 0,4 \ n \ c_f^2 = 36 \ mmH_2O$$

a qual, acrescida de 20% correspondente a perdas adicionais (entrada e saída do ar do

Unit Cooler), nos fornece a potência mecânica de:

$$P_m = \frac{V_i \cdot \Delta p_t}{3600 \cdot 75 \eta_{ventilador}} = \frac{2748,8 \cdot 43}{3600 \cdot 75 \cdot 0,5} =$$

$$= 0,88 \ cv$$

A temperatura de evaporação da amônia, por sua vez, nos será dada por:

$$R_t = \frac{t_0 - t_E}{P_f} = \frac{1}{\alpha_1 S_1} + \Sigma \frac{\ell}{k \ S_m}$$

onde, de acordo com os estudos anteriores:

$$\alpha_1 = 6,434 \left(\frac{Q}{S_1}\right)^{0,7} = 495,4 \ \Delta_t^{2,333\ldots}$$

$$S_1 = a \ n \ \Omega_f = 1,086 \cdot 10 \cdot 0,2545 = 2,764 \ m^2$$

$$\Sigma \frac{\ell}{k} = 0,0035$$

(Serpentina c/1/4" de gelo, Tabela 3.13.3)

$$S_m = \pi \ D_m \ L \ n \ \Omega_f = 0,031 \cdot \pi \cdot 18,2 \cdot$$
$$\cdot 10 \cdot 0,2545 = 4,511 \ m^2$$

De modo que, sendo:

$$Q = P_f = 3024 \ fg/h$$

podemos calcular:

$$\alpha_1 = 6,434 \left(\frac{Q}{S_1}\right)^{0,7} = 6,434 \left(\frac{3024}{2,764}\right)^{0,7} =$$

$$= 826,6 \ kcal/m^2 h°C$$

e, igualmente:

$$\frac{t_0 - t_E}{3024} = \frac{1}{826,6 \cdot 2,764} + \frac{0,0035}{4,511} = 0,0012$$

$$t_0 - t_E = 3,62°C$$

$$t_E = -29 - 3,62 = -32,62°C$$

$$(-33,5°C \ no \ compressor)$$

No cálculo direto, a partir do coeficiente global de transmissão de calor K, seríamos obrigados a arbitrar α_1 e Δt_{Global}, o que além de não respeitar o FCL do calor retirado, dando origem a incorreções de funcionamento, exigiria iterações sucessivas que tornariam o processo bastante trabalhoso.

Do exposto, depreendem-se as vantagens do método do F_{BP}, o qual, além de independer de arbitragens que comprometem a exatidão do resultado obtido (o único valor arbitrado é o próprio F_{BP}, que realmente se verifica na prática), é mais simples e determina serpentinas com número inteiro de fileiras (desde que o F_{BP} arbitrado para uma determinada velocidade de face corresponda, na tabela, a um número inteiro de fileiras).

O único inconveniente deste processo é necessitar da análise inicial de cada tipo de serpentina para a elaboração de suas respectivas tabelas de fatores de *by pass*.

O processo de cálculo a partir do coeficiente global de transmissão de calor K presta-se mais à verificação de serpentinas já determinadas.

Para tal, podem ser adotados os valores aproximados de K_2, referidos à superfície externa dos tubos, dados pelas fórmulas empíricas:

— para serpentinas de tubos lisos

$$K_2 = 15 \sqrt{c_{Real}}$$

— para serpentinas de tubos aletados na proporção $S_2/S_1 = 5$ a 10

$$K_2 = 10 \sqrt{c_{Real}}$$

onde c_{Real} é a velocidade real na seção de passagem do ar:

$$c_{Real} = c_f \frac{\Omega_f}{\Omega_o}$$

Assim, para o exemplo anterior, teríamos:

$$c_{Real} = \frac{3 \ m/s}{0,49} = 6,12 \ m/s$$

$$K_2 = 10 \sqrt{6,12} = 24,74 \ \text{kcal/m}^2\text{h}^\circ\text{C}$$

$$Q = K_2 \ S_2 \ \Delta_t = 24,74 \cdot 21,39 \cdot 5,98 = 3165 \ \text{kcal/h}$$

$$S_2 = S_p + S_a = (1,425 + 6,98) \ 10 \cdot 0,2545 = 21,39 \ \text{m}^2$$

$$\frac{S_2}{S_1} = \frac{S_p + S_a}{S_1} = \frac{21,39}{1,086 \cdot 10 \cdot 0,2545} = 7,74$$

$$\Delta_t = \frac{(t_e - t_f) - (t_s - t_f)}{\ln \dfrac{t_e - t_f}{t_s - t_f}} =$$

$$= \frac{[(-25) - (-32,62)] - [(-28,02) - (-32,62)]}{\ln \dfrac{7,62}{4,6}}$$

$$\Delta_t = \frac{3,02}{0,505} = 5,98 \ ^\circ\text{C}$$

valor de Q que pouco difere do dado inicialmente.

3.14.1.6 – Superfície molhada com circulação forçada de ar

Neste tipo de *Unit Cooler,* um sistema de circulação de água ou eventualmente salmoura, constituído por tanque, bomba e conjunto de borrifadores (Figura 3.14.1.6.1), mantém a superfície da serpentina permanentemente molhada.

Figura 3.14.1.6.1

Um conjunto de defletores (Figura 3.14.1.6.2) denominado eliminador de gotas, colocado à saída do ar, permite a separação das gotas de água arrastadas pelo mesmo.

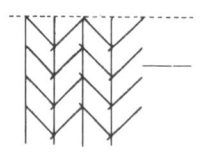

Figura 3.14.1.6.2

Tal proceder, além de reduzir a desidratação dos produtos armazenados e de evitar a formação de gelo sobre a superfície da serpentina, aumenta o coeficiente de transmissão de calor K da mesma (até cerca de 50% a 100% superior ao anterior).

Entretanto, apesar das vantagens apontadas, este tipo de evaporador só é adotado para temperaturas superiores a $0°C$ (ar condicionado) com circulação de água, pois o uso da salmoura acarreta problemas de corrosão difíceis de contornar.

Em alguns destes condicionadores de ar, chamados comumente de lavadores de ar, a circulação do ar é horizontal, como nos mostram o desenho e a fotografia das Figuras 3.14.1.6.3 e 3.14.1.6.4.

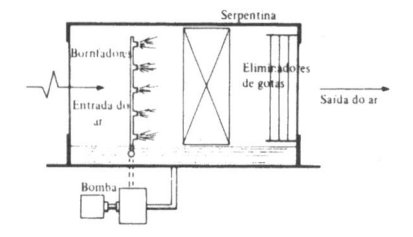

Figuras 3.14.1.6.3

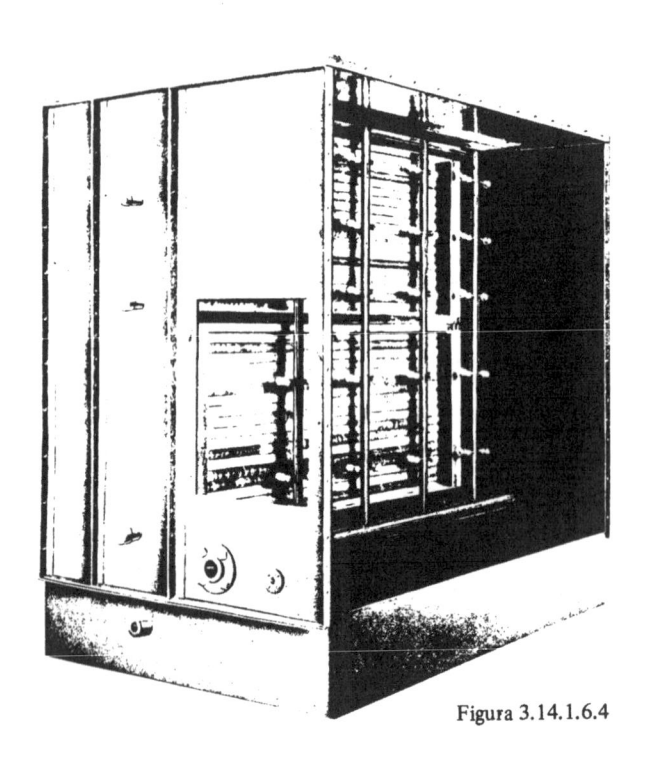

Figura 3.14.1.6.4

A pressão do líquido nos borrifadores varia de 0,5 a 1,5 kgf/cm².

A quantidade de água ou salmoura adotada é da ordem de 0,5 litro por m³ de ar em circulação (cerca de 4 a 5 m³/h para cada m² de seção de passagem do ar), a qual é distribuída em 10 a 20 borrifadores de 3 a 6 mm de diâmetro por m² de seção de passagem do ar.

As perdas de carga a computar para a seleção do circulador de ar são da ordem de 20 a 45 mm H_2O, assim distribuídas:

Entrada do ar a 4 m/s:

$$\frac{c_e^2}{2g}\,\gamma = 1 \quad mm\ H_2O$$

Serpentina com 50% de área livre e 6 fileiras:

$$0,4n\ c_f^2 = 15 \quad mm\ H_2O$$

Borrifadores:

$$0,5n\ c_f^2 = 3 \quad mm\ H_2O$$

Captores (4 seções e = 20 cm):

$$15e\ c_f^2 = 18,75\ mm\ H_2O$$

Saída do ar a 10 m/s ou condutos de ar:

$$\frac{c_s^2}{2g}\,\gamma = 6 \quad mm\ H_2O$$

Total: 43,75 mm H_2O

N.B.: No caso de serem adotados filtros de tela galvanizada (5 telas, sendo duas em ziguezague e 3 planas), acrescer às perdas de carga relacionadas acima a parcela $0,8\ c_f^2 \cong 5\ mm\ H_2O$.

3.14.2 – Resfriadores de expansão direta para líquidos

Estes resfriadores podem ser do tipo submerso, duplo tubo, de tubo e carcaça tipo inundado, de tubo e carcaça tipo seco, de cascata ou Bauddelot e de tanque aberto.

3.14.2.1 – Submersos

Semelhantes aos condensadores de igual nome, podem ser também do tipo *shell and coil*, nos quais o líquido a refrigerar circula por fora da serpentina (Figura 3.14.2.1.1).

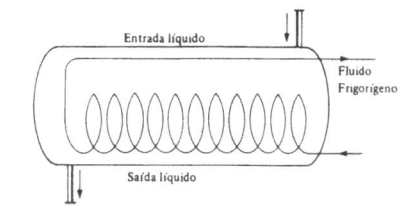

Figura 3.14.2.1.1

São adotados para pequenas instalações (<5 TR), tanto de FREON como NH_3, funcionando em regime seco.

Os tubos utilizados são de cobre de 3/8" ou de aço de 3/8", 1/2", 3/4" e 1".

Os valores de K, para o caso, são semelhantes àqueles que caracterizam os condensadores de mesmo tipo.

Assim, para a salmoura, em resfriadores com diferença média de temperatura de 5 a 7°C, os valores obtidos são da ordem de 150 a 180 $kcal/m^2h°C$.

3.14.2.2 – Duplo tubo

Os evaporadores do tipo duplo tubo são constituídos comumente de tubos de 11/4" e 2", circulando o fluido frigorígeno pela parte interna.

Os valores de K, para o caso, podem ser calculados a partir da fórmula geral 3.13.2, adotando-se:

Para o FREON–12 $(\Delta_t = 4,3°C)$

$$\alpha_1 = 41,52\ \Delta_t^{2,333} \cong 1250\ kcal/m^2h°C$$

Para a NH_3 $(\Delta_t = 2°C)$:

$$\alpha_1 = 495,4\ \Delta_t^{2,333} \cong 2500\ kcal/m^2h°C$$

$$\Sigma\frac{\ell}{k} = 0,0002$$

enquanto que α_2, para fluidos escoando no interior de condutos, nos é dado pela fórmula 3.14.7, a qual, para os valores que constam da Tabela 3.14.1, nos permite calcular os valores médios de K, referidos à superfície interna do tubo interno, que constam da Tabela 3.14.2.2.1.

FLUIDOS		t°C	K, kcal/m²h°C			
			0,5 m/s	1,0	1,5	2,0
AMÔNIA	ÁGUA	+ 10	715,8	855,4	921,6	962,5
		+ 5	695,4	837,5	907,4	948,7
	NaCl	0	634,5	786,2	862,1	909,9
		– 10	537,3	698,8	784,3	840,3
	CaCl₂	0	640,6	791,1	867,3	914,1
		– 10	556,5	714,8	799,4	883,4
		– 20	---	619,9	710,7	771,6
		– 35	---	---	596,6	662,2
	METANOL	0	578,7	735,3	817,6	870,3
		– 10	499,2	659,2	747,9	806,4
		– 20	---	---	646,8	711,2
		– 35	---	---	---	624,6
	ETANOL	0	512	672	759,9	817,6
		– 10	---	610,1	701,7	763,3
		– 20	---	---	613,9	679,3
		– 35	---	---	---	585,8
	ETILENOGLICOL	0	574,7	731,5	814,3	867,3
		– 10	---	647,6	737,4	796,2
		– 20	---	---	607,1	672,5
		– 35	---	---	---	472,4
	PROPILENOGLICOL	0	---	623,8	714,8	775,2
		– 10	---	---	593,5	659,2
		– 20	---	---	---	488,5
		– 35	---	---	---	---

Tabela 3.14.2.2.1

FLUIDOS		t°C	K, kcal/m²h°C			
			0,5 m/s	1,0	1,5	2,0
FREON-12	ÁGUA	+ 10	556,5	637,3	673,3	694,9
		+ 5	544	627,3	665,8	687,7
	NaCl	0	506,1	598,1	641	667,1
		– 10	444,2	546,1	597	628,9
	CaCl₂	0	509,9	600,9	643,9	669,3
		– 10	455,2	555,8	605,7	636,1
		– 20	---	496,8	553,4	589,6
		– 35	---	---	481,7	523,5
	METANOL	0	469,9	568,2	616,1	645,6
		– 10	416,1	521,6	575,7	609,7
		– 20	---	---	513,9	553,7
		– 35	---	---	---	499,7
	ETANOL	0	425	529,6	582,7	616,1
		– 10	---	490,4	547,9	584,8
		– 20	---	---	492,8	534,2
		– 35	---	---	---	474,6
	ETILENOGLICOL	0	467,3	565,9	614,2	643,9
		– 10	---	514,4	569,5	686,8
		– 20	---	---	488,5	529,9
		– 35	---	---	---	397,3
	PROPILENOGLICOL	0	---	499,2	555,8	591,7
		– 10	---	---	479,6	521,6
		– 20	---	---	---	408,7
		– 35	---	---	---	---

OBS: Os valores não registrados correspondem a um $R_e < 3500$ e não devem ser usados.

Tabela 3.14.2.2.2

3.14.2.3 – Tubo e carcaça tipo inundado

São semelhantes aos condensadores de igual tipo. Funcionam inundados com líqui-do até 0,6 a 0,8 do diâmetro do *shell*, circulando o líquido a refrigerar pelo interior dos tubos.

São normalmente usados para a NH_3.

Para os FREONS, este tipo de resfriador não é indicado devido ao problema de arrasto de óleo.

Os valores de K para o caso de tubos lisos pouco diferem dos tabelados em 3.14.2.2.1.

Para intensificar o valor de K, pode-se adotar a circulação forçada do fluido frigorígeno, o qual é borrifado sobre o feixe de tubos por meio de uma bateria de esgui-chos e uma bomba de circulação.

O evaporador-resfriador de líquido Trépaud é um resfriador tipo *shell and tube*, que apresenta uma disposição vertical original (Figura 3.14.2.3.1).

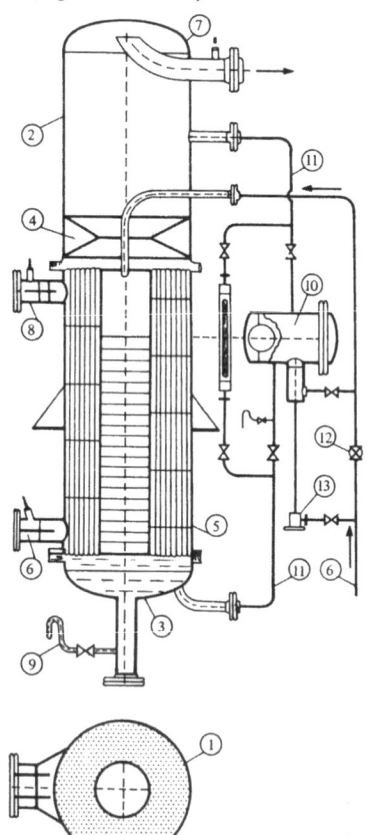

Figura 3.14.2.3.1

O fluido frigorígeno vaporiza em pequenos tubos verticais, enquanto que o líquido a resfriar circula em hélice, perpendicularmente ao feixe de tubos, graças a placas com chicanas dispostas em escada.

O coeficiente de transmissão de calor é elevado, podendo atingir valores de 750 a 1500 kcal/m²h°C dependendo do estado da superfície dos tubos.

Para os FREONS, o sistema Trépaud apresenta uma variante que, além de permitir o funcionamento inundado com leve superaquecimento do fluido frigorígeno vaporizado, garante o retorno do óleo ao compressor (Figura 3.14.2.3.2).

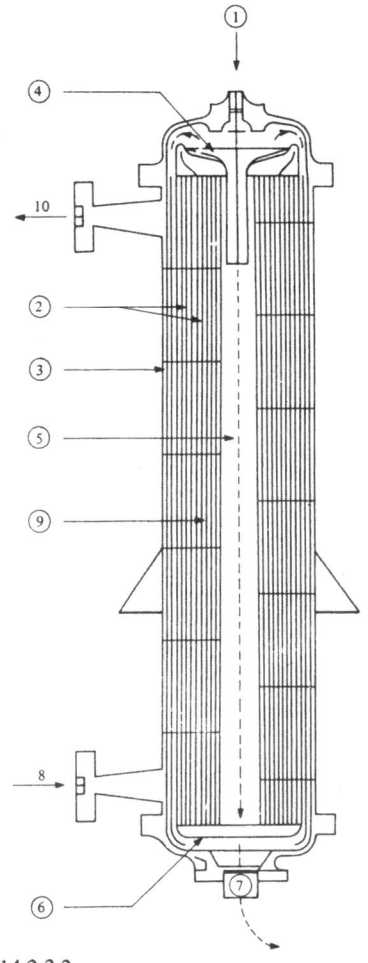

1 – Entrada do FREON líquido
2 – Tubos evaporadores com circulação ascendente
3 – Tubos evaporadores-secadores com circulação descendente
4 – Defletor-separador líquido-vapor, que assegura a reciclagem do FREON líquido entre 5, 6 e 2 e a alimentação dos tubos evaporadores descendentes com vapor úmido de título elevado.
5 – Coluna central
6 – Coletor dos tubos ascendentes (arrasto de óleo)
7 – Saída do vapor superaquecido de FREON
8 – Entrada do líquido a resfriar
9 – Chicanas helicoidais
10 – Saída do líquido a resfriar

Figura 3.14.2.3.2

3.14.2.4 – Tubo e carcaça tipo seco

Estes evaporadores trabalham com FREON em regime seco. Sua construção é de carcaça com espelho único e os tubos normalmente em forma de "U" são do cobre de 1/2" a 3/4".

Por dentro, dos tubos, a partir de uma câmara de entrada de distribuição, circula o fluido frigorígeno em vaporização, enquanto que entre os tubos e a carcaça circula o líquido a resfriar, com velocidade aumentada por meio de chicanas (Figura 3.14.2.4.1).

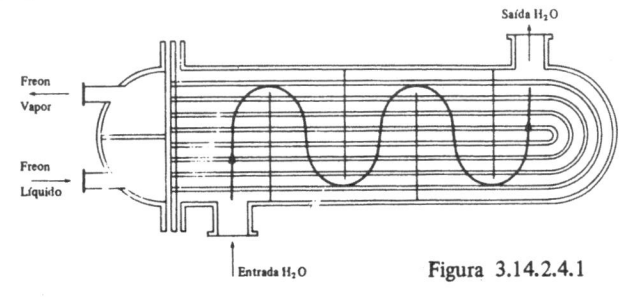

Figura 3.14.2.4.1

123

Os valores de K, para o caso, podem ser calculados, adotando-se:

$$R_t = \frac{1}{KS} = \frac{1}{\alpha_1 S_1} + \Sigma \frac{\ell}{k\, S_m} + \frac{1}{\alpha_2 S_2}$$

Para o FREON ($\Delta_t = 4,3°C$)

$$\alpha_1 = \alpha_{\text{Freon-Tubo}} = 41,52\,\Delta_t^{2,333} \cong$$

$$\cong 1250 \ \text{kcal/m}^2\text{h}°C$$

$$\Sigma \frac{\ell}{k} = 0,0002$$

Para o exterior de tubos em Shell providos de Baffles várias fórmulas podem ser usadas.

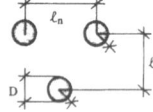

Figura 3.14.2.4.2

Assim "Knudsen" para tubos em disposição desencontrada (Figura 3.14.2.4.2) recomenda:

$$N_u = 0,25\ R_e^{0,6}\ P_r^{1/3} \left(\frac{\mu}{\mu_p}\right)^{0,14}$$

onde, para o cálculo das grandezas características:

$$D_e = \frac{4\Omega}{P} = \frac{\ell_a \ell_n - \dfrac{\pi D^2}{4}}{\pi D}$$

$$c = \sqrt{c_1 - c_2} \rightarrow \quad c_1 - \text{velocidade da água no Shell}$$
$$c_2 - \text{velocidade da água no Baffle}$$

μ_p – viscosidade absoluta da água à temperatura "t_p" da parede.

t – temperatura média da película $\dfrac{t_f + t_p}{2}$

"Kreith" adota a expressão:

$$N_u = \frac{\alpha D}{k} = 0,33\ f_d R_e^{0,6}\ P_r^{0,3}$$

onde "fd" é um fator de disposição que vale aproximadamente "1" e que depende do arranjo e do número de tubos.

"Mc Adams" adota por sua vez a expressão simplificada:

$$\alpha = 1030\ (1 + 0,00993\ H_2O)\ \frac{c^{0,6}}{D^{0,4}}$$

Em qualquer uma das fórmulas propostas entretanto é necessário adotar um fator de segurança da ordem de 0,6 para entreter vazamentos nos BAFFLES, desuniformidades de circulação, etc, etc.

Nestas condições, para velocidades da água de 1 a 2 m/s, obtêm-se valores de K_1 da ordem de 650 a 800 kcal/m²h°C.

Devido à alta resistência térmica que existe entre o FREON em vaporização e a parede interna dos tubos, há grande interesse no aletamento interno dos tubos.

As aletas neste caso são planas, postiças, de cobre, na proporção de $S_2/S_1 = 3,5$ a 7, normalmente em forma de ziguezague, prensadas contra a parede interna dos tubos por meio de um pequeno tubo auxiliar (Figura 3.14.2.4.3).

Neste caso, os valores de K_1, referidos à superfície interna primitiva do tubo, podem atingir até 2500 kcal/m² h °C.

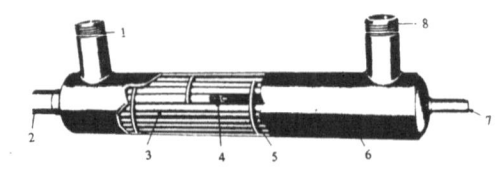

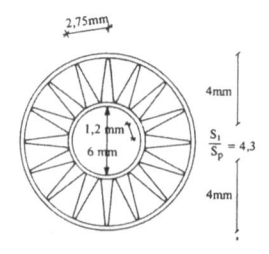

1 – Entrada da água
2 – Saída do fluido frigorígeno
3 – Tubos de cobre
4 – Aletas internas

5 – Baffles de latão
6 – Shell
7 – Entrada do fluido frigorígeno
8 – Saída da água

Figura 3.14.2.4.3

3.14.2.5 – Cascata ou Baudelot

Consiste numa série de tubos horizontais, colocados um acima do outro.

O líquido a resfriar é distribuído na parte superior e, caindo por gravidade, forma uma película na parede externa dos tubos, pelo interior dos quais circula o fluido frigorígeno em vaporização (Figura 3.14.2.5.1).

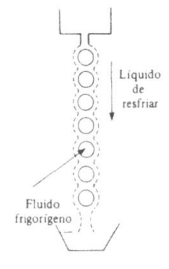

Figura 3.14.2.5.1

Nos mais modernos, os tubos são substituídos por chapas corrugadas superpostas, que deixam entre si canais para a passagem do fluido frigorígeno.

Podem funcionar tanto em regime seco como úmido.

A Figura 3.14.2.5.2 nos dá uma idéia deste tipo de evaporador em forma de placa corrugada, funcionando inundado.

Em virtude de sua fácil limpeza, é largamente usado não só para o resfriamento da água ou salmoura, como na indústria de bebidas (cerveja, leite, vinho, etc.).

Como nos condensadores atmosféricos, os valores de K, para o caso, são caracterizados em função da quantidade de líquido

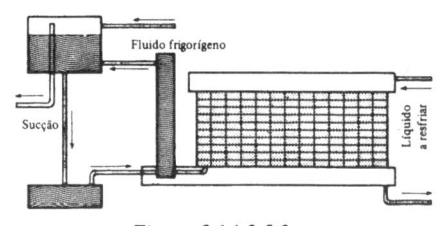

Figura 3.14.2.5.2

em circulação, dada em litros por minuto por metro linear de cano superior.

Assim, para evaporadores tipo Baudelot construídos com 12 canos horizontais de 2" dispostos na vertical, podemos assinalar para a água, os valores médios de K que constam da Tabela 3.14.2.5.1.

ℓ/minuto, m	3	6	9 a 18	24	30	36
K kcal/m^2h°C	120	240	360	310	270	180

Tabela 3.14.2.5.1

3.14.2.6 – Tanque aberto

Consiste de um grande tanque contendo o líquido (água ou salmoura) a ser resfriado, tendo no seu interior a serpentina onde vaporiza o fluido frigorígeno.

Um agitador ou bomba obriga a água ou salmoura a circular a uma velocidade de 0,25 a 0,75 m/s.

O tipo e a disposição da serpentina no tanque podem ser variadas, conforme mostram as Figuras 3.14.2.6.1 a 3.14.6.8:

SERPENTINA EM DISPOSIÇÃO
TIPO HORIZONTAL
(usada na fabricação do gelo)

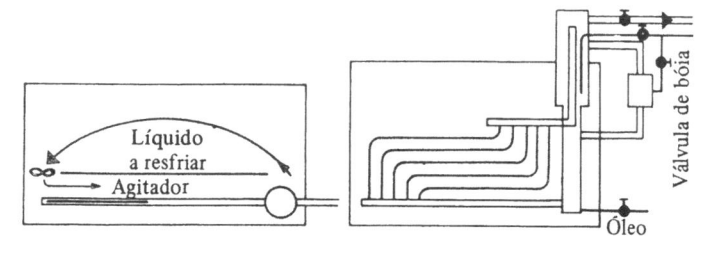

Figura 3.14.2.6.1

SERPENTINA TIPO HORIZONTAL

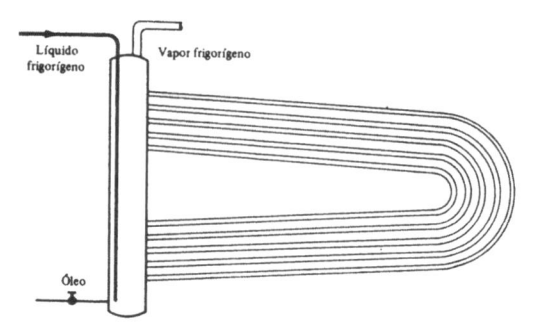

Figura 3.14.2.6.2

SERPENTINAS TIPO VERTICAL

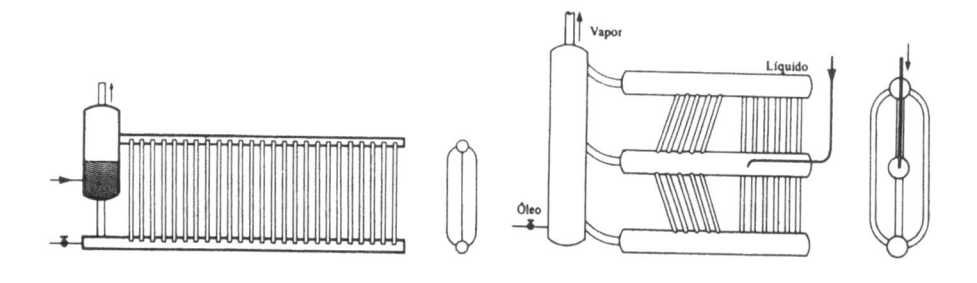

Figuras 3.14.2.6.3   Figura 3.14.2.6.4

SERPENTINA TIPO ESPINHA DE PEIXE
(Simples)

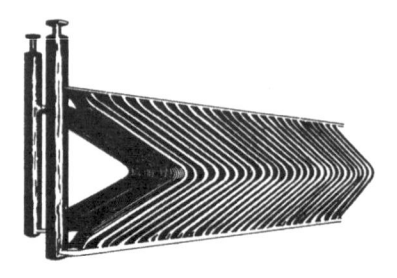

Figura 3.14.2.6.5

SERPENTINA TIPO ESPINHA DE PEIXE
(Dupla)

Figura 3.14.2.6.6

SERPENTINA TIPO RÁPIDO
(de curvas em agulha)

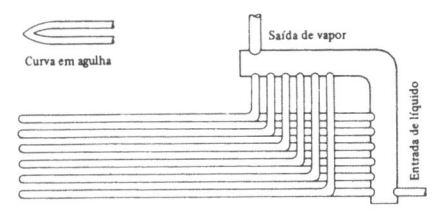

Figura 3.14.2.6.7

SERPENTINA TIPO TROMBONE

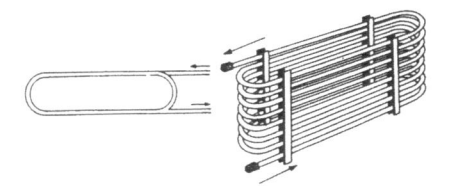

Figura 3.14.2.6.8

Para a NH_3 são adotados tubos de ferro de 1", 1 1/4" e 1 1/2", enquanto que para os FREONS são usuais tubos de cobre de 1/2" e 5/8" de diâmetro externo.

Os valores de K para o caso podem ser calculados a partir da fórmula geral 3.13.2, adotando-se, como no caso dos evaporadores tipo duplo-tubo:

— para o FREON–12 ($\Delta t = 4,3°C$)

$$\alpha_1 = 41,52 \, \Delta t^{2,333} \cong 1250 \, kcal/m^2h°C$$

— para a NH_3 ($\Delta t = 2°C$)

$$\alpha_1 = 495,4 \, \Delta t^{2,333} \cong 2500 \, kcal/m^2h°C$$

$$\Sigma \frac{\ell}{k} = 0,0002$$

enquanto que, para fluidos escoando no exterior de condutos, α_2 nos é dado pela fórmula 3.14.8, a qual, para os valores que constam da Tabela 3.14.1, nos permite calcular os valores médios de K_1, referidos à superfície interna dos tubos, que constam das Tabelas 3.14.2.6.1 e 3.14.2.6.2.

127

Tabela 3.14.2.6.1

FLUIDOS	t°C	K₁ kcal/m²h°C			
		0,25	0,5	1,0	1,5
AMÔNIA					
ÁGUA	+10	633,5	724,2	807,8	852,2
	+5	624,3	715,4	799,9	845
NaCℓ	0	576,8	669,7	757,9	806
	-10	529,3	622,7	713,9	764,4
CaCℓ₂	0	595,2	687,6	774,5	821,4
	-10	559,2	652,4	741,9	790,9
	-20	516,8	610,2	701,9	753
	-35	473,8	566,2	659,3	712,1
METANOL	0	560,8	653,8	743,2	792,1
	-10	521,2	614,6	706,1	757,0
	-20	465,1	557,3	650,4	703,6
	-35	426,0	516,1	609,4	663,6
ETANOL	0	537,3	630,7	721,4	771,6
	-10	503,0	596,2	688,4	740,2
	-20	453,2	544,8	638,1	691,6
	-35	396,5	484,5	577,2	631,8
ETILENOGLICOL	0	566,1	659,2	748,3	796,9
	-10	524,3	617,7	709,1	759,9
	-20	461,2	553,2	646,4	699,7
	-35	377,7	464,1	556,1	610,9
PROPILENOGLICOL	0	511,6	604,9	696,8	748,2
	-10	458,7	550,5	643,8	697,2
	-20	397,3	485,3	578	632,7
	-35	306,9	385,1	472,1	525,8

Tabela 3.14.2.6.2

FLUIDOS	t°C	K₁ kcal/m²h°C			
		0,25	0,5	1,0	1,5
FREON-12					
ÁGUA	+10	582,9	628,8	666,6	685,3
	+5	578	624,6	663,2	682,3
NaCℓ	0	551,4	601,9	644,5	665,9
	-10	523,1	577,2	623,8	647,5
CaCℓ₂	0	561,9	610,9	652	672,5
	-10	541,1	592,9	637,1	659,3
	-20	515,3	570,3	618	642,3
	-35	487,4	545,3	596,5	623
METANOL	0	541,9	593,7	637,7	659,8
	-10	518,0	572,7	620,1	644,1
	-20	481,6	540	592	618,8
	-35	454,2	514,9	569,9	598,8
ETANOL	0	527,9	581,5	627,5	650,7
	-10	506,5	562,5	611,4	636,4
	-20	473,4	532,5	585,4	612,9
	-35	432,5	494,5	551,7	582,1
ETILENOGLICOL	0	545,2	596,5	640,1	661,9
	-10	519,9	574,4	621,5	645,4
	-20	478,9	537,6	589,8	616,9
	-35	418,2	480,9	539,3	570,7
PROPILENOGLICOL	0	512,0	567,4	615,5	640,1
	-10	477,2	535,9	588,5	615,7
	-20	433,1	495,0	552,2	582,5
	-35	360,1	423,9	486,3	520,9

3.14.3 – Resfriadores de expansão indireta

Estes resfriadores podem ser classificados como de superfície ou de mistura, para o resfriamento de gases, líquidos ou sólidos; de circulação natural ou forçada; e de superfície externa seca ou molhada.

Os tipos adotados são semelhantes aos de expansão direta já estudados.

Assim podemos citar para o ar:

a – *Serpentinas com circulação de salmoura,* as quais podem ser lisas ou aletadas, com circulação natural ou forçada do ar.

Os valores de K a adotar, dependendo da possibilidade ou não da formação de gelo, para circulação natural do ar podem ser os da Tabela 3.14.1.2.2.

Para o caso de circulação forçada, é preferível adotar o processo de cálculo já esplanado em 3.14.1.5.

b – *De mistura* com circulação natural ou forçada do ar.

Borrifadores de salmoura de NaCl, com circulação natural do ar são usados em câmaras frigoríficas para a conservação de carnes.

Não exigem descongelamento e mantêm o ar praticamente saturado, evitando a desumidificação dos gêneros colocados nas câmaras onde são instalados (Figura 3.14.3.1).

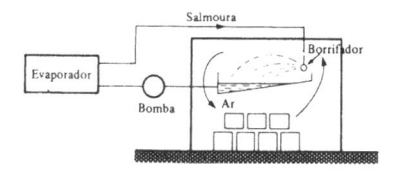

Figura 3.14.3.1

O sistema é de baixo custo, tanto de instalação como de manutenção, sendo a pressão necessária para a movimentação da salmoura praticamente igual àquela correspondente ao consumo dos borrifadores, que é da ordem de 0,5 a 1 kgf/cm^2.

Borrifadores de água, com circulação forçada do ar, são usados principalmente na técnica do ar condicionado (lavadores de ar).

A disposição adotada é geralmente a de circulação horizontal do ar, com um ou dois bancos de borrifadores (Figura 3.14.3.2).

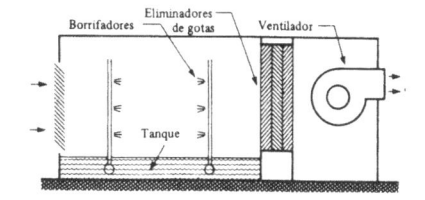

Figura 3.14.3.2

As velocidades de circulação do ar são de 2 a 3 m/s, o que acarreta uma perda de carga nos borrifadores de aproximadamente 5 mm H_2O por banco.

Estes abrangem comprimentos de 1,2 m cada um e fornecem cerca de 60 a 160 litros de água por minuto para cada metro quadrado de seção de passagem de ar.

Para líquidos:

a – *Tipo shell and tube,* no qual a salmoura circula por meio de chicanas na carcaça e o líquido a resfriar no interior dos tubos.

Os valores de K obtidos são da ordem de 500 – 900 $kcal/m^2h°C$.

b – *Tipo tanque aberto* resfriado com água ou salmoura em circulação forçada de 0,5 a 1,5 m/s, em ambos os lados.

Os valores de K obtidos variam:

– para a água resfriando água, de 500 a 750 $kcal/m^2h°C$;

– para a salmoura resfriando salmoura, de 400 a 700 $kcal/m^2h°C$;

Para circulação natural no lado externo dos tubos estes valores se reduzem a:

– para a água resfriando água, 190 a 210 $kcal/m^2h°C$;

– para salmoura resfriando salmoura, 80 a 150 $kcal/m^2h°C$;

c – *Tipo Baudelot* resfriado com salmoura, onde

– para a água K = 300 a 350 $kcal/m^2h°C$;

– para o creme K = 250 a 300 $kcal/m^2h°C$;

– para o leite K = 300 a 350 $kcal/m^2h°C$;

Em resumo, os valores de K, referidos à superfície interna (K_1) ou referido à superfície externa (K_2) dos intercambiadores mais usados na técnica da refrigeração, estão assim limitados:

EQUIPAMENTO – TIPO	FLUIDO	K $Kcal/m^2h°C$	VALORES LIMITES
I – CONDENSADORES			
Submersos	$NH_3 - H_2O$	K_1	150 – 200
Duplo tubo	$NH_3 - H_2O$	K_1	1500 – 2000
Duplo tubo	F-12 – H_2O	K_1	850 – 950
Duplo tubo	F-22 – H_2O	K_1	1000 – 1150
Shell and eoil aletado	F-12 – H_2O	K_1	2125 – 2375
Shell and eoil aletado	F-22 – H_2O	K_1	2500 – 2875
Shell and tube horizontal	$NH_3 - H_2O$	K_1	1500 – 2000
Shell and tube horizontal	F-12 – H_2O	K_1	850 – 950
Shell and tube horizontal	F-22 – H_2O	K_1	1000 – 1150
Shell and tube horizontal aletado	F-12 – H_2O	K_1	2975 – 3325
Shell and tube horizontal aletado	F-22 – H_2O	K_1	3500 – 4025
Shell and tube vertical	$NH_3 - H_2O$	K_1	600 – 1200
Atmosférico (Sumak, Block, Bleeder)	$NH_3 - H_2O$	K_2	380 – 880
Evaporativo	NH_3 – TTU Ar	K_2	200
Evaporativo	F-12 – TTU Ar	K_2	200
Serpentinas lisas – CN	Fluido – Ar	K_2	16 – 18
Serpentinas lisas – CF	Fluido – Ar	K_2	24 – 78
Serpentinas aletadas – CN	Fluido – Ar	K_2	8 – 12
Serpentinas aletadas – CF	Fluido – Ar	K_2	14 – 54
II – RESFRIADORES			
Tipo placa – Para gêneros em contato com a placa	Ar – Fluido	K_2	10 – 14
Tipo placa – CN	Ar – Fluido	K_2	5 – 6
Tipo placa – CF	Ar – Fluido	K_2	8 – 24
Tubos lisos – CN	Ar – Fluido	K_2	5 – 12
Tubos lisos – CF	Ar – Fluido	K_2	30 – 90
Tubos aletados – CN	Ar – Fluido	K_2	3 – 7
Tubos aletados – CF	Ar – Fluido	K_2	15 – 45
Tubos lisos molhados – CN	Ar – Fluido	K_2	8 – 20
Tubos aletados molhados – CF	Ar – Fluido	K_2	25 – 80
Submersos	Salmoura – NH_3	K_1	150 – 180
Submersos	Salmoura – Salmoura	K_1	50 – 120
Duplo tubo (inundado)	H_2O – F-12	K_1	650 – 850
Duplo tubo (inundado)	Salmoura – F-12	K_1	450 – 750
Duplo tubo (inundado)	$H_2O - NH_3$	K_1	850 – 1200
Duplo tubo (inundado)	Salmoura – NH_3	K_1	550 – 1000
Duplo tubo (inundado)	H_2O – Salmoura	K_1	500 – 1000
Shell and tube (inundado)	H_2O – F-12	K_1	650 – 800
Shell and tube (inundado)	Salmoura – F-12	K_1	500 – 750
Shell and tube (inundado)	$H_2O - NH_3$	K_1	850 – 1100
Shell and tube (inundado)	Salmoura – NH_3	K_1	600 – 1000
Shell and tube (inundado)	Salmoura – H_2O	K_1	500 – 900
Shell and tube liso (seco)	H_2O – F-12	K_1	650 – 800
Shell and tube aletado (seco)	H_2O – F-12	K_1	2000 – 2500
Baudelot (inundado)	$H_2O - NH_3$	K_1	310 – 360
Baudelot (inundado)	H_2O – Salmoura	K_1	300 – 350
Baudelot (inundado)	Creme – Salmoura	K_1	250 – 300
Baudelot (inundado)	Leite – Salmoura	K_1	300 – 350
Tanque aberto (inundado)	$H_2O - NH_3$	K_1	600 – 800
Tanque aberto (inundado)	Salmoura – NH_3	K_1	400 – 700
Tanque aberto (inundado)	$H_2O - H_2O$	K_1	500 – 750
Tanque aberto (inundado)	Salmoura – Salmoura	K_1	400 – 700
Tanque aberto – CN no exterior	$H_2O - H_2O$	K_1	190 – 210
Tanque aberto – CN no exterior	Salmoura – Salmoura	K_1	80 – 150

Observação: Com o uso e com a possibilidade de formação de película de óleo espessa, os valores registrados, podem sofrer reduções de até 30%.

CN = Circulação normal
CF = Circulação forçada

Tabela 3.14.3.1

3.15 – Válvulas de expansão

3.15.1 – Generalidades

As válvulas de expansão são utilizadas nos sistemas de refrigeração mecânica por meio de vapores para provocar a expansão do fluido frigorígeno liquefeito, desde a pressão de condensação até a pressão de vaporização do ciclo.

Para tal, este dispositivo cria no circuito do fluido frigorígeno uma perda de carga $\Delta_p = p_2 - p_1 = p_C - p_E$, a qual, justamente com o compressor, divide o mesmo em duas zonas: a de alta pressão e a de baixa pressão.

Após a expansão na válvula, o líquido frigorígeno tem condições para vaporizar a baixas temperaturas, o que exige o isolamento do circuito de refrigeração na parte de baixa pressão (com exceção apenas da zona onde o calor deva ser realmente retirado).

A principal característica das válvulas de expansão é a sua capacidade, dada em kgf/h de fluido frigorígeno que pode laminar, a qual depende essencialmente do diâmetro do orifício de passagem, da diferença de pressão e do fluido frigorígeno adotado.

Para as válvulas de orifício, do tipo de parede grossa com arestas vivas, podemos calcular a capacidade a partir da expressão:

$$\boxed{G_h = 3600\,\mu\,\Omega\,c\gamma \quad \text{kgf/h}} \qquad (3.15.1.1)$$

onde:

- μ é o coeficiente de fluxo que vale, segundo Zeuner, 0,96;
- Ω é a seção do orifício $\pi\,D^2/4$, em m^2;
- c é a velocidade de escoamento, dada em m/s, correspondente à seção estrangulada, a qual no caso atinge a velocidade crítica;
- γ é o peso específico do fluido na seção estrangulada, na qual a pressão atingida é a pressão crítica [4]

A pressão crítica, que para o caso é sempre superior a p_E (pressão do EVAPO-RADOR), para os gases e vapores, considerando-se a expansão como isentrópica, pode ser calculada pela expressão:

$$p_{Crítica} = \left(\frac{2}{k+1}\right)^{\frac{k}{k-1}} p_C$$

Na realidade, no caso em estudo, o fluido em expansão é um líquido misturado com vapor, cujo título depende de vários fatores, como sejam:

- pressão de condensação p_C;
- grau de sub-resfriamento Δ_t;
- natureza do fluido;
- natureza da transformação.

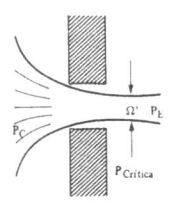

Figura 3.15.1.1

Nestas condições, é preferível, determinar $p_{Crítica}$, por meio de análise da expansão suposta isentrópica no DIAGRAMA DE MOLLIER, donde podemos tirar γ e

$$c = \sqrt{\frac{2g\Delta_H}{A}} = 91,53\sqrt{\Delta_H}$$

Ora, como as condições críticas são atingidas na seção mais estrangulada:

$$\Omega_{Mínimo} = \frac{G}{3600\mu\,c\,\gamma}$$

o produto $c\gamma$ na mesma deve atingir seu valor máximo.

Assim, a relação de pressão crítica do NH_3 para $\Delta_t = 0$ é:

$$\frac{p_{Crítica}}{p_C} \cong 0,5$$

e se verifica para uma velocidade da ordem de 85 m/s.

131

Conhecido o valor $c\gamma$ máximo, podemos calcular:

$$G_h = 3600 \; \mu \; c\gamma\Omega$$

e igualmente:

$$P_f = G_h \; Q_E = G \; (H_1 - H_4) \; fg/h$$

Alguns fabricantes fornecem as capacidades dos diversos tipos de válvulas de expansão diretamente em toneladas de refrigeração, em função do fluido e das temperaturas T_E e T_C que caracterizam o ciclo frigorígeno da instalação em que serão colocadas.

3.15.2 – Classificação

As válvulas de expansão, usualmente adotadas nas instalações frigoríficas, podem ser classificadas em:

- manuais
- tubos capilares
- automáticas
  - de bóia
    - de baixa pressão
    - de alta pressão
  - pressostáticas
  - termostáticas

3.15.2.1 – Válvulas de expansão manuais

São registros tipo sede (globo), com obturador tipo agulha para permitir maior precisão de regulagem (V. Figura 3.15.2.1.1)

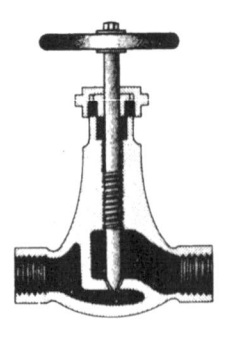

Figura 3.15.2.1.1

Seu emprego se restringe geralmente à substituição das válvulas de expansão automáticas (mormente as de tipo bóia), quando estas entram em reparo.

Para tal fim, as válvulas de expansão manuais são normalmente instaladas em paralelo (*by pass*) com as válvulas de expansão automáticas (Figura 3.15.2.1.2).

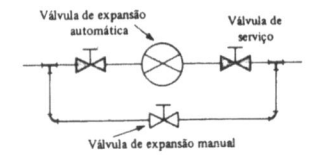

Figura 3.15.2.1.2

Para a seleção dos orifícios a adotar para estes tipos de válvulas, pode-se usar a Tabela 3.15.1.1, a qual foi calculada a partir da expressão 3.14.9 para o NH_3.

Capacidade em kgf/h e em kcal/h
das válvulas de expansão manuais
de orifício igual a 1mm de diâmetro
para a NH_3

t_C		t_E				
		$+10°C$	$0°C$	$-10°C$	$-20°C$	$-30°C$
$45°C$	G kgf/h	14,48	14,48	14,48	14,48	14,48
	P_f gf/h	3657	3621	3580	3533	3482
$40°C$	G kgf/h	13,68	13,68	13,68	13,68	13,68
	P_f gf/h	3535	3502	3463	3430	3370
$35°C$	G kgf/h	11,86	11,86	11,86	11,86	11,86
	P_f gf/h	3135	3106	3072	3034	2992

Obs: Para um diâmetro D qualquer, aumentar as capacidades acima de $(D_{mm})^2$.

Tabela 3.15.1.1

3.15.2.2 – Tubos capilares

A laminagem provocada no fluido frigorígeno, pela passagem através de uma seção estrangulada (orifício), pode ser substituída com vantagens, nas instalações de pequeno porte, por tubos capilares.

Isto se deve ao fato de que nas instalações pequenas, onde o dispositivo de expansão é fixo, o diâmetro a adotar para o orifício de expansão, além de ser diminuto, criando problemas de entupimento, está sujeito à desregulagem por desgaste.

O uso de capilares, para provocar a perda da carga necessária para a redução de pressão do sistema, elimina os inconvenientes apontados acima, pois, além do desgaste do conduto ser insignificante, seu diâmetro é bastante superior ao do orifício de "abertura equivalente".

Apesar disso, as instalações que adotam tubos capilares devem ser limpas e isentas de umidade, a fim de evitar uma possível obstrução do mesmo.

Por outro lado, a capacidade do tubo capilar varia de acordo com as condições de funcionamento da instalação.

Assim, para evitar que um aumento da pressão de condensação, à potência frigorífica reduzida, leve líquido ao compressor, a carga de fluido frigorígeno da instalação deve ser rigorosamente exata e as condições de funcionamento (principalmente p_C e P_f) mais ou menos constantes.

A passagem do fluido frigorígeno por um capilar obedece a duas fases distintas: a inicial, na qual o fluido não foi ainda vaporizado e a final, na qual começa a formação de vapor.

O líquido passa muito mais facilmente através do tubo do que o vapor, de modo que a fase inicial se caracteriza por uma perda de pressão pequena em relação à fase final.

Na fase inicial, a perda de carga é praticamente linear, podendo ser calculada para o F–12 e F–22 pela expressão:

$$J = 2{,}55 \times 10^{-6} \ell \frac{G_s^{1,75}}{D^{4,75}} \ \text{kgf/m}^2$$

$$(3.15.2.2.1)$$

Na fase final já não acontece o mesmo, pois, com o aumento do título de vapor, o gradiente de pressão se torna cada vez maior.

Quando o líquido é sub-resfriado, a fase inicial torna-se maior, verificando-se um aumento da capacidade do capilar.

O mesmo se dá com o aumento da pressão de entrada.

Quanto à pressão de saída, a descarga é algo aumentada até uma pressão crítica, abaixo da qual o fluxo não mais se altera.

A pressão crítica depende essencialmente das condições do fluido à entrada do capilar, caracterizada pela pressão (p_C), grau de sub-resfriamento Δt e das trocas térmicas efetuadas no capilar dadas em função da relação D/l, como nos mostra a expressão:

$$p_{\text{Crítica}} = \frac{12{,}9\left(1 + \dfrac{\Delta t\,^{\circ}C}{167}\right) p_C}{\sqrt{\dfrac{\ell}{D}}}$$

$$(3.15.2.2.2)$$

aplicável com boa aproximação tanto para o F–12 como para o F–22.

Quando a pressão crítica é superior à pressão de saída do capilar ($p_{\text{Crítica}} > p_E$), a capacidade do sistema torna-se independente da pressão do evaporador (o que é de desejar).

Neste caso, a perda de carga do capilar nos é dada pela diferença:

$$\Delta p = J = p_C - p_{\text{Crítica}}$$

e a descarga de um capilar tomado para padrão pode ser calculada em função apenas da pressão de condensação e das condições do fluido frigorígeno (Δ_t).

Assim, para o F–12 e F–22, em circulação por um capilar de 0,064" de diâmetro e 80" de comprimento, podemos tomar com boa aproximação:

$$G_{\text{padrão}} = 0{,}4536\,(1 + 0{,}36\,\Delta_t)$$

$$\left(\frac{p_C}{703}\right)^{0,812 - 0,081\,\Delta_t^{0,43}} \quad \text{kgf/h}$$

$$(3.15.2.2.3)$$

Para um capilar de diâmetro e comprimento qualquer, a descarga pode ser obtida por meio da relação:

$$\frac{G}{G_{\text{padrão}}} = C_{\text{correção}} \qquad (3.15.2.2.4)$$

onde o coeficiente de correção $C_{\text{correção}}$, atendendo a que a lei de variação da de' carga, com o diâmetro e o comprimento do capilar, é bastante complexa (em vista da vaporização parcial do fluido frigorígeno em expansão), é calculado preferencialmente por meio de diagramas como o apresentado na Figura 3.15.2.2.1 para F–12 e F–22.

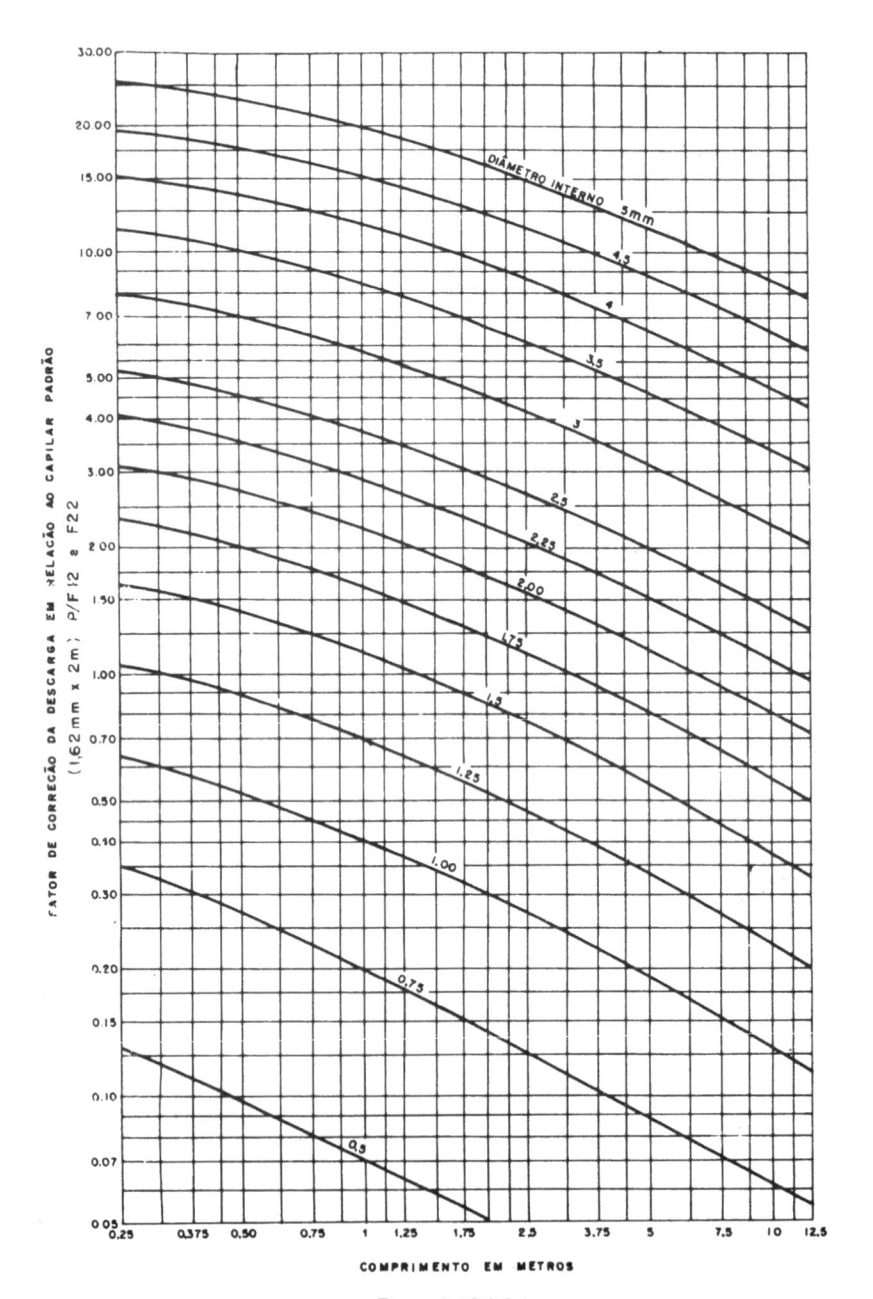

Figura 3.15.2.2.1

Assim, o cálculo de um capilar pode ser orientado como segue.

Baseado em que a deacarga de cada capilar deve estar compreendida entre 35 e 80 kgf/h (o que corresponde, em instalações de F−22, a cerca de 0,3 a 1 TR por capilar, e, em instalações de F−12, a cerca de 0,2 a 0,75 TR por capilar), podemos inicialmente calcular o diâmetro mais aconselhável por meio da expressão prática (condição $p_{crítica} > p_E$).

$$D_{mm} < 0,25 \sqrt{G \, kgf/h}$$

$$(3.15.2.2.5)$$

Para a pressão de condensação mínima de funcionamento da instalação, verifica-se a descarga do capilar padrão para a condição mais favorável ($\Delta t = t_c - t_{ambiente}$).

Calcula-se o coeficiente de correção da descarga, com o qual é determinado então o comprimento do capilar a adotar.

Verifica-se, ao final, se realmente a pressão crítica é superior à pressão do evaporador.

Para garantir que a elevação da pressão de condensação não dê entrada de líquido no compressor, o enchimento da instalação deve ser feito à baixa pressão progressivamente até ser atingido exatamente o volume do evaporador com fluido em vaporização.

Desta forma, a elevação da pressão de condensação ou o sub-resfriamento do fluido, criando uma maior capacidade para o capilar, apenas dará entrada neste de vapor não condensado.

Os capilares assim calculados, além de permitirem um melhor aproveitamento do evaporador (que trabalha semi-inundado), possibilitam o funcionamento da instalação em ciclo reverso sem grandes inconvenientes.

3.15.2.2.1 − Exemplo

Calcular os capilares a adotar para um sistema de refrigeração (ar condicionado), cujo compressor de F−22 funciona com a capacidade de 240 kgf/h a + 7°C/+ 50°C.

Adotando-se 3 capilares de 80 kgf/h cada um, (a descarga máxima recomendada por capilar é 80 kgf/h) a expressão prática 3.15.2.2.5 nos indica:

$$D_{mm} < 0,25 \sqrt{80} = 2,24 \; mm$$

Dentro das bitolas comerciais, encontramos os diâmetros de 2,03 mm (0,80”) e 2,28 mm (0,09”), que poderiam ser os considerados no caso.

Tomando-se como 40°C ($15,79$ $kgf/cm^2 = 225 \, \ell b/pol^2$) a temperatura de condensação mínima, verifica-se que a descarga do capilar padrão, para um sub-resfriamento $\Delta t = 40 - 35 = 5°C$, vale:

$$G = 0,4536 \, (1 + 0,36 \, \Delta t)$$

$$\left(\frac{t_c}{703}\right)^{0,812} - 0,081 \, \Delta t^{0,43} =$$

$$= 1,27 \times 225^{0,65} = 43,5 \; kgf/h$$

donde, a partir da expressão 3.15.2.2.4, a correção será:

$$C_{correção} = \frac{G}{G_{padrão}} = \frac{80}{43,5} = 1,84$$

A partir da correção acima, o diagrama 3.15.2.2.1 nos fornece:

$$D = 2,03 \; mm \; (0,08”) \qquad \ell = 1,68 \; m \; (66”)$$

$$D = 2,28 \; mm \; (0,09”) \qquad \ell = 3,3 \; m \; (130”)$$

capilares estes que apresentariam as seguintes pressões críticas, as quais devem ser consideradas como mínimas:

$$p_{Crítica} = \frac{12,9}{\sqrt{\dfrac{\ell}{D}}} p_C = \frac{12,9}{\sqrt{\dfrac{1,68}{0,00203}}} \times 15,79 =$$

$$= 0,448 \times 15,79 = 7,1 \; kgf/cm^2$$

$$p_{Crítica} = \frac{12,9}{\sqrt{\dfrac{3,3}{0,00228}}} \times 15,79 = 0,34 \times 15,59 =$$

$$= 5,37 \; kgf/cm^2$$

Como a pressão do evaporador para o caso é de 6,4 kgf/cm^2, adotaremos como mais aconselhável o maior diâmetro compatível com a condição $p_{crítica} > p_E$ (0,08”).

Aumentando a pressão p_C, aumenta a capacidade do capilar e diminui a capacidade do compressor.

Se o aumento da capacidade do capilar for em líquido e a potência frigorífica do evaporador se mantiver constante, entrará líquido no compressor.

Se, ao contrário, o aumento da capacidade do capilar for em vapor não-condensado (enchimento adequado da instalação) e a potência frigorífica do evaporador se mantiver constante aumentará a p_E até que haja equilíbrio entre a capacidade do capilar e a capacidade do compressor.

Baixando, por outro lado, a carga térmica do evaporador, a pressão de sucção tende a diminuir, mas sem influir sobre a capacidade do capilar, pois $p_{Crítica} > p_E$

A entrada de vapor não-condensado no capilar, que naturalmente reduzirá a potência frigorífica da ·instalação e seu rendimento, é de pequena monta já que, para a pressão máxima de 22 kgf/cm^2, para a qual cerca de 3% de vapor não-condensado já seria suficiente para a limitação de capacidade desejada, a redução constatada na P_f é da ordem de 5%.

3.15.2.3 – Válvula de expansão tipo bóia de baixa pressão

Trata-se de válvulas do tipo de bóia comum que controla o nível do líquido frigorígeno na baixa pressão (Figura 3.15.2.3.1).

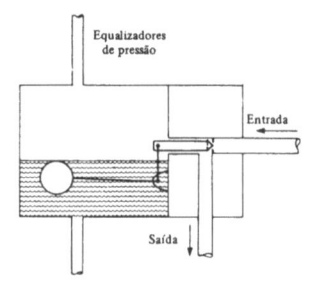

Figura 3.15.2.3.1

A agulha obturadora, que é controlada pelo nível do líquido frigorígeno na baixa pressão, pode ser também comandada eletricamente por meio de interruptor de mercúrio I e válvula solenóide V.S. (Figura 3.15.2.3.2).

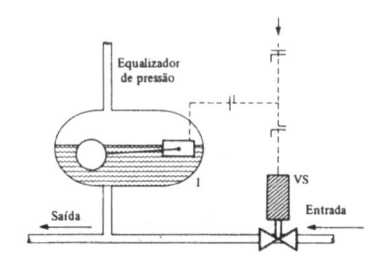

Figura 3.15.2.3.2

Estas válvulas funcionam com evaporadores inundados e, portanto, exigem o uso de separadores de líquido, como nos mostra o esquema de instalação da Figura 3.15.2.3.3.

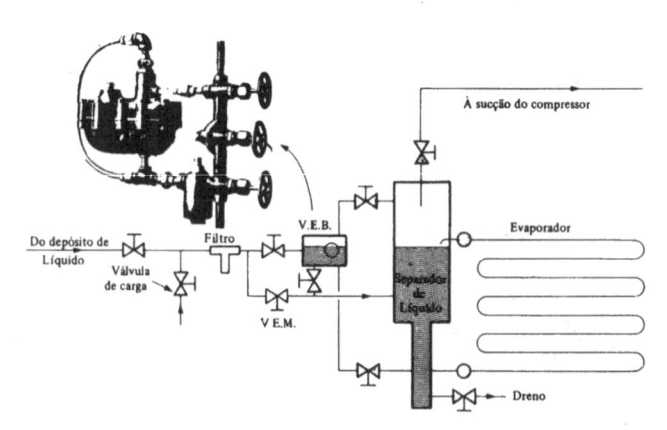

Figura 3.15.2.3.3

As válvulas de expansão tipo bóia de baixa pressão são usualmente adotadas em frigoríficos e instalações de refrigeração industriais onde o fluido frigorígeno usado é o NH_3 (com FREON, este sistema é contra-indicado, devido ao problema de retorno de óleo ao compressor), graças às suas inúmeras vantagens, como sejam:

- fácil regulagem da instalação;

- segurança quase absoluta do sistema contra golpes de líquido no compressor, desde que o separador seja bem dimensionado;

- maior aproveitamento dos evaporadores que trabalham inundados (K mais elevado), e dos compressores que aspiram vapor saturado seco;

- possibilidade da distribuição de líquido à baixa pressão (em canalizações isoladas) por gravidade ou por bomba, para diversos evaporadores, com separador de líquido único centralizado.

3.15.2.4 – Válvulas de expansão tipo bóia de alta pressão

São dispositivos semelhantes aos do item anterior, ligados de modo a controlar o nível de líquido na alta pressão (Figura 3.15.2.4.1).

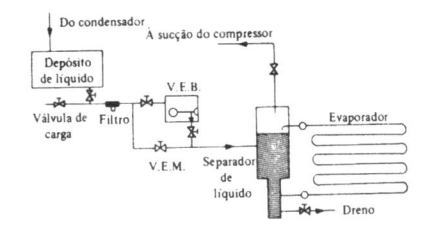

Figura 3.15.2.4.1

Seu funcionamento, que é semelhante ao de um tubo capilar bem dimensionado, caracteriza-se por manter o condensador isento de líquido e exigir uma carga de fluido frigorígeno mais ou menos exata (nível do separador).

Para tal, as válvulas de expansão tipo bóia de alta pressão devem ser instaladas em nível inferior ao do condensador e dispensam depósito de líquido.

3.15.2.5 – Válvulas de expansão pressostáticas

São válvulas de expansão automáticas, que mantêm constante a pressão de sucção, evitando que durante a parada da instalação o evaporador seja inundado.

Seu funcionamento é semelhante ao de uma válvula de redução de pressão.

A agulha obturadora A é acionada por meio de uma mola fixa M_1, uma mola cuja tensão é ajustável M_2 e um diagrama ou fole D sujeito à pressão atmosférica de um lado, e à pressão de sucção de outro(Figura 3.15.2.5.1).

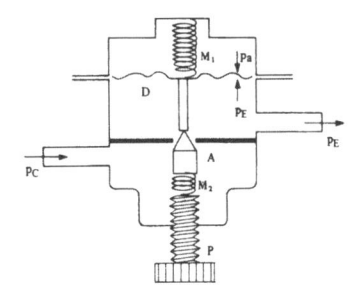

Figura 3.15.2.5.1

Reduzindo-se a pressão p_E de sucção, o diagrama ou fole força o obturador a abrir, e vice-versa.

A pressão a ser mantida na sucção pode ser regulada pela tensão da mola ajustável M_2, por meio do parafuso externo P.

O uso deste tipo de válvula de expansão é bastante restrito, limitando-se a pequenas instalações de um único ponto de resfriamento, onde o compressor é controlado por meio de um termostato de evaporador.

3.15.2.6 – Válvulas de expansão termostáticas

São válvulas de expansão automáticas, controladas simultaneamente pela pressão de sucção e pela temperatura do fluido à saída do evaporador, de modo a garantir leve superaquecimento (5 a $8°C$) do fluido que é aspirado pelo compressor.

Neste tipo de válvulas, a agulha obturadora A é acionada por meio de uma mola cuja tensão é ajustável, M_2, e um diagrama ou fole D, sujeito à pressão do vapor saturado contido em um bulbo remoto, de um lado e à pressão de sucção à entrada (ou à saída) do evaporador, de outro (Figuras 3.15.2.6.1 e 3.15.2.6.2).

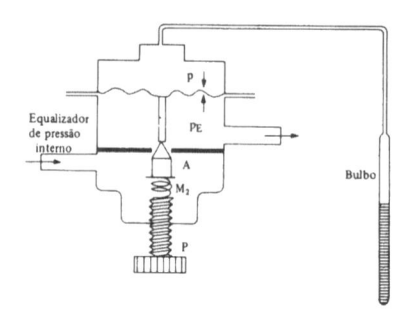

Figura 3.15.2.6.1

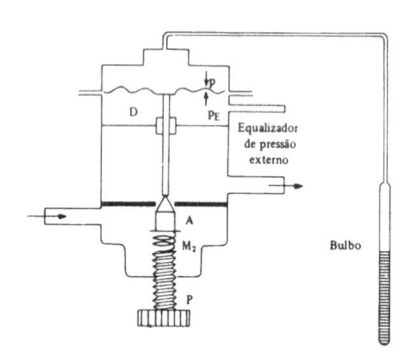

Figura 3.15.2.6.2

O bulbo, que contém vapor saturado geralmente do mesmo fluido frigorígeno com que deve trabalhar a válvula, é montado à saída do evaporador, de modo a indicar a pressão correspondente à temperatura com que o fluido frigorígeno abandona o mesmo.

Quando a pressão do bulbo é superior à pressão à entrada (ou à saída) do evaporador, isto é, quando a temperatura de saída do fluido frigorígeno é superior à temperatura de saturação do fluido em vaporização ($t > t_s$), o diafragma pode vencer a tensão da mola ajustável M_2, forçando o obturador a abrir.

A diferença de temperatura $t - t_s$ de superaquecimento do vapor à saída do evaporador, necessária para comandar a abertura

do obturador, pode ser regulada pela tensão da mola M_2, por meio do parafuso externo P (de 1 a 1,5°C para cada volta completa do mesmo).

Quando a pressão de saída do evaporador difere muito ($> 0,2$ kgf/cm^2) da pressão de entrada do mesmo (devido à perda de carga elevada através do evaporador), torna-se recomendável o uso de válvula termostática com equalizador de pressão externo, como nos mostra a Figura 3.15.2.6.2, na qual a temperatura e a pressão de saída do evaporador são tomadas praticamente no mesmo ponto (Figura 3.15.2.6.3).

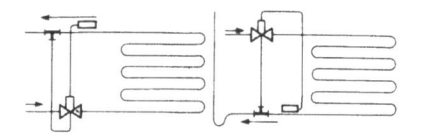

Figura 3.15.2.6.3

O bulbo deve ser instalado antes da tomada de equalização de pressão e em local onde não haja possibilidade de deposição de líquido (condutos descendentes, parte superior de condutos horizontais altos, ou partes superiores de condutos horizontais baixos com bolsa para líquido).

Sua fixação ao tubo deve ser feita por meio de braçadeira adequada, isolando-se o tubo, quando colocado em correntes de ar quente ou imerso em líquidos.

As válvulas de expansão termostáticas são usadas em instalações de refrigeração com um ou mais evaporadores secos, com qualquer tipo de fluido frigorígeno ($F-12$, CH_3Cl, SO_2, $F-22$, NH_3, etc.).

A regulagem de temperatura, neste caso, pode ser feita por meio de termostato de ambiente ou pressostato (de baixa, no compressor) para o caso de um único evaporador, e válvulas de pressão constante, reguladores termostáticos da pressão de aspiração e válvulas selenóides controladas por termostatos de ambiente, para o caso de mais de um evaporador.

Excepcionalmente, uma válvula de expansão termostática pode ser usada também para o controle de nível de evaporadores inundados.

Para tal, o bulbo é colocado de tal forma (Figura 3.15.2.6.4) que a intensa transmissão de calor que se verifica entre ele e o líquido em vaporização mantém a válvula fechada, quando o nível desejado é atingido.

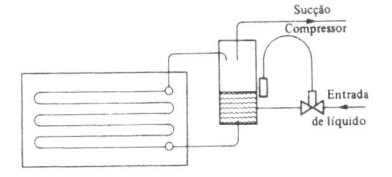

Figura 3.15.2.6.4

A capacidade das válvulas de expansão termostáticas depende essencialmente do tipo de construção, diâmetro do orifício, fluido e condições do mesmo à entrada da válvula e diferença de pressão a que estará submetida, quando em funcionamento.

A fabrica Danfoss (Dinamarca) constrói válvulas de expansão termostáticas dos seguintes tipos:

- TV de 1 a 3 mm de diâmetro de orifício para o F−22, CH_3Cl e F−22;
- TVN de 3 a 6 mm de diâmetro de orifício para o F−12, CH_3Cl e F−22;
- TVNE de 3 a 6 mm de diâmetro de orifício para o F−12, CH_3Cl e F−22;
- TV de 5 a 13 mm de diâmetro de orifício para o F−12, CH_3Cl e F−22;
- TVA de 1 a 4 mm de diâmetro de orifício para o NH_3;
- TVA de 5 a 13 mm de diâmetro de orifício para o NH_3.

Os tipos TV de 1 a 3, TVN de 3 a 6 e TVA de 1 à 4 possuem equalizador de pressão interna, enquanto os demais dispõem de tomada de equalização externa.

Todas as válvulas têm normalmente uma carga termostática que permite uma variação na temperatura de evaporação de − 40°C a + 5°C.

Para as instalações de ar condicionado, as válvulas de FREON−12 ou 22 são fornecidas com carga termostática especial que permite variação de temperatura de − 10 a + 20°C.

Excepcionalmente, as válvulas para F−22 podem ser fornecidas também com regulação especial entre − 70°C e − 30°C.

A Figura 3.15.2.6.5 nos mostra o aspecto interno e externo de uma válvula de expansão termostática Danfoss tipo TV 5 a 13 c/filtro.

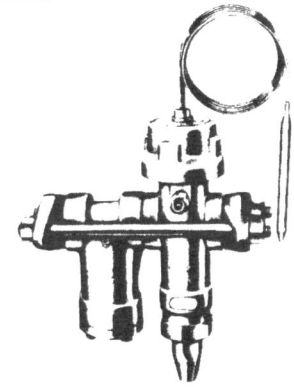

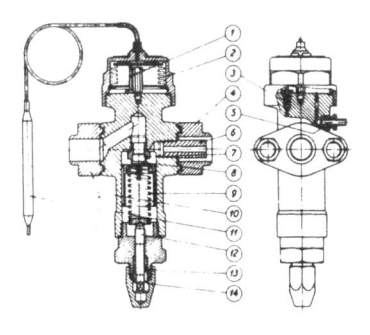

1 − Passadores de empuxo
2 − Cobertura do elemento
3 − Gaxeta de vedação
4 − Flange de saída
5 − Tomada para equalização de pressão (1/4")
6 − Orifício de descarga
7 − Orifício
8 − Disco obturador
9 − Mola de tensão ajustável
10 − Flange de entrada
11 − Bulbo termostático
12 − Parafuso de regulagem do superaquecimento
13 − Gaxeta de vedação
14 − Capacete de proteção.

Figura 3.15.2.6.5

A capacidade das válvulas Danfoss são tabeladas para cada fluido, para uma temperatura de evaporação igual a $-10°C$ para o $F-12$, CH_3Cl e NH_3; $-15°C$ para o $F-22$, e grau de sub-resfriamento do líquido à entrada da válvula de $1°C$, em função da diferença de pressão $p_C - p_E$ através da mesma.

Como exemplo a Tabela 3.15.2.6.1 nos fornece a capacidade das válvulas de expansão termostáticas tipo TV 5 a 13 para o $F-12$, em kcal/h.

Tipo	Orifício mm	Orifício de descarga mm	Capacidade em kcal/h a $-10°C$ p/o $F-12$					
			2 kgf/cm²	3 kgf/cm²	4 kgf/cm²	5 kgf/cm²	6 kgf/cm²	7 kgf/cm²
TV- 5	5	3	3000	3600	4200	4500	4800	5000
		4	5250	6500	7500	8000	8600	9000
TV- 6	6	4	6300	7500	9000	9700	10400	11000
		5	7000	10000	12000	13000	13800	14500
TV- 7	7	5	12500	15000	18000	19500	21000	21500
		6	15000	18000	21000	22000	24000	25000
TV- 8	8	6	17500	21000	25000	27000	29000	30000
		7	20000	24000	28500	31000	33000	35000
TV-10	9,5	8	23000	28000	33000	36000	38000	40000
		9	25000	30000	36000	39000	41500	43500
TV-11	11	9	31400	38000	45000	48500	52000	54000
		10	33500	40000	48000	52000	55000	57500
TV-13	13	12	50000	61000	70000	77000	88000	85000
		SEM	60000	73000	84000	93000	98000	102000

Tabela 3.15.2.6.1

Para temperaturas de evaporador diversas de $-10°C$, os valores tabelados devem ser multiplicados pelos seguintes fatores de correção:

$t_E °C$	+5	0	-10	-15	-20	-25	-30	-40
$F-12$	1,15	1,1	1,0	1,1	1,2	1,35	1,45	1,7
$F-22$	2,5	2,0	1,2	1,0	1,0	1,1	1,3	2,0

Tabela 3.15.2.6.2

3.15.3 — Distribuidores de líquido

Para evitar-se uma excessiva perda de carga através dos evaporadores, é aconselhável dividir o líquido por vezes, em circuitos que funcionam em paralelo.

Neste caso, a repartição do fluxo do fluido frigorígeno, a partir da válvula de expansão, é feita por meio dos chamados distribuidores de líquido, que nada mais são do que bocais apropriados, divididos em várias saídas, nas quais são soldados os tubos de cobre que irão alimentar os diversos circuitos do evaporador (Figura 3.15.3.1).

Os distribuidores de líquido devem ser instalados de modo a proporcionarem uma boa repartição do fluido frigorígeno.

Para tal, os mesmos devem ser colocados verticalmente (e nunca horizontalmente) e os condutos de distribuição, de igual comprimento, devem ter diâmetro adequado, a fim de que a perda de carga adicional criada (a qual deve ser descontada da válvula de expansão para o seu dimensionamento), seja da ordem de 1,4 kgf/cm²

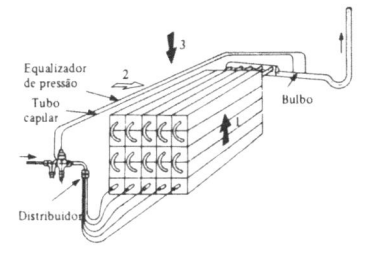

Figura 3.15.3.1

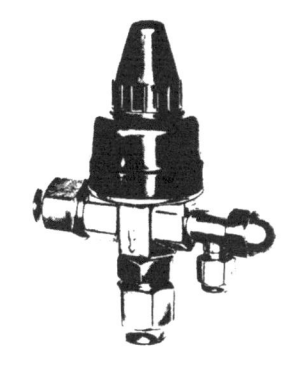

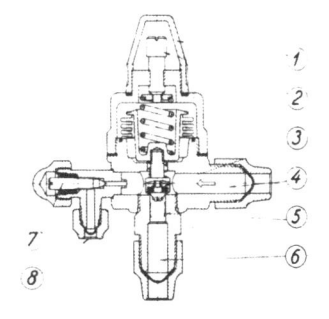

3.16 — Controles secundários

3.16.1 — Válvulas de ação instantânea

São válvulas que se fecham instantaneamente, quando a pressão à entrada das mesmas se torna inferior a um determinado valor.

As válvulas de ação instantânea são utilizadas para controlar a pressão de vaporização de instalações de refrigeração com vários evaporadores, desde que pelo menos 30% da carga total da instalação (evaporadores de menor temperatura) sejam tomados diretamente, pelo compressor.

3.16.2 — Válvulas de pressão constante

São válvulas que mantêm uma pressão invariável à montante.

Sua utilização é idêntica à das válvulas anteriores, mantendo uma pressão de vaporização constante e, portanto, uma temperatura no evaporador também constante, independentemente dos demais evaporadores da instalação.

A Figura 3.16.2.1 nos mostra o aspecto interno de uma válvula de pressão constante Danfoss.

1 — Capacete de baquelite
2 — Parafuso de ajuste
3 — Cone de fechamento
4 — Conexão de entrada
5 — Mola de amortecimento
6 — Conexão de saída
7 — Válvula para manômetro
8 — Conexão para manômetro

Figura 3.16.2.1

3.16.3 — Válvulas termostáticas de pressão de aspiração

São válvulas de pressão comandadas termostaticamente, que servem para controlar a temperatura em instalações de refrigeração com vários evaporadores.

Existem dois tipos, um com elemento termostático na própria válvula e outro com bulbo de controle termostático à distância.

A Figura 3.16.3.1 nos mostra os dois tipos apontados destas válvulas, da fábrica Flica, o primeiro no seu aspecto externo e o segundo em corte.

A ligação destas válvulas está detalhada no esquema da Figura 3.16.3.2.

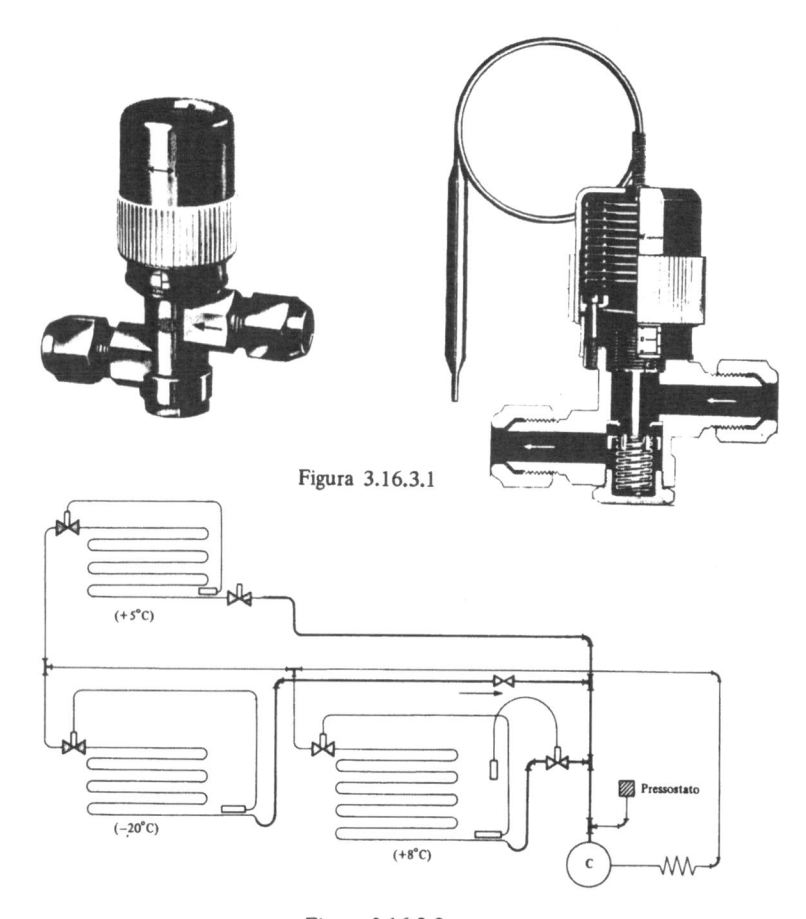

Figura 3.16.3.1

Figura 3.16.3.2

3.16.4 – Reguladores servo-controlados da pressão de aspiração

São válvulas de controle da pressão de aspiração executadas em duas partes: uma válvula principal de grande tamanho (Figura 3.16.4.1) e uma válvula-piloto que serve para comandá-la.

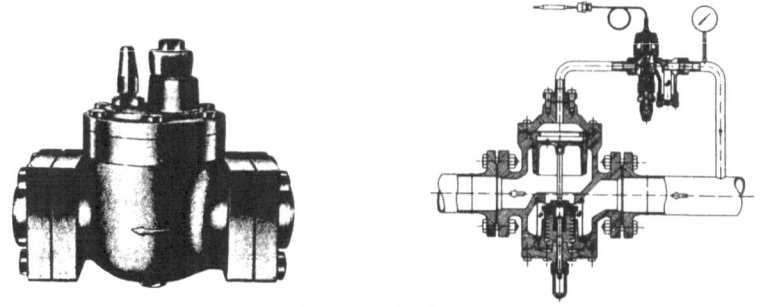

Figura 3.16.4.1

A ligação do conjunto é feita como nos mostra o esquema da Figura 3.16.4.2.

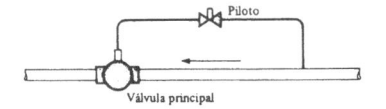

Figura 3.16.4.2

A válvula-piloto pode ser tanto uma válvula de pressão constante, uma válvula termostática de pressão de aspiração, como uma válvula selenóide controlada por meio de um pressostato ou termostato.

As válvulas servo controladas podem ser usadas também como válvulas de manobra de comando à distância, comandadas por meio de válvulas selenóides.

3.16.5 – Válvulas de retenção

São válvulas que deixam passar fluido num só sentido (Figura 3.16.5.1).

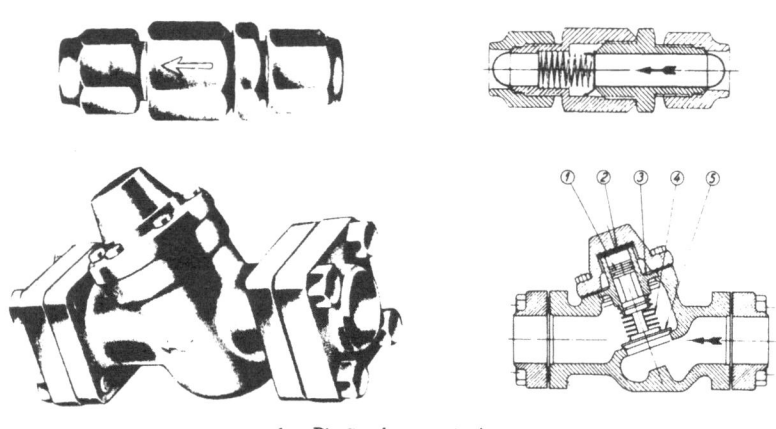

1 – Pistão de amortecimento
2 – Pistão de borracha
3 – Cilindro Guia
4 – Mola
5 – Assento da válvula

Figura 3.16.5.1

As válvulas de retenção são usadas em refrigeração nos seguintes casos:

- nas linhas de aspiração, para impedir o retrocesso do fluido frigorígeno e sua conseqüente condensação, quando um evaporador mais quente é ligado em paralelo com outro mais frio (V. Figura 3.16.3.2);
- nas linhas de descarga de compressores cujas válvulas de descarga tenham fugas, a fim de garantir o bom funcionamento do controle pressostático de baixa;
- nos sistemas de redução da capacidade do compressor por meio de *by pass* sucção-descarga, a fim de impedir o retorno do fluido frigorígeno da canalização de alta pressão.

3.16.6 – Válvulas de injeção termostáticas

São válvulas semelhantes às válvulas de expansão termostáticas, cuja carga termostática especial só permite a abertura das mesmas, quando a temperatura de descarga do compressor se torna excessiva.

Estas válvulas são usadas em instalações de NH_3, a fim de eliminar o superaquecimento dos vapores frigorígenos à entrada do compressor, causa da redução de capacidade dos mesmos nas instalações com grandes linhas de sucção (3.16.6.1).

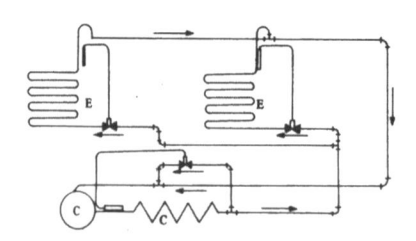

Figura 3.16.6.1

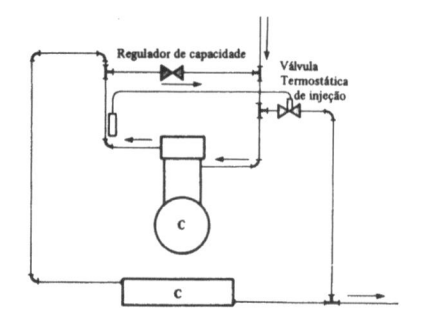

Figura 3.16.8.1

3.16.7 – Reguladores de partida

São válvulas especiais de redução de pressão, destinadas a proteger o motor do compressor contra sobrecargas devidas às elevadas temperaturas dos evaporadores, por ocasião do início de funcionamento das instalações de refrigeração.

Estas válvulas são instaladas na sucção dos compressores e funcionam como se indica na Figura 3.16.7.1.

3.16.9 – Válvulas solenóides

São válvulas comandadas eletricamente por meio de solenóides (Figura 3.16.9.1).

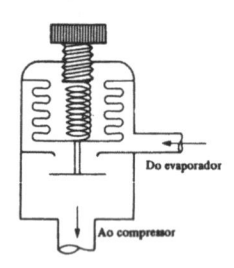

Figura 3.16.7.1

3.16.8 – Reguladores de capacidade

São válvulas especiais de redução de pressão, destinadas a manter uma pressão de aspiração constante, nas instalações de refrigeração cujos compressores não disponham de dispositivos especiais de redução de capacidade.

Para isto, os reguladores de capacidade são montados em *by pass*, com o compressor entre as canalizações de descarga e sucção (Figura 3.16.8.1).

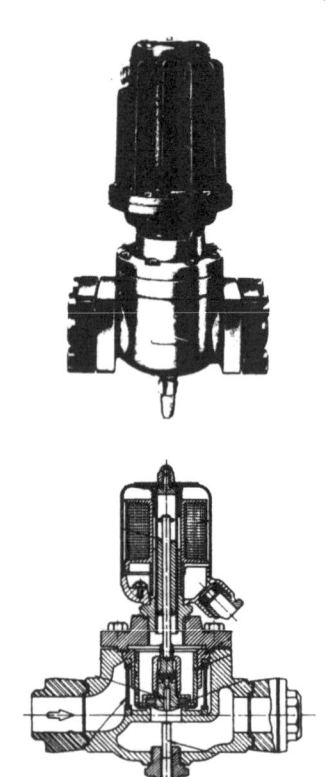

Figura 3.16.9.1

Podem ser classificadas em normalmente abertas e normalmente fechadas (mais comuns).

O comando elétrico pode ser acionado por um termostato, pressostato, umidostato, mecanismo de relojoaria ou mesmo por um simples interruptor manual.

As válvulas solenóides são usadas:

— nas linhas de líquido, para interromper o fluxo de fluido frigorígeno através dos evaporadores ou permitir o controle individual de temperatura, quando vários evaporadores alimentados por um mesmo compressor, devem trabalhar em ambientes com diferentes temperaturas;

— nas linhas de descarga, na ligação direta entre o compressor e o evaporador, para o degelo por meio de gás quente;

— nas linhas se sucção, à saída dos evaporadores, no caso de vários ligados ao mesmo compressor, a fim de evitar a passagem de fluido de um evaporador de temperatura mais alta para outro de temperatura mais baixa, quando o compressor estiver parado (condensação);

— nas canalizações de água gelada ou salmoura, etc, etc.

3.16.10 — Termostatos de máxima

São interruptores elétricos, comandados pela temperatura, que ligam, quando esta atinge um valor determinado, voltando a desligar, quando a mesma diminui até um limite inferior também pré-fixado.

Os termostatos podem ser classificados em:

— termostatos do evaporadores;

— termostatos de líquidos (água ou salmoura);

— termostatos de ambiente .

Nos dois primeiros tipos, normalmente o elemento sensível é um bulbo termostático, enquanto que no último são usados também bimetais.

A regulação dos limites superior e inferior de temperatura é feita por meio de uma mola de compensação.

A Figura 3.16.10.1 nos mostra um termostato de ambiente ou de líquido Danfoss usado comumente em refrigeração.

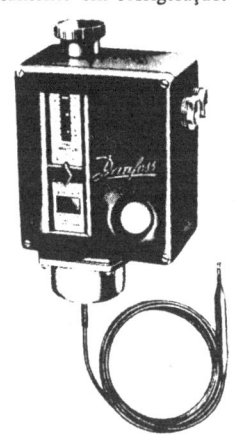

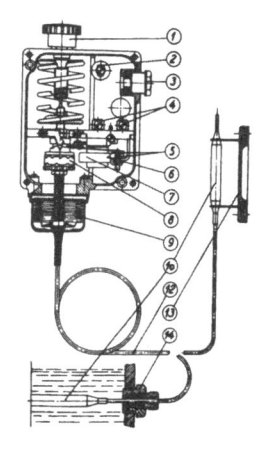

1 — Parafuso de ajuste
2 — Ligação elétrica
3 — Entrada para condutores
4 — Ligações elétricas
5 — Contatos elétricos
6 — Armadura de ferro
7 — Imã permanente
8 — Rosca para ajuste da diferença de temperatura
9 — Caixa do fole
10 — Bulbo termostático
11 — Corta-chistas magnético
12 — Tubo capilar
13 — Porta-bulbo
14 — Gaxeta para tanques de líquido (água ou salmoura).

Figura 3.16.10.1

145

3.16.11 – Pressostatos

São interruptores elétricos comandados pela pressão.

Os pressostatos podem ser classificados em:

- pressostatos de baixa pressão, que desligam, quando a pressão de sucção se torna menor do que um determinado valor;
- pressostatos de alta pressão, que desligam, quando a pressão de descarga se torna maior do que um determinado valor;
- pressostatos de alta e baixa, que reunem os dois tipos anteriores num único aparelho;
- pressostatos diferenciais, destinados ao controle da pressão do óleo de lubrificação dos compressores, que desligam, quando a diferença entre a pressão da bomba de óleo e o cárter do compressor (geralmente ligado à aspiração) é insuficiente para uma boa lubrificação.

Estes últimos dispõem do controle de tempo tipo térmico, para permitir a ligação do compressor que, quando parado, não apresenta a diferença de pressão necessária para eliminar o bloqueio exercido pelos mesmos.

O esquema elétrico do referido controle aparece na Figura 3.16.11.1, onde L e M são os contatos controlados pelo aquecimento da resistência R (ligada em 110 V ou 220 V) e T_1 e T_2 são os contados controlados pela diferença de pressão do óleo (inicialmente fechados).

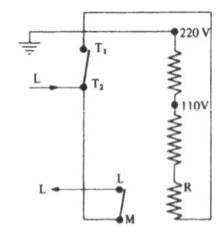

Figura 3.16.11.1

Ligando a fase de comando através do ponto T_2 e estando os contatos T_1 T_2 e L M ligados, o dispositivo não exerce bloqueio, mas inicia o aquecimento de R.

Se, dentro de um tempo fixado, surge a diferença de pressão necessária para a lubrificação, os contatos T_1 e T_2 abrem-se, terminando o aquecimento em R.

Caso contrário, os contatos LM abrirão pelo aquecimento de R, ficando estabelecido o bloqueio de proteção desejado.

A Figura 3.16.11.2 nos mostra um pressostato de baixa Danfoss, enquanto que na Figura 3.16.11.3 aparece um pressostato de alta e baixa da mesma fabricação.

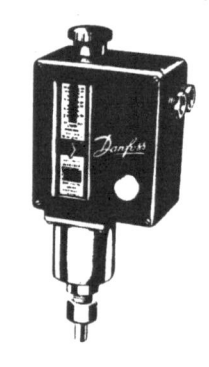

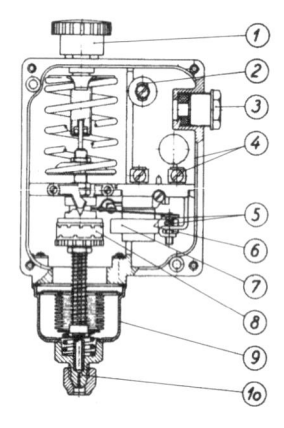

1 – Parafuso de regulagem
2 – Ligação elétrica
3 – Entrada para condutores
4 – Ligações elétricas
5 – Contatos elétricos
6 – Armadura de ferro
7 – Ímã permanente
8 – Rosca para ajuste da diferença de temperatura
9 – Caixa do fole
10 – Conexão de entrada da pressão

Figura 3.16.11.2

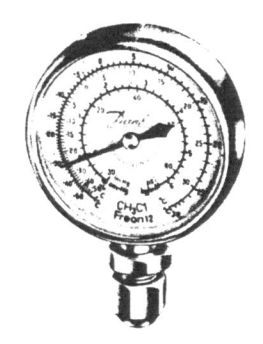

Figura 3.16.12.1

Os manômetros devem ser instalados com registros que, além de permitirem o amortecimento das variações das pressões a medir, só serão abertos por ocasião das leituras, a fim de evitar fadiga dos manômetros e, mesmo, vazamentos através dos mesmos.

3.16.13 – Termômetros

São usuais em refrigeração para leitura das temperaturas de sucção, de descarga e do líquido (V. Figuras 3.17.1.1 e 3.17.1.2).

Estes valores nos permitem caracterizar o superaquecimento à entrada do compressor, as condições de compressão, o sub-resfriamento ou a existência de ar no sistema de condensação.

Os termômetros usados em refrigeração podem ser de mercúrio, de bulbo ou de par termelétrico.

3.17 – Aparelhos auxiliares

3.17.1 – Generalidades

Além de compressor, condensador, resfriador, válvula de expansão e controles secundários já apontados, uma instalação de refrigeração dispõe ainda de aparelhos auxiliares, como sejam:

— registros e válvulas manuais;
— válvulas de segurança;
— indicadores de líquido;
— filtros e secadores;
— intercambiadores de calor para resfriamento intermediário (na compressão

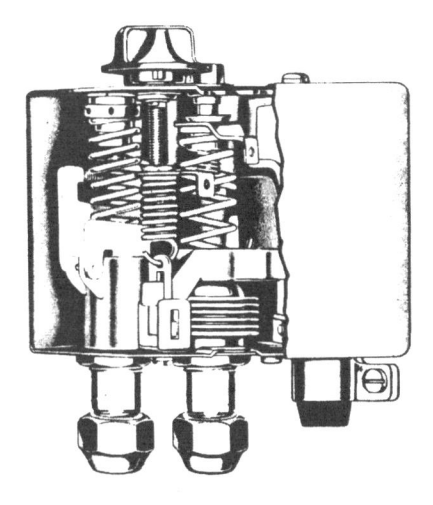

Figura 3.16.11.3

3.16.12 – Manômetros

Os manômetros usualmente adotados em refrigeração são do tipo metálico (Bourdon).

São usados para a medida das pressões de alta, de baixa e do óleo de lubrificação do compressor nas instalações com lubrificação forçada (V. Figuras 3.17.1.1 e 3.17.1.2).

As escalas normalmente usadas são mm Hg para pressões inferiores à atmosférica e kgf/cm^2 para pressões superiores à atmosférica.

De acordo com o fluido frigorígeno da instalação em que serão usados, podem-se adotar como escala as suas correspondentes temperaturas de saturação em °C.

A Figura 3.16.12.1 nos mostra um manômetro Danfoss com escalas em mm Hg, kgf/cm^2 e em temperaturas de saturação correspondentes ao F–12 e CH$_3$Cl.

por estágios) ou para o sub-resfriamento do fluido condensado;
– separadores de óleo;
– separadores de líquido;
– purgadores de incondensáveis;
· – depósitos ou receptores de líquido.

Esses elementos aparecem nos esquemas das Figuras 3.17.1.1 e 3.17.1.2, onde foram registradas uma instalação de FREON com evaporador seco e uma instalação de NH_3 de compressão em dois estágios com evaporador inundado.

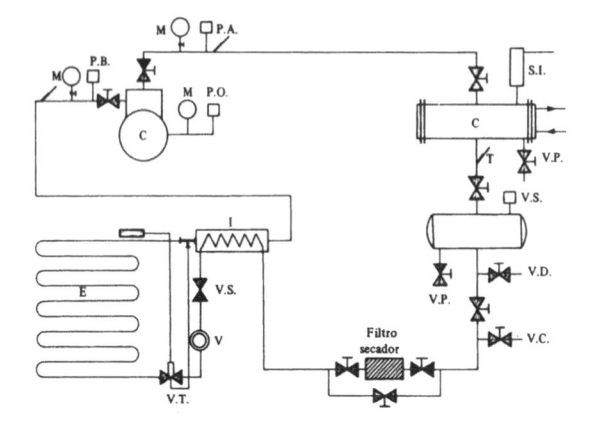

Figura 3.17.2.1

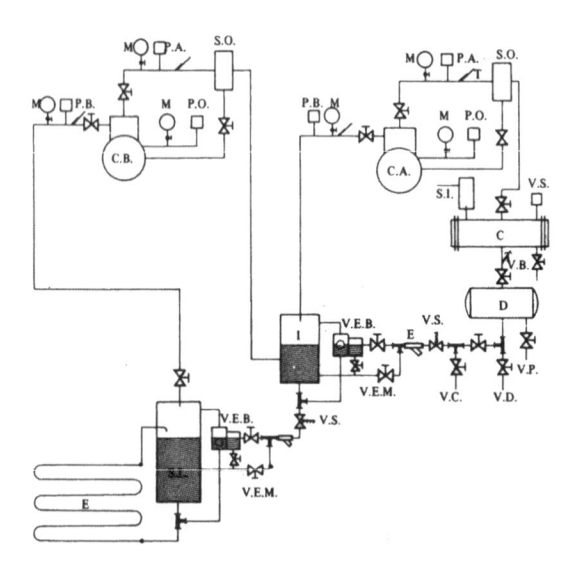

Figura 3.17.2.2

3.17.2 – Registros e válvulas manuais

As válvulas de fechamento normal, adotadas nas canalizações das instalações frigoríficas, são do tipo sede (globo) com vedação por meio de diafragma (de cobre-berílio), por meio de fole ou mesmo por meio de gaxeta com capacete de proteção.

As Figuras 3.17.2.1, 3.17.2.2 e 3.17.2.3 nos mostram, respectivamente, uma válvula de diafragma Danfoss, uma válvula de fole Danfoss e uma válvula de gaxeta Frick para amônia (sem capacete).

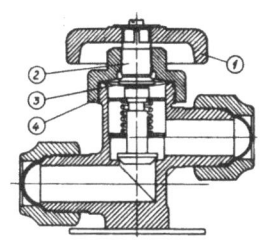

1 – Maçaneta
2 – Haste
3 – Diafragma
4 – Capa do Diagragma

Figura 3.17.2.1

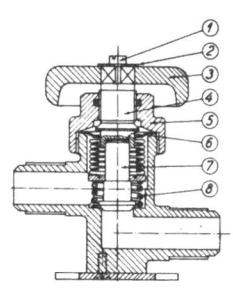

1 – Parafuso da maçaneta
2 – Arruela
3 – Maçaneta
4 – Haste
5 – Capa com junta
6 – Disco de aço
7 – Fole com cone
8 – Mola

Figura 3.17.2.2

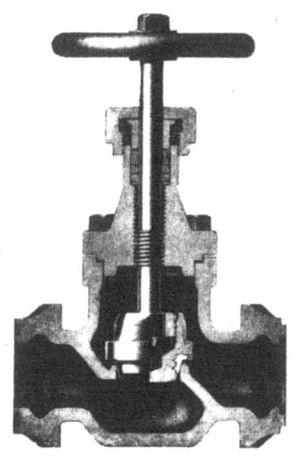

Figura 3.17.2.3

As válvulas de fechamento manual são usadas como:

– válvulas de manobra, na entrada e saída do compressor, na entrada e saída do condensador ou depósito de líquido, na entrada e saída do evaporador, na entrada e saída da válvula de expansão de bóia, etc;

– válvula de dreno ou purga (V.P.) para a purga de óleo do condensador, depósito de líquido ou evaporador;

– válvula de carga (V.C.) colocada entre o depósito de líquido e o evaporador (após a válvula de manobra);

– válvula de descarga (V.D.) colocada à saída do depósito de líquido (antes da válvula de manobra).

3.17.3 – Válvulas de segurança

São válvulas de proteção contra a sobrepressão, do tipo mola, colocadas normalmente na linha de alta, condensador ou depósito do líquido.

3.17.4 – Indicadores de líquido

São peças com visores para assinalar a passagem do líquido (Figura 3.17.4.1).

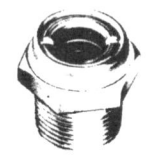

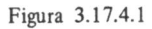

Figura 3.17.4.1

Colocados à saída do depósito de líquido ou à entrada do evaporador (Figura 3.17.1.1), estes dispositivos permitem verificar se a carga da instalação está completa.

3.17.5 – Filtros e secadores

Os filtros são empregados para eliminar partículas estranhas nas canalizações de refrigeração.

São constituídos por um invólucro metálico, no interior do qual se acha uma tela de malha fina feita de níquel ou bronze (Figura 3.17.5.1).

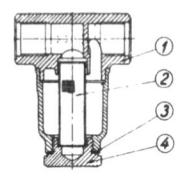

1 – Corpo do filtro   3 – Vedação
2 – Elemento filtrante 4 – Tampão inferior

Figura 3.17.5.1

Os filtros podem ser montados tanto na linha de sucção como na linha de líquido, isolados ou em conexão com uma válvula selenóide ou válvula de expansão.

Os filtros-secadores são dispositivos destinados a eliminar a umidade que, apesar dos cuidados tomados antes e durante a carga, sempre está presente nas instalações de refrigeração, ocasionando sérios problemas.

São constituídos por um corpo, com elemento filtrante, cheio de material altamente higroscópico (sílica gel), como nos mostra a Figura 3.17.5.2.

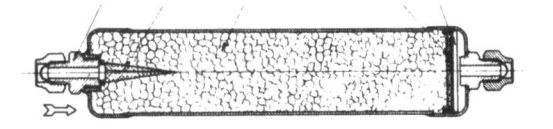

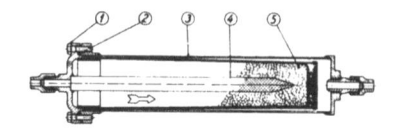

1 – Parafusos do flange
2 – Vedação
3 – Conjunto de filtragem
4 – Tubo de dispersão
5 – Material secante

Figura 3.17.5.2

Os filtros-secadores são colocados normalmente nas linhas de líquido, no sentido indicado pela seta.

Como os filtros-secadores oferecem uma perda de carga considerável, quando instalados na sucção das instalações de médio e grande porte costuma-se deixar o secador no circuito por um período de 10 a

15 dias, e após retirá-lo, ou fazer um *by pass* para a colocação do secador, o qual, após um certo tempo, é isolado por meio de registros.

3.17.6 – Intercambiadores de calor

São usados para o resfriamento intermediário do fluido frigorígeno, comprimido pelo compressor de baixa nas instalações de refrigeração por compressão em estágios (Figura 3.17.1.2). Neste caso, o tipo de intercambiador adotado geralmente é o de mistura (NH_3).

Nas instalações de F–12, é interessante o uso de intercambiadores para o subresfriamento do líquido frigorígeno (Figura 3.17.1.1). Estes são dispositivos do tipo duplo tubo, pelo interior dos quais circula o líquido frigorígeno, enquanto que pelo exterior flui o vapor aspirado pelo compressor (Figura 3.17.6.1).

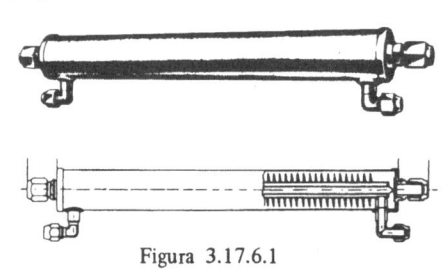

Figura 3.17.6.1

3.17.7 – Separadores de óleo

Os separadores de óleo são dispositivos colocados entre o compressor e o condensador, destinados a evitar que o óleo do compressor, misturado com o refrigerante, penetre no evaporador onde tenderia a ficar retido.

É o que acontece principalmente nos evaporadores inundados, onde a pequena velocidade do fluido frigorígeno e a baixa temperatura provocam a decantação do óleo.

O óleo separado, pelos separadores de óleo, é levado novamente para o cárter do compressor à custa da pressão do próprio sistema, por meio de canalização auxiliar, que é aberta periodicamente com válvula manual ou válvula automática tipo bóia (Figura 3.17.7.1).

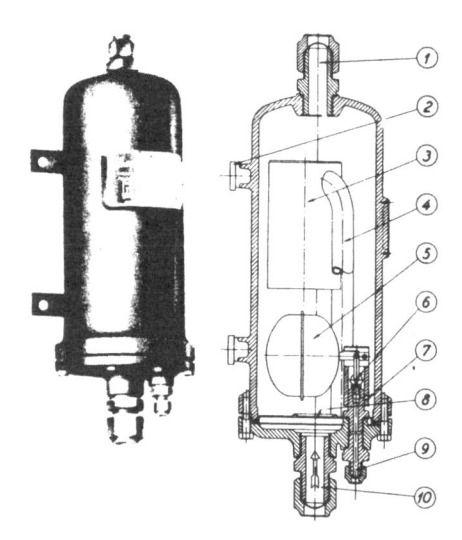

1 – Saída	6 – Válvula de agulha
2 – Suporte	7 – Parafuso de fixação
3 – Separador	8 – Diafragma
4 – Cano de ligação	9 – Saída do óleo
5 – Bóia	10 – Entrada

Figura 3.17.7.1

A separação é conseguida mecanicamente (redução da velocidade abaixo de 1 m/s, chicanas ou filtros de tela fina) e com resfriamento de vapor.

A Figura 3.17.7.2 nos mostra 2 separadores de óleo, o primeiro de separação puramente mecânica e o segundo com resfriamento à água.

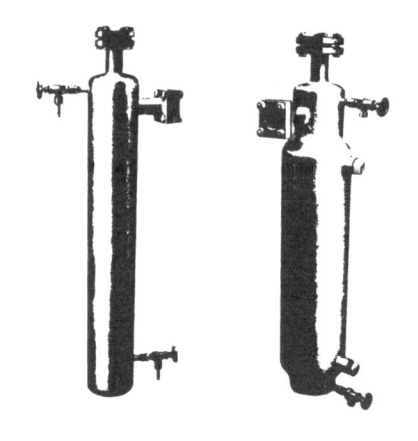

Figura 3.17.7.2

Quando o fluido frigorígeno é solvente do óleo lubrificante (FREONS, CH_3Cl, etc.), a separação torna-se mais difícil, sendo neste caso preferível dimensionar as canalizações da instalação de tal forma, que o óleo seja continuamente arrastado sem possibilidade de se depositar.

Limita-se, assim, para estes tipos de fluidos, o uso de separadores aos casos em que a instalação apresente inevitáveis pontos de decantação.

3.17.8 – Separadores de líquido

São os dispositivos usados nas instalações que funcionam com evaporadores inundados, para evitar a entrada de líquido no compressor.

Na Figura 3.17.8.1 aparece um separador de líquido, com indicador de nível e válvula de expansão tipo bóia, para amônia.

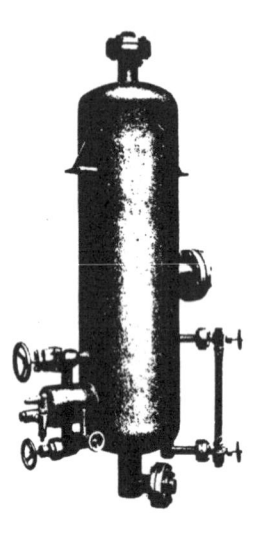

Figura 3.17.8.1

3.17.9 – Purgadores de incondensáveis

A presença de gases não-condensáveis, como N_2, Ar, etc., nas instalações de refrigeração faz com que as condições de condensação se alterem (redução da superfície útil do condensador), de tal forma, que o circuito de alta irá funcionar a uma pressão mais elevada do que a pressão correspondente à temperatura de condensação.

A eliminação dos incondensáveis pode ser feita por meio de uma canalização de purga ligada à parte mais elevada do condensador ou depósito de líquido, diretamente para a atmosfera ou através de dispositivo de recuperação do vapor de NH_3 que é arrastado junto (Figura 3.17.9.1).

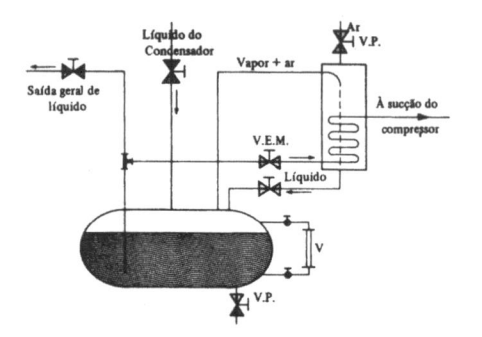

Figura 3.17.9.1

Nestes dispositivos, uma pequena quantidade de líquido frigorígeno é expandida numa serpentina interna, provocando a condensação do vapor arrastado junto com o ar, de modo que os gases não-condensáveis separados do vapor (que é recolhido novamente para o depósito de líquido) podem ser então descarregados por meio de uma válvula de purga.

3.17.10 – Depósito ou receptores de líquido

São recipientes de forma cilíndrica, dispostos vertical ou horizontalmente, destinados a recolher o líquido frigorígeno condensado pelo condensador.

O depósito de líquido, além de evitar a entrada de vapor na válvula de expansão, permite manter o condensador seco para qualquer carga térmica e recolher o fluido frigorígeno no caso de reparos da instalação.

O dimensionamento do receptor de líquido pode obedecer às seguintes orientações:

— se a carga térmica é constante e o depósito não se destina a recolher o fluido frigorígeno, aquele pode ser projetado para receber apenas 30% da massa de líquido frigorígeno da instalação;

— se o depósito se destina a recolher a carga de refrigerante, deve ser projetado com uma folga mínima de 25% em relação ao volume total do líquido frigorígeno que deve armazenar, a fim de evitar os enormes esforços que poderiam aparecer com a dilatação do líquido, ao aumentar a temperatura;

— nas instalações que adotam condensadores do tipo *shell and tube,* o próprio condensador pode funcionar como depósito, bastando para isto deixar a parte inferior do mesmo sem tubos, para armazenar, sem prejuízo da superfície de condensação, o líquido formado;

— nas pequenas instalações com condensador a ar, nas quais a carga de fluido frigorígeno é feita com rigor (expansão com válvulas tipo bóia de alta pressão ou capilares), e a carga térmica é mais ou menos constante, o depósito de líquido na maior parte das vezes pode ser dispensado.

A Figura 3.17.10.1 nos mostra um recipiente de líquido, com ligações para entrada e saída de líquido, dreno para óleo e ar e indicador de nível (NH_3).

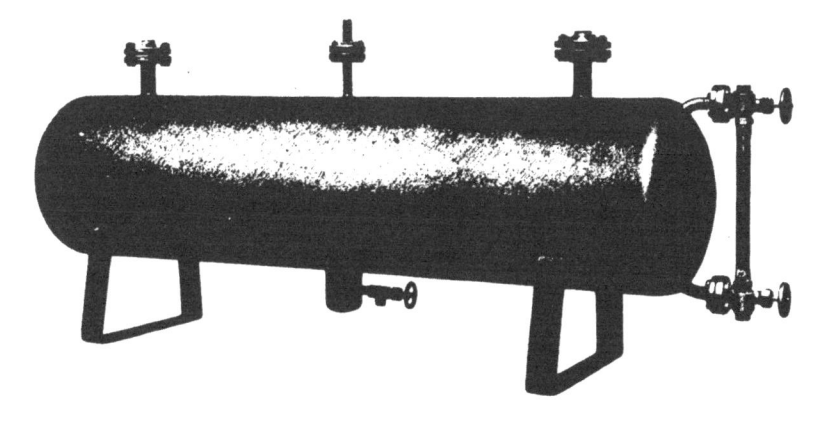

Figura 3.17.10.1

3.18 — Canalizações

3.18.1 — Generalidades

Numa instalação de refrigeração, as canalizações do fluido frigorígeno são constituídas:

— pela linha de descarga ou de gás quente que liga o compressor ao condensador;

— pela linha de líquido que liga o condensador ao evaporador;

— pela linha de sucção ou de vapor que liga o evaporador ao compressor.

A linha de descarga é de alta pressão, a linha de sucção é de baixa pressão, enquanto que a linha de líquido é de alta pressão desde o condensador até a válvula de expansão e de baixa pressão desde a válvula de expansão até o evaporador.

As linhas de baixa pressão, quando localizadas fora dos recintos a refrigerar, devem ser isoladas termicamente.

O material utilizado para as canalizações de fluido frigorígeno, nas instalações de refrigeração, são tubos de aço preto para a amônia e tubos de aço preto, cobre, latão ou alumínio para os FREONS.

Os tubos de alumínio só são adotados para pequenas instalações (refrigeradores domésticos).

Os tubos de aço devem ser preferencialmente do tipo pesado, sem costura (Mannesmann) ou de costura com recobrimento.

Para diâmetros pequenos (< 2") pode ser tolerada a costura de topo.

Os tubos de cobre são usados até 4" no máximo, em virtude de sua baixa resistência mecânica.

Para caracterizar os diversos elementos das canalizações de refrigeração em projeto, é usual fazer-se um esquema em perspectiva isométrica da canalização.

O traçado e dimensionamento das canalizações é importante para o bom funcionamento da instalação de refrigeração.

Aparecem sérias dificuldades de operação e de rendimento, quando certos cuidados não são adotados para o adequado cálculo e lançamento das tubulações do fluido frigorígeno.

Assim, é indispensável evitar:

a – Que o líquido frigorígeno sofra vaporização parcial antes de atingir a válvula de expansão (manter um sub-resfriamento mínimo de $1°C$), o que acarretaria o mau funcionamento desta e a redução do rendimento frigorífico da instalação.

A formação de vapor na linha de líquido é devida à diminuição de pressão ou aquecimento da linha.

A diminuição de pressão verifica-se em virtude do **atrito** (veja cálculo das canalizações) e da diferença de altura entre o condensador ou depósito de líquido e a válvula de expansão.

Quanto ·ao desnível citado, para uma linha de líquido que sobe do condensador para a válvula de expansão, a pressão vai diminuindo desde o condensador (onde a pressão é a de condensação, fixa para uma determinada condição de funcionamento) até a válvula de expansão, na proporção de:

0,13 kgf/cm² para o F–12
0,12 kgf/cm² para o F–22
0,06 kgf/cm² para a NH_3

para cada metro de diferença de altura.

Grandes desníveis podem ser vencidos por elementos estranhos ao sistema frigorífico (bombas), criando-se assim pressões adicionais que não prejudicam o funcionamento da instalação.

Caso contrário, é importante manter a temperatura do líquido aquém da temperatura de saturação correspondente à menor pressão apresentada pelo mesmo (ponto mais alto), o que se consegue com um adequado sub-resfriamento.

Quanto ao aquecimento, este se deve ao próprio atrito e à passagem da linha de líquido por locais aquecidos, o que nos obriga, em alguns casos, ao isolamento térmico da mesma.

b – Que a perda de carga nas tubulações, tanto de descarga como de sucção, sejam excessivas, o que ocasionaria a redução notável no rendimento frigorífico da instalação.

Sob este aspecto, é usual o dimensionamento das canalizações para uma perda de pressão (carga) correspondente a uma variação de temperatura de condensação ou vaporização de aproximadamente $1,1°C$.

Os valores desta variações de pressão Δp, que naturalmente dependem do fluido frigorígeno e de suas condições, estão registrados na Tabela 3.18.1.1.

No caso das linhas de líquido, a perda de carga influi apenas no dimensionamento da válvula de expansão (menor pressão à montante da mesma) e na possibilidade de vaporização parcial do líquido já analisada.

Quando não há condições em contrário (limite de velocidade), seu dimensionamento pode ser feito para uma perda de carga idêntica à da linha de descarga (V. Tabela 3.18.1.1).

c – Que nas instalações, cujos fluidos frigorígenos sejam solventes de óleo lubrificante, este seja separado por deposição (no condensador ou evaporador), o que ocasionaria a redução da transmissão de calor nestes intercambiadores e o abaixamento do nível de óleo do compressor, com sérios perigos para a sua perfeita lubrificação.

Este problema é facilmente resolvido nas instalações de NH_3, onde, além do fluido frigorígeno não dissolver o óleo lubrificante, a parcela deste que é arrastada pode ser recolhida por meio de separadores de óleo.

Nas instalações de F – 12, F – 22, CH_3Cl, etc., entretanto, o óleo dissolvido pelo fluido frigorígeno não é facilmente separável,

LINHA	t_c ou t_E		FLUIDO		
			F–12	F–22	NH₃
LÍQUIDO	40°C	γ kgf/m³	1254	1133	580
		Δ_p kgf/cm²	0,28	0,44	0,5
	30°C	γ kgf/m³	1292	1174	595
		Δ_p kgf/cm²	0,23	0,38	0,42
DESCARGA	40°C	γ kgf/m³	45 a 50	54 a 62	7 a 10
		Δ_p kgf/cm²	0,28	0,44	0,5
	30°C	γ kgf/m³	35 a 38	46 a 54	5 a 7,5
		Δ_p kgf/cm²	0,23	0,38	0,42
SUCÇÃO	+ 5°C	γ kgf/m³	20,56	24,9	4,11
		Δ_p kgf/cm²	0,12	0,2	0,2
	0	γ kgf/m³	17,66	21,3	3,45
		Δ_p kgf/cm²	0,11	0,18	0,165
	– 5°C	γ kgf/m³	15,10	18,14	2,88
		Δ_p kgf/cm²	0,09	0,155	0,14
	– 10°C	γ kgf/m³	12,80	15,36	2,39
		Δ_p kgf/cm²	0,075	0,13	0,12
	– 20°C	γ kgf/m³	9,04	10,80	1,604
		Δ_p kgf/cm²	0,06	0,10	0,09
	– 30°C	γ kgf/m³	6,20	7,40	1,04
		Δ_p kgf/cm²	0,045	0,07	0,06
	– 40°C	γ kgf/m³	4,10	4,89	0,65
		Δ_p kgf/cm²	0,03	0,04	0,04

Tabela 3.18.1.1

de modo que se torna preferível provocar o seu arrasto ao longo de toda a instalação, fazendo-o retornar ao compressor.

Para isto, estas instalações não devem apresentar — mesmo para funcionamento à capacidade reduzida — velocidade nas canalizações inferiores a um determinado valor, que possam comprometer o necessário arrasto do óleo.

Nas linhas de líquido, esta velocidade-limite perde sentido, pois os citados fluidos são miscíveis com o óleo, em qualquer proporção não havendo perigo de separação, quando o fluido frigorígeno está no estado líquido.

Nas demais linhas de gás e vapor, a velocidade mínima citada está relacionada com a pressão cinética necessária para o arrasto do óleo, a qual depende da temperatura do fluido (maior ou menor possibilidade de separação do óleo) e do diâmetro do tubo (espessura da película na parede).

Assim, podemos adotar com boa aproximação a relação prática:

$$\frac{c^2}{2g}\,\gamma = \frac{1000\,D}{\dfrac{t+130}{45}}$$

donde podemos tirar:

$$c > \sqrt{\frac{0,9 \times 10^6\,D}{(t+130)\,\gamma}} \qquad (3.18.1.1)$$

Como medida de segurança, a velocidade mínima assim obtida não deve ser tomada em valor inferior a 3 m/s.

Quando a velocidade nas linhas de sucção e descarga é inferior aos valores acima recomendados, é necessário adotar um separador de óleo automático.

Para o caso de FREONS, estes separadores, geralmente são mecânicos com ou sem resfriamento.

O óleo separado deve ser aquecido pelo gás quente que é descarregado pelo compressor, e é interessante instalar um indicador de líquido na canalização de retorno de óleo para o compressor, a fim de garantir que só este seja drenado para o cárter, garantindo-se boas condições de lubrificação e evitando-se a redução da capacidade do compressor (entrada de líquido frigorígeno no cárter).

Quando, entretanto, a temperatura de descarga do compressor é muito elevada (principalmente para o F–22), é indispensável o uso de um resfriador (à água) para o óleo drenado que volta ao compressor, a fim de garantir suas qualidades de lubrificação.

3.18.2 – Cálculo

O dimensionamento das canalizações do fluido frigorígeno das instalações de refrigeração baseia-se geralmente em velocidades práticas.

Assim, são usuais os limites de velocidades que aparecem na Tabela 3.18.2.1.

FLUIDO	SUCÇÃO m/s	DESCARGA m/s	LÍQUIDO m/s
F–12 F–22 CH_3Cl	6 a 20	10 a 20	0,5 a 1,25
NH_3	15 a 25	15 a 30	0,5 a 1,25

Figura 3.18.2.1

Entretanto, a perda de carga excessiva da linha de descarga aumenta a pressão de alta do sistema além da pressão de condensação, enquanto que a perda de carga excessiva da linha de sucção reduz a pressão de baixa do sistema aquém da pressão do evaporador, efeitos estes altamente prejudiciais para o bom rendimento frigorífico da instalação.

Por outro lado, conforme vimos, a perda de carga excessiva da linha de líquido, mesmo quando colocada horizontalmente, pode acarretar a vaporização parcial do fluido frigorígeno, ocasionando a redução da capacidade da válvula de expansão e prejudicando igualmente o rendimento frigorífico da instalação.

Nestas condições, para o caso de canalizações longas (> 10 m), é preferível adotar a seguinte orientação de cálculo:

– atribuir perda de carga correspondente a uma variação de 1,1°C na pressão de condensação para a linha de descarga;

– atribuir perda de carga correspondente a uma variação de 1,1°C na pressão de vaporização para a linha de sucção;

– verificar as velocidades para os diâmetros então obtidos e adotar separador de óleo, caso necessário, para os fluidos que dissolvam o mesmo;

– verificar a perda de carga na linha de líquido, para as velocidades recomendadas, e tomar as medidas já citadas para manter um sub-resfriamento mínimo do mesmo de 1°C.

Caso isto for impossível, aumentar o diâmetro achado, alterar a localização CONDENSADOR-VÁLVULA, ou adotar movimentação mecânica.

Para o cálculo dos diâmetros, a partir da descarga e de uma perda de carga dada, nos reportaremos à equação [4]:

$$\Delta_p = i\ell = 0,0827 \, \lambda \ell \frac{G_s^2}{D^5}$$

onde ℓ é o comprimento equivalente da linha dada pela expressão:

$$\ell = \ell_{condutos} + \frac{\Sigma \lambda_1}{\lambda} D =$$

$$= (0,118 \text{ a } 7,62) \, \Sigma \lambda_1 + \ell_{cond}$$

Os valores de λ — que dependem do número de Reynolds e da rugosidade relativa — para o caso de fluidos frigorígenos (viscosidade cinemática não muito elevada) escoando, nos limites usuais de velocidade adotados em refrigeração, dentro de condutos de ferro de rugosidade elevada ($\in$ = 0,15 mm), dependerão praticamente (número de Reynolds elevados) só da relação $\in$/D (V. Tabela 3.18.2.2).

D"	D_{mm}	$\dfrac{\in}{D}$	λ	$\dfrac{D}{\lambda}$ m
1/4"	6,35	0,0236	0,054	0,118
3/8"	9,525	0,0157	0,044	0,217
1/2"	12,7	0,0118	0,040	0,318
5/8"	15,875	0,0095	0,037	0,430
3/4"	19,05	0,0080	0,035	0,545
1"	25,4	0,0060	0,031	0,820
1 1/2"	38,1	0,0040	0,028	1,360
2"	50,8	0,0030	0,026	1,950
2 1/2"	63,5	0,0024	0,024	2,650
3"	76,2	0,0020	0,023	3,320
4"	101,6	0,0015	0,022	4,600
5"	127,0	0,0012	0,021	6,050
6"	152,4	0,0010	0,020	7,620

Tabela 3.18.2.2

Para o caso de tubos de cobre, de rugosidade bastante inferior ($\in$ = 0,0015 mm), os valores achados para λ serão aproximadamente a metade, o que determinará, para os referidos condutos, uma perda de carga também de aproximadamente 50%.

A partir dos valores tabelados e da equação anterior, podemos construir o diagrama de cálculo anexo, que nos dá:

$$i\gamma = f\,(D,\,G_h)$$

aplicáveis praticamente a todos os fluidos frigorígenos, com bastante exatidão para o caso de tubos de ferro de grande rugosidade ($\in$ = 0,15 mm).

Para o caso de tubos de cobre ($\in$ = 0,0015 mm), os valores de $i\gamma$ achados devem ser corrigidos aproximadamente para a metade.

Assim, a partir de uma perda de carga dada, podemos determinar:

$$i\gamma = \frac{\Delta p}{\ell}\,\gamma\;\frac{kgf}{m^2 m}\times\frac{kgf}{m^3}$$

e, com o auxílio da descarga G_h dada em kgf/h, podemos então carcular o diâmetro a adotar.

3.18.2.1 — Exemplo

Seja calcular as canalizações do fluido frigorígeno de uma instalação de F—12 que, funcionando entre os limites de temperatura de + 40°C/+ 5°C (Ar condicionado), tem uma potência frigorífica de 15 TR.

Os comprimentos equivalentes das diversas linhas, calculados com aproximação, são:

Líquido — 15 m (horizontal)
Sucção — 15 m
Descarga — 6 m

Da tabela de vapores saturados ou diagrama de Mollier do F—12, tiramos:

$$Q_E = H_1 - H_4 = H_1 - H_3 = 46 - 17,85 = 28,15 \text{ fg/kgf}$$

donde a descarga:

$$G = \frac{P_f}{Q_E} = \frac{15\times 3023\ \text{fg/h}}{28,15\ \text{fg/kgf}} = 1610\ \text{kgf/h}$$

A partir das perdas de carga recomendadas e pesos específicos dados pela Tabela 3.18.1.1, podemos calcular os produtos $i\gamma$ para as diversas linhas:

LÍQUIDO

$$i\gamma = \frac{\Delta p}{\ell}\,\gamma = \frac{2800\ \text{kgf/m}^2}{15\ \text{m}}\times 1254\ \text{kgf/m}^3 = 235.000$$

SUCÇÃO

$$i\gamma = \frac{1200\ \text{kgf/m}^2}{15\ \text{m}}\times 20,56\ \text{kgf/m}^3 = 1645$$

DESCARGA

$$i\gamma = \frac{2800\ \text{kgf/m}^2}{6\ \text{m}}\times 50\ \text{kgf/m}^3 = 23.350$$

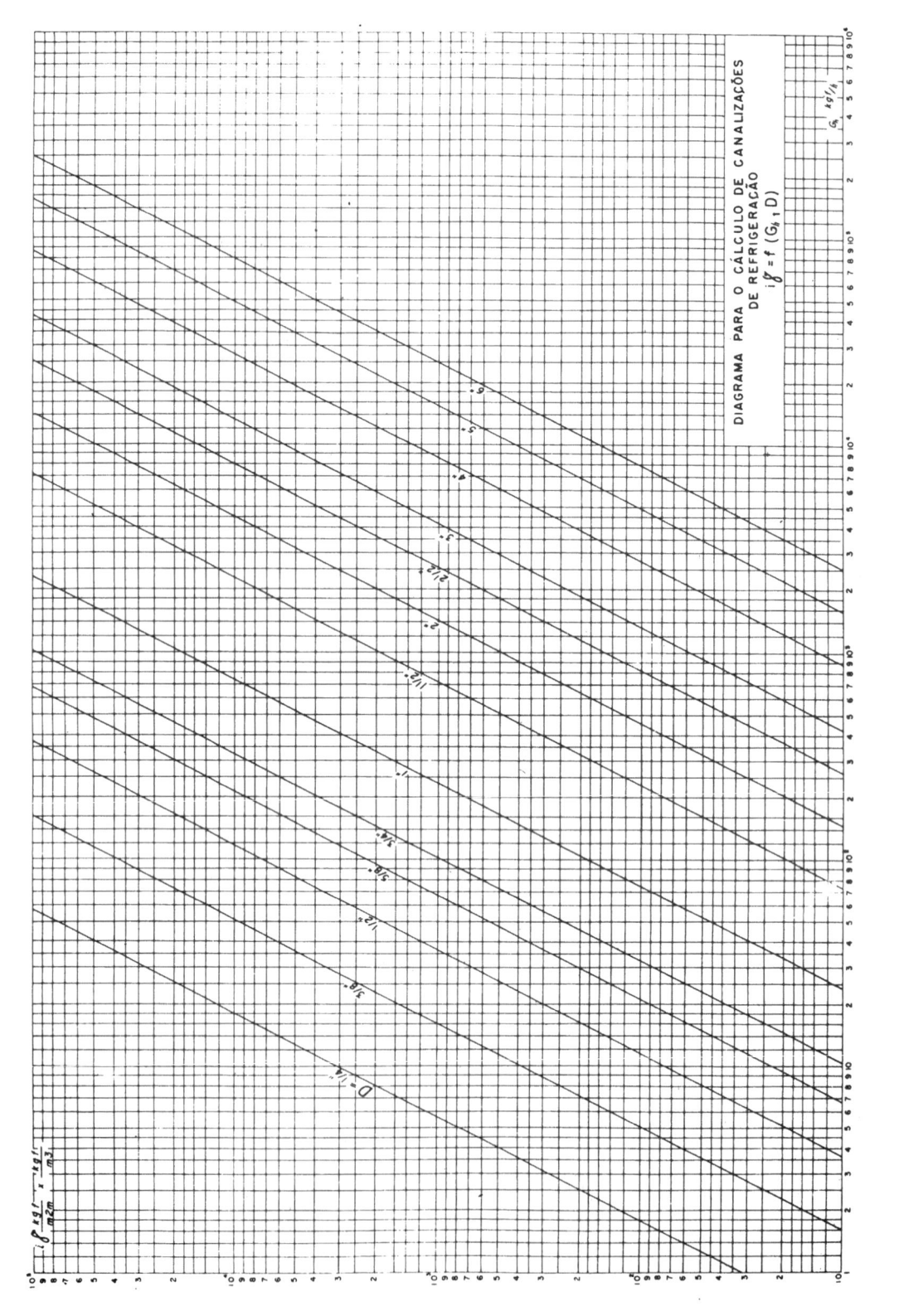

O diagrama de cálculo nos fornece então, respectivamente, os diâmetros de 3/4", 2" e 1 1/8".

Obs.: Para o caso de tubos de cobre, entrando com valores de $i\gamma$ iguais ao dobro dos propostos para o caso de tubos de ferro, acharemos respectivamente 3/4", 1 5/8" e 1".

Com os diâmetros achados, podemos verificar os comprimentos equivalentes reais das canalizações (se for o caso) e as velocidades de escoamento nas diversas linhas:

LÍQUIDO

$$c = \frac{G_h}{3600 \, \Omega \, \gamma} = \frac{1610}{3600 \times 0,000285 \times 1254} = 1,3 \text{ m/s}$$

SUCÇÃO

$$c = \frac{1610}{3600 \times 0,002015 \times 20,56} = 11,2 \text{ m/s}$$

DESCARGA

$$c = \frac{1610}{3600 \times 0,00064 \times 50} = 14,4 \text{ m/s}$$

A linha de líquido poderá ter sua velocidade reduzida devido ao valor elevado de 1,3 m/s, enquanto que as demais, como verificação, devem ser comparadas com as velocidades mínimas recomendadas para o arrasto do óleo:

SUCÇÃO

$$c > \sqrt{\frac{0,9 \times 10^6 \, D}{(t + 130)\gamma}} = \sqrt{\frac{900 \times 50,8}{(5 + 130) \, 20,56}} = 4,05 \text{ m/s}$$

DESCARGA

$$c > \sqrt{\frac{900 \times 28,575}{(40 + 130) \times 50}} = 1,75 \text{ m/s (3 m/s mínimo)}$$

Donde se conclui que tanto as linhas de sucção como as de descarga estão bem dimensionadas, permitindo, desde que sejam tomadas medidas idênticas nos demais elementos da instalação, a dispensa de separador de óleo, mesmo para um funcionamento a cerca de 37% (4,05/11,2) da capacidade da instalação (5,5 TR).

A tabela seguinte, resume os valores obtidos no exemplo em estudo.

LINHA	LÍQUIDO	SUCÇÃO	DESCARGA
Δ_p kgf/m^2	2.800	1.200	2.800
ℓ_m	15	15	6
i kgf/m^3	187	80	467
γ kgf/m^3	1254	20,56	50
$i\gamma$	235.000	1645	23.350
G kgf/h	1610	1610	1610
D	3/4"	2"	1 1/8"
c m/s	1,3	11,2	14,4

Tabela 3.18.2.1.1

3.18.3 – Traçado da rede

O lançamento das linhas do fluido frigorígeno, em uma instalação de refrigeração, deve ter em vista os seguintes problemas:

a – Possiblitar a dilatação.

b – Evitar a transmissão de vibrações e ruídos.

c – Assegurar boa distribuição do líquido frigorígeno pelos evaporadores e evitar a entrada do mesmo no compressor, durante os períodos tanto de operação como de descanso.

d – Assegurar o retorno do óleo nas instalações onde o fluido frigorígeno é miscível com ele.

e – Permitir operações secundárias, como o recolhimento de óleo dos separadores, o degelo, a carga, a descarga, o recolhimento do fluido frigorígeno, etc.

a) A dilatação das canalizações pode ser calculada pela expressão:

$$\Delta\ell = \alpha\ell\Delta t$$

onde o coeficiente de dilatação α vale, para o ferro, 11×10^{-6} e, para o cobre, 18×10^{-6} m/m°C.

Assim, para as variações de temperatura usuais em refrigeração, podemos ter para o ferro dilatação de até 1 mm por metro e para o cobre, um máximo de aproximadamente 1,6 mm por metro.

Quando a tubulação tem traçado tridimensional, ela é bastante reflexível e pode absorver as pequenas variações de comprimento devidas à dilatação.

Entretanto, em qualquer caso, deve-se ter o cuidado para que os extremos de trechos longos de tubulações não sejam fixados rigidamente.

b) As vibrações que aparecem nas instalações de refrigeração são causadas pelos compressores (principalmente os de tipo alternativo) e pela pulsação ou turbulência do fluido frigorígeno.

Quando o compressor está ligado a uma canalização rígida, é indispensável o uso de eliminadores de vibração na sucção e na descarga, os quais devem ser instalados preferencialmente na vertical (Figura 3.18.3.1).

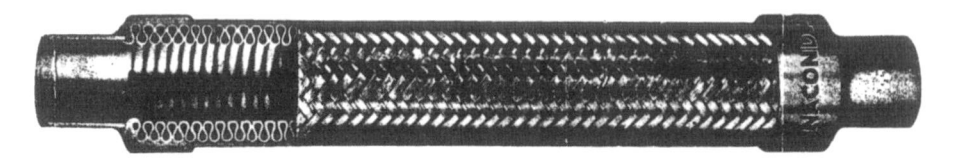

Figura 3.18.3.1

Estes amortecedores de vibração constam de tubos flexíveis feitos de cobre e estanho, com revestimento de cordoalha flexível, geralmente de bronze.

Em sistemas maiores, a flexibilidade desejada pode ser obtida pelo prolongamento dos tubos em duas direções perpendiculares, em comprimento da ordem de 30 diâmetros.

Ruídos resultantes da pulsação do fluido frigorígeno, principalmente na descarga do compressor podem transmitir-se à canalização.

Se esta é curta, as pulsações são grandemente amortecidas pelo compressor.

Em casos de canalizações longas, entretanto, estas podem entrar em ressonância com as pulsações, ampliando-se, o que obriga ao uso de silenciadores de descarga, à alteração das dimensões da tubulação ou mesmo à mudança da rotação do compressor.

Quando a vibração ou ruído é provocado por turbulência do fluido em alta velocidade, a solução normal é reduzir esta velocidade, aumentando o diâmetro da canalização.

c) Para assegurar boa distribuição do líquido frigorígeno pelos evaporadores e evitar a entrada do mesmo no compressor, durante os períodos tanto de operação

como de descanso, além da manutenção de sub-resfriamento e do dimensionamento adequado das válvulas de expansão, já estudados, são necessárias certas precauções.

Assim, o sifão constituído pelo prolongamento das canalizações de sucção até o teto, além de absorver os esforços criados pelas vibrações mecânicas do compressor, conforme já foi citado, proporciona o necessário bloqueio de líquido do evaporador.

Quando os evaporadores são vários, a fim de evitar a passagem do líquido de um para outro, a disposição a adotar é a da Figura 3.18.3.2.

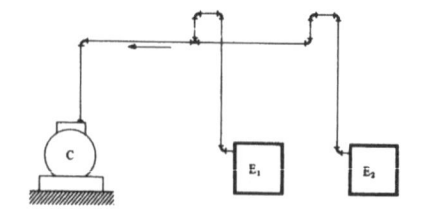

Figura 3.18.3.2

Quando os evaporadores estão situados acima do compressor, o mesmo tipo de ligação deve ser usado, a fim de evitar a entrada de líquido no compressor durante os períodos de descanso (Figura 3.18.3.3) e, ao mesmo tempo, a entrada de líquido dos evaporadores de cima, nos de baixo.

Nas linhas de descarga ascendentes, deve ser previsto em sifão invertido, para evitar o escorrimento de óleo ou líquido condensado (principalmente se o compressor está situado em ambiente mais frio que o do condensador ou depósito de líquido) sobre o cabeçote do compressor.

Quando a linha de descarga elevadora sobe mais que 7,5 m, é interessante dotá-la de sifões parciais, de cerca de 0,45 m cada um, para cada 7,5 m de elevação do mesmo (Figura 3.18.3.3).

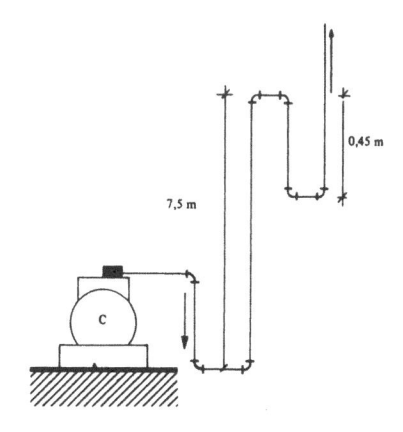

Figura 3.18.3.4

A fim de evitar a retenção de vapor no depósito, é necessário provê-lo de uma linha de equalização de pressão com a do condensador (Figura 3.18.3.5).

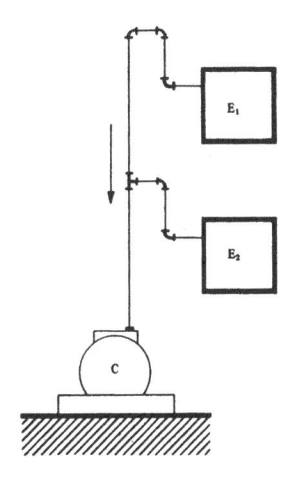

Figura 3.18.3.3

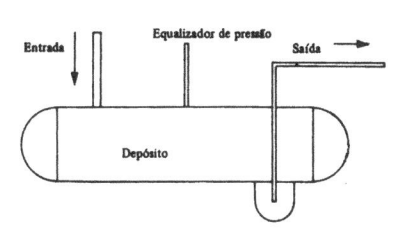

Figura 3.18.3.5

Os citados sifões podem ser dispensados no caso de adotarem-se separadores de óleo à saída do compressor.

Precauções, entretanto, devem ser tomadas para eliminar a possibilidade da passagem de líquido frigorígeno, acumulado no separador, para o cárter do compressor, por ocasião do recolhimento do óleo (V. separadores de óleo).

A canalização de ligação do condensador com o receptor de líquido deve ser projetada de tal forma, que permita o escoamento livre de todo fluido condensado.

Se a pressão no depósito se eleva (aumento de temperatura) sobre a do condensador, ocorrerá a formação de vapor no mesmo e o líquido não escorrerá livremente.

Caso a instalação disponha de mais de um condensador, deverá usar-se também um coletor para as linhas de líquido, o qual deve ser instalado o mais abaixo possível ($\sim 0,6$ m) dos depósitos, a fim de evitar a entrada de gás quente na canalização, em caso de desigualdade de pressão nos condensadores.

Por ocasião das paradas, a entrada de líquido nos evaporadores deve ser bloqueada por válvula solenóide de fechamento, perfeitamente estanque, mormente nas instalações que funcionam com válvulas de expansão termostáticas (fechamento duvidoso).

O controle destas válvulas pode ser automático (em função da temperatura, tempo, etc.), desligando-se o compressor por baixa pressão (pressostato de baixa).

d) Para assegurar o retorno de óleo nas instalações onde o fluido frigorígeno é miscível com ele, além de se adotarem as velocidades mínimas já citadas, é indispensável uma série de cuidados.

Assim, as canalizações de sucção devem ser inclinadas para o compressor, a fim de facilitar o retorno de óleo.

Quando os evaporadores estão situados abaixo do compressor, além dos cuidados para evitar a passagem de líquido de um para outro, é importante dimensionar o conduto ascendente de aspiração, para um seguro arraste de óleo mesmo com funcionamento à carga reduzida.

Para isso, em alguns casos é aconselhável o uso de tubulação dupla, calculada para que uma tubulação atenda à carga mínima e o conjunto atenda à carga máxima, de tal forma disposta, que, à carga reduzida, o óleo depositado no sifão invertido da tubulação ascendente maior, garanta a circulação do fluido frigorígeno e, portanto, o arrasto de óleo só pela menor (Figura 3.18.3.6).

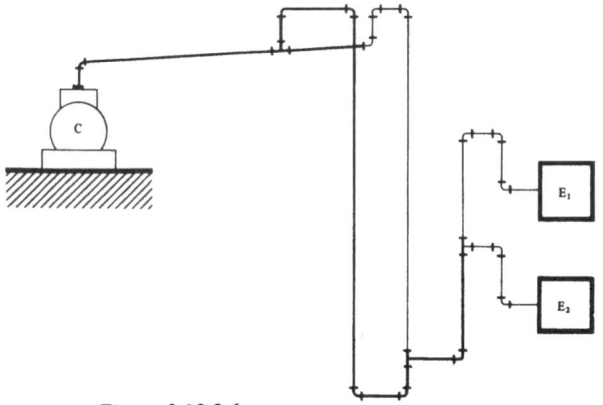

Figura 3.18.3.6

Pode-se também adotar linha ascendente individual para cada evaporador. Neste caso, entretanto, seu dimensionamento deve ser rigoroso, a fim de que as perdas de carga em paralelo se identifiquem.

As canalizações de descarga, ao contrário das de sucção, devem ser inclinadas para o condensador, a fim de que o óleo arrastado pelo fluido frigorígeno não se deposite na cabeça do compressor, quando a instalação entra em repouso.

Quando a capacidade da instalação é muito variável, pode tornar-se necessário, para as canalizações de descarga ascendentes, o uso de tubos duplos, a fim de que as velocidades mínimas, necessárias para o arrasto do óleo, sejam mantidas também à meia carga.

Esta precaução é dispensável, quando se adotam separadores de óleo, caso em que a canalização deve ser projetada como na Figura 3.18.3.7.

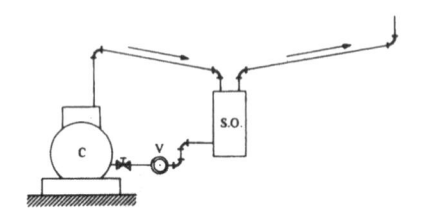

Figura 3.18.3.7

Para garantir o retorno de óleo, a interligação de compressores em paralelo só é possível, quando todos os compressores funcionam com a mesma pressão de aspiração, embora os evaporadores possam funcionar com válvulas de redução de pressão.

É preferível, por outro lado, que todos os compressores sejam da mesma capacidade, a fim de facilitar o necessário equilíbrio entre as linhas de sucção, descarga e líquido.

Este equilíbrio é obtido por meio de canalizações de equalização de pressão, colocadas tanto na sucção como na descarga, e linha de líquido.

A ligação das linhas de sucção do compressor ao coletor de equalização, quando este está situado acima da entrada do compressor, deve ser feita pelo lado ou por meio de pequeno sifão, a fim de evitar a entrada de óleo nos compressores que estão em repouso.

As quedas de pressão entre este coletor e cada compressor, por sua vez, devem ser iguais.

Disposição razoável a adotar, para o caso, seria a da Figura 3.18.3.8.

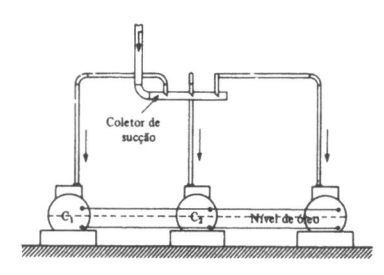

Figura 3.18.3.8

Quando o coletor de sucção está situado abaixo da entrada do compressor, as tomadas para os compressores devem ser feitas num ponto abaixo (Figura 3.18.3.9) e dimensionadas para uma velocidade elevada, a fim de garantir, em qualquer condição de funcionamento, o arrasto de óleo que é facilmente drenado para o ponto de tomada.

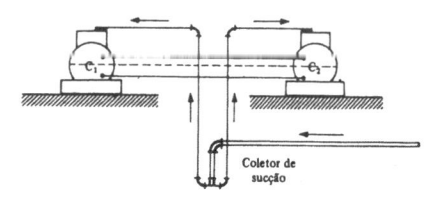

Figura 3.18.3.9

O coletor de descarga, por sua vez, deve ser colocado de tal forma, que o óleo arrastado por um compressor em movimento não escoe para outro que está em repouso.

O normal seria colocá-lo abaixo da saída dos compressores (próximo ao solo), como nos indica a Figura 3.18.3.10.

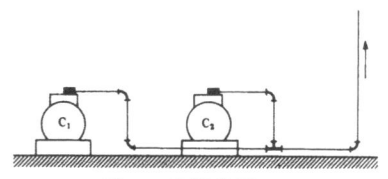

Figura 3.18.3.10

Caso a linha de descarga deva se localizar acima dos compressores, a ligação destes ao coletor de descarga deve ser feita como nos mostra a Figura 3.18.3.11, a fim de que o óleo não possa escoar para o cabeçote de um compressor, quando este estiver em repouso.

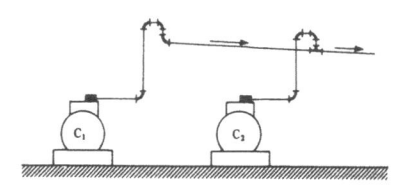

Figura 3.18.3.11

As canalizações de descarga dos compressores devem agrupar-se e serem introduzidas como canalização única no condensado ou, se for o caso, nos condensadores.

Para assegurar a manutenção dos níveis de óleo adequado, esses devem ser iguais para todos os compressores instalados em paralelo.

Ao cárter devem ser ligadas uma canalização de equilíbrio de vapor e uma canalização inferior de equilíbrio do nível de óleo (V. Figuras 3.18.3.8 e 3.18.3.9).

É interessante o emprego de válvulas de manobra em todas as canalizações de interconexão, a fim de permitir a colocação fora de serviço de qualquer unidade, sem parar as demais.

e) Além do exposto, a fim de possibilitar operações secundárias, como sejam:

— recolhimento de óleo dos separadores;

- carga da instalação com fluido fri-gorígeno;
- descarga do mesmo;
- recolhimento do fluido frigorígeno para o depósito de líquido;
- degelo dos evaporadores;
- purgas de óleo e de incondensáveis;
- injeção de líquido na aspiração;
- intercâmbios de calor;
- manobras e controle diversos, etc;

no projeto das canalizações de instalações frigoríficas, além das linhas de líquido, descarga e succção, devem ser previstas diversas tubulações adicionais, já em parte estudadas nos parágrafos 3.15, 3.16 e 3.17 e que serão objeto de maior detalhe (aplicações de frio).

Quánto à operação degelo de evaporadores que funcionam abaixo de 0°C, essa pode ser obtida:

- por interrupção do funcionamento da instalação;
- por meio de água fria;
- por meio de aquecimento elétrico;
- por meio de gás frigorígeno quente.

Este último processo consiste em aquecer o evaporador a descongelar com gás quente descarregado pelo compressor.

Quando o evaporador é de funcionamento seco, o descongelamento pode ser obtido simplesmente pela descarga de gás quente à entrada do mesmo, controlada por 2 válvulas solenóides, uma que fecha a entrada de líquido e outra que abre a entrada de gás quente.

Este sistema apresenta o inconveniente de possibilitar a entrada, no compressor, de fluido frigorígeno condensado no evaporador.

Para evitar este inconveniente, em grandes evaporadores, torna-se necessário o uso de reevaporadores, ligados em paralelo, entre a saída do evaporador principal e o compressor (Figura 3.18.3.12).

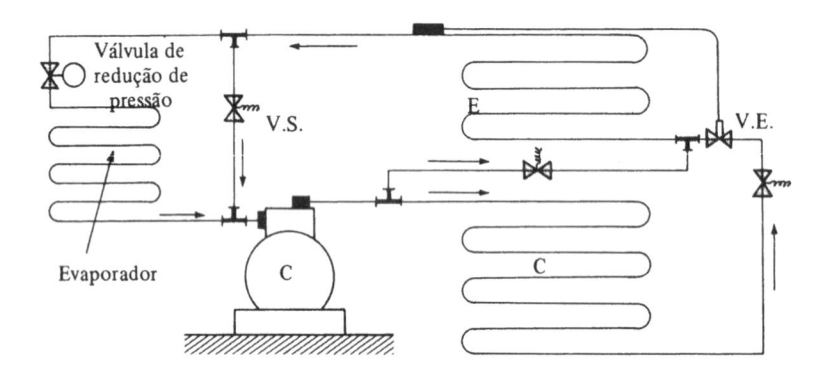

Figura 3.18.3.12

Nas pequenas instalações, que funcionam com expansor tipo capilar, é comum o uso de degelo por meio de inversão do ciclo de refeigeração.

Neste caso, uma válvula especial de 4 vias permite a modificação de fluxo do fluido frigorígeno, de tal forma que na posição de "ciclo reverso" o evaporador passa a funcionar como condensador, e vice-versa (Figura 3.18.3.13).

Quando o evaporador a descongelar é de funcionamento inundado, para que o degelo seja rápido e econômico, o líquido frigorígeno nele contido deve ser recolhido antes da injeção de gás quente.

O esquema das canalizações então necessárias está registrado na Figura 3.18.3.14 onde aparece uma instalação de refrigeração industrial de evaporadores inundados, com separador de líquido central e distribuição de amônia à baixa pressão por meio de bomba.

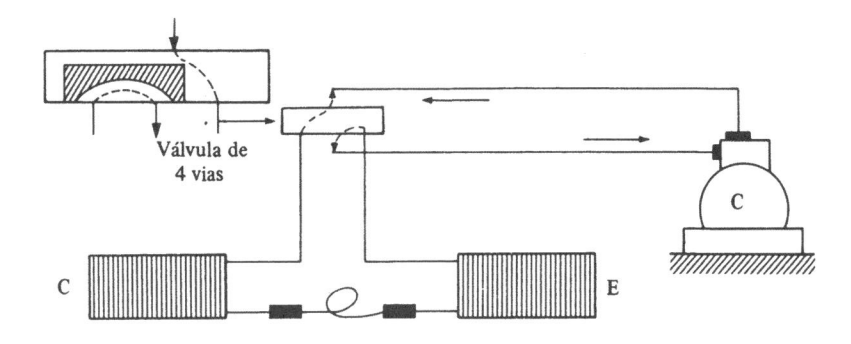

Figura 3.18.3.13

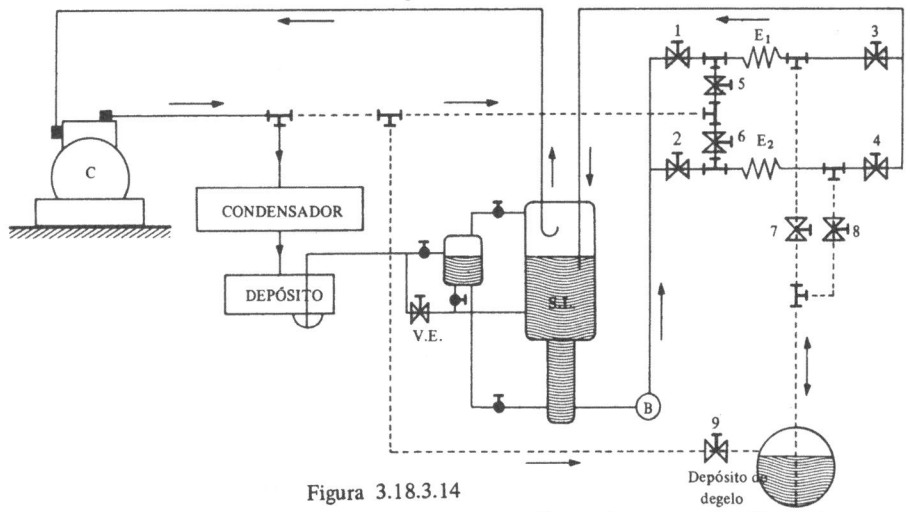

Figura 3.18.3.14

Em funcionamento normal, as válvulas 1, 2, 3 e 4 estão abertas e as válvulas 5, 6, 7, 8 e 9 estão fechadas.

Para o degelo do evaporador E_1, por exemplo, as válvulas 1 e 3 são fechadas e as válvulas 5 e 7 são abertas.

Assim, o gás quente que entra no evaporador através de 5, além de obrigar o líquido nele contido a passar para o depósito auxiliar D_2, produz o desejado degelo, condensando em parte.

Terminada a operação, fecha-se a válvula 5 e abrem-se as 3 e 9, de tal forma, que a pressão do gás quente no depósito de degelo obrigue o líquido inicialmente recolhido a voltar para o evaporador E_1

Quando o depósito estiver vazio, fecham-se as válvulas 7 e 9 e abre-se novamente a válvula 1, voltando o funcionamento do evaporador ao normal.

Eventualmente, o líquido pode ser recolhido no próprio separador central e o depósito auxiliar de degelo D_2, torna-se desnecessário.

3.19 – Sistema elétrico

A maior parte das vezes, o acionamento dos compressores e demais equipamentos mecânicos de uma instalação de refrigeração é feito por meio de motores elétricos.

Este fato traz, como vantagem imediata, a facilidade de controle da instalação.

Assim, adotando-se chaves magnéticas, além de se obter a proteção direta dos diversos motores elétricos, pode-se efetuar facilmente o comando do compressor e dos elementos de circulação dos evaporadores em função de variações de temperatura ou pressão.

Por outro lado, a fim de garantir condições de funcionamento razoáveis do ciclo de refrigeração, pode-se vincular a ligação do compressor à ligação prévia (bloqueio elétrico) dos elementos mecânicos do condensador (ventilador e bombas, se for o caso).

Tal proceder elimina os perigos de funcionamento sem condições favoráveis de condensação, que poderiam pôr em jogo a segurança da instalação.

A Figura 3.19.1 nos mostra o esquema de uma chave magnética (contactor) tipo guarda-motor, com comando manual M ou automático A (termostato, pressostato, umidostato, etc., etç.).

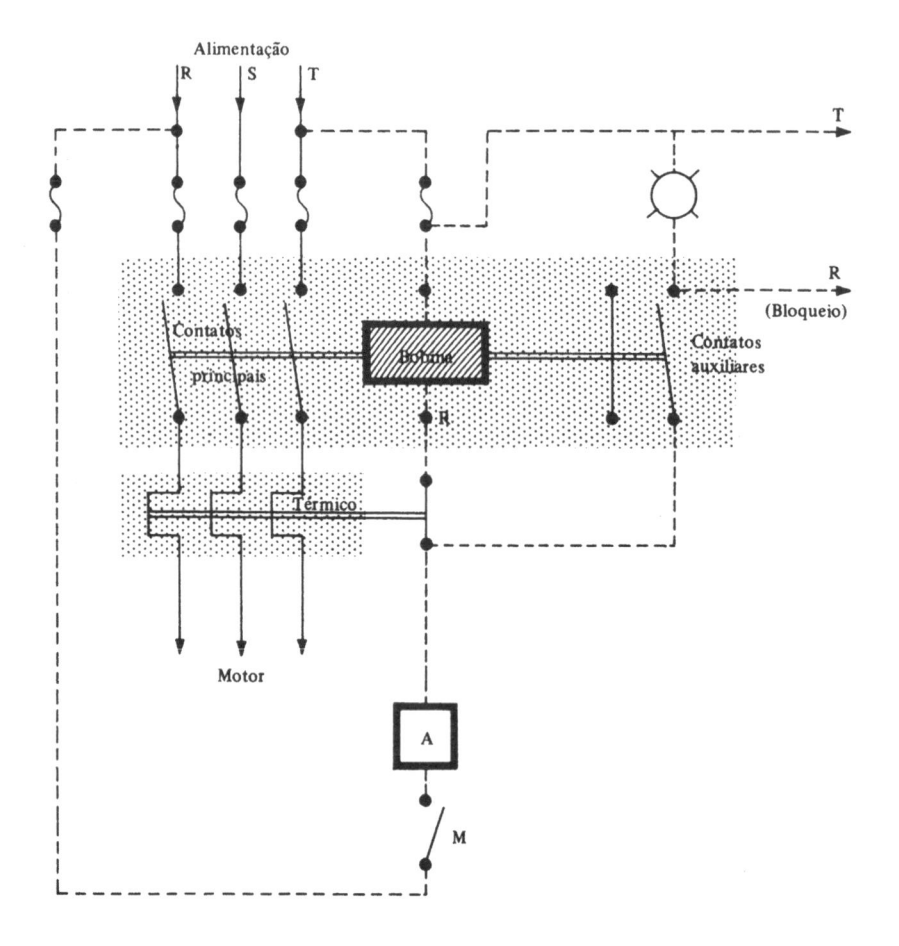

Figura 3.19.1

Para facilitar o planejamento e, mesmo, a execução e manutenção dos sistemas elétricos das instalações de refrigeração, é usual a elaboração de esquemas elétricos, onde aparecem apenas os elementos de comando e de controle, deixando-se de registrar as linhas de alimentação propriamente ditas.

Assim, são registradas nestes verdadeiros diagramas de blocos, as bobinas dos contatores, seus contatos auxiliares (normalmente fechados ⊣⊬ ou normalmente abertos ⊣⊢), lâmpadas-sinaleiras, interruptores de comando, dispositivos de controle automático e bloqueios auxiliares.

Assim, o esquema da chave magnética da Figura 3.19.1 seria representado simplificadamente, entre as duas fases de comando R e T, da seguinte forma (Figura 3.19.2):

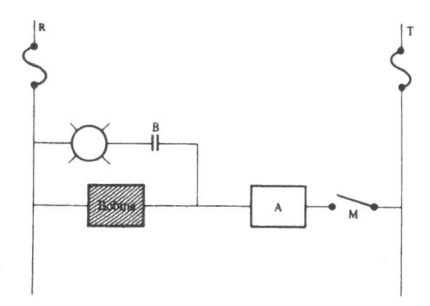

Figura 3.19.2

Podem ser elaborados esquemas mais complexos, com condições de bloqueio as mais diversas, representando-se todos os contatores, com as suas respectivas condições de ligação, entre as duas fases de comando R e T.

Como exemplo, damos a seguir o esquema de comando e controle de uma instalação frigorífica, constituída pelos seguintes elementos (Figura 3.19.3):

a – 4 câmaras frigoríficas, dispondo cada uma de:
- *unit cooler* com ventilador;
- compressor com pressostato de alta, baixa e segurança interna contra sobreaquecimento;
- condensador *shell and tube;*
- válvula solenóide na linha de líquido;
- termostato de ambiente para o controle de temperatura.

b – 1 torre de arrefecimento da água de condensação, com circulação forçada de ar por meio de ventilador, dispondo de 2 bombas (uma de reserva) e os seguintes controles:
- chave-bóia para assinalar o nível da água na bacia;
- pressostato de água na descarga da bomba;
- termostato na bacia para controlar a temperatura da água.

As condições de ligação imposta são:

a – *compressores*
- ventilador da torre com interruptor manual ligado;
- chave-bóia assinalando nível de água adequada na torre;
- uma das bombas ligadas;
- pressostato de água assinalando pressão de água na rede;
- compressor com interruptor manual ligado;
- pressostato de alta não-bloqueado;
- pressostato de baixa não-bloqueado;
- segurança interna não-bloqueada.

b – *câmaras*
- ventilador da torre com interruptor manual ligado;
- câmara com interruptor manual ligado;
- porta da câmara fechada liga o ventilador;
- termostato, solicitando frio abre a válvula solenóide da linha de líquido e liga relé auxiliar (V. ligação das bombas).

c – *bombas*
- ventilador da torre com interruptor manual ligado;
- bombas com interruptor manual ligado;
- qualquer câmara solicitando frio (relé auxiliar ligado) ou qualquer compressor ligado;
- chave seletora ligada na bomba 1 ou 2.

d – *ventilador da torre*
- ventilador da torre com interruptor manual ligado;
- termostato solicitando água mais fria.

e – *lâmpadas-sinaleiras*
- lâmpadas-sinaleiras deverão assinalar a ligação de qualquer equipamento, como: ventiladores, compressores, bombas ou válvulas solenóides.

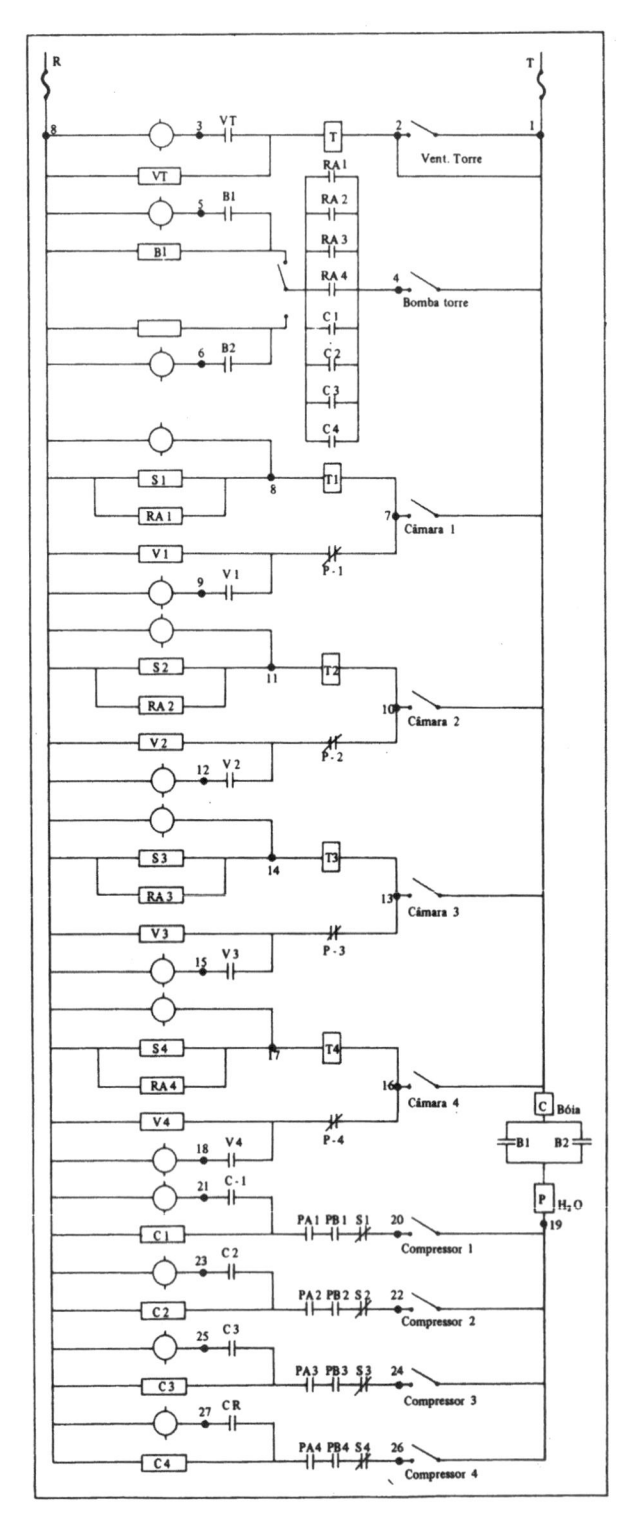

A operação do sistema em consideração é feita da seguinte maneira (Figura 3.19.3):

a – ligar todos os interruptores manuais;

b – estando a água da torre a uma temperatura superior a 28°C, o ventilador da torre liga;

c – estando qualquer câmara com a porta fechada, o ventilador da câmara liga;

d – estando a câmara a uma temperatura superior à assinalada pelo termostato, a válvula solenóide liga (aumentando a pressão de baixa do sistema, que desbloqueia o pressostato de baixa) juntamente com o relé auxiliar correspondente;

e – ligado qualquer relé auxiliar, a bomba selecionada liga;

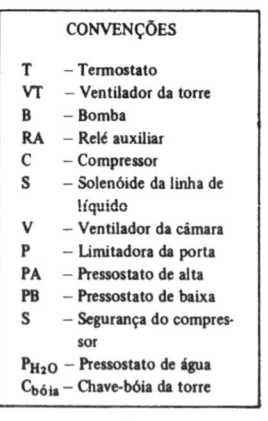

CONVENÇÕES	
T	– Termostato
VT	– Ventilador da torre
B	– Bomba
RA	– Relé auxiliar
C	– Compressor
S	– Solenóide da linha de líquido
V	– Ventilador da câmara
P	– Limitadora da porta
PA	– Pressostato de alta
PB	– Pressostato de baixa
S	– Segurança do compressor
P_{H_2O}	– Pressostato de água
$C_{bóia}$	– Chave-bóia da torre

Figura 3.19.3

f – havendo água na bacia, pressão na rede de água e estando pressostato e segurança não-bloqueados, o compressor correspondente liga;

g – atingida a temperatura na câmara, o termostato corta a solenóide da linha de líquido e o relé auxiliar correspondente sem, entretanto desligar o compressor e, portanto, também a bomba;

h – cortada a solenóide, o líquido frigorígeno do evaporador é recolhido e a pressão de sucção cai, desligando, por meio do pressostato de baixa, o compressor correspondente;

i – quando todas as câmaras atingirem a temperatura desejada, e quando os compressores tiverem efetuado a sua operação final de recolhimento do fluido frigorígeno e desligado, a bomba da torre também desligará;

j – permanecem ligados apenas os ventiladores das câmaras, para a uniformização da sua temperatura e o ventilador da torre, até que a temperatura da água atinja um valor inferior a 28°C, ficando então o conjunto à espera de outra seqüência de ligações.

3.20 – Testes, carga, lubrificação e manutenção

3.20.1 – Testes

Uma instalação de refrigeração, antes de ser posta definitivamente em funcionamento, demanda os seguintes testes:

– antes da carga de fluido frigorígeno: teste de pressão e teste de vácuo;

– depois da carga de fluido frigorígeno: teste de vazamento e testes finais.

O teste de pressão serve para verificar defeitos de vedação no sistema. Consiste em manter o sistema sob pressão de ar seco ou gás inerte (N_2 ou CO_2) durante 24 horas.

É interessante, em alguns casos, testar as linhas de alta e de baixa separadamente, e isolar o compressor ou qualquer outro dispositivo da instalação (válvulas de expansão, por exemplo) sujeito a danos durante o teste.

A pressão de teste varia de acordo com o fluido frigorígeno a ser usado na instalação, adotando-se usualmente a pressão de saturação correspondente a 65°C, para a alta, e 45°C, para a baixa.

O dispositivo de pressão deve dispor de 2 manômetros, um para controlar a pressão de gás de teste e outro para controlar a pressão da canalização (Figura 3.20.1.1).

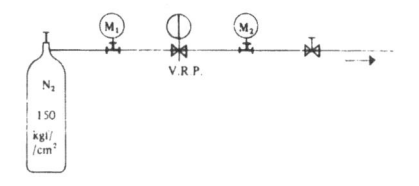

Figura 3.20.1.1

Ao se verificar uma queda de pressão (descontada a decorrente da variação ambiente de temperatura), o ponto de escape poderá ser localizado por meio de sabão com glicerina.

O teste de vácuo, além de permitir uma segunda verificação da estanqueidade do sistema, proporciona a retirada da umidade do mesmo.

Para tal, recorre-se a uma bomba de vácuo, que é adaptada à instalação na válvula de serviço próxima à sucção do compressor.

Estabelecida uma pressão suficientemente baixa, que deve ser de:

– 60 a 200 μ Hg, para as instalações providas de compressores herméticos ou semi-herméticos;

– 300 a 1000 μ Hg, para as instalações providas de compressores abertos;

a qual é avaliada por meio de manômetros diferenciais de mercúrio (Mac Leod, Gaede, vacuoscópios, etc.) ou manômetros eletrônicos, isola-se a instalação por um período mínimo de 1 hora.

Se, após este tempo, as condições de pressão não apresentarem modificações, pode-se considerar a operação como terminada e dar início à carga de fluido.

Após a carga de fluido, deve-se proceder a um teste de vazamento, usando-se para tal fim qualquer processo que indique a presença de vapores frigorígenos no ar ambiente, como sejam:

– o odor;
– a formação de fumaça;
– lâmpadas detetoras *Halide;*
– indicadores eletrônicos.

No primeiro caso, podemos citar o NH_3, que tem um odor permanente e desagradável.

No segundo caso, situa-se a localização de escapes do NH_3 por meio de velas de enxofre (pequenos bastões de madeira revestidos com enxofre) que, queimadas na presença da amônia, desprendem intensos fumos, ou da localização de escapes do SO_2 por meio de solução amoniacal, a qual, em contato com o mesmo desprende igualmente vapores de cor branca.

As lâmpadas detetoras *Halide* servem, por sua vez, para indicar a presença de vapores de F–12 e de CH_3Cl no ar.

Estes indicadores se baseiam no fato de que compostos clorados se decompõem, quando em contato com o cobre ao rubro. Os gases então formados fazem com que a chama se torne verde.

Existem 2 tipos de lâmpadas detetoras: uma que emprega para a combustão tanto o álcool metílico como o álcool etílico e outra que queima acetileno.

Qualquer um destes detetores é construído de tal forma, que o ar necessário para a combustão é aspirado através de um tubo metálico, que se faz passar por cima dos pontos de possível vazamento (Figura 3.20.1.2).

No caso de existirem fugas, a chama imediatamente se alterará, passando a apresentar uma coloração esverdeada e a seguir, para grandes quantidades de vapor, uma coloração azulada forte, diferente da inicial.

Neste último caso, os gases da combustão apresentam um odor intenso e são venenosos.

Verificado um vazamento qualquer, recomenda-se ventilar o ambiente para continuar o teste, dada a sensibilidade do aparelho que pode acusar vazamentos da ordem de 60 gramas por ano.

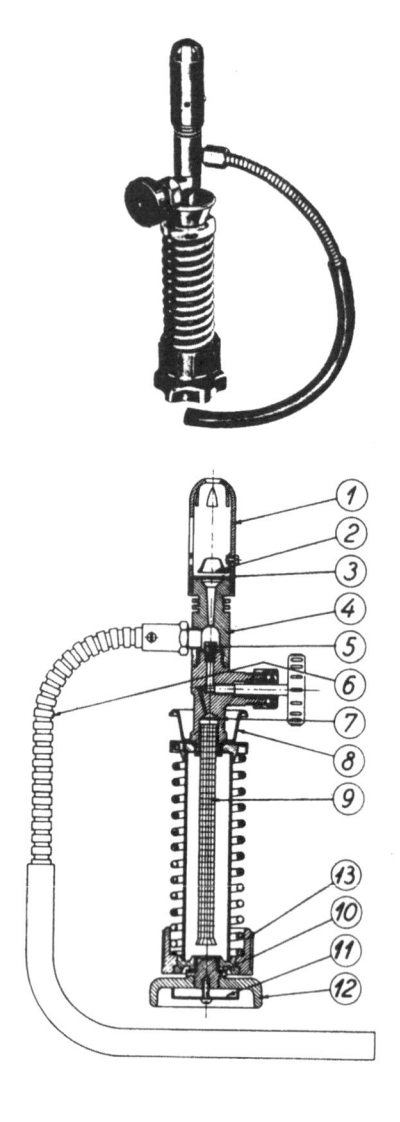

1 – Cabeça de cobre
2 – Distribuidor da chama
3 – Tela de segurança
4 – Câmara ejetora
5 – Injetor
6 – Tubo de aspiração
7 – Orifício de regulagem
8 – Bacia de aquecimento inicial
9 – Filtro
10 – Recipiente
11 – Caixa de acessórios
12 – Tampão inferior
13 – Suporte de baquelite

Figura 3.20.1.2

O detetor eletrônico consiste em um tubo, através do qual flui o ar a ser testado, sobre um díodo de platina, cuja emissão de íons positivos é grandemente aumentada pela presença de vapores clorados.

Este aumento de emissividade pode ser assinalado por meio de um sistema visual (ponteiro, lâmpada) ou audível (sirena).

Os testes finais consistem na verificação do funcionamento dos diversos equipamentos da instalação.

Assim os pressostatos de baixa, de alta e de óleo devem ser ajustados para as pressões desejadas.

Devem ser verificados os bloqueios elétricos, principalmente o do condensador-compressor.

A válvula de expansão deve ser igualmente ajustada para um superaquecimento adequado.

Para isto, coloca-se próximo ao seu bulbo um termômetro adequadamente instalado (em tubo com óleo mergulhado e soldado na canalização), ou simplesmente fixado com massa à parede externa da canalização.

Os termostatos devem ser regulados e o sistema de controle de capacidade checado.

A circulação de ar ou água, pelo condensador, deve ser verificada e o nível de óleo colocado na situação desejada.

Inicialmente, o compressor deve ser girado manualmente (a fim de verificar se o mesmo gira livremente), para, a seguir, ser ligado e desligado a intervalos de 10 segundos, para verificação das pressões.

Caso as mesmas se mantiverem normais, a instalação poderá ser ligada durante um mínimo de 72 horas, para verificação e ajustes finais.

3.20.2 – Carga

Para a colocação de fluido frigorígeno nas instalações de refrigeração, dois processos podem ser adotados:

- carga na fase vapor;
- carga na fase líquida.

No primeiro caso, o cilindro de fluido frigorígeno, colocado na posição vertical e com a saída para cima (de tal forma a deixar sair apenas vapor), é ligado por meio de válvula de serviço à linha de sucção, através de canalização auxiliar de carga.

Inicialmente, purga-se do ar a canalização auxiliar, fazendo-se para isto uma pequena descarga de vapor através da mesma (que é aberta no ponto de ligação ao sistema).

A seguir, abre-se o cilindro de refrigerante e a válvula de serviço, fazendo com que o vapor penetre no sistema que está em vácuo.

Equilibradas as pressões entre o cilindro e a instalação, dá-se partida ao sistema, e o próprio compressor irá completar a carga através da sucção.

Esta é lenta, devido à continua vaporização do fluido frigorígeno no cilindro, que baixa a sua pressão, obrigando a seguidas interrupções de funcionamento do compressor, a fim de evitar a formação prejudicial de pressões inferiores à atmosférica.

A carga na fase vapor pode ser acelerada, aquecendo-se o cilindro do refrigerante, técnica por vezes perigosa.

O processo de carga na fase líquida é adotado normalmente em grandes instalações.

Consiste em ligar, por meio de canalização de carga previamente purgada do ar, o cilindro de refrigerante, com a saída para baixo (de tal forma a deixar sair apenas líquido), à linha de líquido geralmente à saída do depósito (V. Figuras 3.17.1.1 e 3.17.1.2).

Abrem-se todas as válvulas da instalação, com exceção da válvula de saída do depósito de líquido, e dá-se entrada ao fluido no sistema, até que o mesmo atinja a válvula de expansão (a zona de vaporização que avança com o nível do líquido é assinalada pelo abaixamento local de temperatura), desfazendo o vácuo na sucção.

Dá-se então partida ao sistema, controlando o manômetro de baixa para evitar a formação de vácuo, até que a carga esteja praticamente completa, o que se deve verificar interrompendo a carga e colocando a instalação em funcionamento normal.

Esta verificação pode ser feita de diversas formas:

- pelo controle do nível de líquido no depósito da instalação (por meio de visor ou pequena válvula de purga, colocada a cerca de 1/10 do volume inferior do reservatório);

- pelo controle do fluido frigorígeno que chega à válvula de expansão, que deve estar na forma líquida (por meio de visor ou ruído na válvula, que indicam a presença de vapor);

- pelo controle de temperatura à saída do evaporador, a qual, para uma carga completa e funcionamento normal dos diversos elementos da instalação, deve apresentar-se pouco superior (superaquecimento) ao restante do evaporador (verificação adotada em pequenas instalações, que funcionam com capilares ou válvulas de expansão tipo bóia na alta pressão e exigem carga rigorosa);

- pelo controle do peso do fluido frigorígeno (em instalação de fabricação padronizada).

É interessante salientar que carga insuficiente significa funcionamento irregular do elemento de expansão e a redução da potência frigorífica e do rendimento frigorífico da instalação, enquanto que carga excessiva representa redução da capacidade do condensador (elevação da pressão de condensação) ou perigo de enchimento excessivo do depósito de líquido, caso a instalação dispuser deste elemento.

A quantidade do fluido contido numa instalação deve ser calculada previamente, como orientação para sua carga, ou mesmo como elemento indispensável para o projeto (dimensionamento do depósito de líquido) e orçamento da instalação.

A determinação da quantidade de fluido da instalação é feita para um funcionamento normal, a partir da expressão:

$$G = \Sigma (V \gamma_m) \text{ kgf} \qquad (3.20.2.1)$$

onde V m³ é o volume ocupado pelo fluido frigorígeno nos diversos elementos da instalação, assim discriminados:

- volume da linha de líquido $V\ell$;
- volume da linha de sucção V_s;
- volume da linha de descarga V_d;
- volume de Evaporador V_E;
- volume do condensador V_C;
- volume do compressor V_b, etc.

Para facilitar o cálculo do volume interno das canalizações, pode-se usar a Tabela 3.20.2.1, que nos fornece o volume em m³ de cada m de tubo caracterizado por seu diâmetro interno.

D_i m	V m³/m
1/4"	0,000032
3/8"	0,000071
1/2"	0,000126
5/8"	0,000200
3/4"	0,00029
1"	0,00051
1 1/2"	0,00114
2"	0,00200
2 1/2"	0,00320
3"	0,00460
4"	0,00820
5"	0,01260
6"	0,01830

Tabela 3.20.2.1

γ_m é o peso específico médio do fluido frigorígeno (líquido, vapor ou mistura) contido em cada um destes elementos.

O peso específico, tanto do líquido como do vapor, está resgistrado nas tabelas dos vapores saturados dos diversos fluidos frigorígenos em função da temperatura.

Para a mistura, chamando $\gamma\ell$ e γ_v, respectivamente, os pesos específicos do líquido e do vapor, podemos fazer:

$$\gamma_m = \theta\ell\gamma\ell + \theta_v\gamma_v$$

onde as componentes volumétricas, de uma maneira geral, podem ser arbitradas de acordo com a tabela prática 3.20.2.2.

ELEMENTO	θ_ℓ	θ_v
Evaporadores Tipo Seco	0,5	0,5
Evaporadores Tipo Inundado	0,9	0,1
Condensador com fluido frigorígeno no interior de tubos	0,33	0,67
Condensador com fluido frigorígeno no exterior de tubos	0,2	0,8
Depósito de Líquido	0,2	0,8

Tabela 3.20.2.2

3.20.3 – Lubrificação

A lubrificação dos cilindros dos compressores alternativos pode ser feita por borrifo de óleo, que escapa dos mancais das bielas (o qual é distribuído pelos anéis controladores de óleo), ou por meio de lubrificadores mecânicos.

Nos compressores rotativos, a lubrificação dos cilindros é sempre feita por lubrificadores mecânicos.

Quanto aos mancais, é comum o uso de lubrificação por salpico, anéis, lubrificadores mecânicos (rotativos), bomba e, algumas vezes, copos de óleo.

As características do óleo lubrificante devem incluir:

– viscosidade adequada;

– pontos de fluidez, de névoa e de floculação compatível com as condições de funcionamento do ciclo (incongelavel);

– tenacidade e resistência de película;

– estabilidade química em presença do refrigerante (a fim de diminuir a formação de depósito);

– baixo teor de umidade;

– resistência à oxidação;

Sob este último aspecto, em virtude da inexistência de ar em contato com o lubrificante, e de sua temperatura pouco elevada, a oxidação é relativamente pequena.

Assim, a temperatura máxima atingida pelos compressores do tipo aberto é da ordem de 50°C.

Nos compressores herméticos, entretanto, o calor do motor é dissipado no óleo, podendo a sua temperatura atingir cerca de 105°C.

Nestas condições, o óleo deve ser escolhido de acordo com o tipo de compressor, fluido frigorígeno adotado e temperaturas de funcionamento.

Assim, quanto aos fluidos frigorígenos adotados, o CO_2 e a NH_3 anidra têm pequeno ou mesmo nenhum efeito sobre os óleos lubrificantes de origem mineral. Já o SO_2 é solvente da maioria dos derivados de petróleo usados em lubrificação, razão pela qual só usam como lubrificantes óleos de cor clara, altamente refinados.

Os cloretos de metila, etila e metileno dissolvem praticamente todos os tipos de óleo, sendo recomendável, para lubrificação dos compressores que trabalham com os mesmos, o uso da glicerina ou de óleos minerais claros, refinados de óleos-bases selecionados.

É importante para estes refrigerantes o uso de secadores, para evitar a presença de umidade, com a qual formam HCl.

Quanto aos FREONS, devido à sua miscibilidade com os óleos lubrificantes, a lubrificação é intensificada pela nebulização dos mesmos, embora a viscosidade baixe na solução.

A *incongelabilidade*, no caso, torna-se menos importante, pois o óleo dissolvido fica com seu ponto de congelamento altamente reduzido.

Entre os FREONS, o F–22 e o F–114 tem menor capacidade de dissolver o óleo, mas, em princípio, funcionam da mesma forma.

Quanto à temperatura, é normal a classificação dos óleos de lubrificação dos compressores de refrigeração, que funcionam com NH_3, CO_2 e cloreto de metila, etila e metileno, em 3 grupos:

– para temperaturas superiores a –30°C;

– para temperaturas de –30°C a –40°C;

– para temperaturas inferiores a –40°C.

Os FREONS, de maneira geral, podem usar os óleos lubrificantes do primeiro grupo.

Nas instalações que adotam refrigerantes imiscíveis com o óleo de lubrificação, são adotados separadores de óleo e purgas nos pontos de decantação, que devem ser drenados cerca de uma vez por semana.

Nas instalações que adotam refrigerantes miscíveis com o óleo de lubrificação, os separadores de óleo podem ser dispensados, desde que não haja possibilidade de decantação de óleo na rede (velocidades adequadas, evaporadores secos, etc).

Nas instalações abertas, o óleo de lubrificação deve ser renovado ao menos uma vez por ano (nas instalações de NH_3 é usual um número maior de renovações).

Para tal, faz-se vácuo no cárter com o próprio compressor, a fim de provocar a vaporização do refrigerante do mesmo.

Para-se o compressor e, fechando-se a válvula de descarga do mesmo, espera-se que a pressão no interior do cárter seja aproximadamente igual à atmosférica.

Faz-se, a seguir, o esgotamento do óleo.

O enchimento com óleo novo, nos compressores com lubrificação, por salpico, é obtido fazendo-se novamente vácuo no cárter e aspirando óleo para dentro do mesmo, por meio de mangueira ligada ao bujão de esgotamento e mergulhada em lata de óleo.

Nos compressores de lubrificação forçada, a aspiração do óleo pode ser feita por meio da própria bomba de óleo.

Para isto, ligam-se a entrada e a saída da mesma, por meio de mangueiras, à lata de óleo.

Fecha-se a aspiração cárter-bomba e espera-se que o óleo flua de uma mangueira para outra, até não haver mais bolhas de ar.

Fecha-se, a seguir, a mangueira de saída, e o óleo será bombeado para o cárter.

Nos compressores herméticos, o óleo normalmente não precisa ser renovado.

O nível correto do óleo no cárter é importante: nível baixo pode prejudicar a lubrificação, enquanto que nível alto provoca o turbilhonamento excessivo do óleo e pode dar origem a vazamentos.

No início da marcha, é interessante colocar cerca de 10% de óleo a mais no cárter, e controlar o nível constantemente, pois parte do óleo é transportada para o separador de óleo ou é arrastada pelo refrigerante ao longo da instalação.

3.20.4 – Manutenção

Deve ser feita manutenção periódica da instalação, a qual pode ser programada de acordo com os seguintes espaços de tempo:

a – *semanal:*
- verificação do nível do óleo;
- verificação da diferença de pressão de lubrificação ($\sim$ 2,5 kgf/cm^2);
- verificação do selo do compressor (fugas de óleo);
- limpeza ou mudança dos filtros da rede de refrigerante;
- verificação do funcionamento geral das válvulas de manobra, expansão, termostatos e pressostatos;
- purga de óleo (condensador, evaporadores e separadores de óleo);
- verificação de vazamentos.

b – *mensal:*
- lubrificação de motores elétricos;
- verificação de polias, correias e chavetas;
- verificação de sistema de condensação (circulação de água ou ar, presença de incondensáveis, etc.).

c – *anual:*
- retirada de água do condensador (se for o caso) e inspeção do mesmo (quanto à corrosão, desgaste, limpeza dos filtros, etc.);
- verificação do desgaste dos mancais e rolamentos dos motores;
- substituição de correias defeituosas;
- verificação dos contatos elétricos das chaves e substituição dos defeituosos;
- renovação do óleo do compressor.

4. REFRIGERAÇÃO POR MEIO DO VAPOR D'ÁGUA

4.1 – Generalidades

O uso da água como fluido frigorígeno, em vista do grande volume em evolução (cerca de 500 vezes superior ao volume correspondente de NH_3) é limitado às instalações de refrigeração que funcionam com ejetores de vapor.

Neste sistema que não apresenta peças móveis nem requer ajustes, o fluido motor, vapor d'água a alta pressão, é misturado com o fluido frigorígeno, vapor a baixa pressão num dispositivo, injetor-ejetor que substitui o compressor das instalações mecânicas de refrigeração.

O injetor de vapor toma também o nome de termocompressor, sendo uma instalação de refrigeração deste tipo constituída essencialmente dos seguintes elementos:

a – orifício de injeção do vapor a alta pressão

b – câmara de sucção (Ejetor)

c – evaporador

d – difusor

e – condensador

f – ejetores e condensadores secundários (2 estágios necessários para a evaporação inicial e, também para manter constantemente purgada a instalação durante o seu funcionamento)

g – bombas, de circulação para a água refrigerada e, condensados

O esquema da Figura 4.1.1, nos dá uma idéia do funcionamento da instalação em consideração e, dos seus respectivos componentes.

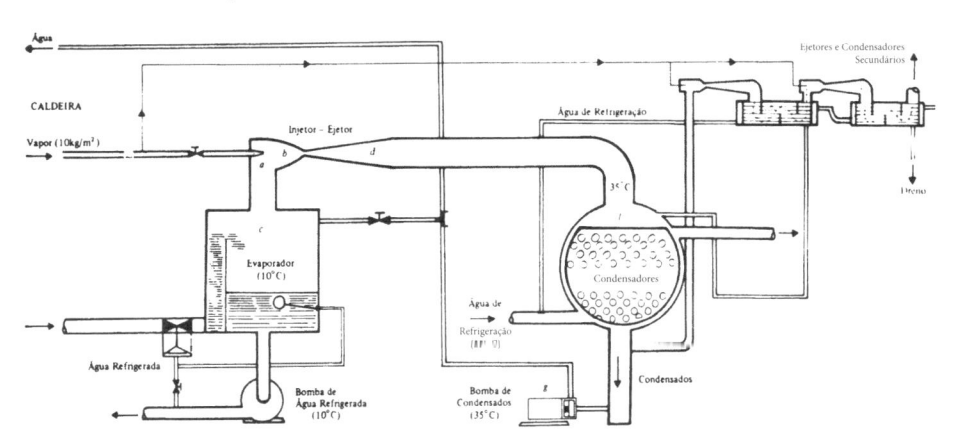

REFRIGERAÇÃO POR MEIO DE VAPOR D'ÁGUA – SISTEMA DE EJETOR DE VAPOR

Figura 4.1.1

A refrigeração por meio do vapor da água é limitada à temperaturas superiores a $0°C$ em vista do ponto de congelamento e, das baixas pressões de saturação atingidas pelo fluido frigorígeno.

Para se ter uma idéia mais completa do problema, estão registradas na tabela 5.6.2, as pressões de saturação do vapor dágua em kgf/m^2 e mmHg em função das temperaturas.

Nestas condições a refrigeração por meio de vapor dágua é adotada unicamente na técnica do ar condicionado, principalmente nos casos em que se dispõe de instalações já existentes de vapor a alta pressão.

Assim é pratica corrente no condicionamento do ar de trens e navios onde os mesmos radiadores e canalizações de vapor são usadas para o aquecimento no inverno e refrigeração no verão.

O vapor usado para a compressão deve ser também necessariamente condensado de modo que o calor transferido ao meio ambiente nesta instalação é superior ao de uma instalação equivalente de compressão mecânica.

Nestas condições do ponto de vista termodinâmico, o sistema de refrigeração por ejetor de vapor é menos eficiente do que o sistema de compressão mecânica, requerendo de 8 a 16 Kgf/h de vapor de 5 a 10 Kgf/cm^2 de pressão efetiva por tonelada de refrigeração, em ar condicionado (2 a 10°C).

Isto é, cerca de 3 vezes mais vapor do que um sistema de compressão mecânica acionado por turbina, o qual exigiria cerca de 5 kgf/h de vapor a mesma pressão anterior para produzir 1 HP (aproximadamente 1 TR em ar condicionado).

O rendimento da instalação em estudo, além disto decresce rapidamente com a pressão do vapor usado, sendo que para pressões efetivas de 1 kgf/cm^2 o consumo de vapor é quase 1,5 vezes o anteriormente indicado.

4.2 – Ciclo Teórico

O ciclo de funcionamento da instalação está indicado no diagrama TS da Figura 4.2.1 o qual obedece ao esquema que vem a seguir:

De acordo com o mesmo a parcela "g_2" de vapor saturado, formado pela caldeira ao longo da isobárica "7–1" é expandido isentropicamente (1–2) para a seguir misturar-se com a parcela "g_1" de vapor que é formado no vaporador (estado 8) passando a apresentar um peso $g_1 + g_2 = 1$ kgf, teoricamente num estado 3 de tal forma que:

$$g_2 (H_3 - H_2) = g_1 (H_8 - H_3) =$$
$$= 1 - g_2 (H_8 - H_3)$$

$$\boxed{H_3 = H_8 - g_2 (H_8 - H_2)} \qquad (4.2.1)$$

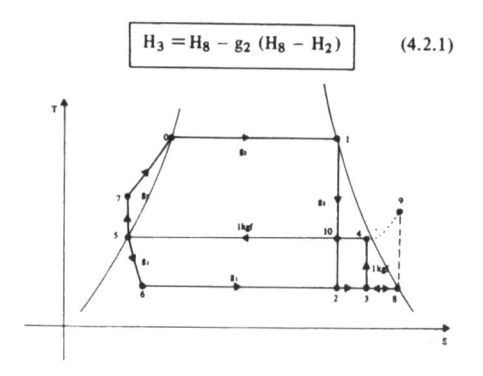

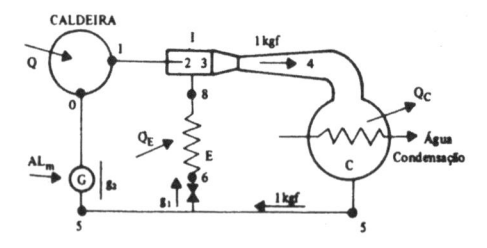

Figura 4.2.1

Seguem-se a compressão "3–4" (no difusor), teoricamente isentrópica e a condensação isobárica "4–5".

O fluido então condensado é expandido segundo a isentálpica "5–6" para entrar novamente no evaporador (parcela g_1) ou, bombeado segundo a isentrópica "5–7", para voltar à caldeira (parcela g_2).

Nestas condições de acordo com o 1.º princípio da Termodinâmica podemos escrever:

$$Q_C = Q_E + Q + ALm$$

Isto é, para cada kgf de vapor condensado:

$$\boxed{\begin{aligned} H_4 - H_5 &= g_1 (H_8 - H_6) + \\ &+ g_2 (H_1 - H_7) + g_2 (H_7 - H_5) \end{aligned}} \qquad (4.2.2)$$

donde, sendo $H_5 = H_6$, podemos tirar, as parcelas "g_1" de vapor frio produzido e "g_2" de vapor vivo expandido para cada kgf de vapor condensado:

$$H_4 - H_5 = (1 - g_2)(H_8 - H_5) + g_2(H_1 - H_5)$$

$$g_1 = \frac{H_4 - H_8}{H_1 - H_8}$$

$$g_1 = 1 - g_2 = \frac{H_1 - H_4}{H_1 - H_8}$$

onde H_4 que é desconhecido, pode ser obtido considerando a mistura dos fluidos já comprimidos segundo as isentrópicas 2–10 e 8–9, isto é:

$$g_1(H_9 - H_5) + g_2(H_{10} - H_5) = H_4 - H_5$$

$$\boxed{H_4 = H_9 - g_2(H_9 - H_{10})} \qquad (4.2.3)$$

Donde, finalmente:

$$\boxed{g_2 = \frac{H_9 - H_8}{(H_1 - H_8) + (H_9 - H_{10})}}$$

$$\boxed{g_1 = \frac{H_1 - H_{10}}{(H_1 - H_8) + (H_9 - H_{10})}} \qquad (4.2.4)$$

Com os elementos do ciclo assim determinados podemos calcular o coeficiente de efeito frigorífico da instalação:

$$\boxed{\in = \frac{Q_E}{Q + ALm} = \frac{g_1(H_8 - H_6)}{g_2(H_1 - H_5)}} \qquad (4.2.5)$$

E igualmente, chamando de G_1 o vapor frio vaporizado por hora e, G_2 o vapor vivo expandido por hora, a potência frigorífica específica por kgf de vapor vivo (rendimento frigorífico teórico):

$$\eta_f = \frac{P_f}{G_2} = \frac{G_1 \, Q_E}{G_2}$$

$$\boxed{\eta_f = \frac{g_1(H_8 - H_6)}{g_2} =}$$

$$\boxed{= \in (H_1 - H_5) \, \text{fg}'\text{kgf}_{\text{VAPOR VIVO}}}$$

$$(4.2.6)$$

4.2.1 – Exemplo

Calcular o coeficiente de efeito frigorífico e o rendimento frigorífico teórico de uma instalação de refrigeração por ejetor de vapor cujas características são:

$P_f = 100$ T.R.

VAPOR VIVO $\rightarrow$ Saturado a 10 kgf/cm^2 de pressão absoluta

Temperatura de condensação "t_C" = 35°C ($p_C = 573{,}40$ kgf/m^2)

Temperatura de evaporação "t_E" = 6°C ($p_E = 95{,}35$ kgf/m^2)

Do diagrama de MOLLIER ou tabelas do vapor dágua saturado, podemos tirar ;

$H_6 = H_5 = 6{,}1$ kcal/kgf

$H_7 = 6{,}1014$ kcal/kgf

$H_1 = 663{,}0$ kcal/kgf

$H_2 = \sim 435$ kcal/kgf $(x = 0{,}72)$

$H_8 = 599{,}9$ kcal/kgf

$H_9 = 675$ kcal/kgf

$H_{10} = 482$ kcal/kgf

Nestas condições podemos calcular:

$$g_2 = \frac{675 - 599{,}9}{(663 - 599{,}9) + (675 - 482)} =$$

$$= 0{,}293$$

$$g_1 = 0{,}707$$

E as entalpias dos pontos 3 e 4 como verificação podem ser também determinadas:

$$H_3 = 599{,}9 - 0{,}293\,(599{,}9 - 435) = 551{,}5 \text{ kcal/kgf}$$

$$H_4 = 675 - 0{,}293\,(675 - 482) = 618{,}5 \text{ kcal/kgf}$$

Naturalmente deve verificar-se a identificação dos trabalhos de expansão $g_2(H_1 - H_2)$ e compressão $(H_4 - H_3)$, já que as operações foram consideradas aqui como hipoteticamente sem atrito.

$$0{,}293\,(663{,}0 - 435) = 618{,}5 - 551{,}5$$

Os valores pedidos valem portanto:

$$\in = \frac{0,707}{0,293} \frac{(599,9 - 6,1)}{(663 - 6,1)} = 2,18$$

$$\eta_f = 2,18 \times (663 - 6,1) = 1430 \ \text{fg/kgf}_{\text{VAPOR VIVO}}$$

o primeiro, bastante inferior àqueles obtidos nas máquinas de refrigeração por compressão mecânica de vapores e o segundo por ser teórico, cerca de 5 vezes o valor indicado, pela prática, para o caso.

4.3 – Caso Real

As discrepâncias apontadas no aparte anterior, se devem ao fato de que na realidade as transformações 1–2, 2–3 e 3–4 verificam-se com atrito, alterando substancialmente os valores das entalpias H_2, H_3 e H_4 para H_2', H_3' e H_4'.

Assim em virtude do atrito a expansão "1–2" não é isentrópica verificando-se a entropia crescente de tal forma que, de acordo com o conceito de rendimento adiabático[7]

$$H_1 - H_2' = \psi (H_1 - H_2)$$

Nestas condições, a velocidade atingida pelo fluido em expansão vale:

$$c_2 = \sqrt{\frac{2g}{A} (H_1 - H_2')} = 91,53 \sqrt{H_1 - H_2'} =$$

$$= 91,53 \sqrt{\psi (H_1 - H_2)}$$

Isto é, para um valor de "ψ" da ordem de 85%

$$c_2 = 91,53 \sqrt{0,85 (663 - 435)} = 1275 \ \text{m/s}$$

$$H_2' = H_1 - \psi (H_1 - H_2') = 663 - 194 = 469 \ \text{kcal/kgf}$$

O dispositivo de injeção é portanto uma tubeira supersônica (LAVAL) cujo dimensionamento está esclarecido no Tomo III – Mecânica dos Fluidos ECC.[7]

Na transformação 2–3 em que "g_2" kgf de vapor vivo se misturam com "g_1" kgf de vapor frio, a velocidade atingida pela mistura de acordo com a expressão do choque de massas, vale:

$$c = g_1 c_1 + g_2 c_2 \cong g_2 c_2$$

verificando-se perdas por choques "ΔH" de expressão

$$\Delta H = \frac{A}{2g} (g_2 c_2^2 - c^2) = \frac{A}{2g} (g_2 - g_2^2) c_2^2 =$$

$$= \frac{A}{2g} g_1 g_2 c_2^2$$

Isto é:

$$\Delta H = g_1 g_2 \frac{1275^2}{8400} = 191 \ g_1 g_2$$

Nestas condições o valor real da entalpia do ponto 3 estará ligada à expressão:

$$\boxed{g_2 (H_3' - H_2') = (1 - g_2) (H_8 - H_3') + \Delta H}$$

$$(4.3.7)$$

Para tirar seu valor, lembramos que a compressão 3–4 também se verifica a entropia crescente, de tal forma que:

$$H_4' - H_3' \cong \frac{H_4 - H_3}{\psi} = \frac{618,5 - 551,5}{0,85} =$$

$$= 78,8 \ \text{kcal/kgf}$$

E como deve verificar-se a identidade dos trabalhos de expansão com mistura (em que o fluido passa da velocidade zero para a velocidade "c_2" e a seguir para a velocidade "c") e compressão (em que o fluido passa novamente da velocidade "c" para praticamente o repouso) no injetor-ejetor, podemos escrever:

$$g_2 (H_1 - H_2') - \Delta H = H_4' - H_3'$$

Isto é:

$$\frac{A}{2g} g_2 c_2^2 - \frac{A}{2g} (g_2 c_2^2 - c^2) =$$

$$= \frac{A}{2g} c^2 = H_4' - H_3'$$

Donde:

$$c = 91,53 \sqrt{78,8} = 814 \text{ m/s}$$

E como:

$$c = g_2\, c_2$$

$$g_2 = \frac{c}{c_2} = \frac{814}{1275} = 0,638$$

$$g_1 = 0,362$$

Nestas condições os valores reais de H_3' e H_4' podem ser determinados, inicialmente a partir da equação 4.3.7.

$$H_3' = H_8 - g_2\,(H_8 - H_2') + \Delta H =$$

$$= 599,9 - 0,638\,(599,9 - 469) +$$

$$+ 0,638 \times 0,362 \times 191$$

$$H_3' = 599,9 - 83,5 + 44,1 =$$

$$= 560,5 \text{ kcal/kgf} \ (x_3' = 0,937)$$

e, a seguir com o auxílio do diagrama de MOLLIER:

$$H_{4\,\text{corrigido}} = 626 \text{ kcal/kgf}$$

$$H_4' = H_3' + \frac{H_{4\,\text{corrigido}} - H_3'}{\psi} = 560,5 +$$

$$+ \frac{626 - 560,5}{0,85} = 637,5 \text{ kcal/kgf}$$

Face o valor aproximado de $H_4' - H_3'$ inicialmente usado, caso necessário, uma nova tentativa poderia ser feita.

Os valores reais a considerar para o coeficiente de efeito frigorífico e o rendimento frigorífico da instalação seriam os dados pelas expressões 4.2.5 e 4.2.6.

$$\in = \frac{g_1}{g_2} \frac{(H_8 - H_6)}{(H_1 - H_5)} = \frac{0,362}{0,638} \frac{(599,9 - 6,1)}{(663 - 6,1)} = 0,515$$

$$\eta_t = \in (H_1 - H_5) = 0,515 \times 656,9 =$$

$$= 338 \text{ fg/kgf}_{\text{VAPOR VIVO}}$$

já que as entalpias dos pontos 8, 5 e 1 são as mesmas, tanto para o caso teórico como para o caso real.

4.4 – Cálculo do ejetor

O injetor-ejetor que constitui o principal elemento da instalação pode ser facilmente dimensionado conforme técnica corrente, podendo-se adotar a seguinte orientação:

a – calcular o peso de vapor vivo G_2 e de vapor frio G_1 em evolução por hora

$$G_1 = \frac{P_f}{Q_E} = \frac{P_f}{H_8 - H_6} = \frac{100 \times 3024}{599,9 - 6,1} = 510 \text{ kgf/h}$$

$$G_2 = \frac{g_2}{g_1}\, G_1 = \frac{0,638}{0,362}\, 510 = 898 \text{ kgf/h}$$

b – dimencionar o injetor (tubeira de LAVAL)

c – dimencionar a seção da câmara de ejeção lembrando que a velocidade da mistura nos é fornecida pela expressão do choque de massas:

$$c = g_1 c_1 + g_2 c_2 \cong g_2 c_2 = 0,638 \times 1275 = 814 \text{ m/s}$$

Isto é:

$$\Omega = \frac{G_1 + G_2}{3600\ c\ \gamma_m} = \frac{1408 \times 126}{3600 \times 814} = 0,061 \text{ m}^2$$

onde "γ_m" é o peso específico da mistura, calculável em função de:

$$H_3' = 560,5 \text{ kcal/kgf}$$

$$x_3' = 0,937 \ (\text{diagrama de MOLLIER})$$

$$p_E = 95,35 \text{ kgf/m}^2$$

ou seja:

$$v_m = \frac{1}{\gamma_m} = \sigma_s + x_3'\,(v_s - \sigma_s) =$$

$$= 0,001 + 0,937\,(135 - 0,001) = 126 \text{ m}^3/\text{kgf}$$

Na realidade esta seção pode ser vantajosamente fracionada em 3 ou mais parcelas, a fim de facilitar a sua construção e ao mesmo tempo possibilitar a redução de capacidade do sistema pela interrupção de 1 ou mais injetores.

d – Dimensionar o difusor no qual a velocidade de escoamento passa de valor 814 m/s para um valor apenas compatível com o desejado fluxo do fluido até o condensador Na realidade esta velocidade de saída corresponde a uma pressão cinética que adicionada da perda de carga entre o ejetor e o condensador, deve ser incluída na pressão de condensação para efeito de cálculo da entalpia do ponto 4 (H_4').

Nestas condições deve verificar-se a igualdade:

$$(H_4' - H_3') = \frac{A}{2_g}(c^2 - c'^2)$$

Com efeito, para uma velocidade de saída desprezável de 50 m/s verifica-se realmente que:

$$637,5 - 560,5 \cong \frac{814^2 - 50^2}{8400}$$

É importante salientar que o difusor em consideração, envolve velocidade superiores a do som, razão pela qual o mesmo será necessáriamente convergente divergente [7].

Seu dimensionamento deverá ser feito em função da velocidade do som a qual se verificará na seção mais estrangulada.

Um injetor-ejetor típico de instalação de refrigeração como a em estudo aparece na Figura 4.4.1.

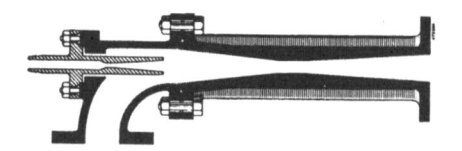

Figura 4.4.1

Na Figura 4.4.2 aparece por sua vez um conjunto de 2 ejetores de estágio único montados sobre condensador de superfície, destinado a evacuação inicial da instalação.

Figura 4.4.2

Nos processos especiais de refrigeração deste tipo que funcionam à baixa temperatura como na sublimação do gelo, desidratação a vácuo (liofilização de tecidos e alimentos), onde as pressões exigidas são da ordem de 1 mmHg, os ejetores adotados são de 3, 4 e mais estágios.

Em alguns casos para a evacuação rápida do sistema, para início do processo, são usados bombas de vácuo alternativas, instaladas em série com os ejetores, conforme nos mostra a Figura 4.4.3.

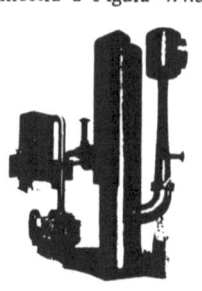

Figura 4.4.3

5. REFRIGERAÇÃO POR ABSORÇÃO

5.1 - Generalidades

A refrigeração por absorção foi descoberta por NAIRN em 1777, embora o primeiro refrigerador comercial deste tipo, só tenha sido construído em 1823 por F. CARRÉ.

O funcionamento da refrigeração por absorção, se baseia no fato de que os vapores de alguns dos fluidos frigorígenos conhecidos são absorvidos a frio, em grandes quantidades, por certos líquidos ou soluções salinas.

Se esta solução binária assim concentrada é aquecida, verifica-se uma destilação fracionada na qual o vapor formado será rico no fluido mais volátil (fluido frigorígeno), podendo ser separado, retificado, condensado e aproveitado para a produção de frio, como nas máquinas de compressão mecânica.

Isto é possível, mesmo de uma maneira contínua, se o fluido frigorígeno vaporizado para a produção de frio é posto novamente em contato com o líquido que o absorvendo rapidamente, além de proporcionar o abaixamento necessário da pressão, dá origem a solução concentrada que pode ser novamente aproveitada.

O sistema de refrigeração por absorção mais comum é aquele que usa amônia (NH_3) como fluido frigorígeno e a água como absorvente.

Atualmente, sobretudo nas instalações de ar condicionado é adotada preferencialmente a solução binária constituída de água (fluido frigorígeno) e BROMETO DE LÍTIO (absorvente), a qual é menos perigosa que a anterior.

O maior inconveniente das máquinas de absorção é o seu consumo de energia (calor e bombas), muito mais elevado que o das máquinas de compressão mecânica.

Basta dizer que as máquinas de absorção mais evoluídas consomem uma quantidade de energia superior a sua produção frigorífica (Veja Figura 5.7.2).

Por outro lado estas máquinas têm a vantagem de utilizar a energia térmica em lugar de energia elétrica que é mais cara.

Elas permitem por esta razão, uma melhor utilização das instalações de produção de calor, ociosas.

É o caso, por exemplo das instalações de aquecimento destinadas ao conforto humano durante o inverno, as quais podem fornecer energia térmica a preço acessível durante o verão.

As máquinas de absorção permitem também a recuperação do calor perdido no caso de turbinas e, outros tipos de instalações que utilizam o vapor dágua.

Atualmente em instalações importantes, está sendo utilizada para a refrigeração a combinação de máquinas de compressão mecânica tipo centrífugas acionadas por turbinas a vapor, com máquinas de absorção aquecidas pelo vapor parcialmente expandido nas turbinas, o que aumenta grandemente o rendimento do conjunto.

Além das vantagens apontadas, as instalações de absorção se caracterizam, pela sua simplicidade, por não apresentarem partes internas móveis (as bombas são colocadas à parte) o que lhes garante um funcionamento silencioso e sem vibração.

Elas se adaptam bem as variações de carga (até cerca de 10% da carga máxima) apresentando um rendimento crescente com a redução da mesma.

Por todas estas razões as máquinas de absorção atualmente estão cada vez mais difundidas, sendo construídas desde pequenas unidades empregadas em refrigeradores domésticos, até grandes unidades de ar condicionado com capacidades de 1000 T.R.

5.2 – Tipos de aparelhos

a – *Aparelhos de funcionamento descontínuo*

O aparelho de refrigeração a absorção mais simples é a chamada "BOLA DE GÊLO", cujo funcionamento é intermitente.

Este aparelho é constituído por dois recipientes de aço unidos por um conduto inclinado (Figura 5.2.1).

Introduz-se no conjunto uma solução concentrada de $\dot{N}H_3$ e água (30 a 35%), tendo-se o cuidado de eliminar previamente o ar de seu interior.

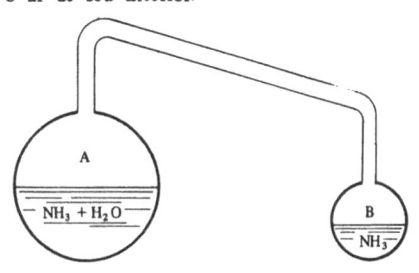

Figura 5.2.1

A solução ocupa inicialmente o recipiente "A" onde é aquecida à menos de 180°C (a pressão de condensação correspondente à temperatura de 32°C, para o NH_3 é de 12,6 kgf/cm^2) desprendendo-se a amônia que se condensa (32°C) no recipiente "B" que é esfriado por meio de água corrente.

Quando a maior parte da amônia contida na solução tenha passado ao recipiente "B" o que se traduz por uma maior elevação da temperatura em "A", está concluída a primeira fase de funcionamento do aparelho, a qual toma o nome de preparatória.

Deixando-se de aquecer o recipiente "A", a solução nele contida, pobre em NH_3, se esfria até a temperatura ambiente (40 a 45°C) absorvendo a amônia que se vaporiza em "B" a pressão constante (2,1 kgf/cm^2), produzindo-se o abaixamento da temperatura até o valor correspondente à pressão de vaporização considerada (−18°C).

Quando novamente toda a amônia tiver retornado ao recipiente "A" cessa a produção de frio e, nova fase preparatória deverá ser repetida.

Estes dispositivos apresentam entretanto, a par de sua simplicidade, os seguintes inconvenientes:

Perigo de elevação demasiada da pressão no final da fase preparatória (embora remoto já que estes aparelhos são testados para pressão de 40 kgf/cm^2).

Passagem da água com a amônia para o recipiente "B" a qual pode eliminar completamente a fase de refrigeração (inconveniente este que obriga apenas a periodicamente inclinar-se o aparelho, retornando a solução para o recipiente "A".

Aparelhos mais aperfeiçoados como o registrado na Figura 5.2.2 além de reduzirem os inconvenientes apontados acima aumentam o abaixamento de pressão durante a fase de absorção, pelo turbilionamento da solução pobre.

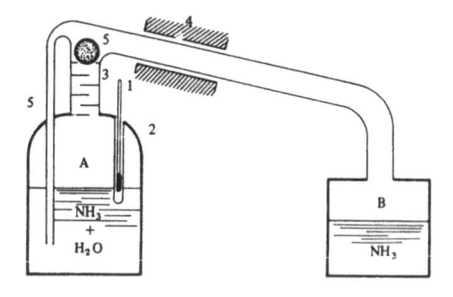

1 – Termômetro
2 – Válvula de segurança
3 – Eliminador de água
4 – Condensador
5 – Intensificador da absorção

Figura 5.2.2

b – *Aparelhos de funcionamento contínuo*

Para tornar contínuo o funcionamento de uma instalação de refrigeração por absorção é necessário encontrar um meio de vencer a diferença de pressão entre as duas fases de funcionamento do aparelho citado, a qual conforme vimos atinge a vários kgf/cm^2.

Nas instalações industriais são adotados simplesmente, os dispositivos constante da Figura 5.2.3 onde podemos notar:

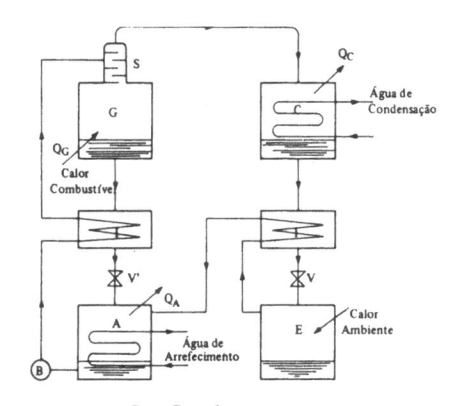

G — Gerador
S — Separador (analisador)
C — Condensador
V — Válvula de expansão
E — Evaporador
A — Absorvedor
B — Bomba
V1 — Válvula de redução de
      pressão
I — Intercambiadores

Figura 5.2.3

Neste sistema dito clássico, tanto a temperatura do condensador como a do evaporador, são constantes já que as mudanças de estados que neles sofre a amônia, são isobáricas.

Nas máquinas ditas a RESSORÇÃO, o condensador é substituído por um absorvedor (RESSORÇOR) e o evaporador por um DESGASEIFICADOR (Figura 5.2.4).

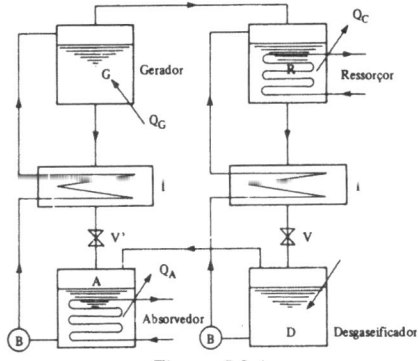

Figura 5.2.4

Os vapores de NH_3 não são liquefeitos, mas sim absorvidos por uma solução pobre e, a produção de frio resulta da desgaseificação desta solução enriquecida sob pressão reduzida.

As operações de condensação e evaporação não se produzem mais a uma temperatura determinada, mas numa grande zona de temperaturas. Realmente como a concentração de Amònia tanto no RESSORÇOR como no DESGASEIFICADOR variam, as temperaturas dos mesmos também variam.

Os vapores de NH_3 passam do ebulidor ao ressorçor onde são absorvidos por uma solução relativamente pobre que vem do desgaseificador, (onde sob baixa pressão, com retirada de calor do ambiente, cede NH_3 em forma de vapor). Uma bomba devolve a solução empobrecida, através do intercambiador de Calor "I", para o ressorçor onde recomeça o ciclo.

Por sua vez, a troca de NH_3 entre o desgaseificador e o absorvedor, é identica a de uma máquina de absorção convencional, o mesmo verificando-se entre o gerador e o absorvedor. A máquina a ressorção portanto, trabalha com dois circuitos de líquido provido de duas bombas. Sua vantagem consiste no fato de que, a pressão de liquefação não é mais ligada à temperatura de água de arrefecimento e, sim à concentração da solução a qual pode ser fixada numa vasta zona, permitindo o funcionamento do sistema numa pressão de condensação mais baixa.

Desta forma, as quantidades de calor em jogo são favoráveis a um melhor rendimento, a temperatura da água de arrefecimento do ressorçor pode ser maior de modo a permitir economia de água e, a potência mecânica das bombas podem ser reduzidas.

Na realidade, analisando os 2 esquemas das figuras anteriores é fácil notar que, o sistema de absorção é um caso particular de sistema de ressorção, no qual a concentração do circuito de reabsorção é praticamente 100% (amônia quase pura).

Nas instalações de refrigeração doméstica à absorção, foi adotada (PLATTEN e MUNSTER) a inteligente solução de equilibrar as pressões totais, nos dois limites de funcionamento da aparelhagem, adicionando a parte de baixa pressão um gás neutro e perfeitamente difuzível (H_2) o que permite eliminar todas as válvulas e órgãos móveis da instalação.

Como a pressão parcial da amônia na mistura é que vai determinar as condições de vaporização da mesma (temperatura), em nada fica alterado o funcionamento do ciclo de refrigeração fazendo-se as passagens do fluido frigorígeno do condensador para o evaporador e da solução do absorvedor para o gerador, por simples desnível.

O hidrogênio que por ser muito difusível se apresenta só na fase gasosa do NH_3, reduzindo a sua pressão parcial, é retido no evaporador e no absorvedor por meio de sifões líquidos.

A composição volumétrica da mistura $NH_3 + H_2$ depende das pressões de funcionamento da instalação e pode ser facilmente calculada:

$$\theta_{NH_3} = \frac{Pe}{Pc} \qquad \theta_{H_2} = \frac{Pc - Pe}{Pc}$$

enquanto que o volume da mistura em evolução será uma parcela do volume evaporador-absorvedor.

A instalação em consideração entretanto é bastante complexa exigindo execução esmerada.

A Figura 5.2.5 nos dá idéia de uma instalação deste tipo (ELECTROLUX).

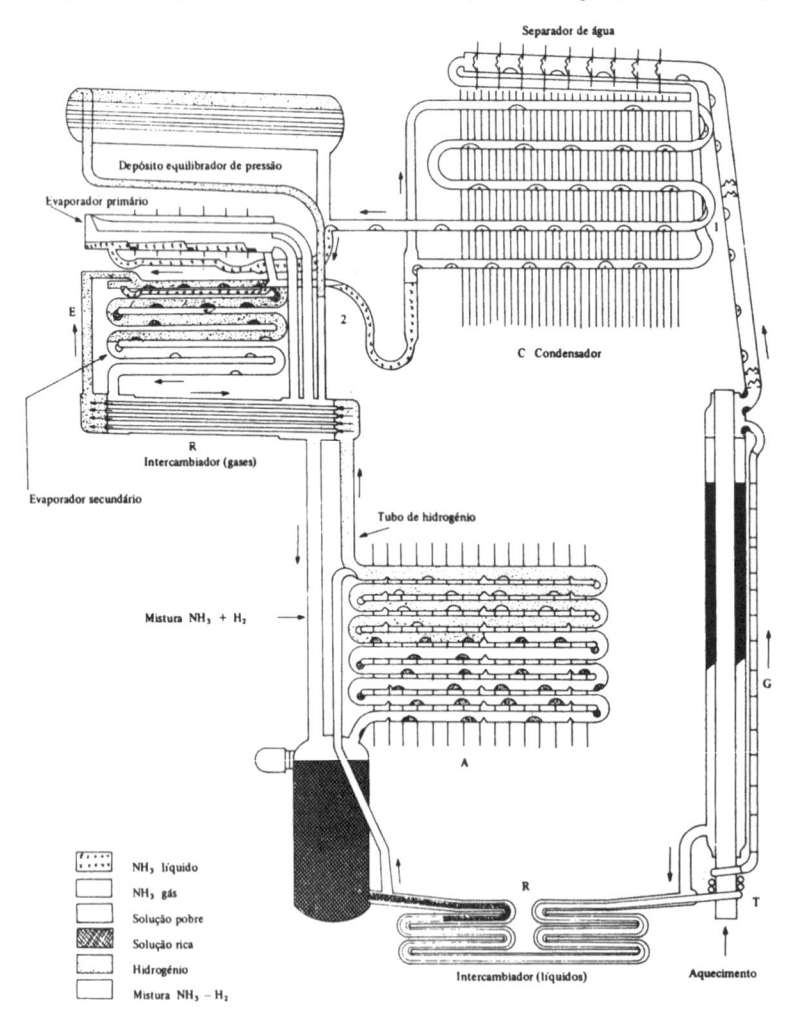

Figura 5.2.5

184

A solução $H_2O + NH_3$ ocupa o fundo do absorvedor A e do gerador G, mantendo-se a sua circulação por termosifão, fenômeno este que é intensificado em T, elemento constituído por um tubo em hélice aquecido com o mesmo manancial de calor do gerador.

A solução entra em ebulição em T desprendendo-se grande quantidade de borbulhas de NH_3 que sobem por um tubo delgado arrastando consigo partículas da solução que são vertidas no gerador.

A solução assim empobrecida, passa pelo recuperador de calor entrando a uma temperatura já bastante reduzida no absorvedor A.

Os vapores de NH_3 por sua vez sobem até o separador S onde o vapor dágua em parte arrastada é condensado, voltando por gravidade ao gerador.

A amônia desidratada é liquefeita no condensador C, esfriado pelo ar ambiente e penetra através o sifão 2 no evaporador.

A evaporação da amônia se processa em presença de H_2 de modo que a pressão parcial do fluido frigorígeno seja suficientemente baixa para obter-se a temperatura de refrigeração desejada.

A instalação dispõe ainda de um recuperador para o H_2 que é esfriado ao sair do absorvedor, pelos vapores de NH_3 frios que abandonam o evaporador e se dirigem ao absorvedor para serem novamente absorvidos pela solução pobre nele contida.

Como a absorção do NH_3 se dá com desprendimento de calor, o absorvedor é provido de aletas para o seu esfriamento pelo ar ambiente.

O depósito equilibrador de pressão que não é encontrado em todos os aparelhos, torna-se útil quando a temperatura ambiente varia dentro de limites muitos amplos (20 a $40°C$).

Nos últimos anos (CARRIER 1945), sobretudo para o caso de grandes instalações de ar condicionado (100 a 1120 TR) que trabalham com água gelada, o sistema de refrigeração a absorção utilizando a solução $H_2O - LiBr$ tem sido grandemente empregado

Neste sistema a água é o fluido frigorígeno e o brometo de litio o absorvedor.

O Li Br puro é sólido mas quando misturado com água em quantidade suficiente forma uma solução líquida homogênea.

O que caracteriza fundamentalmente este sistema é o fato do Li Br não ser volátil, resultando na saída do gerador somente vapor dágua, o que torna dispensável neste caso, o uso de retificador.

Nestas condições o esquema de uma instalação deste tipo é bem mais simples como pode se notar na Figura 5.2.6.

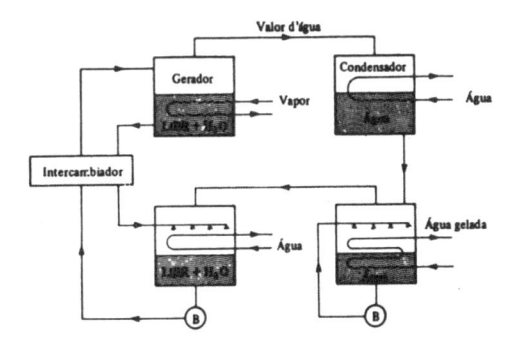

Figura 5.2.6

Construções modernas, reunindo o Gerador com o Condensador e o Absorvedor com o Evaporador permitem a disposição compacta dos elementos constituintes deste tipo de instalação, diminuindo o custo e aumentando a sua eficiência (Figuras 5.2.7 e 5.2.8).

Devido o fato do fluido frigorígeno ser água, estas instalações funcionam com uma temperatura de evaporação sempre superior a $0°C$, sendo seu rendimento baseado nas condições médias que seguem:

temperatura de saída da água gelada $+5$ a $+8°C$

temperatura de entrada da água de condensação $+27$ a $+30°C$

água de condensação 680 1/T.R.h.

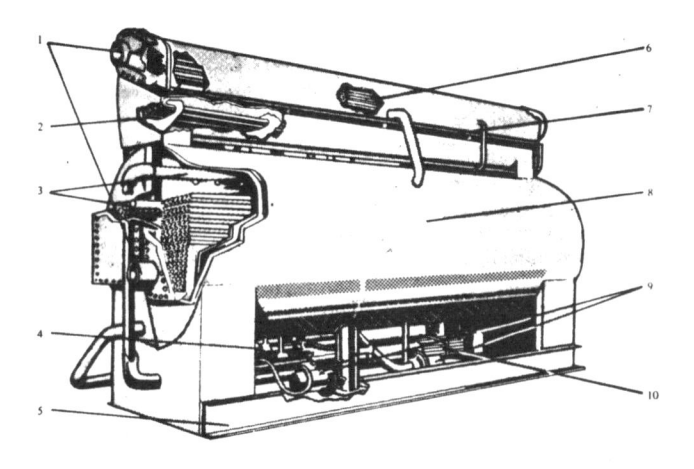

1 – Ligações para água gelada e vapor
2 – Tubos em U do gerador
3 – Borrifadores de água do evaporador e absorvedor
4 – Controle de concentração limite (evita solidificação)
5 – Base de trilhos contínuos

6 – Eliminadores de gotas entre o gerador e o condensador
7 – Barreiras em forma de "U" entre gerador-condensador e evaporador-absorvedor
8 – Isolação térmica em plástico esponjoso à célula fechadas (Polivinil)
9 – Grupo bombas herméticos
10 – Intercambiador de calor tipo shell and tube

Figura 5.2.7

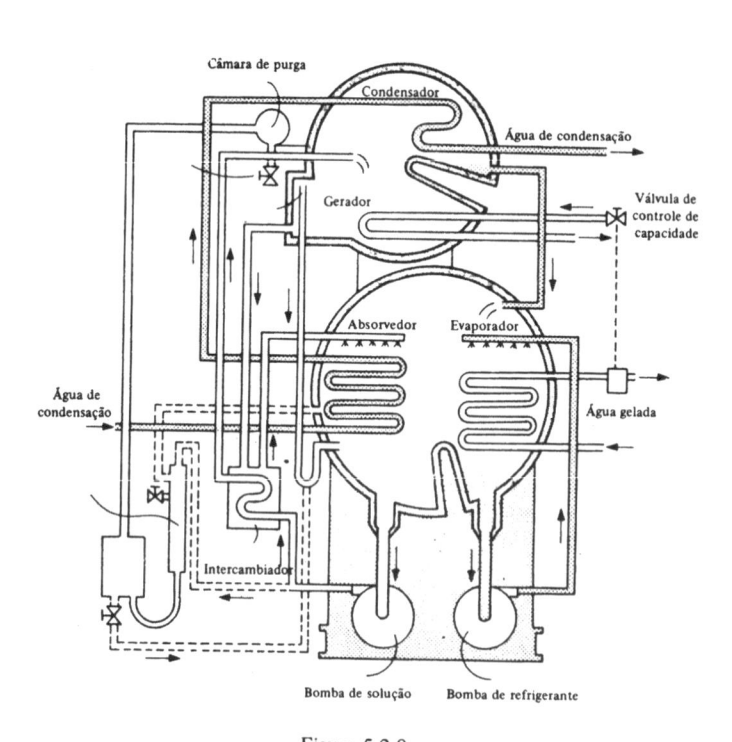

Figura 5.2.8

5.3 – Cálculos

A análise matemática de um sistema de refrigeração a absorção é feita, pelo balanço energético da instalação, para o que torna-se indispensável o conhecimento perfeito do equilíbrio (relações em peso, temperatura e pressões) entre o fluido frigorígeno adotado e o líquido absorvente.

As relações existentes entre temperaturas e concentrações de uma mistura binária homogênea para uma mesma pressão, diferem da fase de vaporização para a fase de condensação.

Para melhor compreender o problema, imaginemos uma solução homogênea aquecida à pressão constante, em um cilindro provido de pistão (Figura 5.3.1a).

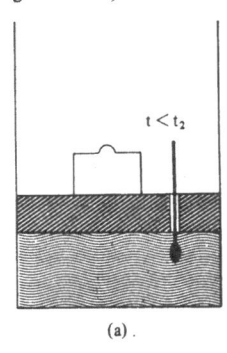

(a) .

Figura 5.3.1a

Veremos que, até atingir uma temperatura "t"$_2$, a qual depende da concentração (veja diagrama concentração – temperatura da Figura 5.3.2), a solução permanecerá na fase líquida.

Aumentando-se a temperatura além deste valor o pistão começa a deslocar-se, indicando que iniciou-se a vaporização (Figura 5.3.1b).

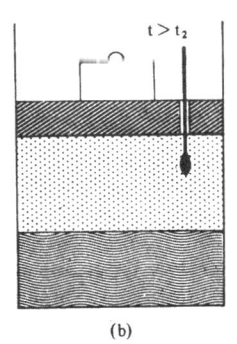

(b)

Figura 5.3.1b

Nesta fase constatamos que as concentrações do líquido e do vapor são diferentes da concentração original, isto é (Figura 5.3.2).

A concentração do líquido $X_3 < X_2$

A concentração do vapor $X_4 > X_2$

Adicionando-se calor, as concentrações X3 e X4 decrescerão até que a vaporização se complete.

Quando não houver mais líquido, o vapor terá atingido o ponto 5 e a sua concentração será igual a da solução original.

A partir do ponto 5 qualquer adição de calor, provocará o superaquecimento do vapor mas a concentração do mesmo permanecerá constante.

Repetindo-se a experiência à mesma pressão, mas com concentrações diferentes, os resultados obtidos nos permitirão obter as chamadas linhas de equilíbrio, do líquido em vaporização e do vapor em condensação, em função da temperatura e da concentração (Figura 5.3.2).

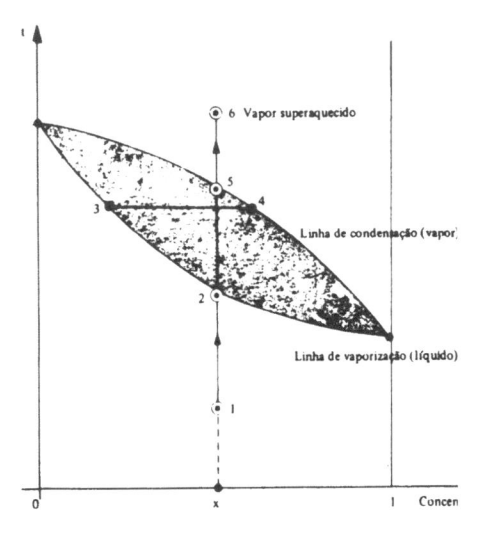

Figura 5.3.2

Realizando-se a mesma experiência com pressões diferentes, obteremos duas famílias de curvas que representarão respectivamente as linhas de condensação e vaporização da solução para diversas pressões. (Figura 5.3.4).

Invertendo-se a experiência, isto é partindo-se do vapor superaquecido e retirando-se calor, observamos que, ao atingir-se a temperatura "t$_2$" (Figura 5.3.5), a qual depende da concentração, tèm início a condensação do vapor com formação de líquido de baixa concentração no fluido mais volátil, a qual aumentará progressivamente até atingir-se no final da condensação, a concentração original do vapor.

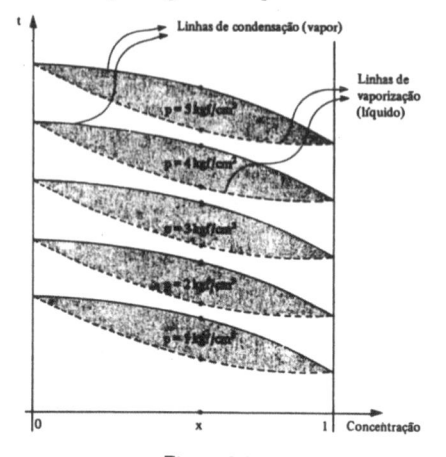

Figura 5.3.4

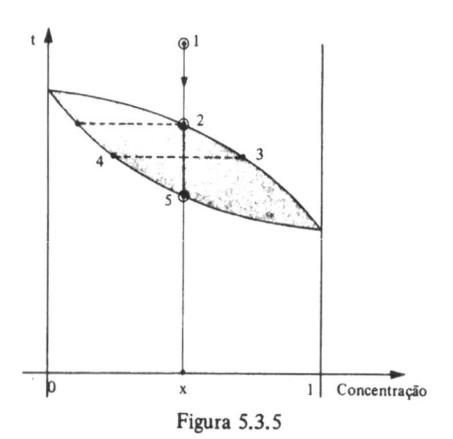

Figura 5.3.5

Portanto, uma mistura binária homogênea ao contrário das substâncias puras, não têm uma temperatura fixa de vaporização e de condensação para cada pressão, pois além de apresentarem para cada pressão uma temperatura de início de condensação diferente da temperatura de início de vaporização, estas variam com a concentração.

Tais características são a base para o estudo da chamada destilação fracionada, cuja aplicação na técnica moderna está largamente difundida.

É interessante observar ainda que no caso de sistemas homogêneas (completamente miscíveis) dito normais, o vapor é sempre mais rico no componente mais volátil do que o líquido (condensado) a mesma temperatura.

Algumas soluções homogêneas entretanto apresentam azeótropos (ponto de AZEOTRO-PIA), isto é ponto no diagrama "t, x" para o qual a concentração do vapor é a mesma que a do líquido (Figura 5.3.6).

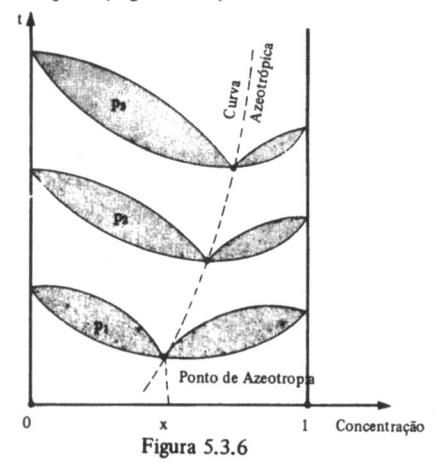

Figura 5.3.6

AZEÓTROPO – mistura de ponto de ebulição constante.

Os pontos azeótropicos de uma solução azeotrópica podem variar com a pressão obtendo-se para uma solução assim, a chamada curva de azeotropia (Figura 5.3.6).

Nos sistemas que apresentam azeótropos há uma inversão da volatibilidade relativa no ponto azeotrópico, de tal forma que o vapor pode apresentar-se mais rico no componente menos volátil do que o líquido a mesma temperatura.

Nos sistemas não homogêneas (imiscíveis) as temperaturas de vaporização e de condensação são iguais e independem da composição da solução.

A pressão correspondente é a pressão total que resulta da soma nas pressões parciais dos componentes e, a mistura de vapores se comporta como uma mistura de gases ideais, apresentando uma composição volumétrica que é função destas mesmas pressões parciais.

Nos sistemas parcialmente miscíveis, verifica-se as características de soluções imicíveis para certas concentrações e de soluções miscíveis para outras.

O cálculo da fração vaporizada (ou condensada) e das composições do vapor e do líquido, durante a vaporização contínua (ou condensação) de uma solução binária pode ser feita apartir do balanço energético e do material que entra em jogo na instalação.

Assim de acordo com a Figura 5.3.7, chamando de:

F – Descarga em peso da solução (alimentação)

V – Descarga em peso do vapor

L – Descarga em peso do líquido

H – Entalpia da solução (alimentação)

$H\ell$ – Entalpia do líquido

H_v – Entalpia do vapor

x – Concentração do componente mais volátil na solução (alimentação)

$x\ell$ – Concentração do componente mais volátil no líquido

x_v – Concentração do componente mais volátil no vapor.

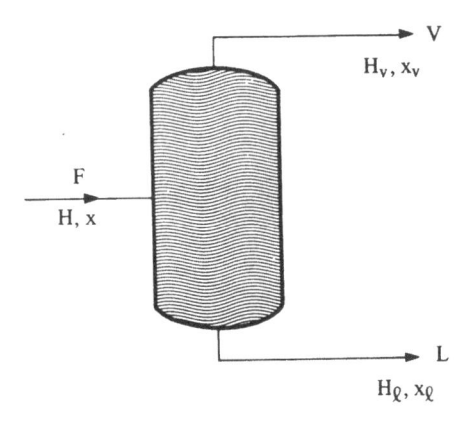

Figura 5.3.7

O balanço material total, nos fornece:

$$F = V + L$$

O balanço material do componente mais volátil, igualmente nos permite escrever:

$$F x = V x_v + L x \ell$$

Enquanto que, considerando a operação como adiabática (FLASH adiabático ou auto-vaporização).

O balanço energético por sua vez nos fornece:

$$FH = VH_v + LH\ell$$

Nestas condições eliminando "L" nas relações anteriores, obteremos:

$$F x = V x_v + (F - V) x \ell$$

$$\frac{V}{F} = \frac{x - x\ell}{x_v - x\ell}$$

ou ainda:

$$F H = V H_v + (F - V) H \ell$$

$$\frac{V}{F} = \frac{H - H\ell}{H_v - H\ell}$$

Assim, a partir da concentração original da solução binária "x" e das concentrações do líquido "x_ℓ" e do vapor "x_v" dados para uma determinada condição "T, p" pelo diagrama de equilíbrio T, x (Figura 5.3.4), podemos calcular a fração vaporizada.

A solução mais prática entretanto é a do uso de diagramas tipo ENTALPIA – CONCENTRAÇÃO (H, x).

Em anexo aparecem os diagramas "H, x" para as soluções binárias amônia-água e água-brometo de LITIO.

No diagrama $NH_3 - H_2O$, as linhas de equilíbrio da fase líquida foram traçadas para várias pressões e temperaturas.

Assim dadas as condições "T e p" podemos locar o estado da solução pela intersecção da isobárica e da isotérmica correspodentes e, determinar a sua concentração e entalpia.

Se a solução líquida é subresfriada, sua locação poderá ser feita com boa aproximação, em função da sua temperatura e concentração já que a entalpia de um líquido praticamente não varia com a pressão.

Na fase de vapor saturado seco, não estão registradas as linhas de igual temperatura, de modo que o seu estado deve ser determinado a partir do estado líquido com o auxílio de linhas auxiliares, conforme está indicado na Figura 5.3.8.

No caso de solução binária água-brometo de LITIO, devido ao fato do brometo de LITIO não ser volátil, a fase de vapor é constituída apenas pela água pura, de modo que, no diagrama "H, x" construído para estas substâncias, as linhas de condensação podem ser dispensadas, utilizando-se para caracterizar o equilíbrio do vapor d'água em condensação as tabelas do vapor d'água para baixas temperaturas que se encontram anexas (veja exemplo – Tabela 5.6.2).

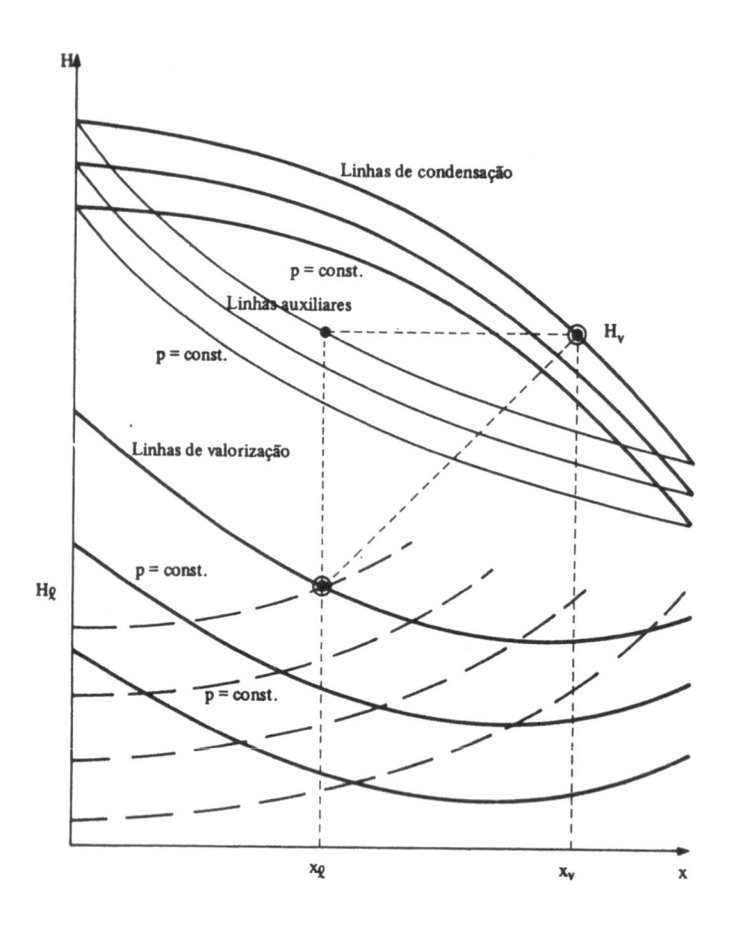

Figura 5.3.8

5.4 – Exemplo de cálculo de um sistema de refrigeração a absorção, utilizando a solução $NH_3 - H_2O$

Seja a instalação esquematizada na Figura 5.4.1, a qual apresenta as seguintes premissas de cálculo:

Potência Frigorífica	100 T.R.
Temperatura da água de condensação	$+ 25°C$
Temperatura de evaporação	$- 20°C$

E onde verifica-se:

$$x_1 = x_2 = x_3$$
$$x_4 = x_5 = x_6$$
$$x_8 = x_9 = x_{10} = x_{11} = x_{12} = x_{13}$$
$$G_1 = G_2 = G_3$$
$$G_4 = G_5 = G_6$$
$$G_8 = G_9 = G_{10} = G_{11} = G_{12} = G_{13}$$

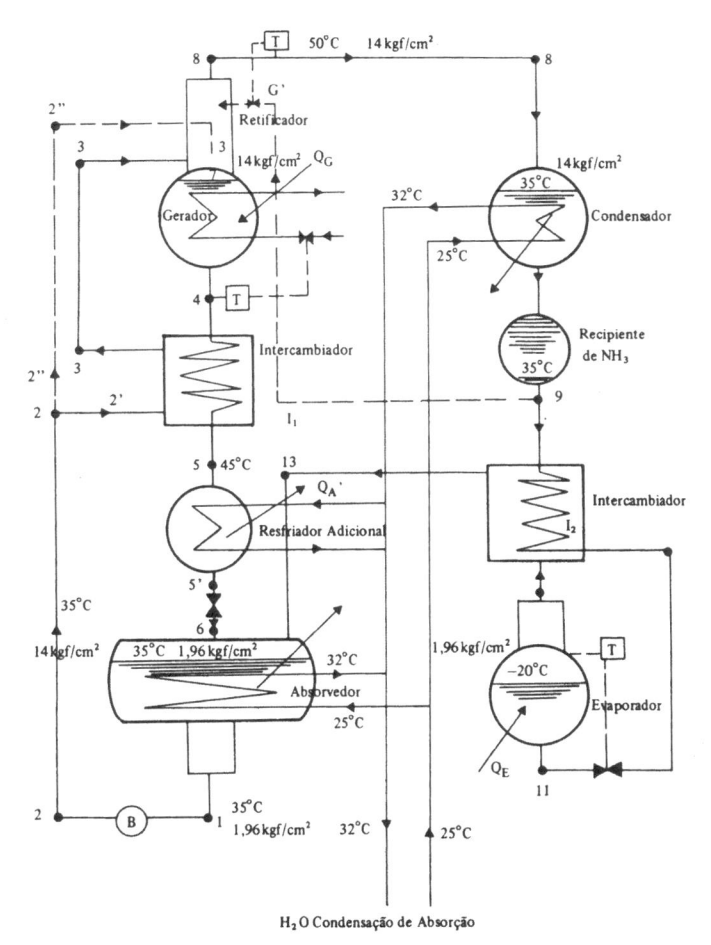

Figura 5.4.1

Inicialmente como orientação de projeto. podemos arbitrar:.

a – A temperatura de condensação

$$t_c = t_9 = t_{H_2O} + 10^\circ C = 35^\circ C$$

b – A temperatura de subresfriamento:

$$t_{10} = t_9 - 10^U C = 35 - 10 = 25^\circ C$$

c – A temperatura de absorção:

$$t_a = t_1 = t_{H_2O} + 10^\circ C = 35^\circ C$$

d – A temperatura de recuperação da solução fraca:

$$t_5 = t_5' = t_a + 10^\circ C = 45^\circ C$$

e – A largura do processo (veja Cap. 8 – § 5):

$$\Delta_x = x_1 - x_4 = 0,08$$

f – A concentração da solução retificada:

$$x_8 = 0,998$$

De modo que as pressões correspondentes de funcionamento da instalação serão:

$$t_c = t_9 = 35^\circ C, \ x_9 = 0,998, \ p_c = 14 \ kgf/cm^2$$

$$t_E = t_{11} = -20^\circ C, \ x_{11} = 0,998, \ p_E = 1,96 \ kgf/cm^2$$

Como elementos a calcular para a caracterização completa da instalação em consideração, podemos relacionar:

a – temperaturas, concentrações e entalpias em todos os pontos de mudança de estado do sistema;

b – calor trocado nos diversos elementos que constituem a instalação;

c – descarga em peso da solução em todos os circuitos;

d – rendimento frigorífico da instalação.

Com efeito, desprezando-se as resistências opostas ao escoamento e as perdas térmicas que se verificam nas canalizações, podemos calcular as grandezas características de cada estado apresentado pela solução, com o auxílio do diagrama entalpia-concentração (Figura 5.4.2).

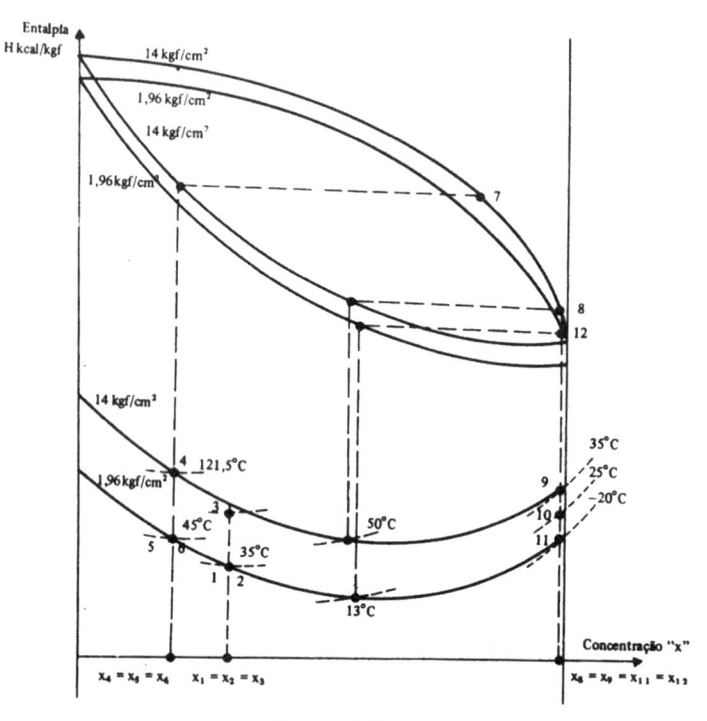

Figura 5.4.2

Assim teremos:

PONTO 1 (Líquido em equilíbrio)

$t_1 = t_a = 35°C$

$p_1 = p_E = 1,96 \text{ kgf/cm}^2$

$x_1 = 0,355$

$H_1 = 10 \text{ kcal/kgf}$

PONTO 2 (Líquido não em equilíbrio)

$t_2 = 35°C$

$p_2 = p_c = 14,0 \text{ kgf/cm}^2$

$x_2 = 0,355$

$H_2 = H_1 + A\sigma(p_c - p_E) =$

$= 10 + \dfrac{0,00118}{427}(140\,000 - 19\,000) =$

$= 10,33 \text{ kcal/kgf}$

PONTO 3 (Líquido não em equilíbrio)

No intercambiador I_1 verifica-se:

$G_4 (H_4 - H_5) = G_1 (H_3 - H_2)$

Donde podemos tirar o valor de "H_3" (Veja adiante)

PONTO 4 (Líquido em equilíbrio)

$p_4 = 14,0 \text{ kgf/cm}^2$

$x_4 = x_1 - \Delta x = 0,355 - 0,08 = 0,275$

$t_4 = t_G = 121,5°C$

$H_4 = 105 \text{ kcal/kgf}$

PONTO 5 e 5' (Líquido sub-resfriado)

A entalpia do líquido não em equilíbrio pouco varia com a pressão (veja ponto 2) de modo que podemos calculá-la como sendo praticamente uma função só da temperatura:

$$t_5 = 45°C$$
$$p_5 = 14,0 \text{ kgf/cm}^2$$
$$x_5 = 0,275$$
$$H_5 = 22 \text{ kcal/kgf (exatamente 22,31 kcal/kgf)}$$

PONTO 6 (Líquido expandido numa operação de laminagem)

$$H_5 \text{ ou } H_5' = H_6 = 22 \text{ kcal/kgf}$$

PONTO 7 (Vapor em equilíbrio no gerador)

$$p_7 = 14,0 \text{ kgf/cm}^2$$
$$t_7 = 121,5°C$$
$$x_7 = 0,866$$
$$H_7 = 477 \text{ kcal/kgf}$$

PONTO 8 (Vapor em equilíbrio no retificador)

$$x_8 = 0,998 \text{ (arbitrado)}$$
$$p_8 = 14,0 \text{ kgf/cm}^2$$
$$H_8 = 402 \text{ kcal/kgf}$$
$$t_8 = 50°C$$

PONTO 9 (Líquido em equilíbrio)

$$t_9 = 35°C$$
$$p_9 = 14,0 \text{ kgf/cm}^2$$
$$x_9 = 0,998$$
$$H_9 = 122,5 \text{ kcal/kgf}$$

PONTO 10 (Líquido sub-resfriado)

A entalpia do líquido não em equilíbrio pouco varia com a pressão (veja ponto 2) de modo que podemos calculá-la como sendo praticamente uma função só da temperatura:

$$t_{10} = 25°C \text{ (arbitrada)}$$
$$p_{10} = 14,0 \text{ kgf/cm}^2$$
$$x_{10} = 0,998$$
$$H_{10} = 111 \text{ kcal/kgf}$$

PONTO 11 (Líquido expandido numa operação de laminagem).

$$H_{10} = H_{11} = 111 \text{ kcal/kgf}$$

PONTO 12 (Vapor em equilíbrio)

$$p_{12} = 1,96 \text{ kgf/cm}^2$$
$$x_{12} = 0,998$$
$$t_{12} = 13°C$$
$$H_{12} = 396,5 \text{ kcal/kgf}$$

PONTO 13 (Vapor superaquecido)

$$p_{13} = 1,96 \text{ kgf/cm}^2$$
$$x_{13} = 0,998$$
$$H_{13} = H_{12} + (H_9 - H_{10}) =$$
$$= 396,5 + (122,5 - 111) = 408 \text{ kcal/kgf}$$

Por outro lado:

$$P_f = G_8 (H_{13} - H_9) = 100 \times 3024 =$$
$$= 302.400 \text{ kcal/h}$$

de modo que:

$$G_8 = \frac{P_f}{H_{13} - H_9} = \frac{302\,400}{408 - 122,5} = 1049,1 \text{ kgf/h}$$

E igualmente sendo:

$$G_1 x_1 = G_6 x_6 + G_{13} x_{13}$$
$$G_1 = G_6 + G_{13}$$

Podemos calcular

$$G_6 = G_{13} \frac{x_{13} - x_1}{x_1 - x_6} = G_8 \frac{x_{13} - x_1}{x_1 - x_4}$$

$$G_6 = 1049,1 \frac{0,998 - 0,355}{0,355 - 0,275} = 8432,14 \text{ kgf/h}$$

$$G_1 = G_6 + G_8 = 8432,14 + 1049,1 =$$
$$= 9481,24 \text{ kgf/h}$$

Donde finalmente podemos tirar para o ponto 3:

$$H_3 = \frac{G_4}{G_1} (H_4 - H_5) + H_2$$

$$H_3 = \frac{8432,14}{9481,24} (105 - 22) + 10,33 =$$
$$= 84,14 \text{ kcal/kgf}$$

$$t_3 \cong 103°C$$

Todos os valores achados estão registrados na Tabela 5.4.1

Estado	Pressão kgf/cm²	Temperatura °C	Concentração X	Entalpia kcal/kgf	G kgf/h
1	1,96	35	0,355	10	9481,24
2	14,0	∿ 35	"	10,33	"
3	"	∿103	"	84,14	"
4	"	121,5	0,275	105	8432,14
5	"	45	"	22	"
6	1,96	–	"	22	"
7	14,0	121,5	0,866	477	1209
8	"	50	0,998	402	1049,1
9	"	35	"	122,5	"
10	"	25	"	111	"
11	1,96	– 20	"	111	"
12	"	13	"	396,5	"
13	"	–	"	408	"

Tabela 5.4.1

De posse de todas estas características, podemos calcular as quantidades de calor em jogo, como sejam:

a – *Calor cedido no absorvedor*

$$Q_A = G_6 H_6 + G_{13} H_{13} - G_1 H_1$$

$$Q_A = 8432,14 \cdot 22 + 1049,1 \cdot 408 - 9481,24 \cdot 10$$

$$Q_A = 185\,507 + 428\,032 - 94\,812 = 518\,727 \text{ kcal/h}$$

b – *Calor consumido no gerador*

$$Q_G = G_4 H_4 + G_8 H_8 - G_3 H_3$$

$$Q_G = 8432,14 \cdot 105 + 1049,1 \cdot 402 - 9481,24 \cdot 84,14$$

$$Q_G = 885\,374 + 421\,738 - 797\,751 = 509\,361 \text{ kcal/h}$$

c – *Calor cedido no condensador*

$$Q_c = G_8 (H_8 - H_9)$$

$$Q_c = 1049,1 (402 - 122,5) = 293\,223 \text{ kcal/h}$$

donde o balanço geral:

$$Q_E + Q_G = Q_c + Q_A \cong 811\,950 \text{ kcal/h}$$

e o coeficiente de efeito frigorífico

$$\xi = \frac{Q_E}{Q_G} = \frac{302\,400}{509\,361} = 0,594$$

Na realidade para que haja uma retificação adequada ($x_8 = 0,998$), deve ser retirada no retificador uma quantidade de calor:

$$G_7 H_7 - G_8 H_8 = 1209 \cdot 477 - 1049,1 \cdot 402 =$$

$$= 154\,955 \text{ kcal/h}$$

onde

$$G_7 = \frac{G_8 \, x_8}{x_7}$$

a qual pode ser realizada, parte a custa da solução forte que sobe do absorvedor e, parte a custa da vaporização de amônia líquida do sistema.

Assim a solução forte que sobe do absorvedor e que pode ser aquecida até uma temperatura máxima que consideraremos $110°C$ ($x_3 = 0,355$ $H_3 = 94$ kcal/kgf), tem uma capacidade de retirada de calor de:

$$G_2 (H_3 - H_2) = 9481,24 (94 - 10,33) =$$

$$= 793\,295 \text{ kcal/h}$$

Desta retirada de calor a recuperação utiliza:

$$G_4 (H_4 - H_5) = 8432,14 (105 - 22) =$$

$$= 699\,867 \text{ kcal/h}$$

restando portanto uma parcela de 93 428 kcal/h que pode ser aproveitada para a retificação.

Para isto a descarga G_2 é dividida em duas partes, uma $G_2' = 8364,61$ kgf/h, que serve para a recuperação e, outra $G_2'' = 111\,663$ kgf/h, que serve para a retificação (veja Figura 5.4.1).

A retirada de calor restante, ou seja

$$154.955 - 93.428 = 61.527 \text{ kcal/h}$$

é conseguida, a custa da vaporização de G' kgf/h de amônia líquida:

$$G' = \frac{61.527}{H_8 - H_9} = \frac{61.527}{402 - 122,5} = 220,13 \text{ kgf/h}$$

a qual circulará entre o RETIFICADOR e o CONDENSADOR, aumentando G_8.

Nestas condições, as quantidades de calor em jogo ficam alteradas para

$$Q_E = 302.400 \text{ kcal/h}$$

$$Q_C = (G_8 + G') (H_8 - H_9) =$$

$$= 1269,23 (402 - 122,5) = 354.750 \text{ kcal/h}$$

$$Q_A = 518.727 \text{ kcal/h}$$

$$Q_G = (G_8 + G') H_8 + G_4 H_4 - G_2'' H_2 - G_2' H_3 - G' H_9$$

$$Q_G = 1269,23 \cdot 402 + 8432,14 \cdot 105 -$$

$$- 1116,63 \cdot 10,33 - 8364,61 \cdot 94 -$$

$$- 220,13 \cdot 122,5 = 570\,831 \text{ kcal/h}$$

donde o balanço geral:

$$Q_E + Q_G = Q_C + Q_A \cong 873\ 477 \text{ kcal/h}$$

e o coeficiente de efeito frigorífico:

$$\in = \frac{Q_E}{Q_G} = \frac{302\ 400}{570\ 831} = 0,530$$

Para evitar o superdimensionamento do condensador, pode-se adotar ainda um resfriador adicional para a recuperação e, aproveitar uma maior parcela da solução forte que sobe do absorvedor para a retificação, reduzindo-se com isto o valor de G'.

Neste caso a solução forte, pode passar inicialmente pelo retificador, para a seguir passar pelo recuperador I_1, como nos mostra a Figura 5.4.3.

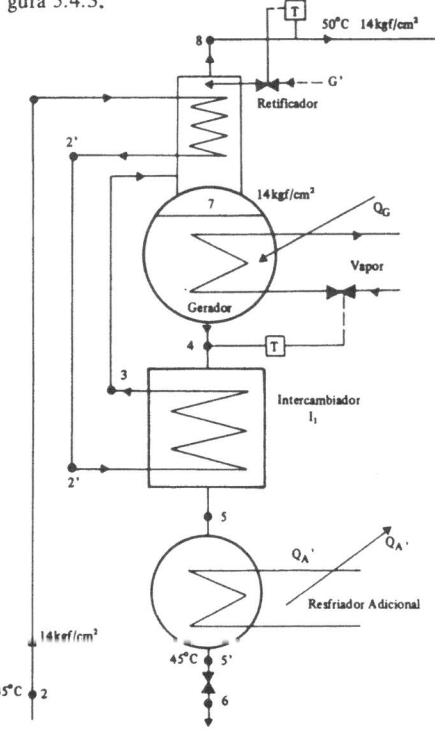

Figura 5.4.3

Onde considerando idealmente que todo calor de G' seja retirado no resfriador adicional, isto é:

$$Q_A' = 61\ 527 \text{ kcal/h}$$
$$Q_c = 293\ 223 \text{ kcal/h}$$
$$Q_A = 518\ 727 \text{ kcal/h}$$

A recuperação ficará reduzida para:

$$G_2 (H_3 - H_2') = 699\ 867 - 61\ 527 =$$
$$= 638\ 340 \text{ kcal/h}$$

E a retificação poderá dispor da retirada de calor integral da solução forte que sobe do absorvedor:

$$G_2 (H_2' - H_2) = 793\ 295 - 638\ 340 =$$
$$= 154\ 955 \text{ kcal/h}$$

de modo que:

$$Q_E = 302\ 400 \text{ kcal/h}$$
$$Q_G = G_4 H_4 + G_8 H_8 + (G_2 H_2' - G_2 H_2) - G_2 H_3$$
$$Q_G = 885\ 374 + 421\ 738 + 154\ 955 - 891\ 236 =$$
$$= 570\ 831 \text{ kcal/h}$$

e igualmente:

$$\in = \frac{Q_E}{Q_G} = \frac{302\ 400}{570\ 831} = 0,523$$

Os 2 casos de retificação analisados devem ser considerados como limites, na realidade para um dimensionamento econômico dos trocadores de calor (retificador, condensador recuperador, resfriador adicional), adota-se uma solução intermediária, na qual a retificação é feita a custa da solução forte que sobe do absorvedor, cuja recuperação é reduzida usando-se um resfriador adicional, simultaneamente com uma vaporização parcial da amônia líquida da instalação (veja Figura 5.4.3).

5.5 – Largura do processo

A diferença de concentração $NH_3 - H_2O$ entre a solução rica que sobe do absorvedor e a solução pobre que desce do gerador, toma o nome de largura do processo:

$$\Delta x = x_1 - x_4$$

como o aumento de "Δx" acarreta:

a – o aumento da temperatura "t_G" do gerador (veja diagrama Entalpia-Concentração da $NH_3 - H_2O$);

b – a redução das quantidades das soluções em evolução:

$$G_8 = f(P_f, t_c, t_E)$$

$$G_4 = G_8 \frac{x_{12} - x_1}{\Delta x} \cong G_8 \frac{1 - x_1}{\Delta x}$$

$$G_1 = G_4 + G_8$$

195

Podemos concluir que o aumento da largura do processo facilita a recuperação (a qual troca calor entre G_4 a temperatura t_G, com G_1 a temperatura t_c), mas dificulta a retificação (abaixamento da temperatura do fluido vaporizado no gerador de t_7 para t_8), a qual é feita a custa da vaporização de parte da amônia líquida produzida pela instalação (reduzindo "$\in$").

Por outro lado, a redução de "Δx" não é vantajosa, pois aumentaria sobremaneira as quantidades das soluções em evolução, acarretando um superdimensionamento do recuperador I_1 (veja Figura 5.4.1).

Conclui-se portanto que do ponto de vista construtivo e de rendimento, a par de uma temperatura de geração que não deve ser muito elevada ($t_G < 125°C$), existe um valor ótimo para a largura do processo o qual foi fixado a partir de pesquisas numéricas em cerca de 0,08.

Entretanto para os valores práticos

$t_G = 125°C$ (máximo)

$t_a = t_c = 35°C$ ($p_c = 14$ kgf/cm^2)

$\Delta x = 0,08$

o diagrama Entalpia-Concentração da $NH_3 - H_2O$ nos fornece para o absorvedor, a pressão de equilíbrio:

$$p_E = 1,73 \text{ kgf/cm}^2 \quad (t_E = -23°C)$$

O que significa que, a mínima temperatura de evaporação que pode ser obtida economicamente num sistema de absorção simples que funciona com amônia e água é da ordem de $-25°C$.

Para obtenção de temperaturas inferiores é necessário o uso de dois geradores dispostos em 2 estágios de geração (expulsão) com o que se consegue atingir temperaturas de evaporação inferiores a $-50°C$, com bom rendimento (veja Figura 5.5.1).

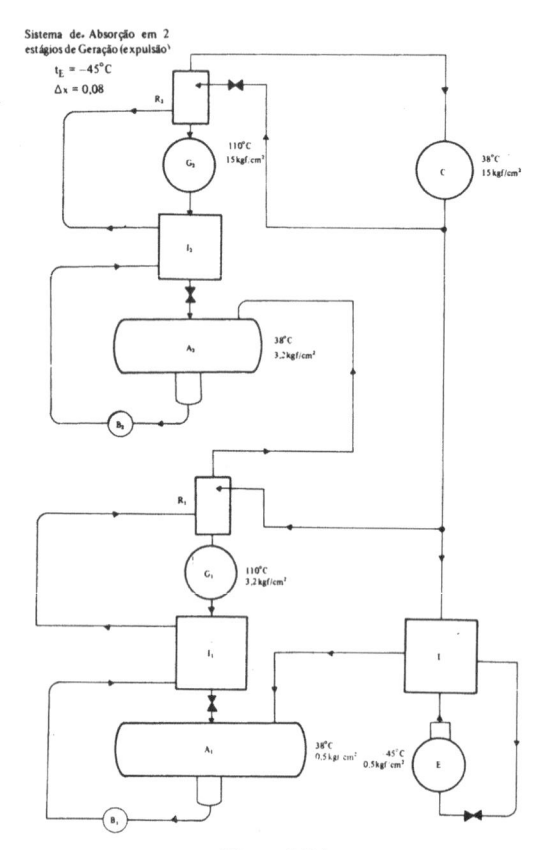

Figura 5.5.1

Para temperaturas superiores a $-25°C$ é preferível adotar temperaturas de geração inferiores, conservando-se a largura do processo recomendada de 0,08.

Assim para $t_E = 0°C$ adota-se:

$$t_a = t_c = 35°C$$

$$t_G \cong 90°C$$

$$\Delta x = 0,08$$

Nas máquinas de absorção à vários estágios de expulsão, o coeficiente de efeito frigorífico, que nas máquinas de absorção habituais é da ordem de 0,4 a 0,6 pode atingir cerca de 1.

Solução diversa, é aquela na qual se deseja o uso de duas temperaturas de refrigeração, caso em que é adotado apenas um gerador com dois estágios de absorção, como nos mostra o esquema da Figura 5.5.2.

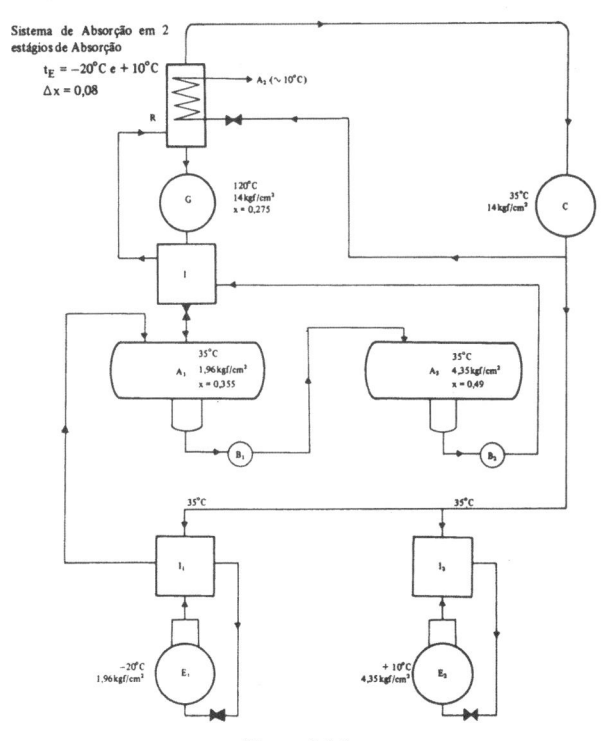

Figura 5.5.2

5.6 – Exemplo de cálculo de um sistema de refrigeração à absorção, utilizando a solução H_2O – LiBr

Seja a instalação esquematizada na Figura 5.6.1 a qual opera nas seguintes condições:

POTÊNCIA FRIGORÍFICA $P_f = 10$ T.R.

Temperatura de condensação $t_c = 38°C$ (49,7 mmHg)

Temperatura de evaporação $t_E = 4°C$ (6,25 mmHg)

Temperatura no gerador $t_G = 94°C$

Temperatura de entrada no gerador $82°C$

Temperatura da solução forte saindo do absorvedor $38°C$.

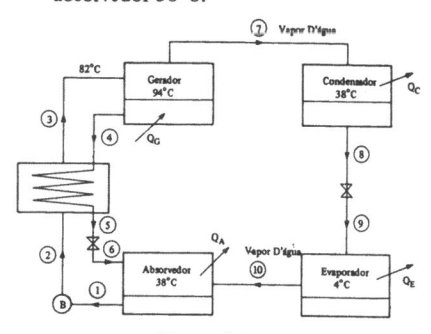

Figura 5.6.1

197

Estado	P mm Hg	t°C	X	H kcal/kgf	G kgf/h
1	6,25	38	0,59	−38,5	510
2	49,70	38	0,59	−38,5	510
3	49,70	82	0,59	−19,5	510
4	49,70	94	0,66	−14,0	456
5	49,70	40	0,66	−35,3	456
6	6,25	40	0,66	−35,3	456
7	49,70	94	0	640,0	
8	49,70	38	0	38,0	54
9	6,25	4	0	38,0	54
10	6,25	4	0	599,12	54

Tabela 5.6.1

Da mesma forma que no exemplo anterior, desprezando-se as resistências opostas ao escoamento e, as perdas térmicas que se verificam nas canalizações, podemos calcular as grandezas características de cada estado apresentado pela solução ou pelo vapor dágua, com o auxílio do diagrama entalpia-concentração (Figura 5.6.2) e das tabelas do vapor dágua para baixas temperaturas (Tabela 5.6.2).

Os valores obridos estão relacionados na Tabela 5.6.1.

Onde ambos

$t_1 \cong t_2 \quad H_1 \cong H_2$

$H_5 = H_6$

$H_8 = H_9$

C_{p_m} do Vapor Dágua Superaquecido $= 0,47$ kcal/kgf°C.

De posse destas características podemos calcular as quantidades de calor em jogo:

No evaporador:

$$p_f = G_{10} (H_{10} - H_9) = 30.240 \text{ fg/h}$$

$$G_{10} = \frac{30.240}{599,12 - 38} = 54 \text{ kgf/h}$$

No condensador:

$$Q_c = G_7 (H_7 - H_8) = 54 (640 - 38) =$$

$$= 32.500 \text{ kcal/h}$$

DIAGRAMA ENTALPIA CONCENTRAÇÃO
PARA SOLUÇÕES H_2O – LiBr

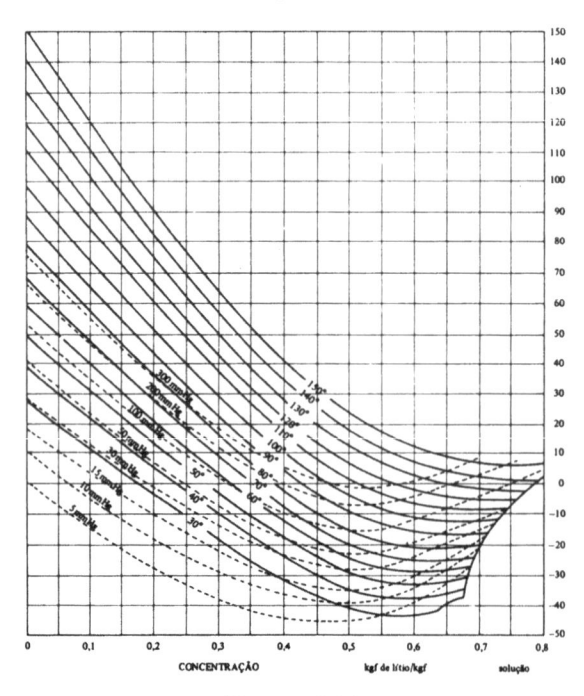

Diagrama 5.6.1

No gerador:

$$G_7 H_7 + G_4 H_4 = G_3 H_3 + Q_G$$

$$G_1 = G_2 = G_3 \qquad G_4 = G_5 = G_6$$

$$G_7 = G_8 = G_9 = G_{10} = G_{11}$$

$$\left.\begin{array}{l} G_3 = G_6 + G_{10} \\ G_3 x_3 = G_6 x_6 + G_{10} x_{10} \end{array}\right\} \quad G_6 = G_{10} \frac{x_3 - x_{10}}{x_6 - x_3}$$

$$G_6 = 54 \frac{0,59 - 0}{0,66 - 0,59} = 456 \text{ kgf/h}$$

$$Q_G = G_7 H_7 + G_4 H_4 - G_3 H_3$$

$$Q_G = 54 \times 640 + 456 \times (-14) - 510 \times$$
$$\times (-19,5) = 38.100 \text{ kcal/h}$$

No absorvedor

$$Q_A = G_6 H_6 + G_{10} H_{10} - G_1 H_1$$

$$G_1 (H_2 - H_3) = G_6 (H_5 - H_4)$$

$$H_5 = H_6 = \frac{G_1}{G_6} (H_1 - H_3) + H_4 =$$

$$= \frac{510}{456} (-38,5 + 19,5) - 14 = -35,3 \text{ kcal/kgf}$$

$$t_5 \cong t_6 = 40^{\circ}C$$

Isto é:

$$Q_A = 456 \times (-35,3) + 54 \times 599,12 - 510 \times$$
$$\times (-38,5) = 35.840 \text{ kcal/h}$$

donde podemos calcular:

$$Q_G + Q_E \equiv Q_C + Q_A = 68.340 \text{ kcal/h}$$

$$\eta_f = \frac{Q_E}{Q_G} = \frac{30.240}{38.100} = 0,79$$

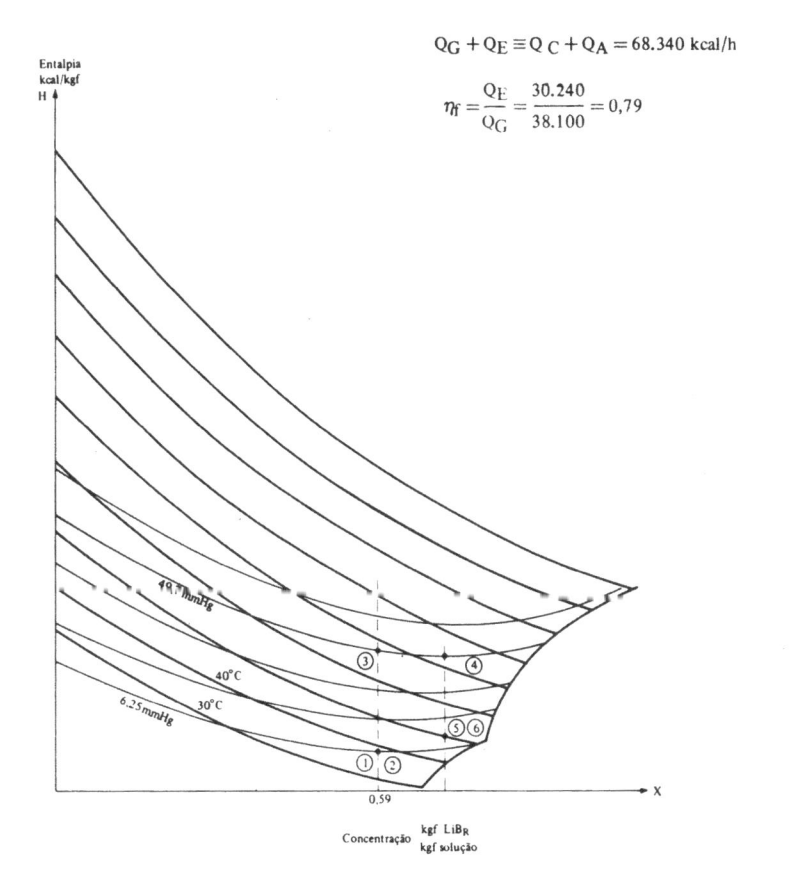

Figura 5.6.2

Temperatura	Pressão abs.		Volume específico m^3/kg		Entalpia kcal/kg		Entropia kcal/(kg)($^\circ$C)	
t $^\circ$C	p Kg/cm^2	mmHg	Líq. Sat.	Vapor Sar. v_s	Líq. Sat. $H\ell$	Vapor Sat. H_v	Líq. Sat. $S\ell$	Vapor Sat. S_v
0.00	0.006228	4.5811	0.001000	206.3	0.00	597.36	0.00000	2.1867
0.55	0.006484	4.7696	0.001000	198.6	0.56	597.60	0.00205	2.1831
1.11	0.006750	4.9647	0.001000	191.1	1.12	597.85	0.00409	2.1796
1.66	0.007024	5.1669	0.001000	184.0	1.68	598.09	0.00612	2.1761
2.22	0.007310	5.3762	0.001000	177.2	2.23	598.34	0.00815	2.1726
2.78	0.00760	5.5931	0.001000	170.7	2.79	598.58	0.01018	2.1691
3.33	0.00791	5.8176	0.001000	164.4	3.35	598.88	0.01220	2.1657
3.88	0.00823	6.0500	0.001000	158.4	3.91	599.07	0.01422	2.1622
4.44	0.00855	6.2908	0.001000	152.7	4.47	599.31	0.01623	2.1588
5.00	0.00889	6.5400	0.001000	147.1	5.03	599.55	0.01824	2.1554
5.55	0.00924	6.7978	0.001000	141.8	5.58	599.80	0.02024	2.1520
6.11	0.00960	7.0645	0.001000	136.7	6.14	600.04	0.02224	2.1487
6.66	0.00998	7.3403	0.001000	131.9	6.70	600.29	0.02423	2.1453
7.22	0.01037	7.6258	0.001000	127.2	7.26	600.53	0.02622	2.1420
7.78	0.01077	7.9210	0.001000	122.7	7.81	600.77	0.02820	2.1387
8.33	0.01118	8.2263	0.001000	118.4	8.37	601.01	0.03018	2.1354
8.89	0.01161	8.5418	0.001000	114.2	8.93	601.26	0.03216	2.1321
9.44	0.01206	8.8679	0.001000	110.2	9.48	601.50	0.03413	2.1288
10.00	0.01251	9.2050	0.001000	106.4	10.04	601.75	0.03610	2.1256
10.55	0.01299	9.5532	0.001000	102.7	10.59	601.99	0.03806	2.1223
11.11	0.01348	9.9131	0.001000	99.2	11.15	602.23	0.04002	2.1191
11.66	0.01398	10.2850	0.001001	95.8	11.71	602.48	0.04197	2.1159
12.22	0.01450	10.6688	0.001001	92.5	12.27	602.71	0.04392	2.1127
12.78	0.01504	11.0653	0.001001	89.4	12.82	602.96	0.04587	2.1096
13.33	0.01560	11.4747	0.001001	86.3	13.38	603.20	0.04781	2.1064
13.89	0.01617	11.8974	0.001001	83.4	13.93	603.45	0.04975	2.1033
14.44	0.01677	12.3337	0.001001	80.6	14.49	603.69	0.05168	2.1002
15.00	0.01738	12.7838	0.001001	77.9	15.05	603.93	0.05361	2.0970
15.55	0.01801	13.2486	0.001001	75.4	15.60	604.17	0.05553	2.0940
16.11	0.01866	13.7279	0.001001	72.9	16.16	604.41	0.05746	2.0909
16.66	0.01934	14.2225	0.001001	70.5	16.71	604.66	0.05937	2.0878
17.22	0.02003	14.7325	0.001001	68.1	17.27	604.90	0.06129	2.0848
17.78	0.02074	15.2585	0.001001	65.9	17.82	605.14	0.06320	2.0818
18.33	0.02148	15.8011	0.001001	63.8	18.38	605.38	0.06510	2.0787
18.89	0.02224	16.3604	0.001001	61.72	18.93	605.63	0.06700	2.0757
19.44	0.02303	16.9370	0.001002	59.73	19.48	605.86	0.06890	2.0728
20.00	0.02383	17.5313	0.001002	57.81	20.04	606.11	0.07080	2.0698
20.55	0.02467	18.1437	0.001002	55.97	20.60	606.35	0.07269	2.0668
21.11	0.02552	17.7747	0.001002	54.19	21.15	606.59	0.07458	2.0639
21.66	0.02641	19.4249	0.001002	52.47	21.71	606.83	0.07646	2.0610
22.22	0.02732	20.0947	0.001003	50.82	22.26	607.08	0.07834	2.0580
22.77	0.02826	20.7846	0.001003	49.22	22.82	607.31	0.08022	2.0551
23.33	0.02922	21.4950	0.001003	47.68	23.37	607.56	0.08209	2.0522
24.44	0.03124	22.7999	0.001003	44.76	24.48	608.04	0.08582	2.0465
25.00	0.03230	23.7551	0.001003	43.38	25.03	608.28	0.09769	2.0437
25.55	0.03338	24.5532	0.001003	43.05	25.59	608.52	0.08954	2.0408
26.11	0.03450	25.3746	0.001003	40.76	26.15	608 76	0.09140	2.0880

26.66	0.03565	16.2200	0.001003	39.52	26.7(	609.00	0.09325	2.0352
27.22	0.03683	27.0890	0.001004	38.32	27.25	609.24	0.09510	2.0324
27.77	0.03805	27.9830	0.001004	37.16	27.81	609.48	0.09694	2.0297
28.33	0.03930	28.9050	0.001004	36.04	28.36	609.73	0.09878	2.0269
28.89	0.04058	29.8500	0.001004	34.96	28.92	609.96	0.10062	2.0242
29.44	0.04191	30.8250	0.001004	33.92	29.47	610.20	0.10246	2.0214
30.00	0.04327	31.8260	0.001004	32.91	30.02	610.44	0.10429	2.0187
30.55	0.04467	32.8550	0.001004	31.94	30.58	610.68	0.10611	2.0160
31.11	0.04611	33.9110	0.001005	31.00	31.14	610.93	0.10794	2.0133
31.66	0.04758	34.9990	0.001005	30.09	31.69	611.17	0.10976	2.0106
32.22	0.04910	36.1160	0.001005	29.21	32.25	611.40	0.11158	2.0079
32.77	0.05066	37.264	0.001005	28.36	32.80	611.64	0.11339	2.0053
33.33	0.052268	38.44	0.001006	27.54	33.35	611.88	0.11520	2.0026
33.88	0.053916	39.66	0.001006	26.74	33.91	612.12	0.11701	2.0000
34.44	0.055609	40.90	0.001006	25.98	34.46	612.36	0.11881	1.9974
35.00	0.057348	42.18	0.001006	25.23	35.02	612.60	0.12061	1.9947
35.55	0.059133	43.49	0.001006	24.51	35.57	612.84	0.12241	1.9922
36.11	0.060966	44.84	0.001006	23.82	36.12	613.08	0.12420	1.9896
36.66	0.062849	46.23	0.001006	23.15	36.68	613.32	0.12600	1.9870
37.22	0.064781	47.65	0.001007	22.49	37.24	613.55	0.12778	1.9844
37.77	0.066766	49.11	0.001007	21.86	37.79	613.79	0.12957	1.9819
38.33	0.068801	50.60	0.001008	21.25	38.34	614.03	0.13135	1.9793
38.88	0.07089	52.14	0.001008	20.66	38.90	614.27	0.13313	1.9768
39.44	0.07304	53.72	0.001008	20.09	39.45	614.50	0.13490	1.9743
40.00	0.07523	55.34	0.001008	19.54	40.01	614.74	0.13667	1.9718
40.55	0.07749	57.00	0.001008	19.00	40.56	614.98	0.13844	1.9693
41.11	0.07981	58.70	0.001008	18.48	41.12	615.22	0.14021	1.9668
41.66	0.08218	60.45	0.001009	17.98	41.67	615.45	0.14197	1.9644
42.22	0.08462	62.24	0.001009	17.49	42.23	615.69	0.14373	1.9619
42.77	0.08711	64.07	0.001009	17.02	42.78	615.93	0.14549	1.9595
43.33	0.08967	65.96	0.001009	16.56	43.34	616.17	0.14724	1.9570
43.88	0.09230	67.89	0.001009	16.12	43.89	616.40	0.14899	1.9546
44.44	0.09499	69.87	0.001009	15.69	44.45	616.64	0.15074	1.9522
44.99	0.09774	71.90	0.001009	15.27	45.00	616.88	0.15248	1.9498
45.55	0.10058	73.98	0.001010	14.87	45.55	617.11	0.15423	1.9474
46.11	0.10347	76.11	0.001010	14.47	46.11	617.35	0.15596	1.9450
46.66	0.10644	78.29	0.001011	14.09	46.66	617.58	0.15770	1.9426
47.22	0.10948	80.53	0.001011	13.72	47.22	617.82	0.15943	1.9403
47.77	0.11259	82.82	0.001011	13.37	47.78	618.05	0.16116	1.9379
48.33	0.11579	85.17	0.001011	13.02	48.33	618.29	0.16289	1.9356
48.88	0.11906	87.57	0.001011	12.68	48.88	618.53	0.16461	1.9333
49.44	0.12240	90.03	0.001012	12.36	49.44	618.76	0.16634	1.9310
49.99	0.12583	92.55	0.001012	12.04	29.99	618.99	0.16805	1.9286
50.55	0.12934	95.14	0.001013	11.73	50.55	619.23	0.16977	1.9264
51.11	0.13293	97.78	0.001013	11.43	51.10	619.46	0.17148	1.9241
51.66	0.13661	100.48	0.001013	11.15	51.66	619.70	0.17319	1.9218
52.22	0.14038	103.25	0.001013	10.86	52.21	619.93	0.17490	1.9195
52.77	0.14423	106.09	0.001013	10.59	52.76	620.17	0.17660	1.9173
53.33	0.14818	108.99	0.001014	10.33	53.32	620.40	0.17830	1.9150
53.88	0.15221	111.96	0.001014	10.07	53.88	620.63	0.18000	1.9128
54.44	0.15635	115.00	0.001014	9.82	54.43	620.87	0.18170	1.9106
55.00	0.16057	118.10	0.001014	9.57	54.99	621.10	0.18339	1.9084

55.55	0.16489	121.28	0.001015	9.34	55.54	621.33	0.18508	1.9062
56.10	0.16931	124.54	0.001015	9.11	56.10	621.57	0.18676	1.9040
56.66	0.17384	127.86	0.001015	8.89	56.65	621.80	0.18845	1.9018
57.22	0.17846	131.26	0.001016	8.67	57.21	622.03	0.19013	1.8996
57.77	0.18319	134.74	0.001016	8.46	57.77	622.26	0.19181	1.8974
58.33	0.18803	138.30	0.001016	8.26	58.32	622.49	0.19348	1.8953
58.88	0.19297	141.94	0.001016	8.06	58.88	622.73	0.19516	1.8931
59.44	0.19803	145.66	0.001017	7.86	59.43	622.95	0.19683	1.8910
60.00	0.20320	149.46	0.001017	7.68	59.98	623.19	0.19850	1.8888
60.55	0.20848	153.34	0.001017	7.49	60.54	623.42	0.20016	1.8867
61.11	0.21388	157.31	0.001018	7.31	61.09	623.65	0.20182	1.8846
62.00	0.21939	161.37	0.001018	7.14	61.65	623.88	0.20348	1.8825
62.22	0.22503	165.52	0.001018	6.97	62.20	624.11	0.20514	1.8804
62.77	0.23079	169.75	0.001019	6.81	62.76	624.34	0.20679	1.8783
63.33	0.23668	174.08	0.001019	6.65	63.32	624.57	0.20845	1.8763
63.88	0.24269	178.50	0.001019	6.50	63.87	624.80	0.21010	1.8742
64.44	0.24883	183.02	0.001019	6.35	64.43	625.03	0.21174	1.8721
64.99	0.25510	187.63	0.001020	6.201	64.98	625.26	0.21339	1.8701
65.55	0.26151	192.35	0.001020	6.058	65.54	625.49	0.21503	1.8680
66.10	0.26805	197.16	0.001021	5.919	66.09	625.72	0.21667	1.8660
66.66	0.2747	202.07	0.001021	5.784	66.65	625.95	0.21830	1.8640
67.21	0.2815	207.09	0.001021	5.653	67.21	626.18	0.21994	1.8620
67.77	0.2885	212.21	0.001021	5.525	67.77	626.41	0.22157	1.8600
68.32	0.2956	217.44	0.001022	5.400	68.32	626.63	0.22320	1.8530
68.88	0.3029	222.78	0.001022	5.279	68.88	626.86	0.22482	1.8560
69.44	0.3103	228.23	0,001023	5.160	69.43	627.09	0.22645	1.8540
69.99	0.3178	233.79	0.001023	5.045	69.99	627.32	0.22807	1.8520
70.55	0.3256	239.45	0.001023	4.933	70.54	627.54	0.22969	1.8501
71.10	0.3334	245.25	0.001023	4.824	71.10	627.77	0.23130	1.8481
71.66	0.3415	251.16	0.001024	4.717	71.66	627.99	0.23292	1.8462
72.21	0.3497	257.2	0.001024	4.614	72.21	628.22	0.23453	1.8442
72.77	0.3580	263.3	0.001024	4.513	72.77	628.44	0.23614	1.8423
73.33	0.3665	269.6	0.001025	4.414	73.33	628.67	0.23774	1.8404
73.88	0.3753	276.0	0.001025	4.318	73.88	628.89	0.23935	1.8384
74.44	0.3841	282.5	0.001026	4.225	74.44	629.12	0.24095	1.8365
74.99	0.3932	289.2	0.001026	4.133	74.99	629.34	0.24255	1.8346
75.55	0.4024	296.0	0.001026	4.045	75.55	629.57	0.24014	1.8328
76.10	0.4118	302.9	0.001026	3.958	76.11	629.79	0.24574	1.8309
76.66	0.4214	310.0	0.001027	3.873	76.67	630.02	0.24733	1.8290
77.21	0.4312	317.2	0.001027	3.791	77.22	630.24	0.24892	1.8271
77.77	0.4412	324.5	0.001028	3.711	77.78	630.47	0.25051	1.8253
78.32	0.4513	332.0	0.001028	3.632	78.34	630.69	0.25209	1.8234
78.88	0.4617	339.6	0.001028	3.556	78.89	630.91	0.25367	1.8216
79.44	0.4723	347.4	0.001029	3.481	79.45	631.13	0.25525	1.8197
79.99	0.4830	355.3	0.001029	3.419	80.01	631.36	0.25683	1.8179
80.55	0.4940	363.3	0.001029	3.338	80.56	631.58	0.25841	1.8161
81.10	0.5052	371.0	0.001030	3.269	81.12	631.80	0.25998	1.8143
81.66	0.5166	380.0	0.001030	3.201	81.68	632.02	0.26155	1.8124
82.21	0.5282	388.5	0.001031	3.135	82.23	632.24	0.26312	1.8106
82.77	0.5400	397.2	0.001031	3.071	82.79	632.46	0.26468	1.8089
83.32	0.5520	406.0	0.001031	3.008	83.35	632.68	0.26625	1.8071
83.88	0.5643	415.1	0.001031	2.947	83.91	632.91	0.26781	1.8053

84.44	0.5768	424.3	0.001032	2.887	84.47	633.12	0.26937	1.8035
84.99	0.5895	433.6	0.001033	2.829	85.02	633.34	0.27093	1.8017
85.55	0.6025	443.1	0.001033	2.772	85.58	633.56	0.27248	1.8000
86.10	0.6157	452.9	0.001033	2.716	86.14	633.78	0.27404	1.7982
86.66	0.6291	462.7	0.001034	2.662	86.70	634.00	0.27559	1.7965
87.21	0.6428	472.8	0.001034	2.609	87.26	634.22	0.27713	1.7947
87.77	0.6567	483.0	0.001034	2.557	87.81	634.43	0.27868	1.7930
88.32	0.6709	493.5	0.001035	2.506	88.37	634.65	0.28022	1.7913
88.88	0.6853	504.1	0.001035	2.457	88.93	634.87	0.28176	1.7896
89.43	0.7000	514.9	0.001036	2.408	89.48	635.08	0.28330	1.7878
89.99	0.7150	525.9	0.001036	2.361	90.05	635.30	0.28484	1.7861
90.55	0.7302	537.1	0.001036	2.315	90.61	635.52	0.28638	1.7844
91.10	0.7457	548.5	0.001037	2.270	91.16	635.73	0.28791	1.7828
91.66	0.7615	560.1	0.001037	2.226 ·	91.72	635.95	0.28944	1.7811
92.21	0.7775	571.9	0.001038	2.183	92.28	636.16	0.29097	1.7794
92.77	0.7938	583.9	0.001038	2.141	92.84	636.38	0.29250	1.7777
93.32	0.8104	596.1	0.001038	2.100	93.40	636.59	0.29402	1.7760
93.88	0.8273	608.5	0.001039	2.060	93.96	636.81	0.29554	1.7744
94.43	0.8445	621.2	0.001039	2.021	94.51	637.02	0.29706	1.7727
94.99	0.9620	634.0	0.001039	1.982	95.07	637.23	0.29858	1.7711
95.55	0.8798	647.1	0.001040	1.945	95.63	637.44	0.30010	1.7694
96.10	0.8979	660.4	0.001041	1.908	96.19	637.66	0.30161	1.7678
96.66	0.9162	673.9	0.001041	1.872	96.75	637.87	0.30312	1.7662
97.21	0.9349	687.7	0.001041	1.837	97.31	638.08	0.30463	1.7646
97.77	0.9540	701.7	0.001042	1.803	97.87	638.29	0.30614	1.7629
98.32	0.9733	715.9	0.001042	1.769	98.43	638.51	0.30765	1.7613
98.88	0.9930	730.3	0.001043	1.737	98.99	638.72	0.30915	1.7597
99.43	1.0130	745.1	0.001043	1.705	99.55	638.93	0.31065	1.7581
99.99	1.0333	·760.0	0.001043	1.673	100.11	639.13	0.31215	1.7565

Tabela 5.6.2

5.7 – Dados práticos

Atualmente as instalações de refrigeração por absorção são usadas, tanto para a produção de baixas temperaturas em aplicações industriais (sistema $NH_3 - H_2O$), como para a produção de temperaturas superiores a $0°C$ destinadas ao conforto humano, conservação de flores, etc. (sistema $H_2O - LiBr$).

A Figura 5.7.1 nos mostra uma instalação de refrigeração por absorção sistema $NH_3 - H_2O$ de BORSIG, aquecida diretamente com FUEL OIL, que funciona com 2 estágios de geração, com capacidade de 170 T.R. a uma temperatura de evaporação de $- 50°C$, destinada a LIOFILIZAÇÃO DE CAFÉ.

O investimento inicial deste tipo de instalação é muito superior ao das instalações de refrigeração convencionais por compressão mecânica (cerca de três vezes).

Por outro lado o seu coeficiente de efeito frigorífico é bastante inferior ao de uma instalação equivalente de refrigeração mecânica, como pode-se despreender dos diagramas da Figura 5.7.2.

Entretanto, considerando que a energia mecânica ou energia elétrica tem custo bastante superior a equivalente em forma de calor, os inconvenientes apontados ficam bastante minorados.

Assim para o Rio Grande do Sul (1970).

1 kWh = Cr$ 0,20

1 kgf FUEL OIL = 0,10 (8000 kcal úteis) a partir dos dados da Figura 5.7.2, podemos elaborar o diagrama da Figura 5.7.3, onde nota-

mos que o custo de produção da TONELADA DE REFRIGERAÇÃO, nos sistemas de absor-ção é inferior aquele que se verifica nos sistemas de compressão mecânica, mesmo para temperaturas de evaporação de + 10°C.

Figura 5.7.1

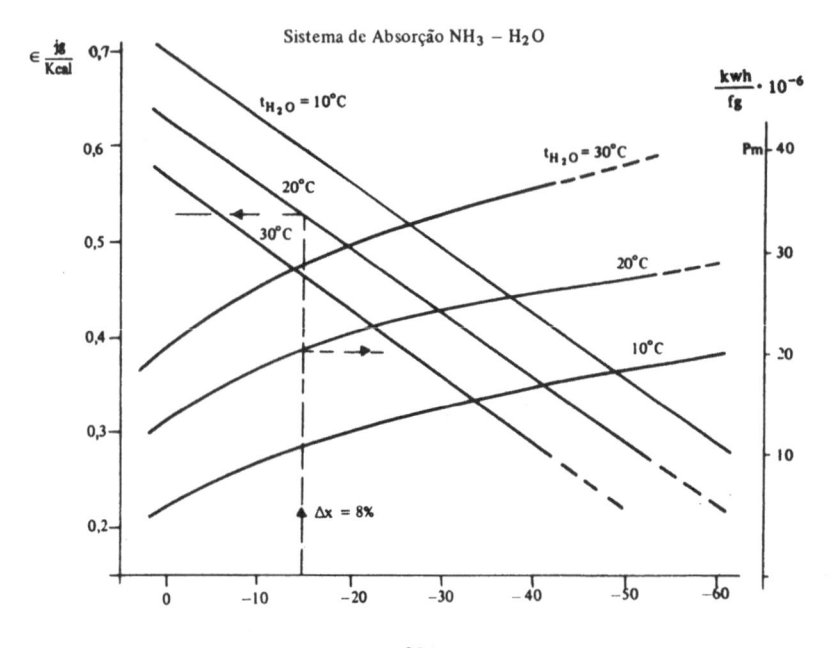

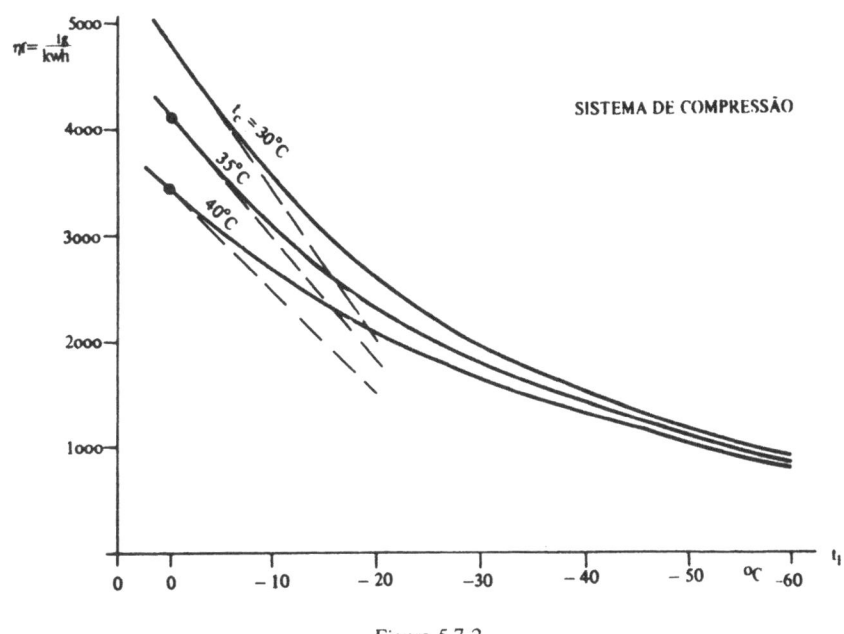
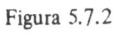

Figura 5.7.2

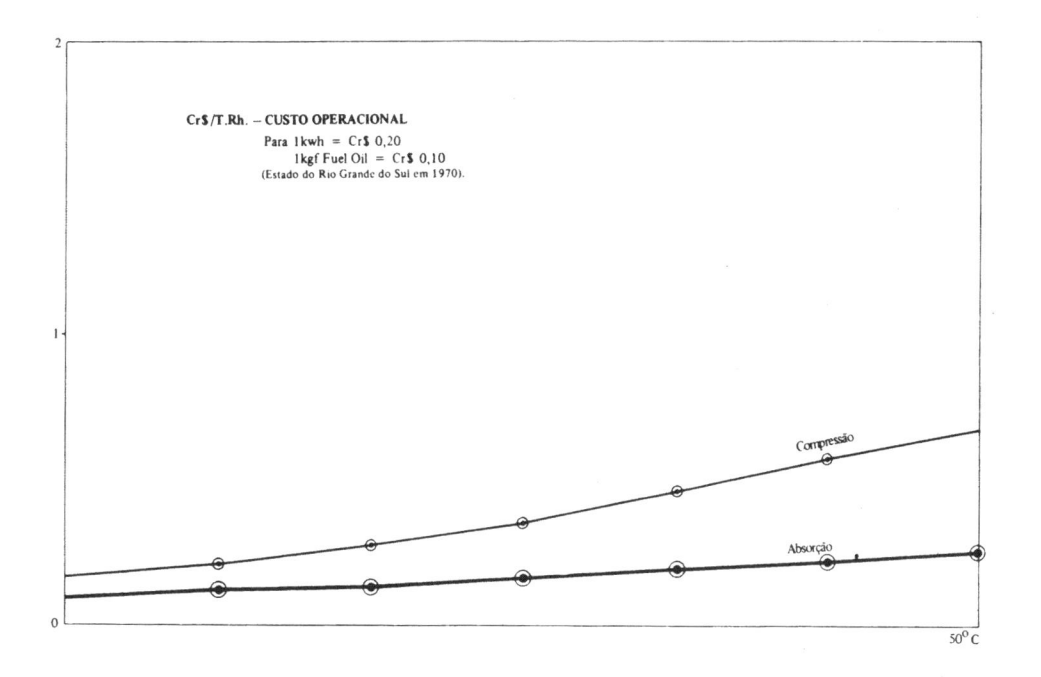

Cr$/T.Rh. – CUSTO OPERACIONAL
Para 1kwh = Cr$ 0,20
1kgf Fuel Oil = Cr$ 0,10
(Estado do Rio Grande do Sul em 1970).

Figura 5.7.3

205

6. REFRIGERAÇÃO POR ADSORÇÃO

6.1 – Generalidades

A adsorção é o fenômeno pelo qual, pondo-se em contato um sólido com uma mistura de fluidos, um destes é retido pelo sólido, resultado um enriquecimento do fluido não adsorvido.

Adsorção se deve ao fato de que a superfície de qualquer sólido se encontra em estado de tensão ou de não saturação, que forma um verdadeiro campo residual de forças de superfície.

A tendência natural de redução da energia livre da superfície é a responsável pelo fenômeno aludido.

Adsorção se refere portanto estritamente a existência de uma concentração mais alta de um dado componente, na superfície de uma fase sólida do que no seu interior, isto é a adsorção é um fenômeno exencialmente de superfície.

Já a absorção estudada no item anterior é um caso particular de mistura ou dissolução, fenômenos estes onde o fluido absorvido penetra mais ou menos profundamente no material absorvente, ao qual fica incorporado.

Adsorção pode ser considerada como física ou química.

Na adsorção física intervem apenas as forças de coesão molecular (forças de VAN DER WAALS), caracterizando-se a mesma por apresentar calores de adsorção relativamente pequenos (da ordem de 10.000 kcal/mol) e um estado de equilíbrio entre o sólido e o fluido (estado de saturação do sólido) que depende da temperatura do adsorvente e da pressão parcial do fluido adsorvido.

Na adsorção química intervém forças de atração semelhantes as da valência, que estabelecem ligações de natureza química, as quais se caracterizam por ter calores de adsorção maiores do que os do fenômeno anterior (20.000 a 100.000 kcal/mol).

A adsorção se constitui atualmente, um processo importante para a desumidificação do ar atmosférico (retirada de calor latente).

Para a desumidificação do ar por adsorção, os adsorventes mais importantes usados são a SÍLICA GEL e a ALUMINA ATIVADA.

6.2 – Capacidade de adsorção

A capacidade de um sólido adsorver um determinado fluido, depende das características físicas do sólido, da composição do fluido, da temperatura e pressão do processo e, do tipo e tempo de contato.

A velocidade de adsorção "c_a"(o peso de fluido adsorvido por unidade de peso de adsorvente e na unidade de tempo), diminue rapidamente com o tempo, desde um alto valor inicial até zero no ponto de saturação (Figura 6.2.1).

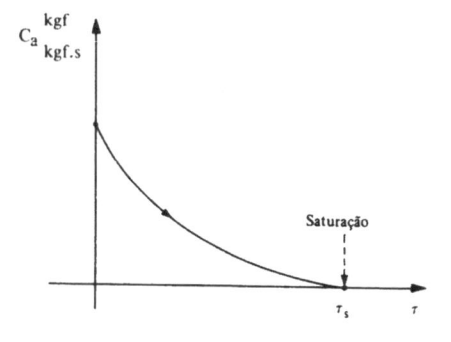

Figura 6.2.1

O tempo τ_s necessário para atingir a saturação do adsorvente varia muito.

Diminue com o tamanho do grão do adsorvente, com o aumento de temperatura e, com o peso molecular do adsorvido.

Quanto mais perfeito for o contato entre o sólido e o fluido tanto mais rapidamente será atingido o equilíbrio.

Assim no processo de adsorção dinâmica em que o fluido passa através do adsorvente, a saturação é atingida mais rapidamente do que no processo estático em que o fluido é mantido em repouso.

A capacidade total de adsorção, que naturalmente depende do sólido, do fluido, da temperatura e pressão do processo, de acordo com a Figura 6.2.1 nos seria dada por:

$$X_s \text{ kgf/kgf} = \int_0^{T_s} C_a \, d\tau$$

6.3 – Influência da temperatura e da pressão sobre a adsorção.

A capacidade de adsorção aumenta com a pressão e diminue com a temperatura, como nos mostra o diagrama de "Cox" da Figura 6.3.1 (adsorção da água pela sílica gel).

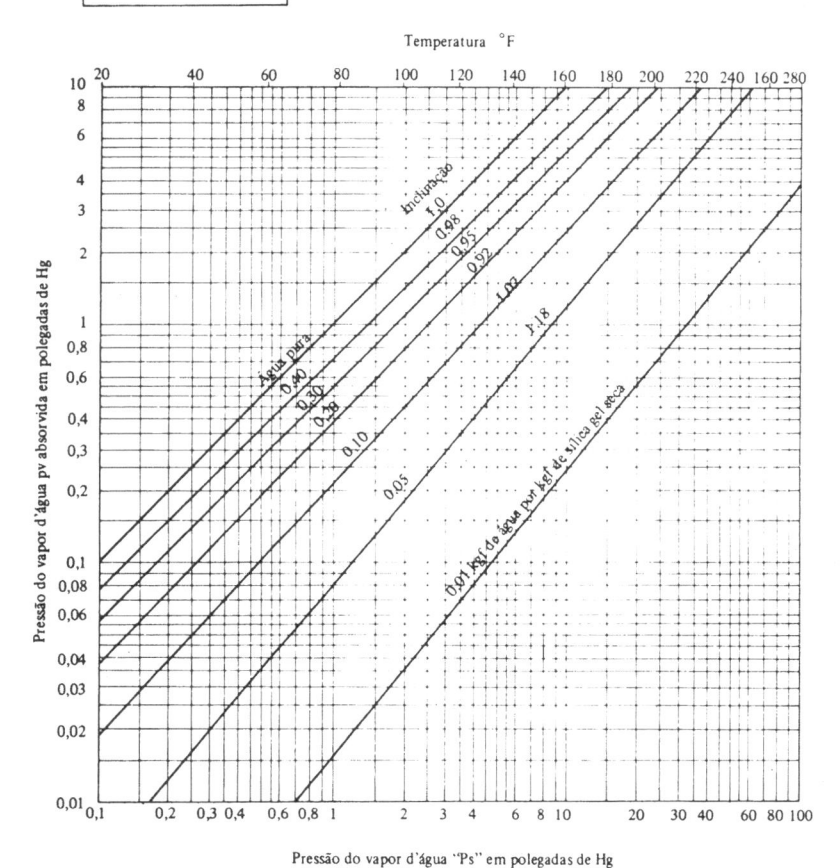

Temperatura °F

Pressão do vapor d'água "Ps" em polegadas de Hg

Figura 6.3.1

A relação entre a pressão parcial do vapor "p_v e a capacidade de adsorção X_s, para vapores afastados de suas condições normais de saturação, pode ser expresso para uma mesma temperatura pela equação empírica de FREUNDLICH:

$$p_v = a \, X_s^n$$

Para a sílica gel comercial, é usual adotar-se, para adsorção à temperaturas inferiores a $38°C$, a equação simplificada:

$$X_s = 55 \frac{p_v}{p_s} = 55\varphi$$

onde:

"Xs" é a capacidade total de adsorção kgf/kgf

"Pv" é a pressão parcial do vapor dágua no ar

"p_s" é a pressão de saturação da água à temperatura, da mistura.

Além da temperatura e da pressão, a capacidade total de adsorção de um material adsorvente pode ser influenciada:

a – pelo desprendimento de calor que acompanha o processo;

b – pela disposição do adsorvente que pode alterar as características de transmissão, entre o sólido adsorvente e o fluido em adsorção, do calor produzido no processo;

c – pela perda de carga do gás através da camada adsorvente ;

d – pela composição do fluido assim como impureza deste ou do sólido adsorvente.

6.4 – Calor de adsorção

Verificando-se alteração em qualquer uma das propriedades que determinam o equilíbrio de um sistema, este tenderá a deslocar-se no sentido de compensar este efeito (Princípio de LE CHATELIER).

Assim como a capacidade de adsorção diminue com o aumento da temperatura, o processo de adsorção verificar-se-a com desprendimento de calor, chamado "calor de adsorção".

O calor de adsorção pode ser expresso de forma integral ou diferencial.

O calor integral de adsorção corresponde a mudança de entalpia por unidade de peso de fluido adsorvido pelo adsorvente livre de fluido, para formar uma concentração definida.

O calor integral de adsorção varia com a concentração do gás adsorvido, em geral com o aumento da concentração.

O calor diferencial de adsorção, por sua vez, é dado pela variação da entalpia por unidade de peso de fluido, quando o mesmo é adsorvido por uma quantidade relativamente grande de adsorvente, no qual a concentração de gás já adsorvido pode ser considerado como invariável.

O calor diferencial de adsorção é função da concentração do adsorvente, diminuindo com o aumento da mesma.

Ao nos aproximarmos da saturação completa de um adsorvente, o calor diferencial de adsorção tende para o calor de condensação do fluido em adsorção, à temperatura do processo.

Exemplo: O calor de condensação da água a $0°C$ é de 598 kcal/kgf ou seja $18 \times 598 = 10.764$ kcal/mol.

Assim, como a saturação da sílica gel com água a $0°C$ é atingida na concentração de 0,4, o calor diferencial da adsorção nesta situação deverá ser 10.764 kcal/mol.

Os efeitos caloríficos da adsorção normalmente são calculados em função do calor diferencial médio, já que as variações de concentração nos processos reais são relativamente pequenas.

A Figura 6.4.1 nos fornece o calor diferencial de adsorção da água pela sílica gel a $0°C$ em kcal/mol, em função da concentração do adsorvente em kgf de fluido adsorvido por kgf de material adsorvente seco.

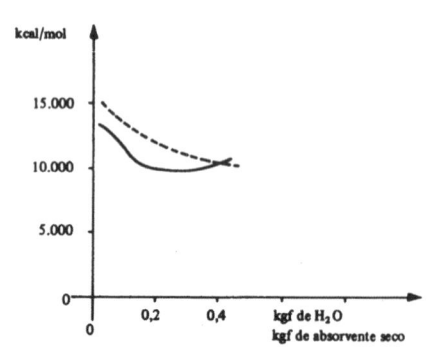

Figura 6.4.1

Os efeitos da temperatura no calor de adsorção diferencial podem ser calculados pela equação de CLAPEYRON, que relaciona o calor de adsorção com o calor de vaporização do fluido adsorvido:

$$Q_d = r \frac{d \ln p_s}{d \ln p_v}$$

onde para uma mesma temperatura:

"Qd" – calor diferencial de adsorção kcal/mol;

r – calor latente de vaporização do fluido adsorvido kcal/mol;

p_s – pressão de saturação fluido em adsorção = $f(t)$

p_v – pressão de vapor do fluido adsorvido.

Analisando a equação acima, notamos que a relação "Q_d" nada mais é do que a inclinação das retas que aparecem no diagrama logarítmico de Cox da Figura 6.3.1.

Assim podemos calcular o calor diferencial de adsorção para um determinado sistema, dispondo do referido diagrama, em função da temperatura (r, p_s) e, dos limites de concentração estabelecidos para o processo.

6.5 – Desumidificação do ar úmido por meio de materiais adsorventes

A desumidificação do ar ocorre, quando o mesmo passa através de um leito de material adsorvente, se a concentração do vapor dágua no ar é maior do que a concentração do vapor dágua em equilíbrio com o adsorvente (Figuras 6.5.1 e 6.5.2).

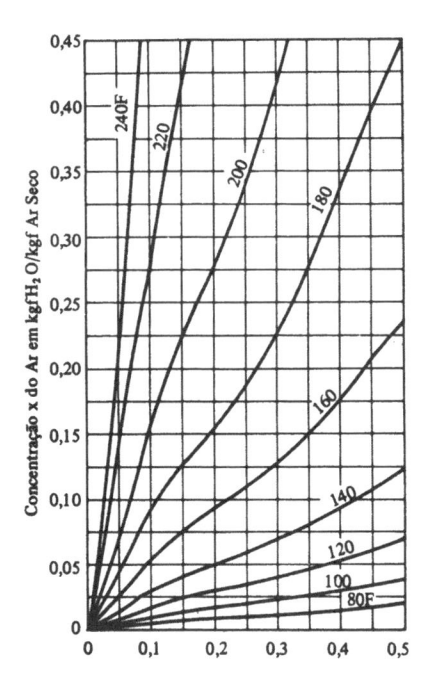

Concentração X da sílica gel em kgfH₂O/kgf sílica seca

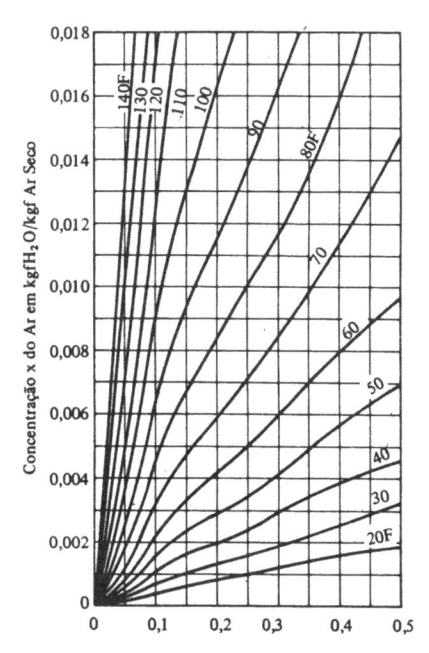

Concentração X da sílica gel em kgfH₂O/kgf sílica seca

CONCENTRAÇÃO DO AR ÚMIDO À PRESSÃO ATMOSFÉRICA EM EQUILÍBRIO COM A SILICA GEL

Figuras 6.5.1 e 6.5.2

Devido a diferença de temperatura entre o ar e o adsorvente geralmente existe transmissão de calor sensível entre ambos.

Nestas condições, para manter a temperatura do adsorvente constante torna-se necessário arrefecer o leito do adsorvente por meio de serpentinas de refrigeração.

Se a temperatura do leito de material adsorvente pode ser considerada estacionária, o balanço de material torna-se bastante fácil.

Entretanto na realidade os equipamentos de adsorção mais comuns operam adiabaticamente isto é, sem serpentinas de refrigeração.

209

Embora neste caso o equipamento seja mais simples, a eficiência da desumidificação é menor que no caso anterior.

Por outro lado a análise matemática da desumidificação do ar por meio de um leito adsorvente adiabático (ou processo cuja velocidade de transmissão é conhecida) é muito mais difícil do que por meio de um leito adsorvente isotérmico.

Para tal o conceito de ETAPA DE EQUILÍBRIO ou ETAPA IDEAL é importante.

Uma etapa de equilíbrio na separação de um líquido se define como aquela condição na qual a dissolução resultante que sai tem a mesma composição que a dissolução aderida ao sólido descarregado nesta fase.

Como esta condição não é satisfeita na prática, costuma-se definir um rendimento global do processo, o qual nos é dado pela relação entre o número de etapas ideais e, o número de etapas reais do processo, isto é:

$$\eta_p = \frac{\text{NÚMERO DE ETAPAS IDEAIS}}{\text{NÚMERO DE ETAPAS REAIS}}$$

O cálculo do número de etapas reais, se constitue a base para o projeto de uma bateria de extratores quando se conhece o rendimento global do processo.

O rendimento global do processo está relacionado com a duração do contato entre o fluido e o adsorvente em cada uma das etapas e, por isso tende a diminuir com o aumento do fluxo.

Tal informação só pode ser obtida com exatidão por meio de experiências.

Desde que o processo consista em apenas uma etapa de equilíbrio, a solução direta pode ser obtida por meio de um diagrama ENTALPIA – CONCENTRAÇÃO modificado, isto é pela superposição dos 2 diagramas ENTALPIA – CONCENTRAÇÃO, para cada uma das fases intervenientes.

Assim imaginando que o adsorvente (SÍLICA GEL) só existe na fase sólida e, o terceiro componente (AR) permanece totalmente inadsorvido, cada fase conterá apenas 2 componentes.

Se o diagrama para a fase sólida se constroe tomando os entalpias por unidade de peso do adsorvente isento de adsorvido (kgf de SÍLICA GEL SECA) como ordenadas e, o peso de adsorvido por unidade de peso de adsorvente (kgf de H_2O por kgf de SÍLICA GEL SECA) resulta a metade inferior da Figura 6.5.3.

De maneira anologa, se o diagrama para a fase fluida se constroe, tomando as entalpias por unidade de peso do componente inadsorvido (kcal por kgf de AR SECO) em função da relação em peso do soluto e componente não adsorvido (kgf de H_2O por kgf de AR SECO) resulta a metade superior da Figura 6.5.3.

Nestas condições, adotando a nomenclatura que segue:

G_{Me} – Descarga de material adsorvente que entra no processo (kgf/h de SÍLICA GEL ENTRANDO)

G_{Ms} – Descarga do material adsorvente que sai do processo (kgf/h de SÍLICA GEL SAINDO)

G_{ARe} – Descarga de ar seco que entra no processo (kgf/h de AR SECO ENTRANDO)

G_{ARs} – Descarga de ar seco que sai do processo (kgf/h de AR SECO SAINDO)

X – Relação em peso do adsorvido no adsorvente (kgf de H_2O/kgf de SÍLICA GEL SECA)

x – Relação em peso do adsorvido no inadsorvido (kgf de H_2O/kgf de AR SECO)

H_M – Entalpia de adsorvente em kcal/kgf de SÍLICA GEL SECA

H_{AR} – Entalpia do inadsorvido em kcal/kgf AR SECO

Podemos escrever:

$$\boxed{G_{Me} + G_{ARe} = G_{Ms} + G_{ARs} = G}$$

$$(6.5.1)$$

E, como o adsorvente não aparece na fase fluida e o terceiro componente não é adsorvido:

$$G_{Me} = G_{Ms} = G_M \ , \ G_{ARe} = G_{ARs} = G_{AR}$$

E para o componente adsorvido:

$$\boxed{G_{Me}\, x_e + G_{ARe}\, x_e = G_{Ms} X_s + G_{ARs} x_s = G\, X}$$

$$(6.5.2)$$

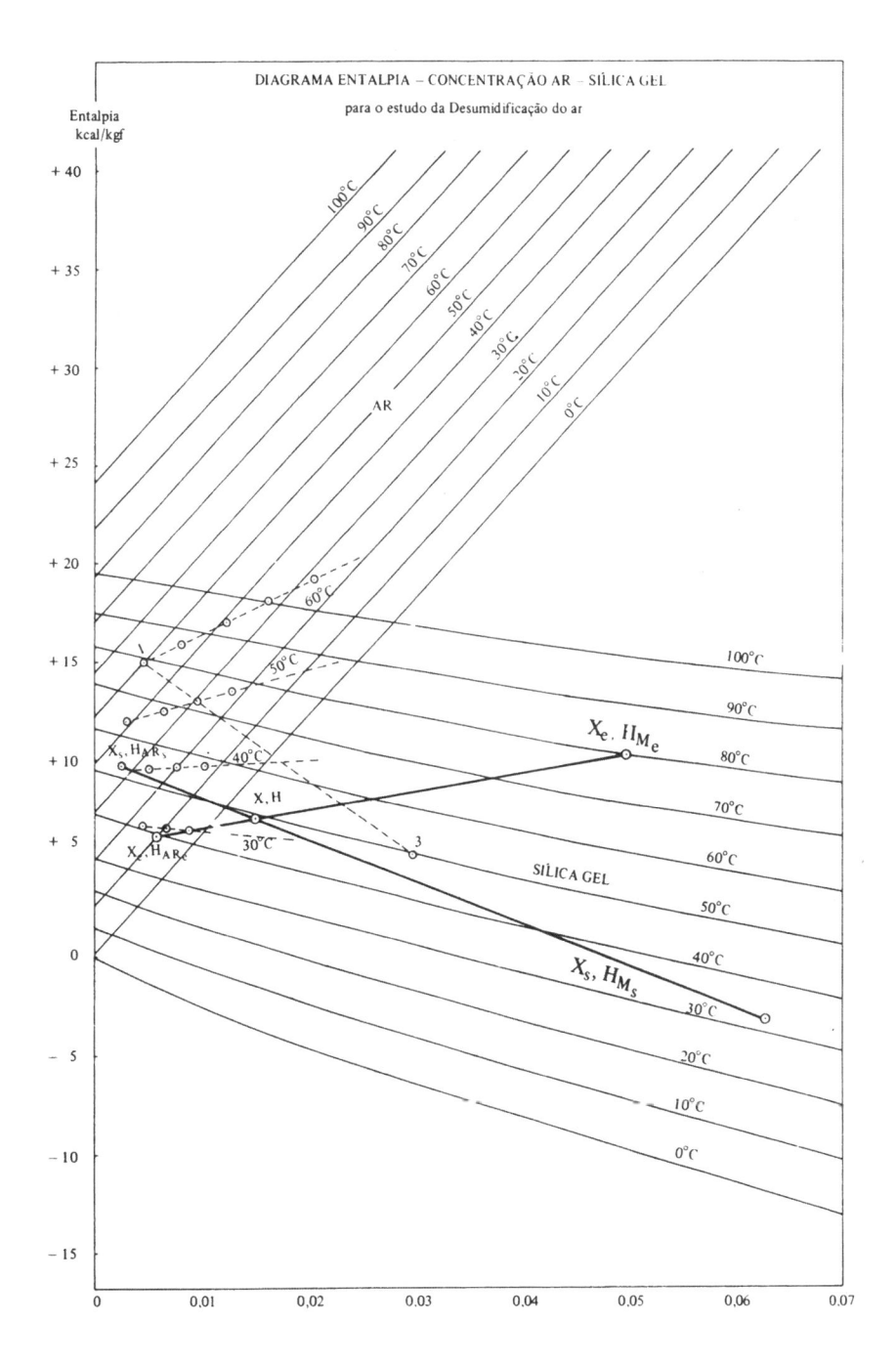

Concentração kgfH$_2$O/kgf de ar sêco ou kgf de Sílica Gel Sêca

Figura 6.5.3

211

Ou ainda o balanço térmico (processo adiabático):

$$G_{M_e} H_{M_e} + G_{AR_e} H_{AR_e} = G_{M_s} H_{M_s} + G_{AR_s} H_{AR_s} = G H$$

$$(6.5.3)$$

Equações que nos permitem escrever as condições de entrada:

$$G_M X_e + G_{AR} x_e = G X$$

$$G_M H_{M_e} + G_{AR} H_{AR_e} = G H$$

ou ainda para:

$$G_M = G - G_{AR}$$

$$\frac{G_{AR}}{G} = \frac{X - X_e}{x_e - X_e} = \frac{H - H_{M_e}}{H_{AR_e} - H_{M_e}}$$

$$\frac{G_M}{G} = \frac{x_e - X}{x_e - X_e} = \frac{H_{AR_e} - H}{H_{AR_e} - H_{M_e}}$$

$$(6.5.4)$$

isto é

$$\frac{H - H_{M_e}}{X - X_e} = \frac{H_{AR_e} - H_{M_e}}{x_e - X_e}$$

equação da reta que passa pelos pontos

$$X_e H_{M_e} , X H , x_e H_{AR_e}$$

As relações 6.5.4, nos mostra ainda, que o segmento $X_e H_{M_e}$, $x_e H_{AR_e}$ da reta em consideração é dividida pelo ponto XH em duas partes proporsionais a G_M e G_{AR} (LINHA DE REPARTIÇÃO).

Por outro lado, as procuradas condições de saída devem determinar da mesma forma uma nova linha que passa pelos pontos:

$$X_s H_{M_s} , X H , x_s H_{AR_s}$$

e que deverá obedecer as mesmas características de repartição da linha anterior.

Portanto conhecendo-se as temperaturas, concentrações e quantidades dos materiais que entram no processo, isto é:

$$G_{AR_e} , G_{M_e} , X_e , x_e , t_{M_e} , t_{AR_e}$$

a temperatura e as concentrações de G_{M_s}, G_{AR_s} se obterão, localizando a linha de repartição que passa pelo ponto X H e guarda a relação

$$\frac{G_{AR_e}}{G_{M_e}} = \frac{G_{AR_s}}{G_{M_s}} = \frac{G_{AR}}{G_M}$$

Esta linha de repartição pode identificar-se diretamente, traçando-se várias isotermas no diagrama entalpia-concentração, cada uma das quais representando uma mistura em equilíbrio das duas fases na proporção:

$$\frac{G_{AR}}{G_M}$$

A temperatura de equilíbrio do ponto X, H se obtem então por interpolação entre estas isotermas.

Conhecida a temperatura "t" do ponto "X, H" a linha de repartição correspondente às condições de saída e que portanto deve guardar a mesma proporção G_{AR}/GM pode ser traçada, pois: $t = t_{AR_s} = t_{M_s}$

Quando a desumidificação não é adiabática, conhecendo-se a velocidade da transmissão de calor, isto é o calor "Q" adicionado ao processo em kcal por kgf de SÍLICA GEL SECA mais AR SECO pode-se adotar a seguinte correção:

$$G_{M_e} H_{M_e} + G_{AR_e} H_{AR_e} = GH - GQ$$

6.5.1 – Exemplo

Determinar as condições de saída de 800 kgf/h de ar que sofre uma desumidificação entrando em contato com um leito adsorvente adiabático de sílica gel na proporção de 200 kgf/h, imaginando-se que:

$$t_{AR_e} = 10°C$$

$$x_e = 0,006 \text{ kgf/kgf de AR SECO } (\varphi = 80\%)$$

$$t_{M_e} = 80°C$$

$$X_e = 0,05 \text{ kgf/kgf de SÍLICA GEL SECA}$$

Obs.: Sílica gel recuperada por uma corrente de ar a 130°C e x = 0,017.

Face aos dados iniciais, podemos locar no diagrama Entalpia-Concentração a linha de repartição correspondente às condições de entrada (linha $x_e\,H_{ARe}$, X H, X_eH_{Me}).

Por sua vez as isotermas correspondentes às misturas em equilíbrio na proporção ar-sílica gel igual a 8:2, podem ser traçadas a partir dos dados dos diagramas de equilíbrio 6.5.1 e 6.5.2 que estão relacionados a seguir:

Temperatura	Concentrações de equilíbrio	
	Ar	Sílica Gel
30°C	0,00176	0,04
"	0,00132	0,03
"	0,00088	0,02
"	0,00044	0,01
40°C	0,00345	0,04
"	0,00260	0,03
"	0,00172	0,02
"	0,00086	0,01
50°C	0,00640	0,04
"	0,00480	0,03
"	0,00320	0,02
"	0,00160	0,01
60°C	0,01352	0,05
"	0,01082	0,04
"	0,00812	0,03
"	0,00542	0,02

Tabela 6.5.1.1

Uma interpolação entre as isotermas traçadas nos permite determinar a temperatura do ponto H,X que é de 32,5°C.

Finalmente as condições de equilíbrio AR – SÍLICA GEL para esta temperatura (condições de saída) podem ser determinadas, traçando-se para a proporção $G_{AR}/G_M = 2/8$ e as condições:

$$t_{AR_s} = 32,5°C \quad t_{M_s} = 32,5°C$$

a linha de repartição correspondente que passa pelo ponto X,H.

Os valores achados de acordo com o diagrama anexo foram

$$x_s = 0,00275 \quad (\varphi = 10\%)$$
$$X_s = 0,063$$

Na prática a desumidificação adiabática do ar é obtida de uma maneira contínua por meio de leitos adsorventes rotativos como o da Figura 6.5.1.1 onde o material adsorvente é permanentemente reativado por uma corrente de ar aquecido a cerca de 130°C.

O método de cálculo anteriormente exposto pode ser aplicado aos casos em que exista mais de uma etapa de equilíbrio.

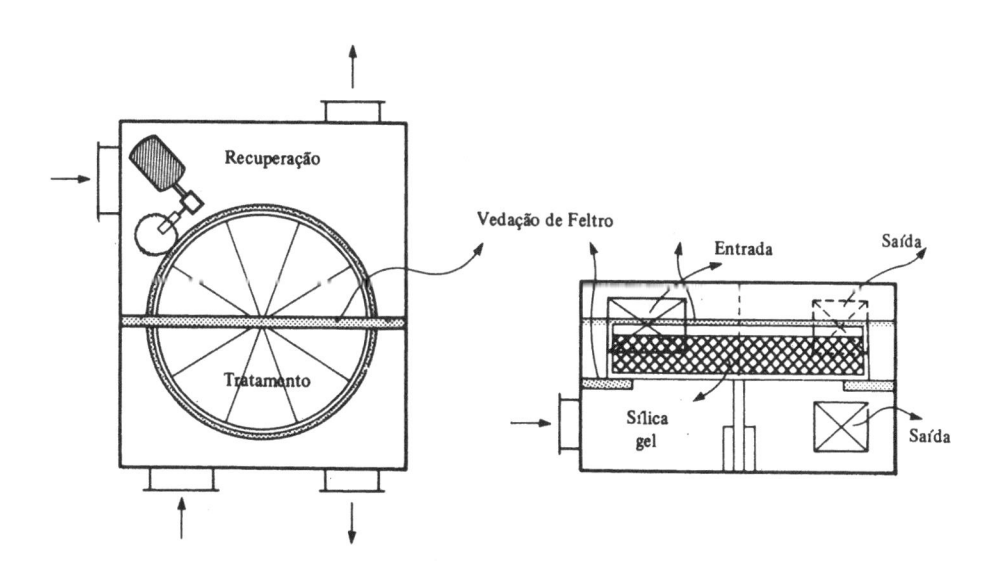

Figura 6.5.1.1

Para a determinação de número de etapas de equilíbrio requeridas para uma determinada separação, podemos empregar de acordo com a Figura 6.5.1.2, a seguinte equação:

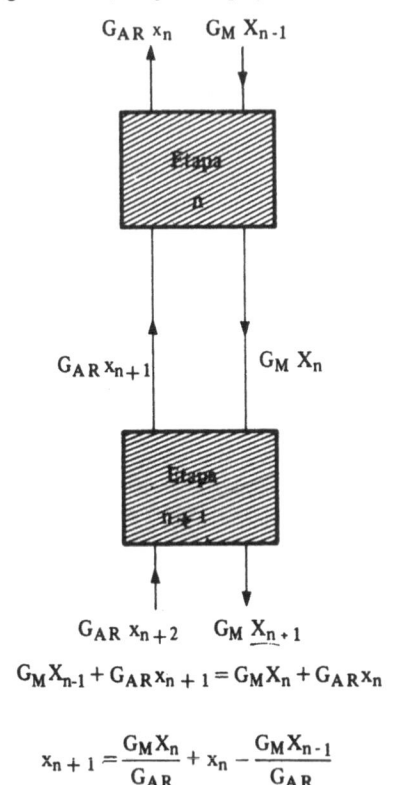

$$G_M X_{n-1} + G_{AR} x_{n+1} = G_M X_n + G_{AR} x_n$$

$$x_{n+1} = \frac{G_M X_n}{G_{AR}} + x_n - \frac{G_M X_{n-1}}{G_{AR}}$$

Figura 6.5.1.2

A representação gráfica desta equação, na qual x seja a ordenada e X a abscissa (diagrama da Figura 6.5.1.3) é uma linha reta de inclinação G_M/G_{AR}, que corta o eixo das ordenadas no ponto:

$$"x_n - \frac{G_M X_{n-1}}{G_{AR}}"$$

Esta linha é denominada "linha de operação", a qual combinada com as linhas de equilíbrio correspondentes às temperaturas do processo, nos permite determinar o número de estágios ideais do mesmo.

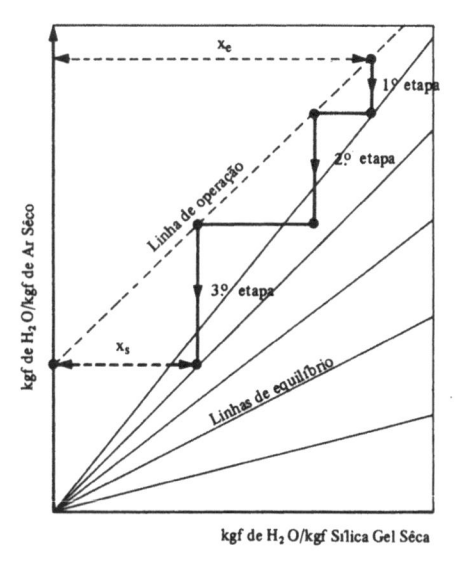

Figura 6.5.1.3

7.1 – Histórico

Em 1821 SEEBECK observou que em um circuito fechado constituído por dois metais diferentes, circula uma corrente elétrica, sempre que as duas junções sejam mantidas a temperaturas diferentes (Figura 7.1.1).

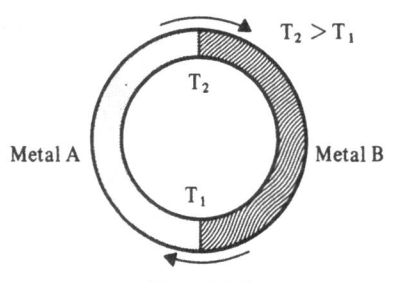

Figura 7.1.1

Assim diferenças de temperaturas da ordem de $1700°C$, podiam gerar diferenças de potencial de 18 mV.

Em 1834, PELTIER observou o efeito inverso, isto é, fazendo circular uma corrente elétrica na mesma direção da F.E.M. gerada pelo efeito SEEBECK, verifica-se, o esfriamento do ponto de junção, e vice-versa (Figura 7.1.2).

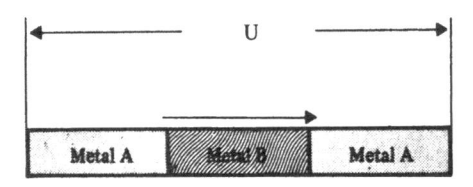

Figura 7.1.2

O efeito SEEBECK é portanto reversível.

Em 1857, WILLIAM THOMSON (LORD KELVIN) descobriu que um condutor simples submetido a um gradiente de temperatura, sofre uma concentração de elétrons em uma de suas extremidades e uma carência dos mesmos na outra (Figura 7.1.3).

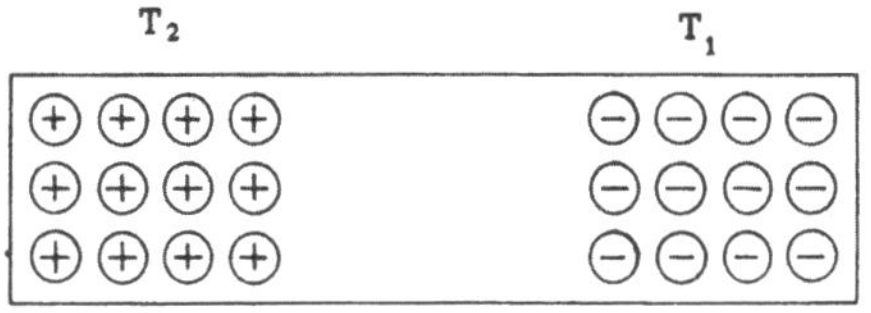

T_2 T_1

Figura 7.1.3

A aplicação da termoeletricidade se restringiu durante muitos anos, quase que exclusivamente, à medida de temperaturas por meio dos chamados termopares.

As primeiras considerações objetivas a respeito da aplicação do efeito PELTIER à refrigeração, foram feitas pelo cientista alemão ALTERNKIRCH que demonstrou qualitativamente que um material termoelétrico é bom quando, apresenta um alto coeficiente SEEBECK (ou poder termoelétrico), uma alta condutividade elétrica e uma baixa condutividade térmica.

Infelizmente até 1949 não existiam materiais termoelétricos adequados.

A partir de 1949 com o desenvolvimento da técnica dos semicondutores, que apresentam um coeficiente SEEBECK bastante superior ao dos metais é que a refrigeração termoelétrica tomou algum impulso.

Em 1953 A.F. IOFFE diretor do Instituto de Semicondutores de LENINGRADO construiu uma câmara de 9,8 litros refrigerada a $4°C$.

Um pouco mais tarde o Dr. NILS LINDEBLAD da Radio Corporation of America, constituiu uma câmara de 112 litros com 236 termopares, refrigerada a $4,5°C$.

Grande passo na refrigeração termoelétrica foi dado em 1955 com a descoberta do Bi_2Te_3 cujas propriedades como material semicondutor permitem criar diferenças de temperaturas entre a fonte quente e a fonte fria da ordem de $72°C$.

Atualmente já existem no comércio caixas de refrigeração para o transporte de plasma e antibióticos construídas com 12 termopares e que consomem 9 A sob uma diferença de potencial de 1,8 V.

São comuns também refrigeradores portáteis de 30 litros com 2×80 termopares para a ligação em baterias de 12 V.

Já se fabricam igualmente aparelhos de ar condicionado termoelétricos, embora seu emprego se restrinja a aplicações especiais devido ao seu alto custo e consumo de energia (naves espaciais).

7.2 – Efeitos termoelétricos

Cinco são os efeitos que se observam quando uma corrente elétrica circula através de um semicondutor:

EFEITO SEEBECK
EFEITO PELTIER
EFEITO THOMSON
EFEITO JOULE
CONDUÇÃO DE CALOR

a – *Efeito Seebeck*

Consideremos o circuito elétrico da Figura 7.2.1 formado por 2 materiais semicondutores diferentes cujas junções se mantém às temperaturas T_2 e T_1.

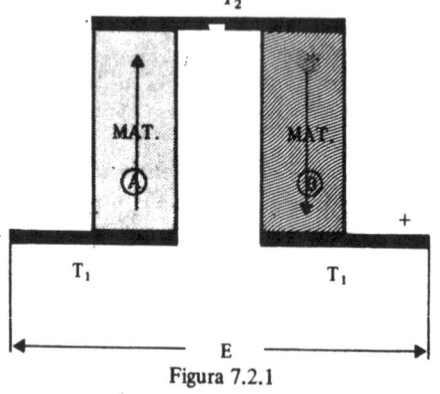

Figura 7.2.1

Devido ao efeito SEEBECK aparecerá nos extremos do circuito uma força eletromotriz que é diretamente proporcional a diferença de temperatura entre as junções dos semicondutores, isto é:

$$E = \alpha_{AB}(T_2 - T_1) \qquad (7.2.1)$$

Onde "$\alpha_{AB} = \alpha_A - \alpha_B$" é o oeficiente de efeito SEEBECK entre os 2 semicondutores o qual é igual a diferença entre os coeficientes de efeito SEEBECK dos 2 materiais.

O coeficiente de efeito SEEBECK tem por unidade V/°C e seu valor varia de material para material.

Assim podemos relacionar em média:

Para os metais $\alpha < 0,000005$ V/°C

Para os semicondutores $\alpha = 0,0002$ V/°C

b – *Efeito Peltier*

Se no circuito elétrico da Figura 7.2.1 formado por 2 materiais semicondutores diferentes, fizermos circular uma corrente elétrica, mediante a aplicação de uma fonte de corrente contínua, uma das junções vai absorver calor enquanto que a outra vai dissipar calor.

Se invertermos a corrente a junção que absorve calor passa a dissipá-lo e vice-versa.

Sob este aspecto os semicondutores podem ser classificados em semicondutores positivos (S.C.P) e semicondutores negativos (S.C.N.).

Os semicondutores positivos são aqueles nos quais a corrente elétrica convencionalmente tem o sentido das temperaturas decrescentes (Figura 7.2.2).

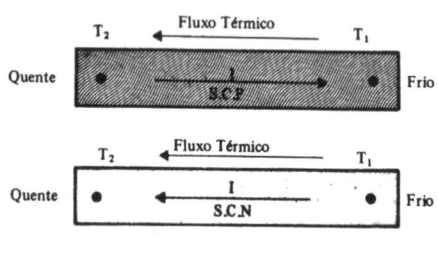

Figura 7.2.2

Os semicondutores negativos por sua vez são aqueles nos quais a corrente elétrica convencionalmente tem o sentido das temperaturas crescentes.

A montagem em série de vários semicondutores positivos alternados com negativos é que permite a formação de uma bateria termoelétrica ou sistema de refrigeração termoelétrica (Figura 7.2.3).

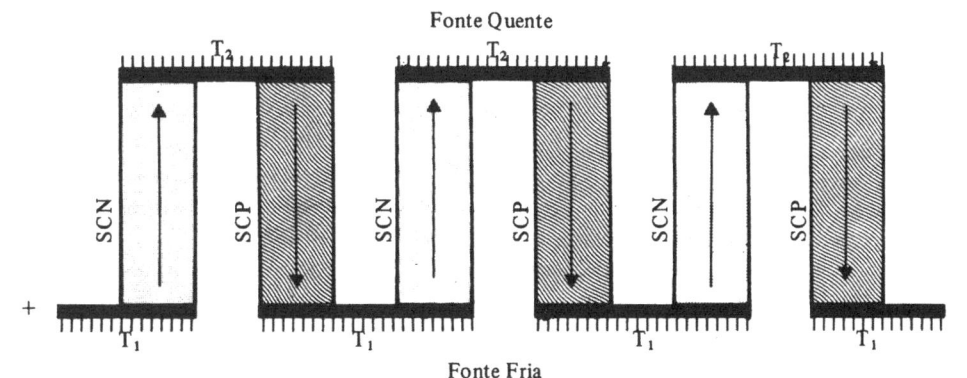

Fonte Quente

Fonte Fria

Figura 7.2.3

A quantidade de calor absorvido na fonte fria ou dissipado na fonte quente, segundo Lord KELVIN, é dado em Watts por:

$$Q = \pi_{AB}\, I \qquad (7.2.2)$$

Onde "$\pi_{AB} = \pi_A - \pi_B$" é o coeficiente de efeito PELTIER entre os 2 semicondutores, o qual é igual a diferença entre os coeficientes absolutos de efeito PELTIER dos 2 materiais.

Na realidade, verificou WILLIAM THOMSON que:

$$\pi_{AB} = \alpha_{AB}\, T \qquad (7.2.3)$$

de modo que:

$$Q = \alpha_{AB} \cdot T \cdot I \qquad (7.2.4)$$

c – *Efeito joule e condução do calor*

Devido ao efeito JOULE ao passar uma corrente por um condutor este sofre um aquecimento o qual tem por expressão

$$I^2 R \quad \text{watts}$$

Considerando que este aquecimento fique repartido uniformemente ao longo do semicondutor, podemos dizer que o mesmo acarreta uma redução da retirada de calor da fonte fria de $1/2 I^2 R$ e, um aumento da dissipação de calor na fonte quente de $1/2\ I^2 R$.

Por outro lado devido à diferença de temperatura criada pelo efeito PELTIER, o semicondutor será sede de uma transmissão de calor por condução, a qual vale:

$$k'(T_2 - T_1) \quad \text{watts}$$

onde k' é o coeficiente de condutância dado em watts/K.

O calor transmitido por condução reduz a dissipação da fonte quente e, reduz também a retirada de calor da fonte fria.

Assim considerando o efeito JOULE e a condução de calor, podemos calcular as quantidades de calor, realmente absorvida "Q_1" na fonte fria ou, realmente dissipada "Q_2" na fonte quente pelo efeito PELTIER:

$$Q_1 = \alpha_{AB}\, I\, T_1 - k'(T_2 - T_1) - \frac{1}{2} I^2 R$$

$$Q_2 = \alpha_{AB}\, I\, T_2 - k'(T_2 - T_1) + \frac{1}{2} I^2 R$$

Naturalmente a diferença entre a quantidade de calor que sai do sistema Q_2 e a que entra Q_1, deverá ser igual a energia fornecida pela bateria, isto é (Figura 7.2.4):

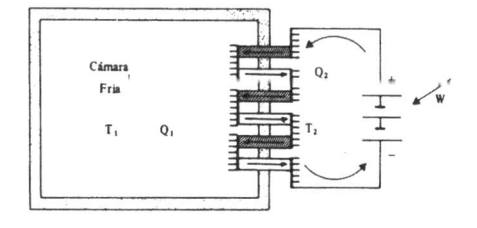

Figura 7.2.4

$$W = Q_2 - Q_1 = \alpha_{AB}\, I(T_2 - T_1) + I^2 R$$

$$(7.2.5)$$

d – *Coeficiente de efeito frigorífico*

O calor retirado na fonte fria "Q_1" dado em watt $= \dfrac{\text{JOULE}}{\text{SEGUNDO}}$, caracteriza a potência frigorífica, o calor dissipado na fonte quente "Q_2" caracteriza a potência calorífica, enquanto a sua diferença $Q_2 - Q_1 = W$, caracteriza a potência consumida (potência mecânica dos sistemas convencionais de compressão) embora neste caso ela seja de natureza elétrica.

Podemos portanto definir para os sistemas de refrigeração termoelétricos, um coeficiente de efeito frigorífico, o qual vale:

$$\in = \frac{Q_1}{W} = \frac{Q_1}{Q_2 - Q_1}$$

isto é:

$$\in = \frac{\alpha_{AB} T_1 I - k'(T_2 - T_1) - \frac{1}{2} I^2 R}{\alpha_{AB} I(T_2 - T_1) + I^2 R}$$

$$(7.2.6)$$

Se o sistema funcionasse reversivelmente, não haveria perdas por efeito JOULE nem por condução de calor, de modo que teríamos:

$$\in = \frac{T_1}{T_2 - T_1} \qquad (7.2.7)$$

Expressão que caracteriza o coeficiente de efeito frigorífico correspondente a um ciclo de CARNOT.

IOFFE demonstrou que o valor máximo de "$\in$" é atingido quando a relação

$$\frac{\alpha_{AB}{}^2 C}{k}$$

torna-se máxima.

Nesta expressão:

α_{AB} é o coeficiente de efeito SEEBECK entre A e B

$C = \dfrac{1}{\rho}$ é a condutividade elétrica

k é o coeficiente de condutividade térmica.

Assim, conclui-se que um material termoelétrico é de boa qualidade, quando apresenta um alto coeficiente de efeito SEEBECK a par de uma alta condutividade elétrica e baixa condutividade térmica.

Nestas condições tanto os isolantes como os condutores devem ser considerados como materiais termoelétricos pobres.

Os primeiros devido a sua alta resistividade elétrica ($2 \cdot 10^{17}$ Ohm/cm) e os segundos ($\rho_{cobre} = 1,7 \cdot 10^{-6}$ Ohm/cm) devido a sua grande condutividade térmica.

Os melhores materiais termoelétricos tem sido fabricados com os semicondutores (60 Ohm/cm), que são materiais de propriedades intermediárias entre os isolantes e os condutores propriamente ditos (Figura 7.2.5).

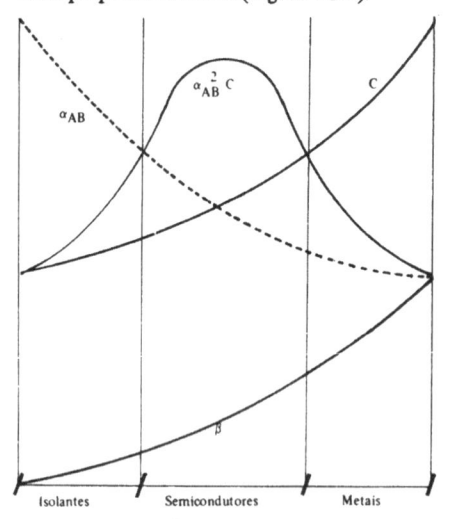

Figura 7.2.5

Além do exposto, para cada material termoelétrico, o coeficiente de efeito frigorífico depende, da configuração geométrica adotada (secção e comprimento dos termopares), das temperaturas das fontes quente e fria e da intensidade de corrente.

Assim para as temperaturas de $45°C$ e $5°C$ um determinado termopar apresenta uma variação de Q_1 e $\in$ como a da Figura 7.2.6.

Os coeficientes de efeito frigoríficos obtidos na técnica da refrigeração termoelétrica ainda são baixos, quando comparados com os valores obtidos por meio de uma instalação convencional de refrigeração mecânica.

O gráfico da Figura 7.2.7 nos dá uma idéia da situação atual relacionando os coeficientes de efeito frigorífico obtidos teoricamente ($\in$ CARNOT), com uma refrigeração convencional de compressão e, com a refrigeração termoelétrica, em função das diferenças de temperaturas entre as fontes quente e fria.

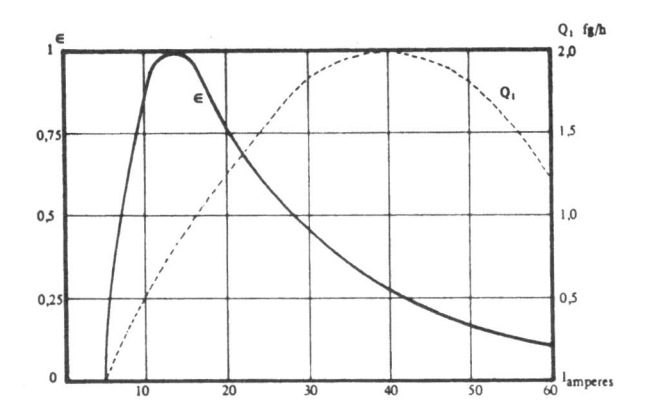

Figura 7.2.6

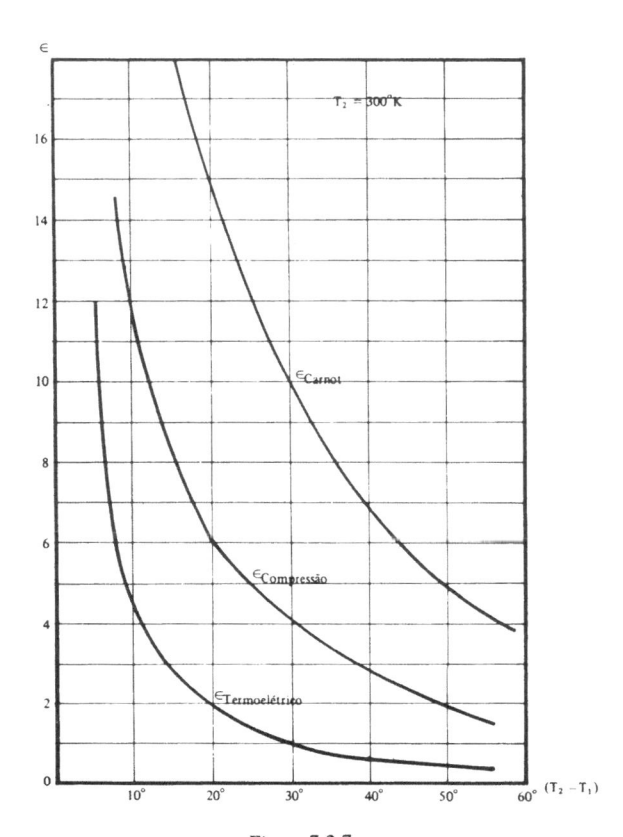

Figura 7.2.7

219

7.3 – Materiais empregados

Os semicondutores puros mais importantes encontrados na natureza são o GERMÂNIO e o SILÍCIO.

Pela adição de impurezas os semicondutores puros podem funcionar como elementos termoelétricos positivos ou negativos.

Impurezas como o ANTIMÔNIO (cinco elétrons de valência) podem contribuir com elétrons livres para o cristal e são denominadas doadoras, formando semicondutores do tipo negativo (S.C.N.).

Outros materiais como o ÍNDIO (três elétrons de valência) fornecem transportadores de carga positiva ou buracos e são denominados de captadores, servindo para formar semicondutores do tipo positivo (S.C.P.).

Atualmente na técnica da refrigeração termoelétrica o semicondutor que tem despertado maior interesse é o TELURETO DE BISMUTO ($Te_3 Bi_2$) descoberto em 1955, cuja composição permite criar tanto cristais positivos como negativos.

A tabela que segue nos mostra a composição e as propriedades do $Te_3 Bi_2$, funcionando como S.C.P. e S.C.N.

Outros materiais como ligas de ANTIMÔNIO e BISMUTO, TELURETO DE ANTIMÔNIO e PRATA são também empregados.

Os elementos semicondutores positivos e negativos são agregados em série formando baterias termoelétricas.

As baterias podem ser dispostas em estágios ou cascata a fim de obter-se maiores diferenças de temperatura.

O número de estágios na prática é limitado a três, pois a partir deste número o coeficiente de efeito frigorífico do conjunto praticamente não se altera.

7.4 – Vantagens e desvantagens da refrigeração termoelétrica

As desvantagens da refrigeração termoelétrica se relacionam atualmente com:

a – o alto custo dos semicondutores, cuja fabricação exige tecnologia altamente especializada;

b – o seu baixo rendimento frigorífico conforme ficou esclarecido no Cap. VII item 7.2.d.

c – a fonte de corrente contínua que deve ser de baixa tensão e alta corrente (CONVERSOR ou BATERIA).

A par destas desvantagens a refrigeração termoelétrica conforme se depreende do estudo comparativo que aparece na Figura 7.4.1, apresenta as seguintes vantagens:

a – não necessita condutos estanques e portanto não está sujeita a vazamentos

b – é mais simples, não tem partes móveis e portanto está livre de desgastes e ruídos;

c – a reversão do ciclo é fácil podendo ser efetuada simplesmente por meio de uma chave inversora;

d – a regulação da capacidade pode ser feita facilmente pela variação da intensidade da corrente elétrica.

Propriedades	S.C.P.	S.C.N.
% Te	47,6	47,8
% Bi	52,4	52,2
$\rho \ \Omega/cm$	0,001	0,0008
α volt/oK	$+167 \cdot 10^{-6}$	$-190 \cdot 10^{-6}$
k $\dfrac{volt/oK}{cm°K}$	0,02	0,02

Tabela 7.3.1

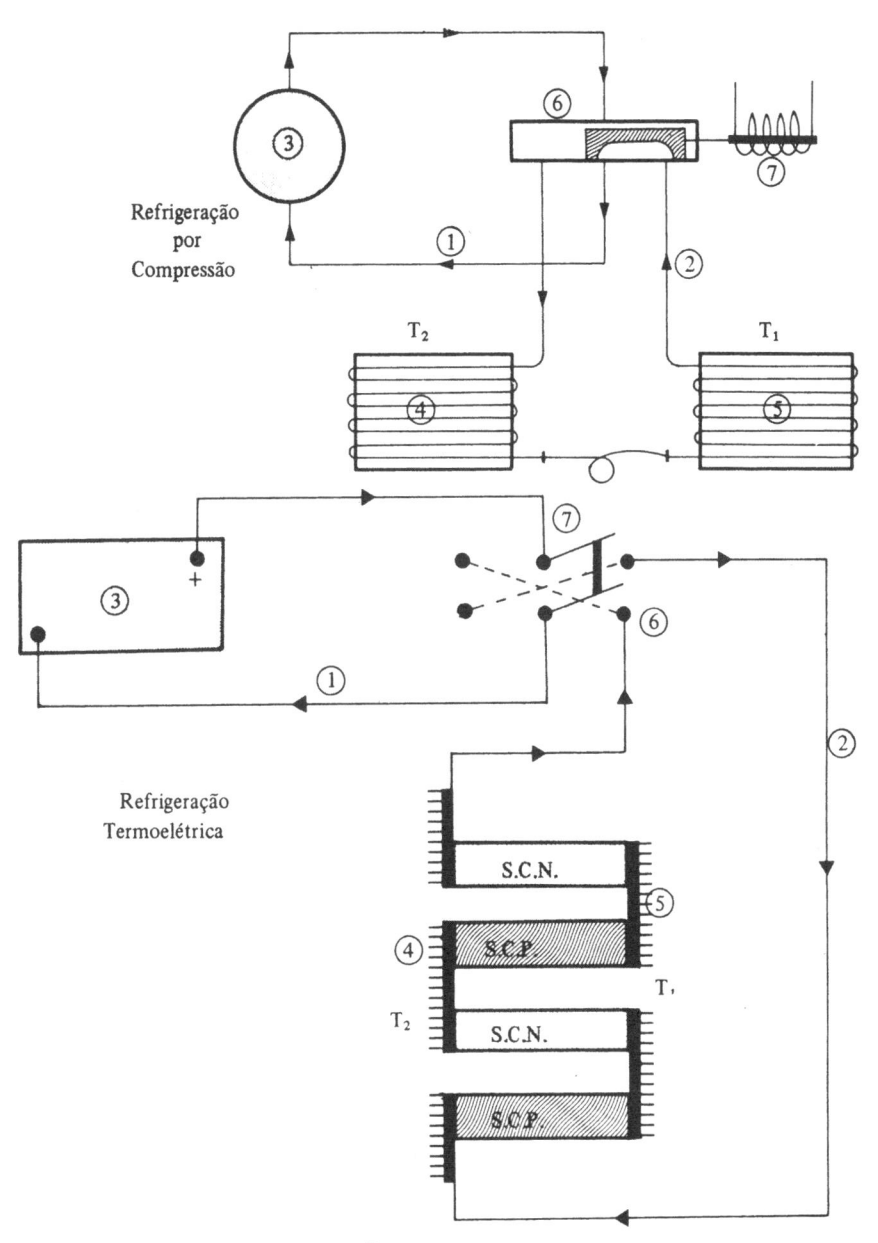

Figura 7.4.1

N.º	Refrig. Por Compressão	Refrig. Termoelétrico
1	Fluido Frigorígeno	Elétrons
2	Tubos	Condutores Elétricos
3	Motor – Compressor	Fonte de C.C. (Bateria)
4	Serpentina Condensadora	Junção Quente (Dissipadora)
5	Serpendina Evaporadora	Junção Fria (Absorvedora)
6	Válvula de Reversão	Chave Inversora
7	Solenóide de Comando	Seletor de Comando

8.1 – Isolantes

8.1.1 – Definição

Isolantes são materiais de baixo coeficiente de condutividade "k".

Os isolantes são normalmente materiais porosos, cuja elevada resistência térmica se deve à baixa condutividade de ar contido em seus vazios.

Na realidade através da parte sólida, a transferência de calor se dá por condução, enquanto que nos vazios se dá por condução – convecção – irradiação.

Entretanto, em vista da imobilidade do ar e do princípio das placas intermediárias, tanto a convecção como a irradiação nos materiais isolantes são desprezáveis.

Do exposto deprende-se que, quanto menor a densidade e maior o número de poros, maior o poder de isolamento.

O limite desta capacidade naturalmente é o da condução pura do ar em repouso cujo valor é da ordem de 0,02 kcal/mh°C.

Modernamente se fabricam isolantes plásticos, a base de POLIURETANO com vapor de FREON ($k \cong 0,01$ kcal/mh°C), cujo coeficiente de condutividade atinge valores da ordem de 0,012 kcal/mh°C.

Este tipo de isolante entretanto apresenta os inconvenientes de: diminuir sua capacidade de isolamento com o tempo, pela difusão dos vapores de FREON e apresenta a possibilidade de liquefação do FREON a baixas temperaturas.

A finalidade do isolamento do frio, é reduzir as trocas térmicas indesejáveis e, manter a temperatura da parede externa do recinto isolada (lado quente), próxima a do ambiente, afim de evitar problemas de condensação.

8.1.2 – Propriedades

Um bom isolante deve apresentar as seguintes qualidades:
- ter baixa condutividade térmica;
- ter boa resistência mecânica;
- não sofrer fisicamente, influência da temperatura em que é aplicado;
- não ser combustível;
- ser imputrecível e inatacável por pragas, ratos, etc.;
- ser abundante e barato;
- ter baixa permeabilidade ao vapor dágua.

8.1.3 – Isolantes usados na técnica da refrigeração

A Tabela 8.1.3.1 relaciona os materiais isolantes atualmente em uso na técnica da refrigeração, com as suas respectivas propriedades.

Fibra de madeira aglomerada é um isolante em forma de placas porosas de baixa densidade, obtidas de fibras de madeira (Eucalipto) tratada mecânica e quimicamente, ligadas com aglutinantes e levemente prensadas.

A cortiça é um material de origem vegetal (casca da corticeira) que é cortada em placas ou prensado em pedaços com elementos aglutinantes.

A lá-de-vidro é constituída de fios finíssimos de vidro obtidos por processo que consiste em derramar vidro líquido num jato de vapor a grande velocidade.

A lã-de-rocha é o material obtido pelo mesmo processo anterior, de rochas sedimentares que contêm grandes quantidades de silicatos.

Vermiculite ou cortiça mineral é um material natural de origem mineral e forma gradular, de baixo peso específico, que pode ser misturado a aglutinantes como o cimento, formando argamassas isolantes.

Material Isolante	ρ kgf/m³	k $\frac{kcal}{m.h.°C}$	Resistência Mecânica: kgf/cm²	Resistência à temperatura: °C	Permeabilidade g/m.h.mmHg
Aço ordinário	7800	45 a 50			nula
Vidro	2500	0,65			nula
Concreto	2300	1,2			22,3
Pedra (granito)	2600	3,0			
Alvenaria	1800	0,84			220,98
Asfalto	2120	0,65			
Madeira (Pinho e)	550	0,14 a 0,30			6,0 a 9,0
Serragem de Madeira	200	0,06			
Fibra de madeira aglomerada (Eucatex frigorífico)	210	0,028	20		30 a 2800
Cortiça	200	0,045	1,0	100	66,0
Cortiça aglomerada	200	0,036		100	
Lã de Vidro	100 a 200	0,025 a 0,045		540	80,0
Lã de rocha	100 a 200	0,025 a 0,035		600	
Vermiculite (cortiça mineral)	70	0,04	Fraca	1000	10 a 39
Concreto celular	300 a 60	0,049 a 0,12			
Espuma de plástico	25	0,035		80	
Espuma de borracha	80	0,03		65	
Poliestireno Expandido (styropor)	15 a 30	0,028	0,3 a 0,7		1,3 a 1,82
Espuma fenólica rígida	30 a 45	0,026	Fraca		
Espuma rígida de poliestireno (styrofoan)	30	0,028	1,0 a 2,0		
Espuma rígida de poliuretano (moltopren)	30 a 45	0,02	2,0		Baixa
Espuma rígida de vidro (Foamglass)	145	0,046	7,0	430	Nula

Tabela 8.1.3.1

O concreto celular é um material constituído de cimento Portland e areia, de estrutura porosa obtida durante a cura, por meio de gases.

Espuma de borracha, material de estrutura porosa, que pode ser fabricado em célula estanque, e que apresenta ótimas qualidades para o isolamento de canalizações sobretudo quando estas estão sujeitas a vibrações.

O poliestireno expandido (styropor, isopor, etc) é um derivado de petróleo que expandido por meio de vapor dágua torna-se um material plástico altamente poroso e praticamente impermeável.

A espuma fenólica rígida é obtida da mistura de uma resina Formo-Fenólica com um agente de expansão e um catalisador.

Sob a ação do calor verifica-se a polimerização da resina, ao mesmo tempo que é liberado o agente de expansão.

O resultado é uma espuma rígida de estrutura celular estanque de ótimas qualidades isolantes.

As espumas de poliuretano são obtidas pela reação química de 2 componentes líquidos – Isocianato e Poli-hidroxilo – em presença de catalizadores.

A estrutura celular é formada pelo desprendimento de CO_2 devido a uma reação química secundária ou, pela ebulição sob o efeito do calor de reação, de um líquido (agente de expansão) adicionado a um dos componentes.

As espumas de poliuretano podem ser, plásticas de estrutura celular aberta (utilizadas em isolamento acústico embalagens, etc.), rígidas de estrutura porosa fechada (utilizadas em isolamento térmico).

A espuma rígida de vidro (Foamglass) é uma estrutura celular obtida por espansão a quente do vidro quimicamente puro, a cerca de 15 vezes o seu volume.

Os milhões de minúsculas células erméticas assim formadas dão origem a um produto incombustível, impermeável, de grande resistência à compressão, cujo coeficiente de condutividade é de 0,046 kcal/mh°C.

Em alguns tipos de construção, é adotado também como isolamento, espaços livres de ar entre paredes.

Estes espaços, como se deprende da Tabela 8.1.3.2 que registra os valores correspondentes dos coeficientes de condutividade equivalente, devem ser o mínimo possível.

Distancia entre paredes (mm)	k_e kcalm/m²h°C a 0°C	
	Superfícies polidas (a = 0,06)	Superfícies não polidas (a = 0,9)
5	0,021	0,037
10	0,024	0,056
20	0,032	0,096
30	0,041	0,136
40	0,051	0,178
50	0,063	0,222
60	0,078	0,268
80	0,110	0,364
100	0,152	0,470
120	0,195	0,580
150	0,264	0,740

Tabela 8.1.3.2

8.1.4 – Cálculo da espessura do isolamento

A espessura do isolamento, a adotar numa instalação frigorífica, é normalmente calculada a partir da expressão da resistência térmica[10]

Assim para o caso de uma parede plana:

$$Rt = \frac{\Delta t}{Q} = \frac{1}{KS} = \frac{1}{\alpha_1 S} + \Sigma \frac{\ell}{kS} + \frac{1}{\alpha_2 S}$$

Os coeficientes α_1 e α_2 correspondem à transmissão de calor entre a parede e o ar e, podem ser tomados como:

$$\alpha_1 \text{(interior)} = 7 \text{ a } 15 \text{ kcal/m}^2\text{h°C}$$

(Dependendo da movimentação do ar)

$$\alpha_2 \text{(exterior)} = 25 \text{ kcal/m}^2\text{h°C}$$

O "Δt" é a diferença de temperatura entre o ambiente refrigerado e o exterior.

A temperatura exterior deve ser considerada:

Quando à sombra – a temperatura média das máximas de ar no verão indicada para o local pelas normas brasileiras NB–10 (Tabela 8.1.4.1).

Cidades	Termômetro seco °C	Termômetro úmido °C	Umidade relativa %
Manaus	34,0	26,5	58
Belém	33,0	26,5	64
São Luiz	32,0	26,0	64
Terezina	34,0	26,5	58
Fortaleza	32,0	25,0	56
Natal	32,0	25,5	60
João Pessoa	32,0	25,5	60
Recife	32,0	26,5	66
Maceió	32,0	25,5	60
Aracajú	32,0	25,5	60
Salvador	31,0	25,0	62
Vitória	32,0	25,5	60
Rio de Janeiro	32,0	25,5	60
São Paulo	31,0	24,5	58
Curitiba	31,0	24,0	56
Florianópolis	32,0	25,0	56
Porto Alegre	32,0	25,5	60
Belo Horizonte	31,0	24,0	56
Brasília	31,0	24,0	56
Goiânia	31,0	24,0	56
Cuiabá	33,0	26,0	60

Tabela 8.1.4.1

Quando ao sol – a temperatura anterior acrescida de um $\Delta t'$ devido à insolação, cujos valores estão registrados na Tabela 8.1.4.2.

Orientação côr parede	Escura	Média	Clara
SE	4,5	2,5	1,5
E	6	3,5	2
NE	3,2	2	1
N	1	0,2	–
NO	3,5	2	1
O	6	3,5	2
SO	4,5	2,5	1,5
Forro	10	6	3,5

Tabela 8.1.4.2

Uma solução rápida para o cálculo da espessura do isolamento, consiste em considerar como efetiva apenas a camada isolante, desprezando-se a favor da segurança as demais resistências térmicas (paredes de alvenaria, passagem para o ar, etc.).

Nestas condições a expressão da resistência térmica global da parede, torna-se:

$$Rt = \frac{\Delta t}{Q} = \frac{1}{KS} \cong \frac{\ell_i}{k_i S}$$

donde:

$$\ell_i \cong \frac{k_i}{\frac{Q}{S}} \Delta t = \frac{k_i}{K} \qquad (8.1.4.1)$$

Os europeus adotam como orientação, definir valores de $Q/S = K\Delta t$, os quais classificam de acordo com a Tabela 8.1.4.3

Classificação do isolamento	Valores de $\frac{Q}{S}$ Kcal/m²h
Excelente	8
Bom	10
Aceitável	12
Regular	15
Mau	> 15

Tabela 8.1.4.3

Nestas condições para um "bom isolamento" ($Q/S = 10$ kcal/m²h), de acordo com o tipo de isolante (k_i) e a diferença de temperatura (Δt) a isolar, podemos registrar as espessuras que seguem (Tabela 8.1.4.4).

Δt	"k"isolante em kcal/mh°C					
	0,02	0,03	0,04	0,05	0,06	0,07
10	2 cm	3 cm	4 cm	5 cm	5 cm	7 cm
20	4	6	8	10	12	14
30	6	9	12	15	18	21
40	8	12	14	20	24	28
50	10	15	20	25	30	35
60	12	18	24	30	36	42
70	14	21	28	35	42	49
80	16	24	32	40	48	56
90	18	27	36	45	54	63
100	20	30	40	50	60	70

Tabela 8.1.4.4

O isolante tomado como referência e estudo comparativo é a cortiça cujo valor de "k" é da ordem de 0,05 kcal/mh°C e para a qual se adotam espessuras da ordem de "1 cm" para cada 2°C de diferença de temperatura (veja Tabela 8.1.4.4).

No U.S.A. a caracterização dos isolamentos é feita a partir do valor de K global, de acordo com a Tabela 8.1.4.5, na qual aparecem também as correspondentes espessuras da cortiça (equação 8.1.4.1).

Aplicação	Parede	K kcal/m²h°C	"ℓ i"cortiça cm
Congelamento	Externa	0,17 – 0,25	20 – 30
Resfriamento	Externa	0,25 – 0,37	14 – 20
Geral	Interna	0,35	15

Tabela 8.1.4.5

Esta caracterização entretanto, conforme veremos, não só é incompleta por não vincular a espessura do isolamento à diferença de temperatura a isolar, como também não atende a um dos problemas mais graves dos isolamentos de baixas temperaturas, que é o problema da condensação superficial.

Com efeito, o ar em contato com uma parede fria (lado externo já que no lado interno a temperatura da parede é sempre maior do que a do ar ambiente), pode sofrer em abaixamento de temperatura tal que, atinja valores inferiores a sua temperatura de orvalho "t_0", provocando a condensação da umidade contida no mesmo.

Assim para evitar esta condensação superficial, a temperatura externa da parede não deve ser inferior a temperatura de orvalho "t_0" do ar ambiente.[10]

Conhecendo a temperatura a isolar e a temperatura ambiente, podemos equacionar o problema como segue (veja Figura 8.1.4.1).

$$\frac{te - t}{Q} = \frac{\ell_1}{k_i S_i}$$

$$\frac{ta - te}{Q} = \frac{1}{\alpha_e S_e}$$

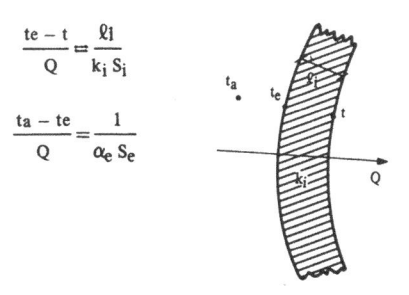

Figura 8.1.4.1

Donde para o caso de uma parede plana em que $S_i = S_e = S$:

$$\frac{Q}{S} = \alpha_e (t_a - t_e) = \frac{k_i}{\ell_i} (t_e - t) \qquad (8.1.4.2)$$

E podemos calcular, para a condição de não haver condensação, isto é:

$$t_e \gtrsim t_o$$

qual o fluxo térmico máximo permitido

$$\frac{Q}{S} = \alpha_e (t_a - t_o)$$

e qual o isolamento a adotar:

$$\ell_i = \frac{k_i}{Q/S} (t_o - t) \gtrsim \frac{k_i}{Q/S}(t_a - t)$$

A Tabela 8.1.4.6 estabelece para as umidades relativas máximas assumidas pelo ar ambiente, os valores "$t_a - t_o$" obtidos a partir da carta psicrométrica ($p/t_a \cong 10°C$, já que as máximas umidades relativas se verificam para temperaturas não muito elevadas), isto é:

$$\varphi_{máxima} \cong f(t_a - t_o)$$

os valores máximos de Q/S a adotar, considerando a pior situação (ar parado) em que $\alpha_e = 7 \ kcal/m^2 h°C$:

$$\frac{Q}{S} = 7 (t_a - t_o)$$

e as correspondentes espessuras de isolante (cortiça) a adotar em função da diferença de temperatura $\Delta t \cong t_a - t$:

$$\ell_i = \frac{0,05 \ \Delta t}{Q/S}$$

para que não haja condensação superficial.

Conforme podemos notar nesta Tabela, a simples fixação de um fluxo térmico limite de $10 \ kcal/m^2 h$, nos garante a isenção de condensação superficial para ambientes de umidade relativa de até 90%.

Tal observação nos mostra que a caracterização de isolamento por meio de um fluxo térmico limite não só define as perdas térmicas, como também atende ao problema da condensação superficial.

φ_{max}	$t_a - t_o$ °C	$\dfrac{Q}{S} = 7(t_a - t_o)$ kcal/m^2 h	"ℓ_i"cortiça cm
100%	0	0	∞
95%	$\sim 0,7$	5	1 Δt
90%	$\sim 1,5$	10	0,5 Δt
85%	$\sim 2,3$	16	0,31 Δt
80%	$\sim 3,2$	22	0,23 Δt
75%	$\sim 4,2$	29	0,17 Δt
70%	$\sim 5,2$	36	0,14 Δt
65%	$\sim 6,2$	44	0,12 Δt
60%	$\sim 7,5$	52	0,1 Δt
55%	$\sim 8,5$	60	0,085 Δt
50%	$\sim 9,9$	69	0,07 Δt

Tabela 8.1.4.6

8.1.5 – Condensação interna

A impregnação de um isolante com água, reduz a sua capacidade de isolamento.

Assim para cada aumento de 1% no teor em peso de umidade de um isolante, sua condutividade térmica aumenta de 1 a 3%.

Por outro lado a existência de água no isolamento de câmaras que trabalham abaixo de $0°C$ possibilita o congelamento da mesma, com a conseqüente destruição do isolante.

A penetração de umidade nos isolantes é devida a 2 fatores:

— a permeabilidade ao vapor dágua;
— a ação higroscópica do material.

Assim havendo uma diferença de pressão do vapor entre as duas superfícies do isolante (a pressão do vapor do lado quente é sempre maior do que a pressão do vapor do lado frio) este será sede de um fluxo de vapor no sentido das pressões decrescentes, semelhante ao fluxo térmico que se verifica no sentido das temperaturas decrescentes.

A condutividade do vapor dos materiais, é caracterizada por um coeficiente semelhante ao da condução térmica, que toma o nome de permeabilidade.

A permeabilidade "P" de um material é a quantidade de umidade em gramas por hora e por metro quadrado de superfície de passagem, que atravessa uma parede de 1m de espessura do mesmo por "mmHg" de diferença de pressão de vapor.

A Tabela 8.1.5.1 nos dá valores da permeabilidade de diversos materiais de construção e isolantes.

Item	Material	$\dfrac{p \cdot 10^{-4}}{\dfrac{g \cdot m}{m^2\,h\;mmHg}}$
1	Ar	833
2	Borracha clorada	0,0025
3	Pintura	9,30
4	Pintura asfáltica c/feltro alcatroado	0,22 – 0,58
5	Celulose	0,5 – 1,0
6	Polietileno	0,0006 – 0,0022
7	Papel KRAPF – 1 folha de 0,1 mm	2,154
8	Papel KRAPF – 2 folhas de 0,1 mm	1,369
9	Papel KRAPF – 3 folhas de 0,1 mm	1,026
10	Papel KRAPF – 4 folhas de 0,1 mm	0,815
11	Papel KRAPF – 5 folhas de 0,1 mm	0,765
12	Papel KRAPF alcatroado	0 – 0,087
13	Pergaminho	> 1,0
14	Parafina	0,0005
15	Feltro alcatroado	0,116 – 0,87
16	Feltro de amianto alcatroado	0,22 – 1,47
17	Lã de vidro	80
18	Madeira 1/2"	6,41 – 7,44
19	Madeira 1"	7,95 – 9,2
20	Fibras de madeira	30 – 2800
21	Madeira compensada	2,0
22	Chapa isolante 1/2"	134
23	Chapa isolante 1"	152
24	Chapa isolante lisa 3/4"	172
25	Chapa isolante pintada 3/4"	1,15 – 57,42
26	Cortiça 1"	66
27	Cortiça mineral 1/2"	10,8 – 21,6
28	Cortiça mineral 1"	16,7 – 30,45
29	Cortiça mineral 2"	27,5 – 39,15
30	Poliestireno expandido – 15 kgf/m^3	13
31	Poliestireno expandido – 20 kgf/m^3	10,4
32	Poliestireno expandido – 30 kgf/m^3	7,8
33	Poliestireno expandido – 50 kgf/m^3	6,5
34	Poliestireno expandido – 100 kgf/m^3	2,34
35	Poliestireno expandido – 200 kgf/m^3	2,08
36	Poliestireno expandido – 300 kgf/m^3	1,82
37	Cimento	5,48
38	Concreto 1:2:4	22,3
39	Estoque de Gesso	14,73
40	Reboco em estrutura metálica 1/2"	55,88
41	Reboco em estrutura metálica 3/4"	70,53
42	Paredes de tijolos com revestimento	220,98
	Paredes de tijolos de cerâmica com revestimento	36,7

Tabela 8.1.5.1

A determinação do índice convencional de permeabilidade ao vapor dágua, de acordo com as Normas Francesas NF–T56–105, consiste em verificar o aumento de massa (com uma precisão de 0,001g) de 20g de material absorvente (CaCℓ₂ anidro) colocado em recipientes de vidro de 80mm de diâmetro, obturados pelo material em ensaio.

Cinco destes recipientes são preparados com 20g de CaCℓ₂ anidro, enquanto que outros cinco são montados vazios.

Os 10 recipientes são colocados em um ambiente a temperatura de $38 \pm 0,3°C$ e umidade relativa de $90 \pm 2\%$ (44,72 mmHg de pressão de vapor), com circulação adequada de ar para garantir a necessária homogeneidade do mesmo.

Os recipientes são pesados de 24h em 24h e, o ensaio é considerado terminado para cada recipiente, quando 3 pesagens sucessivas indicarem uma variação de massa igual a 2% aproximadamente.

O índice convencional de permeabilidade em vapor dágua na diferença de pressão fixada pelas condições de operação estabelecida acima, nos será dado pela diferença das variações médias das massas, dos recipientes contendo cloreto de calcio (A) e dos recipientes vazios (B), isto é:

$$P_{convencional} = P \cdot \Delta p = \frac{\Delta m_A - \Delta m_B}{S \cdot \tau} \, \ell \left(\frac{g\,m}{m^2\,h} \right)$$

Para produtos que contenham após a fabricação quantidades apreciáveis de umidade, deve-se proceder o ensaio de uma secagem a $50°C$, até que a massa se mantenha constante.

A semelhança da resistência térmica, podemos definir uma resistência à passagem do vapor, a qual nos é dada por[10]:

$$R_v = \frac{\Delta p \; mmHg}{M_v \; g/h} = \frac{\ell m}{P \; S_m^2} \qquad (8.1.5.1)$$

Nestas condições podemos calcular a variação das pressões do vapor ao longo de uma parede de maneira idêntica à variação das temperaturas.

Quando a pressão do vapor no isolante atinge um valor inferior à pressão de saturação correspondente à temperatura reinante no mesmo, verifica-se a condensação do vapor dágua (condensação escondida no interior do material).

8.1.5.1 – Exemplo

Verificar a possibilidade de condensação no interior de uma parede de um frigorífico, constituída de: 30 cm de tijolos maciços isolada internamente com 15 cm de Poliestireno Expandido de $20\,kgf/m^3$, quando sujeita às condições:

Externas $t = 30°C$

$\varphi = 85\%$

Internas $t = -30°C$

$\varphi = 90\%$

Considerando as características dos materiais constituintes.

MATERIAL	$k \frac{kcal}{mh°C}$	$P \frac{g}{mh\,mmHg}$
ALVENARIA	0,84	0,0220
POLIESTIRENO EXPANDIDO $20\,kgf/m^3$	0,03	0.0010

Tabela 8.1.5.2

podemos calcular a distribuição de temperaturas ao longo da parece (Figura 8.1.5.1):

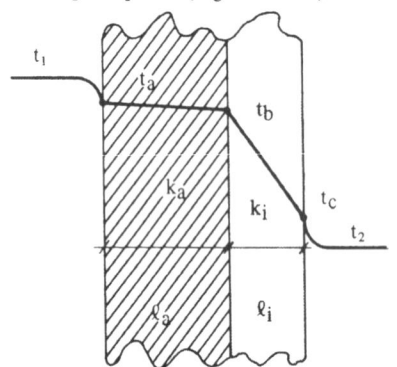

Figura 8.1.5.1

$$Rt = \frac{\Delta t}{Q} = \frac{1}{\alpha_1 S} + \Sigma \frac{\ell}{kS} + \frac{1}{\alpha_2 S}$$

$$\frac{t_1 - t_a}{Q/S} = \frac{1}{\alpha_1}$$

$$\frac{t_a - t_b}{Q/S} = \frac{\ell_a}{k_a}$$

$$\frac{t_b - t_c}{Q/S} = \frac{\ell_i}{k_i}$$

De modo que para a pior situação $(\alpha_1 = 7 \text{ kcal/m}^2\text{h}^\circ\text{C})$, teremos:

$$\frac{t_1 - t_2}{Q/S} = \frac{1}{7} + \frac{0,3}{0,84} + \frac{0,15}{0,03} + \frac{1}{7}$$

$$\frac{60}{Q/S} = 0,143 + 0,357 + 5 + 0,143 = 5,643$$

$$\frac{Q}{S} = \frac{60}{5,643} = 10,63 \text{ kcal/m}^2\text{h}$$

$$\frac{30 - t_a}{Q/S} = \frac{1}{7} \quad t_a = 30 - 10,63 \cdot 0,143 = 28,48^\circ\text{C}$$

$$\frac{28,48 - t_b}{Q/S} = \frac{\ell_a}{k_a} \quad t_b = 28,48 - 10,63 \cdot 0,357 =$$
$$= 24,68^\circ\text{C}$$

$$\cdot\frac{24,68 - t_c}{Q/S} = \frac{\ell_i}{k_i} \quad t_c = 24,68 - 10,63 \cdot 5 = -28,47^\circ\text{C}$$

Donde as pressões de saturação que estão registrados na Tabela que segue:

Ponto	$t^\circ\text{C}$	P_S mmHg	P_V mmHg
a	28,48	29,1	27,05
b	24,68	23,3	24,79
c	-28,47	0,323	0,26

Tabela 8.1.5.3

Por sua vez a distribuição das pressões do vapor dágua no ar, no interior da parede, pode ser calculada a partir da expressão 8.1.5.1:

$$R_v = \frac{\Delta p}{M_v} = \Sigma \frac{\ell}{P.S}$$

$$\frac{p_{va} - p_{vb}}{M_v} = \frac{\ell_a}{P_a S}$$

$$\frac{p_{vb} - p_{vc}}{M_v} = \frac{\ell_i}{P_i.S}$$

Onde lembrando que, a pressão de vapor dágua no ar é uma parcela "φ" (umidade relativa) da pressão de saturação do vapor dágua à temperatura do ar (veja Tabela 8.1.5.4), isto é:

$$p_{va} = 0,85 \ p_{s\,30^\circ C} = 0,85 \cdot 31,82 = 27,05 \text{ mmHg}$$

$$p_{vc} = 0,9 \ p_{s\,-30^\circ C} = 0,9 \cdot 0,285 = 0,26 \text{ mmHg}$$

teremos, de maneira idêntica a adotada para o cálculo das temperaturas:

$$\frac{p_{va} - p_{vc}}{M_{v/s}} = \frac{\ell_a}{P_a} + \frac{\ell_i}{P_i} = \frac{0,3}{0,022} + \frac{0,15}{0,001}$$

$$\frac{27,24}{M_{v/s}} = 13,64 + 150 = 163,64$$

$$\frac{M_v}{S} = \frac{27,24}{163,64} = 0,166 \text{ g/m}^2\text{h}$$

$$\frac{p_{va} - p_{vb}}{M_{v/s}} = \frac{\ell_a}{P_a} = 13,64$$

$$p_{vb} = p_{va} - 13,64 \cdot 0,166 = 27,05 - 2,26 =$$
$$= 24,79 \text{ mmHg}$$

Pressão de saturação "P_s mmHg" do Vapor Dágua

t°C	P_s mmHg	t°C	P_s mmHg	t°C	P_s mmHg	t°C	P_s mmHg
50	92,51	25	23,76	-1	4,22	-26	0,43
49	88,02	24	22,38	-2	3,88	-27	0,39
48	83,71	23	21,07	-3	3,57	-28	0,35
47	79,60	22	19,83	-4	3,28	-29	0,316
46	75,65	21	18,65	-5	3,01	-30	0,285
45	71,88	20	17,53	-6	2,76	-31	0,257
44	68,26	19	16,48	-7	2,53	-32	0,232
43	64,80	18	15,48	-8	2,32	-33	0,209
42	61,50	17	14,53	-9	2,13	-34	0,188
41	58,34	16	13,63	-10	1,95	-35	0,169
40	55,32	15	12,79	-11	1,78	-36	0,152
39	52,44	14	11,99	-12	1,63	-37	0,136
38	49,69	13	11,23	-13	1,49	-38	0,121
37	47,07	12	10,52	-14	1,36	-39	0,108
36	44,56	11	9,84	-15	1,24	-40	0,096
35	42,18	10	9,21	-16	1,13	-41	0,085
34	39,90	9	8,61	-17	1,03	-42	0,076
33	37,73	8	8,05	-18	0,94	-43	0,068
32	35,66	7	7,51	-19	0,85	-44	0,061
31	33,70	6	7,01	-20	0,77	-45	0,054
30	31,82	5	6,54	-21	0,70	-46	0,048
29	30,04	4	6,10	-22	0,64	-47	0,043
28	28,35	3	5,69	-23	0,58	-48	0,038
27	26,74	2	5,29	-24	0,53	-49	0,034
26	25,21	1	4,93	-25	0,48	-50	0,030
		0	4,58				

Tabela 8.1.5.4

E, podemos concluir que, apezar de não haver condensação superficial, pois do lado quente:

$$p_{s_a} > p_{v_a}$$

haverá condensação no interior da parede, na zona I–III assinalada na Figura 8.1.5.2, pois:

$$p_{sb} < p_{v_b}$$

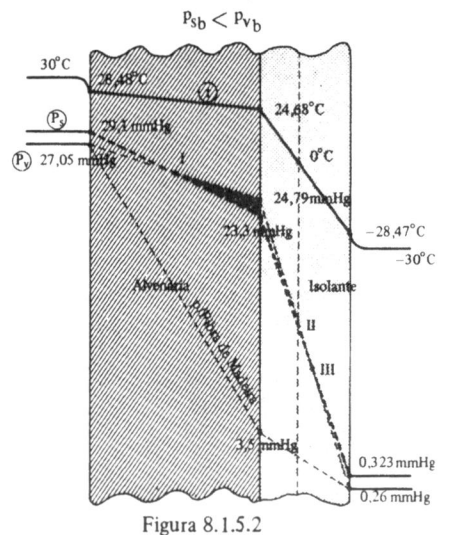

Figura 8.1.5.2

Como na zona II – III a temperatura é inferior a $0°C$, ocorrerá o congelamento do condensado, com sérios danos para o isolante.

A condensação assinalada se deve ao abaixamento da linha da pressão de saturação, mais rapidamente do que a linha da pressão do vapor, no lado da alvenaria (pequena permeabilidade do Poliestireno Expandido).

Baseado nesta observação alguns autores defendem a hipótese de que os isolantes devem ter uma boa permeabilidade ao vapor dágua para evitar a sua condensação no interior da parede.

Assim se em vez de Peliestireno Expandido, fosse usado como isolante fibra de madeira (Eucatex) do mesmo corficiente de condutividade e permeabilidade $P \cong 0,1\,g/mh\,mmHg$ a linha das pressões de vapor dágua, passaria a ser a assinalada na Figura 8.1.5.2 evitando-se assim a condensação.

Entretanto, na realidade os materiais isolantes de boa permeabilidade tem também um grande coeficiente de absorção de umidade (por capilaridade) o que os torna contraindicados.

A solução para evitar a condensação, sobretudo nas zonas de baixa temperatura (zona II – III), é a colocação de uma barreira de vapor, constituída por uma película de material de baixíssima permeabilidade, no lado quente do isolante.

Esta técnica embora não evite a condensação na parede de alvenaria, provoca o abaixamento da linha "p_v" no isolante protegendo-o contra qualquer condensação.

Assim a colocação de uma barreira de vapor no exemplo dado, faz com que as distribuições das pressões passem a ser as da Figura 8.1.5.3.

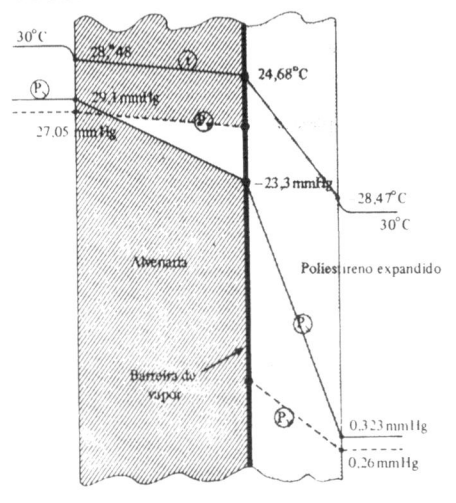

Figura 8.1.5.3

Modernamente com o uso de isolantes em estruturas AUTO PORTANTES, que dispensam a parede de alvenaria (veja Capítulo 8, pág. 74), a técnica apontada torna-se ainda mais vantajosa.

É interessante salientar que barreiras de vapor mal localizadas (no lado frio), criam condições favoráveis à condensação.

Numa parede homogênea, em regime de transmissão de calor estacionário, não havendo condensação superficial, não há possibilidde de condensação interna (as retas de p_s e p_v não podem cruzar-se).

8.1.6 – Isolamento de Equipamentos e Canalizações

Todos os equipamentos e canalizações de uma instalação de refrigeração, que funcionarem a uma temperatura inferior a do ambiente, devem ser isolados, sobretudo para impedir a condensação de vapor dágua do ar circundante.

Este isolamento normalmente é feito com isolante premoldado, meias canas ou ainda com argamassa preparada com o material isolante.

Além da espessura adequada de isolante, o isolamento dos equipamentos e canalizações frios, deve apresentar impermeabilização perfeita e contínua contra a penetração da umidade (barreira de vapor), assim como proteção contra danos mecânicos e a ação do tempo se for o caso.

O cálculo da espessura do isolante, de acordo com a Figura 8.1.6.1 pode ser orientada como segue:

$$\frac{t_a - t_c}{Q} = \frac{1}{2\pi R_2 L \alpha_c}$$

$$\frac{t_c - t}{Q} = \frac{1}{2\pi L k_i} \ell n \frac{R_2}{R_1}$$

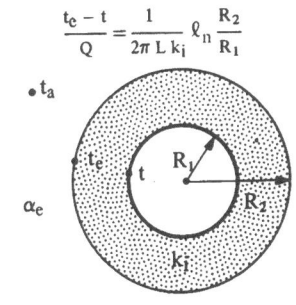

Figura 8.1.6.1

Assim, fazendo para evitar condensações superficiais, até uma umidade relativa de ar ambiente, da ordem de 90% (veja Tabela 8.1.4.6).

$$\frac{Q}{S} = \frac{Q}{2\pi R_2 L} = \alpha_c (t_a - t_c) = 10$$

isto é:

$$t_c = t_a - \frac{10}{\alpha_c} \cong t_a - 1,5$$

podemos calcular:

$$t_c - t = \frac{QR_2}{2\pi R_2 L k_i} \ell n \frac{R_2}{R_1}$$

$$\boxed{t = t_a - 1,5 - \frac{10 R_2}{k_i} \ell n \frac{R_2}{R_1}}$$

donde fixando:

$$t_a = 32°C$$

$$k_i = 0,035 \frac{kcal}{m \ h°C} \text{ (Poliestireno Expandido)}$$

podemos tabelar, as diversas expressões "$R_2 - R_1$" de Poliestireno Expandido a adotar em função de diâmetro do equipamento ou canalização e temperatura "t" a isolar (Tabela 8.1.5.4.

Estes valores obedecem com aproximação aceitável a fórmula prática:

$$\boxed{R_2 - R_1 = \left(10 - \frac{t}{4,3}\right)\left(2,3 + \sqrt[3]{D_{mm}}\right)}$$

Para diâmetros superiores a 400 mm o equipamento ou canalização pode ser, considerado como de parede plana e, o seu isolamento dimensionado como já ficou esclarecido (equação 8.1.4.2).

Assim para o caso de "Poliestireno Expandido" teriamos:

$$\boxed{\ell_i = R_2 - R_1 = \frac{k_i}{Q/S} \Delta t = \frac{0,035}{10} \Delta t}$$

R_1 mm	$(R_2 - R_1)$ mm													
	10	15	20	25	30	40	50	60	75	100	125	150	175	200
10	26,5°C	24	21	18	14,6	7,5	0,3	8,4	21,4	-44,8	-69,8	-92,2	-123,7	-152,1
15	26,8	24,5	22	19,2	16,3	10	3,2	3,9	15,5	-36,4	-58,8	-82,5	-107,3	-133,0
20	27,0	25,0	22,5	20,0	17,4	11,6	5,4	1,2	11,7	-30,9	-51,5	-73,4	-96,3	-120,2
25	26,1	25,1	22,9	20,5	18,1	12,7	6,9	0,7	9,1	-23,9	-46,2	-66,7	-88,3	-110,7
30	27,2	25,2	23,2	20,9	18,6	13,5	8,0	2,2	7,0	-23,9	-42,2	-61,6	-82,0	-103,3
40	27,3	25,4	23,5	21,4	19,3	14,6	9,6	4,3	4,1	-19,6	-36,3	-54,0	-72,8	-92,3
50	27,3	25,6	23,7	21,8	19,7	15,3	10,6	5,7	2,2	-16,5	-32,1	-48,7	-66,1	84,4
60	27,4	25,7	23,9	22,0	20,0	15,9	11,4	6,7	0,8	-14,3	-29,0	-44,6	-61,1	-78,4
75	27,4	25,8	24,0	22,2	20,4	16,-	12,2	7,8	0,7	-11,8	-25,5	-40,1	-55,4	-71,5
100	27,5	25,9	24,2	22,5	20,7	17,0	·	9,0	2,5	-9,1	-21,6	-34,9	-48,9	-63,6
125	27,5	25,9	24,3	22,6	20,9	17,4	13,6	9,7	3,6	7,2	-19,0	-31,4	-44,5	58,2
150	27,5	26,0	24,4	22,7	21,1	17,6	14,0	10,3	4,4	-5,9	-17,1	-28,9	-41,2	-54,2
175	27,5	26,0	24,4	22,8	21,2	17,8	14,3	10,7	5,0	-5,0	-15,6	-26,9	-38,8	-51,1
200	27,5	26,0	24,5	22,9	21,3	17,9	14,5	11,0	5,4	4,1	-14,5	-25,4	-36,8	-48,7

Tabela 8.1.6.1

8.1.7 – Espessura econômica de isolamento

A medida que aumentamos a espessura do isolamento, as perdas térmicas diminuem, mas o custo do isolamento aumenta.

A espessura econômica do isolamento será aquela para a qual a soma do custo das perdas térmicas e do custo de amortização do material isolante é um mínimo (v. Figura 8.1.7.1).

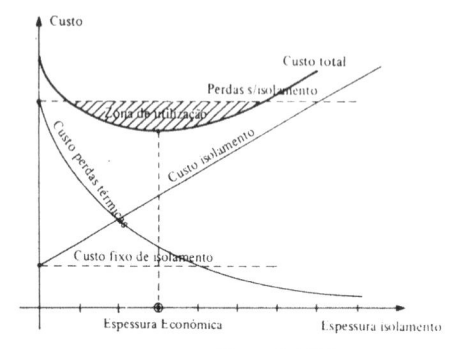

Figura 8.1.7.1

Assim chamando de:

q fg/m²h – As perdas de frio por m² e por hora.

Cf_1 Cr\$/fg – O custo operacional para a produção de cada frigoria.

Cf_2 Cr\$/fg/h – O custo do equipamento frigorífico por fg/h de potência

Af – A parcela de amortização anual do equipamento frigorífico, considerando uma duração de "n" anos e uma taxa de juros "i", isto é:

$$Af = \frac{i}{1 - \dfrac{1}{(1 + i)^n}}$$

C_i Cr\$/m² – O custo do isolamento colocado por m², o qual pode ser considerado uma função linear de sua espessura:

$$C_i = a + b\ell_i$$

a Cr\$/m² – O custo fixo de isolamento colocado por m².

b Cr\$/m³ – O custo do isolamento colocado por "m²" de superfície e "m" de espessura.

A_i – A parcela de amortização anual do isolante, considerando uma duração de "n" anos e uma taxa de juros "i", isto é:

$$A_i = \frac{i}{1 - \dfrac{1}{(1 + i)^n}}$$

τ – O número de horas de utilização da instalação por ano.

Podemos calcular:

a – O custo das perdas térmicas por m² e por hora:

$$q\left(Cf_1 + \frac{Cf_2 \cdot Af}{\tau}\right) \; Cr\$/m^2 h$$

b – O custo do isolamento colocado por m² e por hora:

$$\frac{A_i\, C_i}{\tau} = \frac{A_i\, (a + b\ell_i)}{\tau} \; Cr\$/m^2 h$$

De modo que a condição de espessura econômica nos será dada por:

$$q\left(Cf_1 + \frac{Cf_2\, Af}{\tau}\right) + \frac{A_i\, C_i}{\tau} = \text{Mínimo}$$

isto é:

$$\boxed{q + \left(\frac{A_i}{Cf_1\, \tau + Cf_2\, Af}\right) C_i = \text{Mínimo}}$$

onde:

$$\boxed{K = \frac{A_i}{Cf_1\, \tau + Cf_2\, Af}}$$

é um valor constante independente da espessura do isolamento.

Nestas condições, variando a espessura do isolamento, podemos determinar os valores de "q" e "C_i" que nos permitem verificar a condição proposta e, portanto selecionar a espessura econômica de isolamento indicada para cada caso.

8.1.7.1 – Exemplos

Calcular a espessura econômica de isolamento (Poliestireno Expandido de 15 kgf/m³) para câmaras frigoríficas de −25°C.

Com efeito, considerando que atualmente (1974) em média:

a – a operação de 1 T.R. a −35°C (cerca de 5 c.v.) custa 2,00 Cr$/h, podemos calcular:

$$Cf_1 = \frac{2}{3024} \; Cr\$/fg$$

b – o equipamento frigorífico para a produção de 1 TR a −35°C custa cerca de Cr$ 20.000,00:

$$Cf_2 = \frac{20.000}{3024} \; Cr\$/fg/h$$

c – o isolamento de Poliestireno Expandido de 15 kfg/m³ colocado custa cerca de Cr$ 500,00 o metro cúbico, isto é:

$$b = 250,00 \; Cr\$/m^3 + 250,00 \; Cr\$/m^3 = 500,00 \; Cr\$/m^3$$

d – o custo fixo do isolamento por m² e cerca de:

$$a = 25,00 \; Cr\$/m^2$$

E, arbitrando por outro lado:

– uma duração n = 10 anos, tanto para o equipamento frigorífico como para o isolamento;
– uma taxa de juros i = 24% para o cálculo da amortização;
– uma utilização de equipamento de 300 dias de 16 horas por ano.

Podemos calcular:

$$A_i = Af = \frac{i}{1 - \dfrac{1}{(1+i)^u}} = \frac{0,24}{n \; 1 - \dfrac{1}{1,24^{10}}} = 0,2716$$

$$K = \frac{A_i}{Cf_1 \, \tau + Cf_2 \, Af} =$$

$$= \frac{0,2716}{\dfrac{2.360.16}{3024} + \dfrac{20.000 \cdot 0,2716}{3024}} = 0,04845$$

por sua vez lembrando que:

$$q = \frac{Q}{S} \cong \frac{k_i}{\ell_i} \Delta t$$

$$C_i = a + b\ell_i$$

onde:

$k_i = 0,03 \, kcal/m^2 \, h°C$ (Poliestireno Expandido de 15 kgf/m³)

$\Delta t = t_e - t_c = 32 - (-25) = 57°C$

$a = 25 \; Cr\$/m^2$

$b = 500 \; Cr\$/m^3$

podemos calcular também "q" e "C_i" em função da espessura de isolamento:

$$q = \frac{0,03 \cdot 57}{\ell_i} = \frac{1,71}{\ell_i}$$

$$C_i = 25 + 500 \, \ell_i$$

Nestas condições, podemos elaborar a Tabela que segue:

ℓ_i	q fg/m² h	C_i Cr$/m²	K	q + K C_i
0,05m	34,2	50	0,04845	36,62
0,10	17,1	75	,,	20,73
0,15	11,4	100	,,	16,25
0,20	8,55	125	,,	14,61
0,25	6,84	150	,,	14,11
0,30	5,7	175	,,	14,18
0,35	4,89	200	,,	14,58
0,40	4,28	225	,,	15,18

Tabela 8.1.7.1.1

O que nos mostra ser, para o caso do exemplo, a espessura econômica de isolamento (∿ 27 cm), que corresponde a uma penetração de Q/S = 6,5 kcal/m²h, bastante superior à mínima recomendada do ponto de vista técnico (Q/S = 10 kcal/m²h) que é de 17,1 cm.

Para níveis de temperaturas maiores, devido a redução dos custos de equipamento frigorífico e de operação (por exemplo, para 0°C − K ≅ 0,09), a espessura econômica de isolamento tende a diminuir (a penetração aconselhável do ponto de vista econômico passa a ser da ordem de 7 kcal/m²h).

Para o caso de Ar Condicionado, em que:

$$t_{recinto} = 25°C$$

$$n = 20 \text{ anos}, \ i = 0,24$$

$$\tau = 100 \text{ dias de } 10 \text{ horas}$$

$$Cf_1 = \frac{0,60}{3024} \ Cr\$/fg/h$$

$$Cf_2 = \frac{10.000}{3024} \ Cr\$/fg$$

$$A_i = Af = 0,243$$

$$K = 0,242$$

O isolamento econômico igualmente verifica-se para uma penetração da ordem de 7 kcal/m²h.

Todas as características de isolamento econômico apresentadas, foram calculadas para uma temperatura externa de 32°C.

Aumentando a temperatura externa devido a insolação, a espessura econômica de isolamento pesará a ser definida por uma penetração maior, que pode atingir no caso excepcional de isolamento de forros insolados ($\Delta t_{irradiação} \cong \cong 20°C$) em instalações de Ar Condicionado, Cerca de 10kcal/m²h.

8.1.8 – Técnica de execução do isolamento

A colocação do isolamento deve ser feita com todo cuidado, de modo a garantir a sua continuidade, evitando-se:

– falhas de isolação;
– superfícies de menor isolamento;
– condensações internas;
– pontos de congelamento, etc, etc.

Assim quando sobre paredes de alvenaria, o isolante deve ser aplicado sempre em 2 ou mais camadas contrafiadas.

Para melhor fixar o isolante podem ser adotados sarrafos ou arames com chumbadores (Figura 8.1.8.1),

A simples colagem do isolante com asfalto de baixo ponto de pressão não é aconselhável.

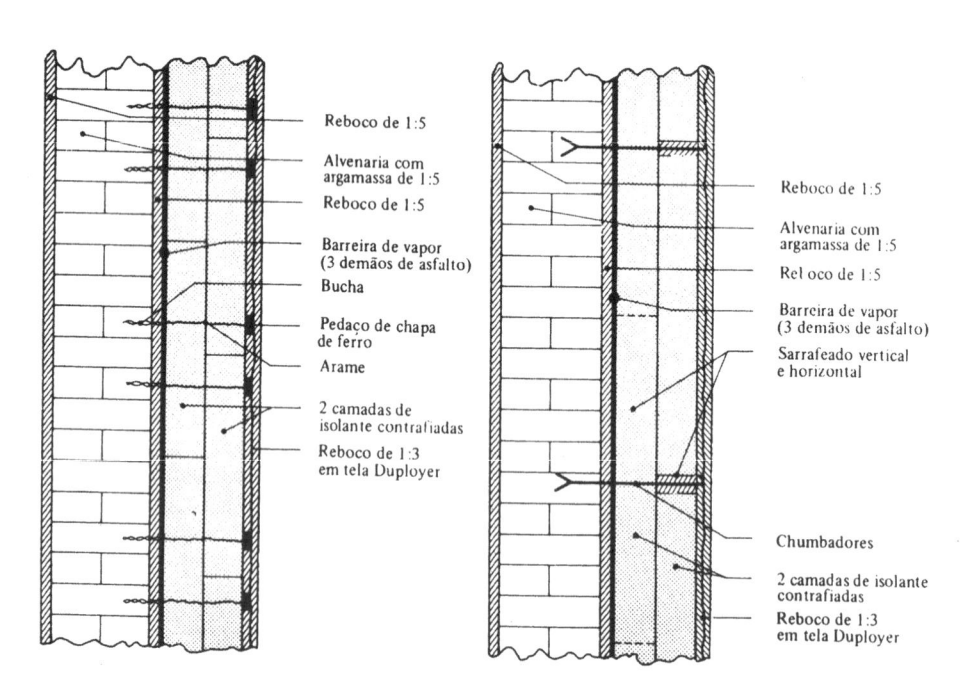

Figura 8.1.8.1a   Figura 8.1.8.1b

Igual técnica pode ser adotada para a colocação do isolamento nos forros de concreto (Figura 8.1.8.2).

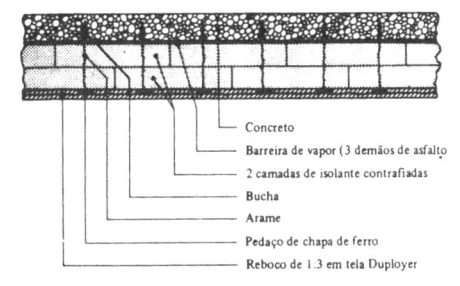

Figura 8.1.8.2

Outra técnica de execução de isolamento de paredes de alvenaria e forros de concreto é o da utilização de placas isolantes em uma camada única, rebaixadas nas bordas e fixadas por meio de tiras metálicas ou de madeira compensada (Figura 8.1.8.3).

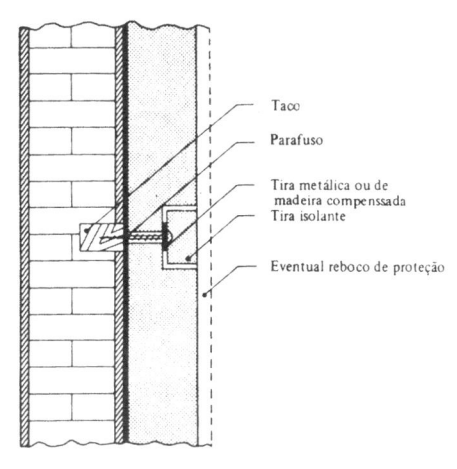

Figura 8.1.8.3

As tiras de fixação são protegidas após a sua colocação por meio de tiras do mesmo material isolante colado.

Este tipo de execução é excepcionalmente interessante para o caso de forros suspensos em estruturas de madeira.

Nos pisos de concreto, o isolante é lançado em 2 camadas contrafiadas simplesmente coladas com asfalto e, protegidas por lage de concreto para umiformização da carga.

Para pisos terreos com câmaras de temperaturas superiores a 0°C uma simples drenagem do solo é suficiente.

Quando se trata de piso térreo com câmaras de temperaturas inferiores a 0°C, para evitar o congelamento do solo adota-se porão ventilado (Figura 8.1.8.4).

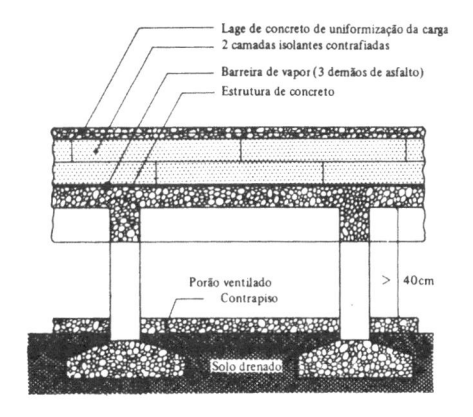

Figura 8.1.8.4

No caso em que o piso é lançado diretamente sobre o solo, este deve ser drenado e aquecido, eletricamente ou por canalização de água ou óleo quente (Figura 8.1.8.5).

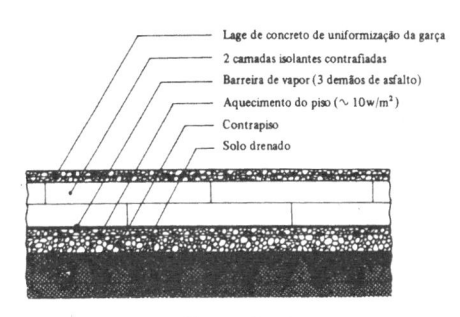

Figura 8.1.8.5

A potência de aquecimento deve ser pelo menos igual a perda de frio prevista que geralmente varia de 6 a 8 kcal/m^2h.

No caso de adotar-se resistências elétricas para o aquecimento aludido ($\sim$ 10 W/m^2), estas podem ser colocadas diretamente no concreto ($\sim$ 5 cm).

Uma armadura de ferro sobre as resistências permite a melhor distribuição da temperatura, o qual é controlada por termostatos colocados em diversos pontos do piso.

Tanto em estruturas de alvenaria como em estruturas de concreto, o isolante é lançado de uma maneira contínua em todas as superfícies de modo a criar uma câmara estanque (Figura 8.1.8.6).

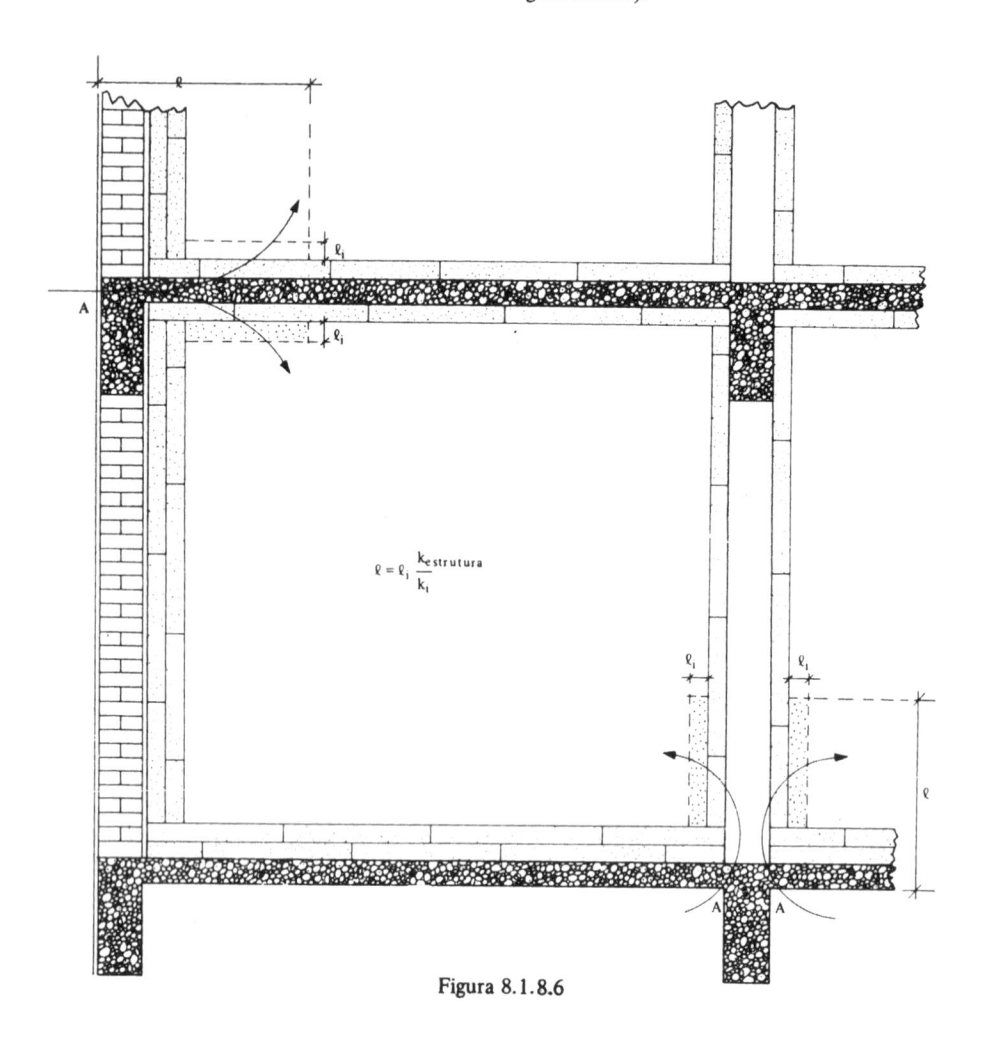

$$\ell = \ell_i \frac{k_{estrutura}}{k_i}$$

Figura 8.1.8.6

Nas paredes divisórias o isolante deve ser colocado dos 2 lados da parede.

Se a espessura usada para cada lado for a metade da calculada nos montantes da estrutura surgirão caminhos de menor resistência para o calor (pontos "A").

Nestas condições, é necessário prever aquecimentos, para evitar a condensação, nos pontos A ou, um recobrimento adicional de isolante (ponto "B") de tal forma que as resistências térmicas através da estrutura (ℓ) ou do isolante (ℓ_i) sejam as mesmas, isto é:

$$Rt = \frac{\ell}{k_{estrutura}} = \frac{\ell_i}{k_i}$$

Em estruturas metálicas (construção moderna) normalmente o isolante é lançado em grandes paineis (Figura 8.1.8.7) ou ainda em paineis autoportantes pré-fabricados completos com revestimento (de fibrocimento, alumínio, madeira, poliester, etc.) de tipo SANDUICHE que dispensam revestimentos adicionais (figura 8.1.8.8).

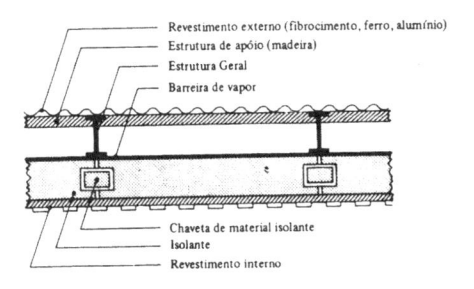

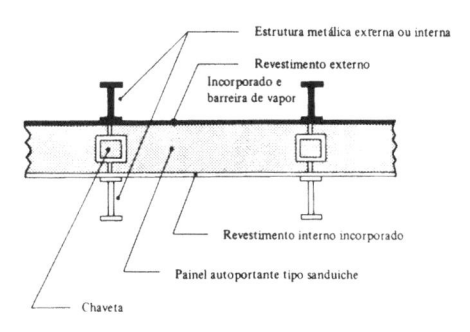

Figura 8.1.8.7

Figura 8.1.8.8

Estes paineis são geralmente fabricados de espuma rígida de poliestireno ou poliuretano nas espessuras de 60, 80, 100, 120 e 200 mm, com uma largura de 1200 mm e em comprimento de até 8400 mm.

A colocação do isolamento pode ser feita tanto pelo lado interno da estrutura como pelo lato externo (Figura 8.1.8.9).

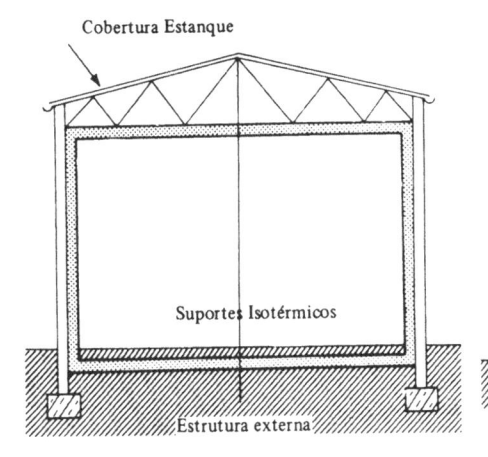

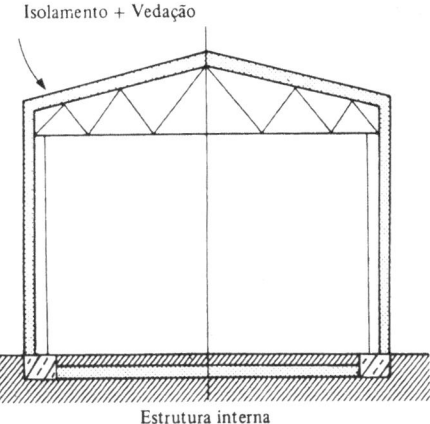

Figura 8.1.8.9

No primeiro caso a despesa do isolamento é menor.

No segundo caso entretanto o volume disponível é maior, a fixação dos equipamentos frigoríficos é mais fácil, a inércia do frio é maior e, não há dilatação da estrutura, que permanece toda à temperatura da câmara.

A barreira do vapor após a colocação de isolante é completada, colando-se as juntas com plástico ou cola a base de silicone no caso de revestimentos de alumínio.

As Figuras 8.1.8.10, 8.1.8.11, 8.1.8.12, 8.1.8.13 e 8.1.8.14 nos mostram detalhes da execução de isolamentos deste tipo, com os

paineis isolantes autoportantes colocados pelo lado de fora da estrutura de ferro.

No isolamento de pequenos gabinetes frigoríficos, executados com chapa metálica ou chapa plástica de POLIESTER, modernamente esta se adotando espuma rígida de poliuretano expandido no próprio local.

Assim, caixas isotérmicas, refrigeradores domésticos, congeladores, refrigeradores comerciais, balcões frigoríficos, câmaras frigoríficas móveis, portas frigoríficas, caminhões frigoríficos e até barcos frigoríficos, são atualmente construídos desta maneira.

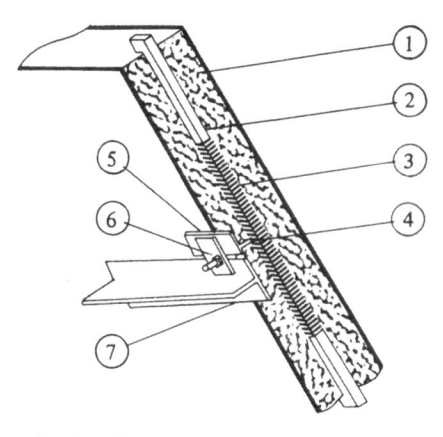

1 – Painél isolante autoportante
2 – Chaveta de material isolante 60 x 30 mm
3 – Chaveta de madeira 60 x 30 mm
4 – Parafuso de cabeça quadrada
5 – Placa de fixação
6 – Porca com aruela
7 – Perfil de fixação

Figura 8.1.8.10

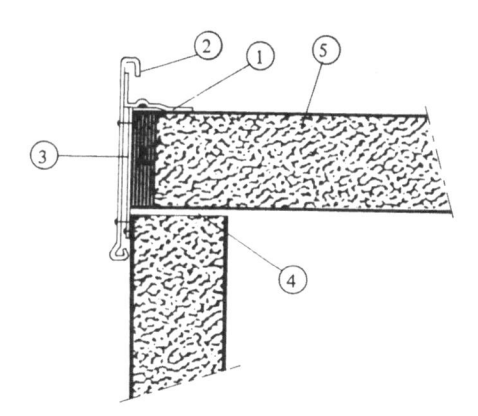

1 – Chapa metálica de vedação colada
2 – Pingadeira de chapa galvanizada de 2mm
3 – Chapa de revestimento do canto
4 – Junta de vedação
5 – Painel isolante autoportante

Figura 8.1.8.12

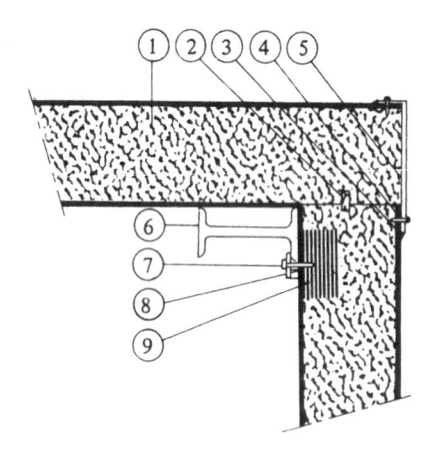

1 – Painel isolante autoportante
2 – Chaveta de junção
3 – Junta de silicone
4 – Parafuso
5 – Chapa de revestimento
6 – Viga da estrutura
7 – Parafuso
8 – Aruela
9 – Taco de madeira

Figura 8.1.8.11

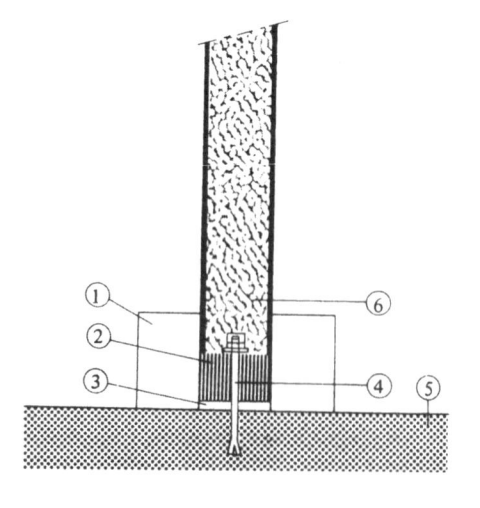

1 – Muro de proteção
2 – Base de madeira
3 – Argamassa
4 – Parafuso chumbador
5 – Laje de concreto do piso
6 – Painel isolante autoportante

Figura 8.1.8.13

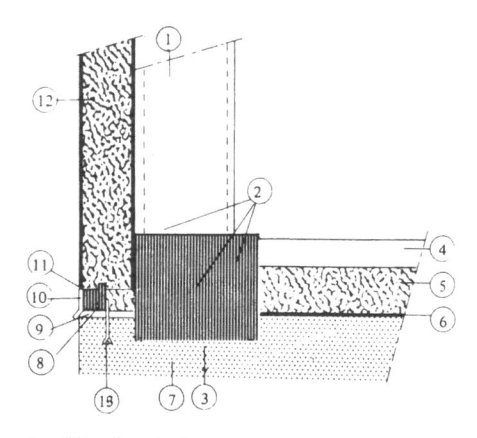

1 – Viga da estrutura
2 – Ancoragem
3 – Bloco de madeira
4 – Laje de concreto de uniformização da carga
5 – Isolamento do piso
6 – Barreira de vapor
7 – Laje de concreto do piso (resistente)
8 – Base de madeira
9 – Argamassa
10 – Revestimento metálico
11 – Junta de silicone
12 – Painel isolante autoportante
13 – Chumbador

Figura 8.1.8.14

No isolamento de equipamentos, canalizações e acessórios de uma maneira geral, deve-se levar em conta que o vapor dagua que atravessa o isolante, a partir do lado quente, não tem por onde sair, permanecendo no lado frio onde pode congelar, destruindo o isolamento.

Para evitar este inconveniente o isolamento deve dispôr de uma barreira de vapor perfeita, com proteção contra danos mecânicos e a ação de tempo.

Geralmente adotam-se calhas isolantes pré-fabricadas, fixadas por meio de braçadeiras.

A barreira de vapor é constituída por cadarço de algodão pintado com tinta impermeável.

Segue-se a proteção mecânica constituída normalmente por estuque de reboco com tela DUPLOYER, chapa metálica ou chapa de alumínio corrugado.

Os isolantes ideais para o caso são os de baixa permeabilidade ao vapor dágua, como o POLIESTIRENO, o POLIURETANO ou, mesmo a espuma de borracha em estrutura alveolar estanque.

No caso de canalizações, a fim de garantir a dilatação sem prejudicar a continuidade do isolamento, os suportes das mesmas devem ser preferencialmente de suspensão ou de roletes, com calhas de proteção para evitar a deformação do isolante (Figura 8.1.8.15).

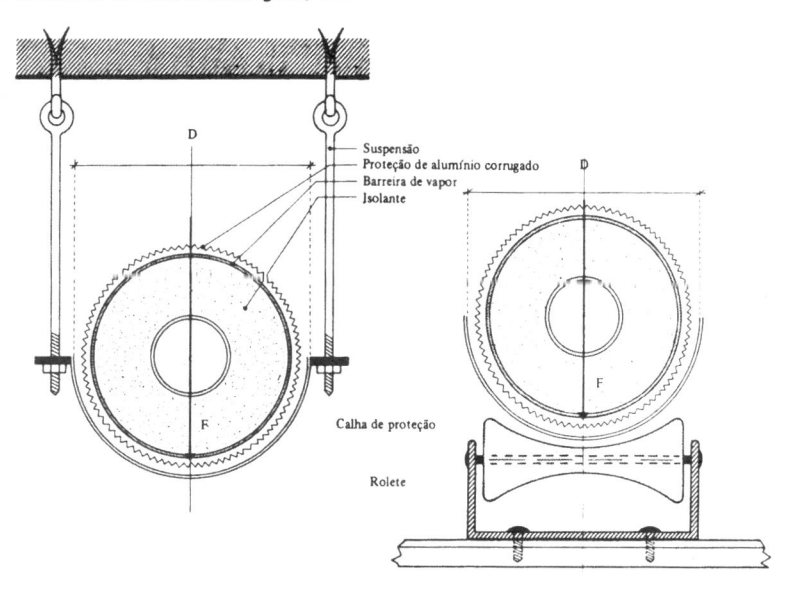

Figura 8.1.8.15

Estas calhas devem ter um comprimento "L" compatível com a resistência à compressão do isolante ($\sigma_{isolante}$), isto é:

$$\sigma_{isolante} \cdot D.L > \text{Carga sobre o suporte "F"}$$

O lançamento do isolante em equipamentos, canalizações e sobretudo em acessórios que não tem forma definida, também pode ser feito por expansão no próprio local de espuma rígida de poliuretano, como nos mostra a Figura 8.1.8.16.

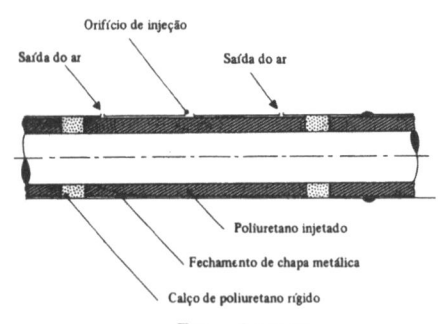

Figura 8.1.8.16

8.2 – Portas Frigoríficas

As portas das câmaras frigoríficas devem ser isotérmicas, com isolamento de espessura, sempre que possível igual a do isolamento das paredes.

Normalmente estas portas são executadas em madeira de lei, chapa de ferro ou mesmo chapa de plástico.

O isolante adotado é cortiça, poliestireno expandido e, modernamente espuma rígida de poliuretano expandido no próprio local.

As portas frigoríficas de uma maneira geral podem ser de encaixar ou de sobrepor, de debradiças ou de correr.

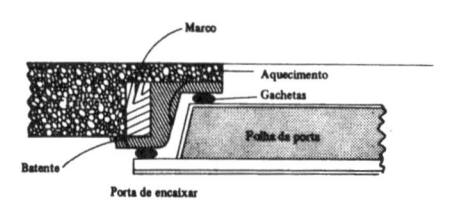

Porta de encaixar

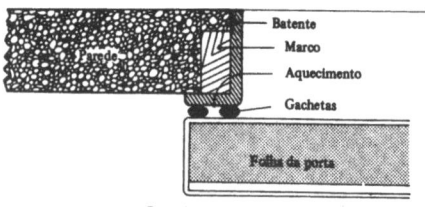

Porta de sobrepôr

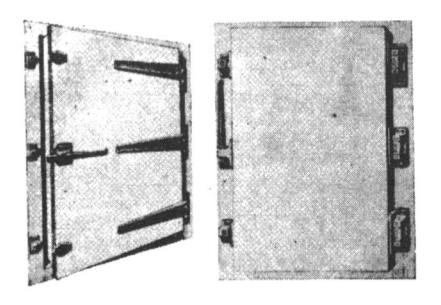

Figura 8.2.1

Modernamente as mais usadas são as portas de sobrepor corrediças de acionamento mecânico automático (por buzina, por alta freqüência, por compressão da soleira, por célula foto eletrica, etc.), conforme nos mostra o corte que consta da Figura 8.2.2.

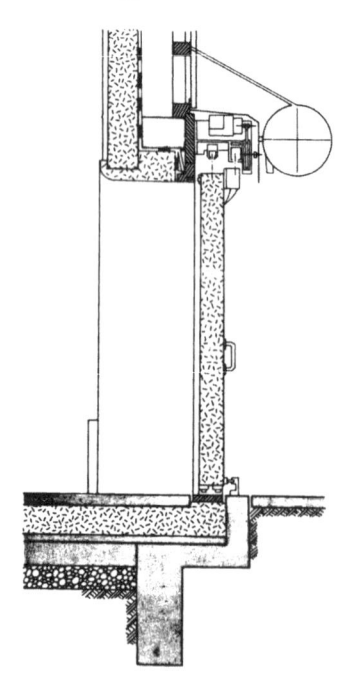

240

Figura 8.2.2

O batente das portas frigoríficas, devem ser contínuas inclusive na soleira, afim de garantir uma vedação perfeita.

A vedação da porta contra o batente normalmente é dupla, adotando-se o aquecimento para evitar o congelamento das partes em contato no caso de câmaras que trabalham a temperaturas inferiores a $0°C$ (Figura 8.2.1).

Nas construções modernas onde as câmaras geralmente tem ligação direta com o exterior (sem ante-câmaras) para evitar grandes penetrações de calor através da porta quando a mesma está aberta, são adotadas como proteção adicional: Portas de vai e vem de plástico ou cortinas de ar.

As portas de vai e vem de plástico são colocadas após a porta principal, em pequena ante-câmara interna conforme nos mostra a Figura 8.2.3.

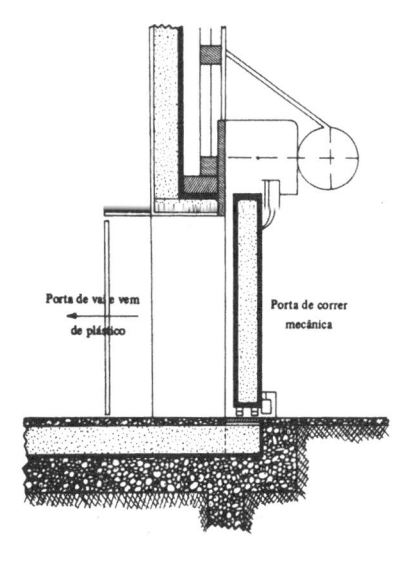

Porta de vai e vem de plástico

Porta de correr mecânica

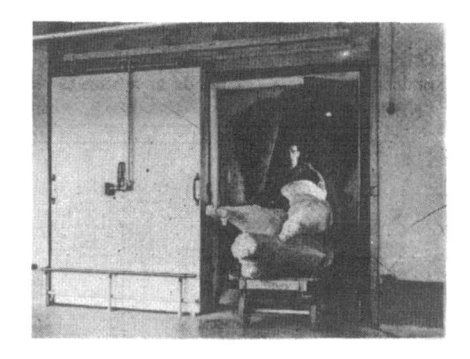

Figura 8.2.3

As cortinas de ar são constituídas por um jato de ar de grande velocidade ($\sim$ 20 m/s) emitido de cima para baixo por um bocal retangular de largura de 3/4" a 1" e comprimento igual a largura da porta (Figura 8.2.4).

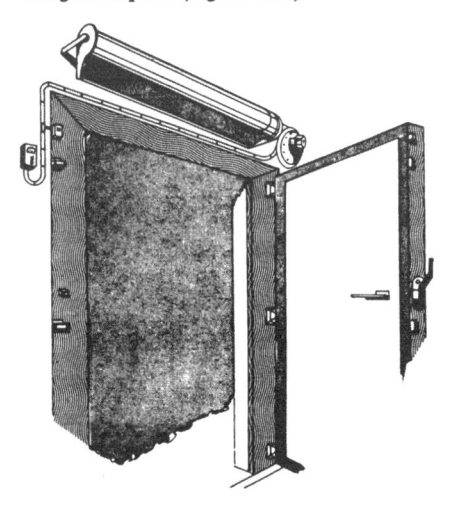

Figura 8.2.4

A movimentação de ar é fornecida por um ventilador centrífugo (Figura 8.2.5) cujas características são:

$$\Delta_{Ptotal} = 30 \text{ a } 40 \text{ mm } H_2O$$

$$V_s = 0,4 \text{ a } 0,5 \text{ m}^3/\text{s por m de porta}$$

$$P_m = 0,35 \text{ a } 0,5 \text{ c.v. por m de porta.}$$

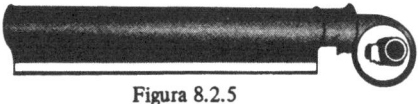

Figura 8.2.5

As dimensões básicas de um equipamento deste tipo, podem ser notadas na Figura 8.2.6, onde aparece uma cortina de ar fabricada pela "NEU".

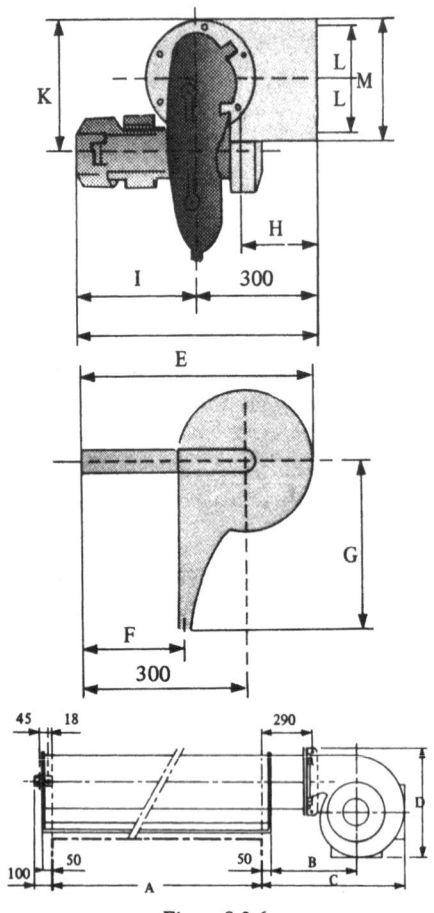

Figura 8.2.6

Modelo	I	II
Pm	0,6c.v.	0,9c.v.
A	Até 1,5m	Até 2,5m
B	412	487
C	689	831
D	513,5	618,5
E	420	454
F	194	161
G	280	280
H	212	140
I	269	293
J	569	593
K	302	365
L	115	165
M	287	375

Tabela 8.2.1

8.3 – Recipientes e recintos para a conservação do frio

Os ambientes destinados a conservação de frio, podem ser classificados de uma maneira geral em:

ISOTÉRMICOS;
REFRIGERADOS;
FRIGORÍFICOS.

Os isotérmicos são aqueles ambientes simplesmente isolados, como as chamadas caixas isotérmicas, os carrinhos isotérmicos para sorvetes (Figura 8.3.1).

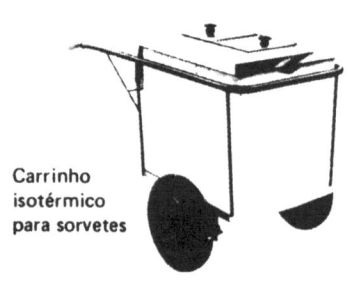

Carrinho
isotérmico
para sorvetes

Figura 8.3.1

os modernos CONTAINERS isotérmicos, etc, etc.

Os refrigerados são aqueles ambientes isolados, que dispõem de um sistema descontínuo para a produção de frio, como sejam: a fusão de gelo dágua, a fusão de soluções eutéticas, a sublimação da neve carbônica (gelo sêco), a vaporização do nitrogênio líquido, etc.

Este tipo de ambientes é mais usado no transporte do frio, como nos caminhões refrigerados, em barcos pesqueiros, em vagões para o transporte de carnes, em aviões para o transporte de congelados, etc.

Os frigoríficos são aqueles ambientes isolados que dispõem de um sistema contínuo de produção do frio, seja mecânico, seja de absorção, etc.

Entre os diversos recipientes e recintos frigoríficos, fixos ou móveis, para a conservação do frio, podemos relacionar:

8.3.1 – Refrigeradores Domésticos

Usuais em residências, os refrigeradores domésticos são recipientes em forma de armário, destinados a conservação de alimentos (frutas, legumes, laticínios, carnes resfriadas e eventualmente congeladas, por espaço de tempo reduzido, assim como a fabricação de pequenos cubos de gelo dágua.

Para isto estes dispositivos dispõem normalmente de espaço tanto para a conservação de produtos congelados como resfriados (Figura 8.3.1.1).

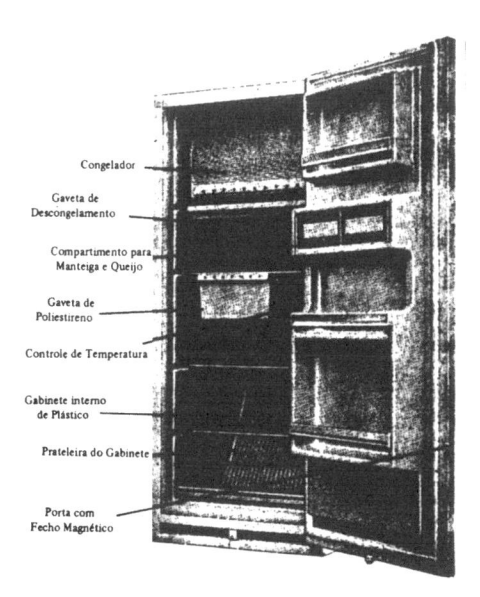

Congelador

Gaveta de Descongelamento

Compartimento para Manteiga e Queijo

Gaveta de Poliestireno

Controle de Temperatura

Gabinete interno de Plástico

Prateleira do Gabinete

Porta com Fecho Magnético

Figura 8.3.1.1.

Em alguns modelos mais completos estes espaços são separados horizontalmente ou mesmo verticalmente em 2 compartimentos distintos com portas independentes (Figura 8.3.1.2).

O compartimento destinado a produtos congelados é mantido normalmente a uma temperatura de −8 a −18°C, enquanto que o destinado a produtos resfriados é mantido a cerca de +2 a +7°C.

A capacidade dos refrigeradores domésticos varia de 60ℓ até cerca de 600ℓ, sendo os mais comuns os de 280ℓ (10 pés cúbicos).

A potência frigorífica usual é da ordem de 0,2 TR/ m³ de capacidade e, o consumo de potência aproximadamente 0,5 c.v./m³

Modernamente os gabinetes são executados em chapa de ferro externamente, poliester inteiriço internamente e, o isolamento é de espuma rígida de poliuretano expandido no próprio local.

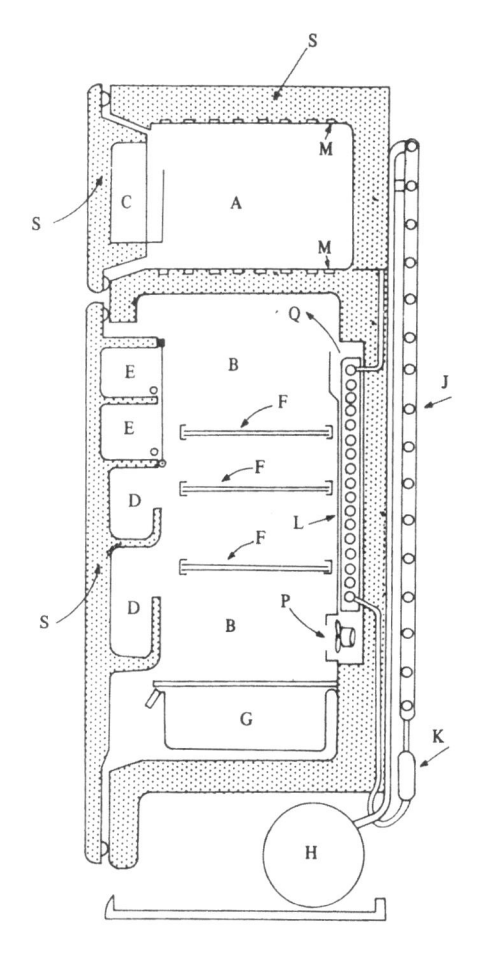

A − Compartimento para produtos congelados
B − Compartimento para produtos resfriados
C − Prateleiras na porta
D − Prateleiras na porta
E − Compartimento para manteiga e queijo
F − Prateleira
G − Gaveta para vegetais
H − Compressor tipo hermético
J − Condensador a ar
K − Filtro-secador
L − Evaporador do resfriador
M − Evaporador do congelador
P − Ventilador para circulação do ar
S − Isolamento de poliuretano

Figura 8.3.1.2

8.3.2 – Refrigeradores Comerciais

São refrigeradores especiais ou de grande porte, usados em:

grandes residências;
restaurantes;
padarias;
floristas;
laboratórios:
sorveterias;
bares;
açougues;
supermercados, etc, etc.

Assim grandes residências usam refrigeradores tipo doméstico de grande porte para estocagem a altas temperaturas (+2 a +5°C) além de compartimento para congelamento, estocagem a baixas temperaturas (−8 a −18°C) e fabricação de gelo.

Nos restaurantes são usados refrigeradores especiais de até 2000ℓ de capacidade, para a estocagem de comida à temperaturas de +2 a +5°C (Figura 8.3.2.1).

Estes podem ser horizontais (em forma de ARCA) com compartimento para estocagem (−15 a −20°C) e por vezes também com compartimento para o congelamento (−25°C a −30°C) como na Figura 8.3.2.2 ou verticais

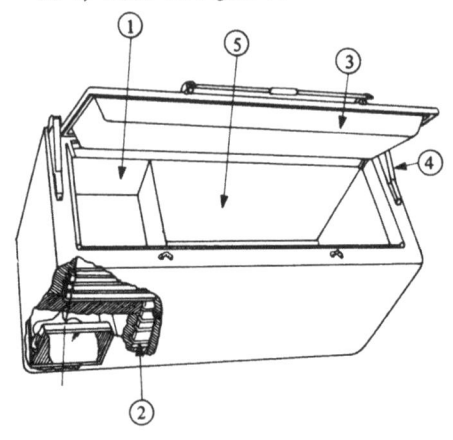

1 – Compartimento para congelamento (−25°C a −30°C)
2 – Evaporador na parede interna
3 – Tampa de plástico interiço
4 – Dobradiças com molas
5 – Compartimento de estocagem (−15°C a −20°C)

Figura 8.3.2.1

Modernamente com o grande consumo de produtos congelados, são adotados também os chamados congeladores que são os mais novos tipos de refrigeradores comerciais.

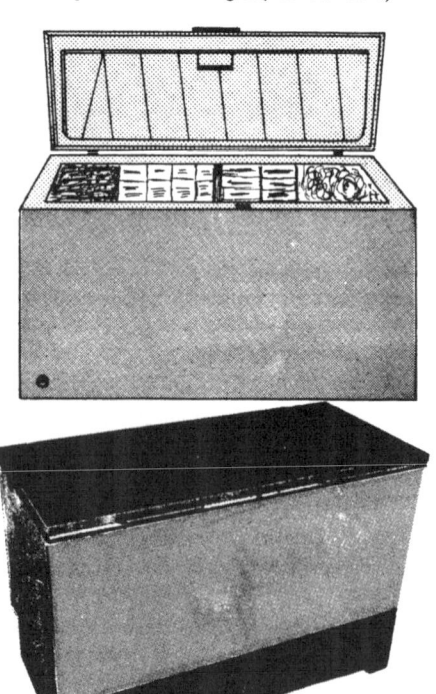

Figura 8.3.2.2.

244

em forma de armário com evaporador tipo placa dispostos em prateleiras (Figura 8.3.2.3).

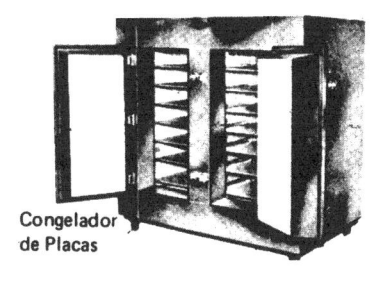

Figura 8.3.2.3

Nas mercearias são usados refrigeradores semelhantes aos adotados nos restaurantes, mas geralmente com portas de vidro para estocagem de leite, manteiga, queijo, ovos, bebidas, etc.

O compartimanto destinado ao leite deve ser mantido a uma temperatura inferior a $4°C$ enquanto que para os demais produtos $7°C$ são suficientes.

Nas padarias são usados recentemente refrigeradores para a conservação dos ingredientes para fazer o pão.

Sua construção é semelhante a dos refrigeradores de restaurante mas os evaporadores são projetados para manter uma umidade relativa elevada a uma temperatura da ordem de $2°C$ (Figura 8.3.2.4).

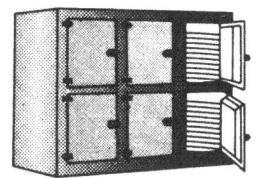

Figura 8.3.2.4

Refrigeradores para Floristas são geralmente tipo mostruário com vitrines, para armazenagem de flores, plantas e bulbos.

Sua característica principal deve ser o fácil arranjo do material no seu interior (Figura 8.3.2.5).

Figura 8.3.2.5

A circulação do ar normalmente é natural, e a umidade elevada com temperaturas de 4 a $10°C$ para flores e $0°C$ para bulbos.

Nos laboratórios são usados refrigeradores semelhantes aos dos restaurantes, para a conservação de produtos biológicos, tecidos, soros, etc.

Os materiais são armazenados em pacotes ou vidros, a temperaturas da ordem de $2°C$ e umidade relativa de 50%.

Nas sorveterias são usadas sorveteiras para fabricação e conservadoras para estocagem de sorvetes (Figura 8.3.2.6).

Fabricação de sorvetes

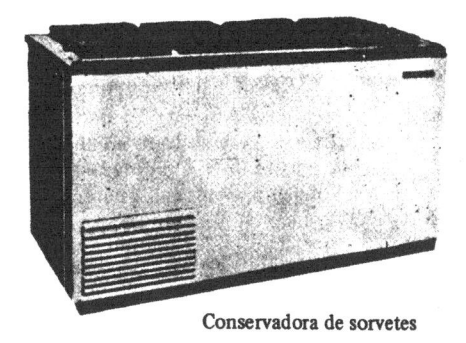

Conservadora de sorvetes

Figura 8.3.2.6

Estes equipamentos dispõem de evaporadores nas paredes internas e trabalham a uma temperatura da ordem de $-20°C$.

Nos bares são usados refrigeradores do tipo restaurante com, portas de vidro, disposição adequada para garrafas e, preferencialmente com, circulação forçada do ar.

Outro tipo de refrigerador comercial de grande uso, não só em bares como mercearias, açougues, etc., são os chamados balcões frigoríficos, onde os produtos em mostruário são refrigerados por meio de evaporadores de placa dispostas nas paredes ou, preferencialmente por meio de serpentinas evaporadores de ar forçado (Figura 8.3.2.7).

Figura 8.3.2.7

Tipos especiais de balcões frigoríficos estão sendo usados em larga escala nos supermercados.

Estes balcões são fechados com vitrines ou abertos para auto-serviço.

Os balcões fechados com vitrines, usados para produtos não empacotados são, de vidro duplo ou mesmo triplo, separados por espaços de ar de 15 mm, iluminados intensamente por lâmpadas fluorescentes e, por vezes aquecidos externamente por meio de resistências elétricas para evitar a condensação de umidade nos vidros externos (Figura 8.3.2.8).

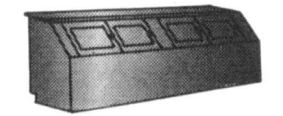

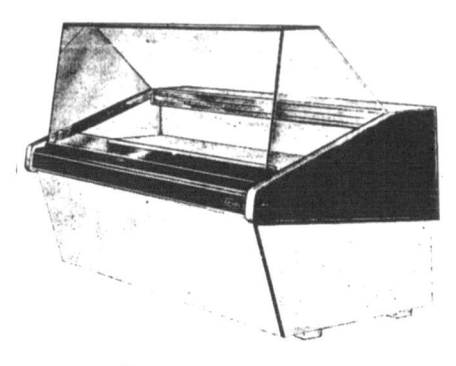

Figura 8.3.2.8

Os balcões frigoríficos abertos tipo auto-serviço (SELF-SERVICE), para produtos empacotados são horizontais ou de prateleiras (até um máximo de 5) dispostas verticalmente (Figuras 8.3.2.9 e 8.3.2.10).

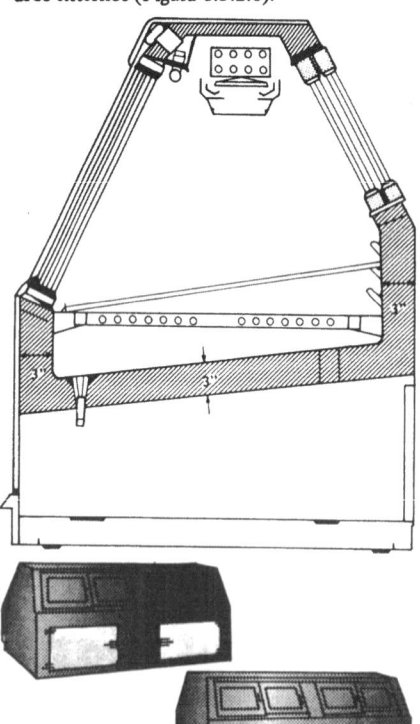

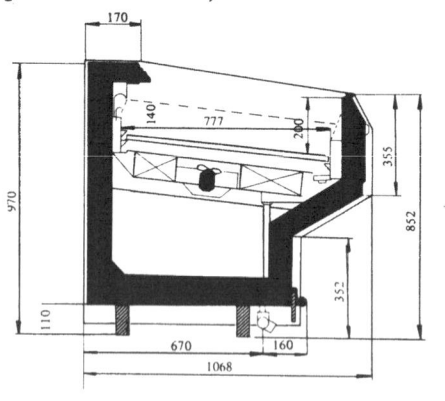

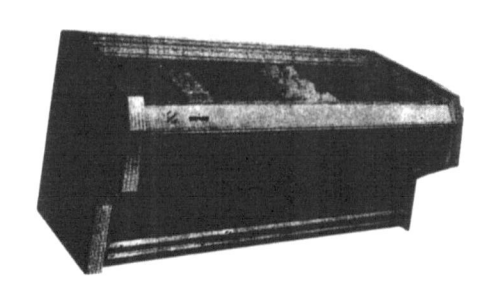

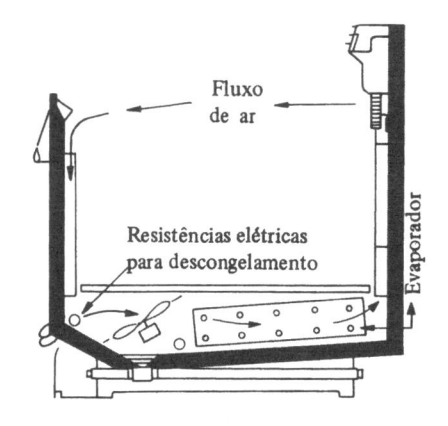

Fluxo de ar

Resistências elétricas para descongelamento

Evaporador

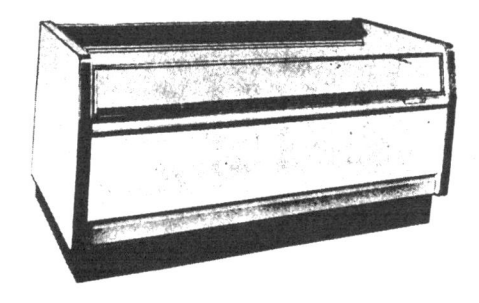

Figura 8.3.2.9

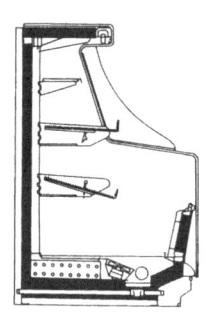

Os evaporadores são normalmente de ar forçado, mantendo-se uma corrente de ar frio uniforme sobre todos os produtos expostos, além de uma cortina de ar na superfície de separação entre o balcão e o exterior.

Quando necessário, o degelo que é programado por temporizador, é feito por desligamento da produção de frio ou, por meio de resistências elétricas.

Estes balcões são normalmente usados para:

carnes e fiambres não empacotados (tipo horizontal fechado);

carnes e fiambres empacotados (tipo horizontal aberto) -2 a $+3$;

produtos congelados (tipo horizontal aberto);

produtos congelados (tipo vertival aberto) -15 a $-20°C$;

laticinios (tipo vertical aberto) 2 a $5°C$;

queijo (tipo vertical aberto) 8 a $12°C$;

frutas e vegetais (tipo vertical aberto) 0 a $6°C$.

As características médias de funcionamento destes equipamentos constam da Tabela 8.3.2.1, onde aparece, o tipo, a finalidade, a temperatura de funcionamento, a potência frigorífica necessária por metro de comprimento de balcão e, a potência mecânica adotada igualmente por metro de comprimento do balcão, calculadas a partir de expressão:

$$P_f = (10 \ a \ 20) \ \Delta t \ V_m{}^3 + 10 \ S_{isolada} + \\ + (5 \ a \ 10) \ S_{aberturas} \ \Delta t$$

Figura 8.3.2.10

Tipo	Finalidade	$t_{câmara}$	P_f fg/hm	Pm c.v./m
Horizontal fechado	Carnes não empacotada	$-2 \ a +3$	275	0,2
	Bebidas	$+10 \ a +15$	400	0,2
Horizontal aberto	Congelados	$-15 \ a -20°C$	630	0,8
	Carnes empacotada	$-2 \ a +3$	450	0,3
Vertical aberto	Laticínios	$0 \ a \ 4°C$	1300	0,87
	Verduras	$0 \ a \ 6°C$	1300	0,87

Tabela 8.3.2.1

Em grandes restaurantes, hospitais, hoteis e mesmo supermercados, para o estoque de produtos perecíveis, são adotados refrigeradores comerciais tipo câmaras (WALK-IN COOLERS) que permitem um melhor manuseio da mercadoria (Figura 8.3.2.11).

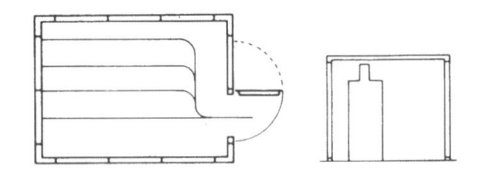

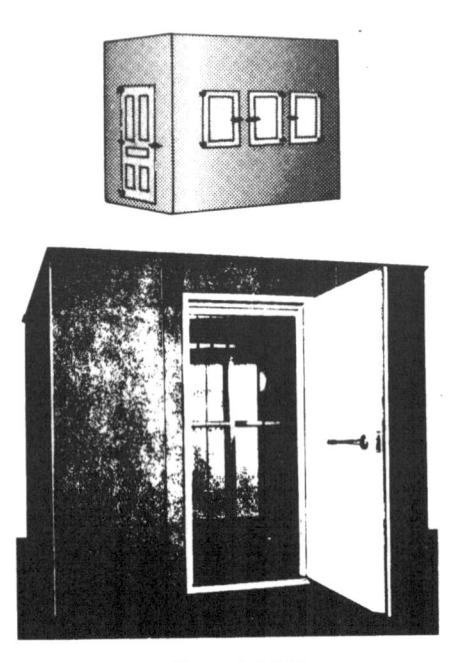

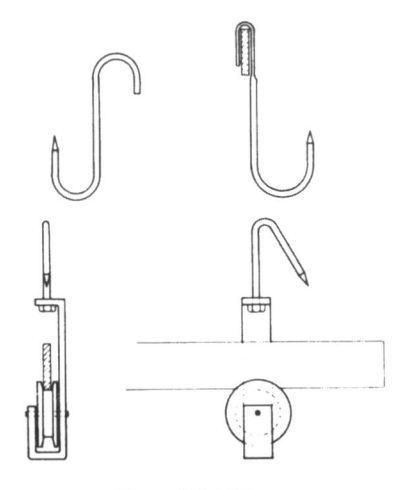

Figura 8.3.2.12

Figura 8.3.2.11

Estas câmaras geralmente de pequeno porte (10 a 65 m^3) podem ser fixas (de alvenaria) ou desmontáveis (modulares, inteiramente metálicas ou de plástico) e, são equipadas com prateleiras, tendal simples ou tendal com carretilhas, para armazenagem de carne (Figura 8.3.2.12).

Em supermercados estas câmaras são usadas individualmente para, congelados, peixes, carnes, laticínios, verduras e bebidas.

Os resfriadores são de ar forçado (UNIT-COOLER), e como a finalidade destas câmaras é normalmente para a armazenagem de produtos já refrigerados, a sua potência frigorífica é relativamente pequena, podendo-se considerar, mesmo para os casos de quebra da refrigeração inicial do produto a valores da ordem de 100 até um máximo de 400 fg/hm^3. (veja cálculo da carga térmica de refrigeração, Capítulo IX § 2 d.)

Os equipamentos frigoríficos (unidades condensadoras) dos refrigeradores comerciais, podem ser:

- *individuais,* quando um para cada balcão;
- *de conjunto,* quando um para cada 2 ou mais unidades do mesmo tipo;
- *geral,* quando um para todos os refrigeradores comerciais de uma determinada secção.

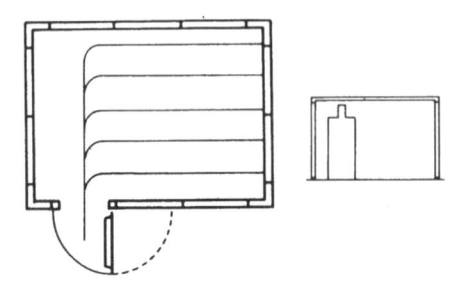

O fluido frigorígeno normalmente adotado é o FREON–12 para altas temperaturas e o FREON–502 para baixas temperaturas (congelados).

O controle do fluido frigorígeno pode ser feito por:

– *tubo capilar*, usados apenas em unidades pequenas, pois exige uma carga de refrigerante exata. O compressor nestes casos é controlado pela temperatura;

– *válvula de expansão pressostática*, usado em refrigeradores comerciais, sobretudo quando a potência frigorífica é mais ou menos constante.

O controle do compressor neste caso, também é feito em função da temperatura;

– *válvula de expansão termostática,* usado tanto para unidades pequenas como grandes, individuais ou de conjunto.

No caso de instalações de conjuntos, usando fluidos frigorígenos do tipo hidrocarbonetos halogenados, cuidados especiais devem ser tomados com o arraste do óleo, adotando-se canalizações horizontais com caimento adequado e canalizações verticais bem dimensionadas e providas de sifões nas bases.

A quantidade de refrigerante usado é relativamente pequena e, o controle do compressor, pode ser feito, pela pressão de sucção ou mesmo, pela temperatura no caso de unidades condensadoras individuais.

– *válvula de expansão tipo bóia de baixa pressão,* aconselhado pela sua simplicidade e bom rendimento na transmissão de calor, embora exija uma grande quantidade de fluido frigorígeno, é usado modernamente nos sistemas múltiplos, com uma unidade condensadora geral para um grande número de refrigeradores.

Quando o sistema inclue múltiplas temperaturas, os evaporadores de temperaturas superiores a mínima são providos de válvulas de redução de pressão à saída.

O controle de fluido frigorígeno de cada evaporador (que trabalha inundado) é feito por meio de uma válvula solenóide comandada por termostato individual.

A movimentação do fluido frigorígeno é feita a partir de um separador de líquido central, seja por meio de bomba, seja por meio da pressão de condensação do próprio fluido (Sistema de Recirculação Automática do Refrigerante).

No sistema de recirculação automática do refrigerante pode ser usado para o bombeamento, tanto a vapor superaquecido à saída do compressor (Figura 8.3.2.13, como o fluido frigorígeno já condensado conforme processo preconizado pela fábrica DANFOS (Figura 8.3.2.14.)

No primeiro caso, o trabalho de bombeamento é executado pelo compressor, o que acarreta redução de rendimento frigorífico da instalação.

No segundo caso, o trabalho de expansão do próprio fluido condensado (que normalmente é perdido na válvula de expansão) é que efetua o bombeamento, o que mantem o rendimento frigorífico da instalação inalterado.

Além desta vantagem, o uso neste 2º caso de válvulas especiais (PHV 32 e PHL 50 da DANFOS) de acionamento lento, permitem a eliminação dos golpes de ariete que tornavam os equipamentos deste sistema de bombeamento, pouco duráveis.

Por outro lado, é interessante lembrar que, nos sistemas inundados que funcionam com fluidos frigorígenos de tipo hidrocarbonetos halogenados, é indispensável por vezes (dependendo do tipo de compressor) o uso de separadores de óleo à saída do compressor e, dispositivo adequado para o arraste de óleo do separador de líquido (veja Figuras 8.3.2.13 e 8.3.2.14).

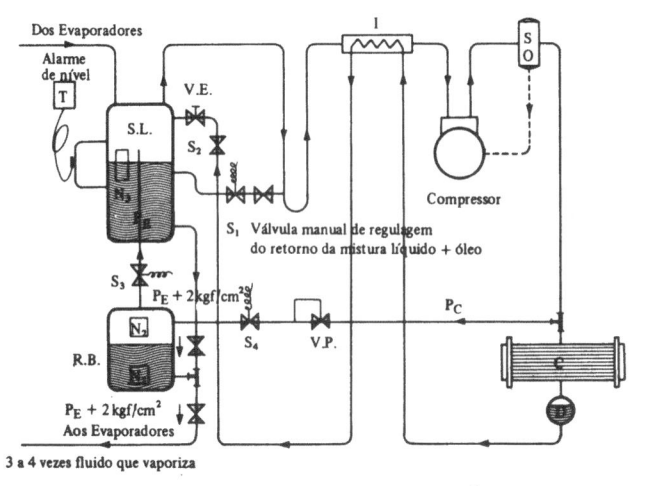

V.P •— Válvula de redução de pressão de "po" para "$p_E + 2 \text{ kgf/cm}^2$".

S_1 — Solenoide que abre só quando o compressor liga.

S_2 — Solenoide que abre quando o controle de nível eletrônico N_3 indica um nível inferior a N_3 min.

S_3 — Solenoide que abre quando o controle de nível eletrônico N_1 indica um nível inferior a N_1 min e fecha quando o controle de nível eletrônico N_2 indica um nível superior a N_2 max.

S_4 — Solenoide que abre quando o controle de nível eletrônico N_2 indica um nível superior a N_2 max e fecha quando o controle de nível eletrônico N_1 indica um nível inferior a N_1 min.

R.B — Reservatório de bombeamento.

Figura 8.3.2.13

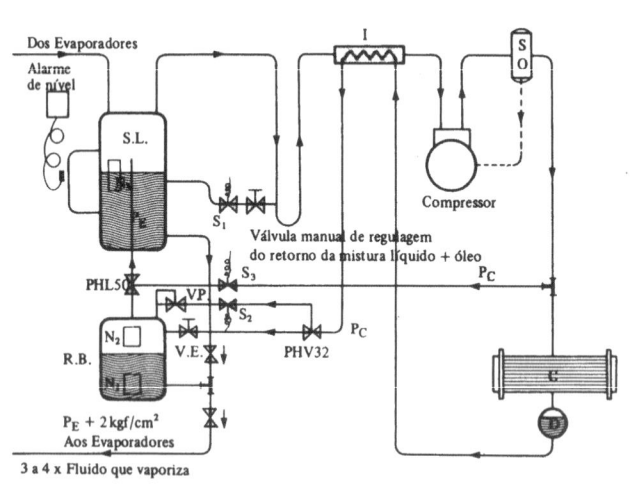

V.P — Válvula de Redução de Pressão de "P_C" para "$(P_E + 2 \text{ kgf/cm}^2)$".

S_1 — Solenoide que abre só quando o Compressor liga.

PHL50 — Válvula comandada pela pressão de condensação de ação lenta (fecha para $\Delta p > 1 \text{ kgf/cm}^2$).

PHV32 — Válvula comandada pela diferença de pressão de comdensação e do reservatório de bombeamento limitada por VP, de ação lenta (abre para $\Delta p > 0,14 \text{ kgf/cm}^2$).

Figura 8.3.2.14

Nível SL	Nível RB	S_2	PHV32	S_3	PHL50	Operação
$> N_3 min$	$N_2 max$	Abre	Abre	Abre	Fecha	Bombeamento
$> N_3 min$	$N_1 min$	Fecha	Fecha	Fecha	Abre	Alimentação SL → RB
$< N_3 min$	$N_2 max$	Abre	Abre	Abre	Fecha	Bombeamento
$< H_3 min$	$N_1 min$	Abre	Abre	Fecha	Abre	Alimentação D → RB

Tabela 8.3.2.2

8.3.3 — Câmaras Frigoríficas

Para a refrigeração e conservação de grandes quantidades de produtos alimentícios, sobretudo durante as entresafras, são usados as chamadas câmaras frigoríficas.

Estas são grandes salas isoladas e providas de equipamento próprio para a produção do frio.

De acordo com a sua finalidade, as câmaras frigoríficas podem ser classificadas em:

Câmaras de congelamento.

Câmaras de resfriamento.

Camaras de estocagem para produtos definidos.

Câmaras de estocagem polivalentes, etc, etc.

As câmaras destinadas ao congelamento, de acordo com a tecnologia atual, normalmente são executadas em forma de túnel (para um congelamento rápido e contínuo), onde o produto a congelar, que se desloca longitudinalmente em tendal (carnes) ou em prateleiras (peixes, aves, produtos empacotados, etc.), recebe uma corrente intensa (3 a 5 m/s) de ar frio (-30 a $-50°C$) que se desloca, também longitudinalmente em contra corrente com o produto ou, de preferência, transversalmente (Figura 8.3.3.1).

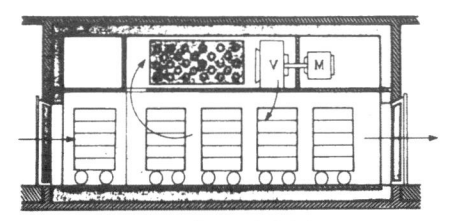

Figura 8.3.3.1

Nas câmaras destinadas ao congelamento, resfriamento e, mesmo estocagem de carne resfriada em quartos, normalmente a mercadoria é dependurada, em disposição de tendal, com ganchos providos de roldanas para o seu fácil deslocamento manual (Figura 8.3.3.2).

Figura 8.3.3.2

Nas câmaras destinadas a estocagem de carne congelada em quartos (acondicionadas em ESTOQUINETES) e produtos congelados ou resfriados diversos, acondicionados em caixas, pacotes, recipientes, etc, normalmente a mercadoria é empilhada manualmente ou por meio de empilhadeiras elétricas (Figura 8.3.3.3).

As câmaras frigoríficas são reunidas em prédios de 1 ou mais pavimentos, formando os chamados armazens ou entrepostos frigoríficos (Figura 8.3.3.4).

Figura 8.3.3.3

Figura 8.3.3.4

8.3.4 – Transportes Frigoríficos

Para o transporte frigorífico são atualmente adotados:

os Containers;   os Barcos;
os Caminhões;   os Aviões.
os Vagões;

Estes podem ser tanto, isotérmicos como refrigerados ou mesmo frigoríficos.

Os isotérmicos são simplesmente isolados.

Os refrigerados geralmente adotam: gelo dágua, soluções eutéticas gelo sêco ou mesmo nitrogênio líquido, para a produção intermitente do frio.

Os frigoríficos dispõem de instalações frigoríficas próprias para a produção contínua do frio.

Os CONTAINERS são grandes caixas, geralmente de 2,5 X 2,5 X 6 m, simplesmente isoladas (isotérmicas) ou providas de equipamento frigorífico em forma de unidade compacta (SELF-CONTAIN Figura 8.3.4.1).

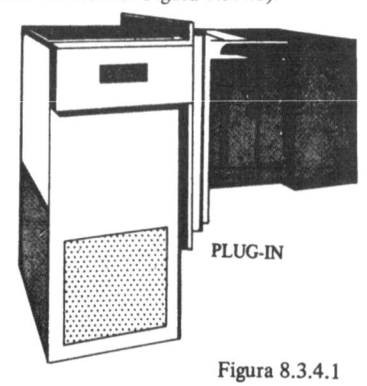

PLUG-IN

Figura 8.3.4.1

Estas caixas podem ser colocadas sobre estrados de caminhões, trens ou mesmo nos porões de navios permitindo assim o transporte de produtos refrigerados desde a fonte até o seu destino, sem manuseio.

Os caminhões destinados ao transporte de produtos refrigerados igualmente podem ser isotérmicos, refrigerados ou mesmo frigoríficos.

Quando refrigerados a solução moderna é a do uso de nitrogênio líquido (Figura 8.3.4.2).

Figura 8.3.4.2

Quando frigoríficos, o equipamento mecânico de produção de frio pode ser acionado:
pelo motor do próprio veículo;
por motor de combustão adicional (Figura 8.3.4.3).

Figura 8.3.4.3

As carrocerias dos caminhões frigoríficos modernos são fabricadas integralmente de plástico e isoladas com poliuretano expandido no próprio local.

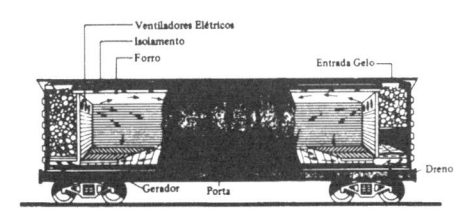

Figura 8.3.4.4

Os vagões, quando refrigerados adotam gelo dágua (Figura 8.3.4.4) soluções eutéticas e modernamente também o nitrogênio líquido.

Os vagões podem ser refrigerados também nas estações intermediárias, pela colocação dos mesmos dentro de câmaras frias, pela circulação de ar frio no interior dos mesmos, pela ligação de serpentinas de refrigeração próprias dos vagões à sistemas estacionários de produção de salmoura gelada.

Os vagões frigoríficos por sua vez adotam equipamento mecânico de produção de frio acionado, por motor de combustão especial, (Figura 8.3.4.5) ou ainda por meio de motores elétricos alimentados a partir de uma usina, localizada na parte inferior do próprio vagão (DIESEL – ELÉTRICA) ou, localizada em vagão especial (vagão usina).

Figura 8.3.4.5

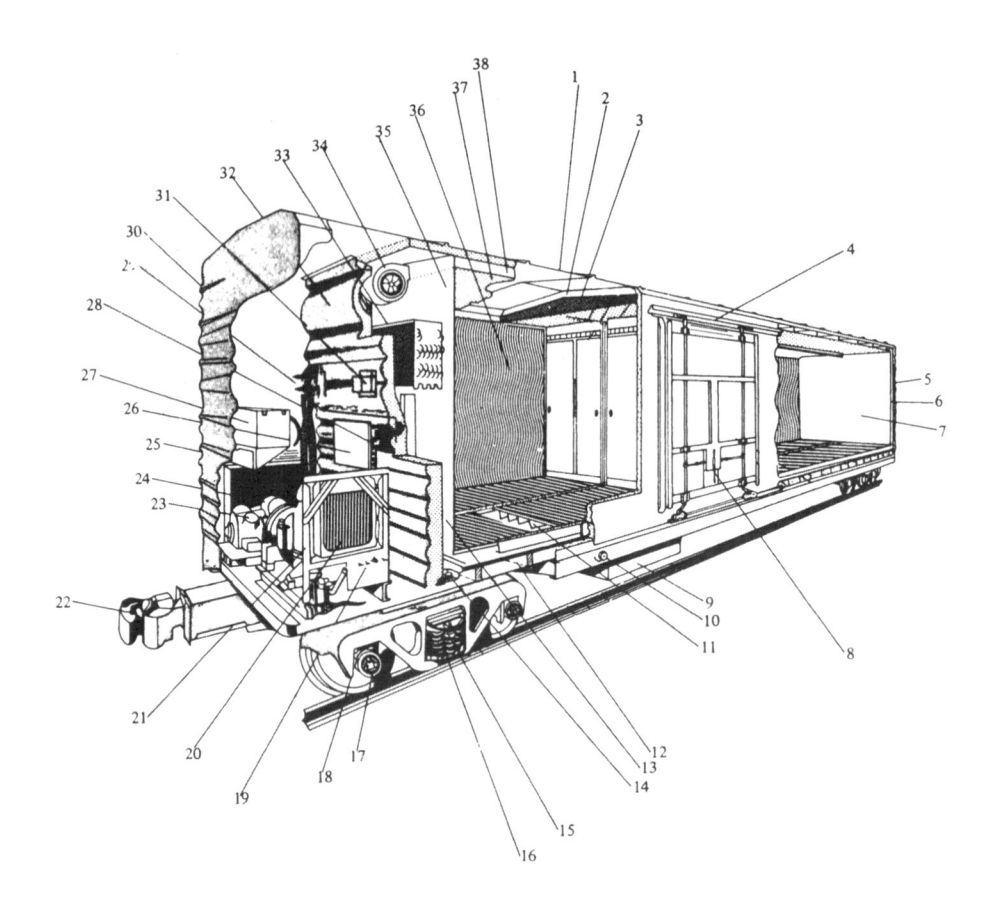

1 – Cobertura	14 – Dreno	26 – Quadro Elétrico
2 – Isolamento Forro	15 – Truck	27 – Bateria
3 – Estrutura do Forro	16 – Molas	28 – Termostato
4 – Trilho Porta	17 – Rolamento	29 – Válvulas Expansão
5 – Chapa Corrugada	18 – Roda	30 – Parede Externa
6 – Duto	19 – Controles Motor	31 – Carregador Baterias
7 – Parede Interna		32 – Separação Motor
8 – Porta de Correr	20 – Radiador	33 – Evaporador
9 – Tanque	21 – Motor Diesel	34 – Ventilador
10 – Combustível	22 – Engate	35 – Separação
11 – Piso	23 – Compressor	36 – Parede Interna
12 – Isolamento Piso	24 – Motor Vent. Cond.	37 – Forno
13 – Duto de Retorno	25 – Condensador	38 – Pleno

Figura 8.3.4.5

Os pequenos barcos de pesca usam para a sua refrigeração, apenas gelo dágua, enquanto que os grandes navios frigoríficos são isolados com poliuretano expandido no próprio local e, dispõem de central completa de frio.

Os aviões destinados ao transporte de produtos refrigerados, adotam apenas um isolamento adequado e, eventualmente por questões de peso, o gelo sêco para a manutenção da temperatura.

9. CONSERVAÇÃO DOS ALIMENTOS

9.1 – Generalidades

Pelo simples fato de um produto ser comestível, já se pressupõe (devido a sua composição orgânica) que o mesmo seja deteriorável com o tempo.

Vários são os processos adotados para preservação dos alimentos, alguns dos quais datam de muitos séculos.

A utilização destes processos em escala industrial entretanto, começou no fim do século XVIII, com a descoberta da esterilização pelo calor ao abrigo do ar ambiente.

Logo a seguir se desenvolveram vários outros processos como a secagem artificial, a defumação, a conservação pelo sol, pelo vinagre, pelo açucar, etc, etc.

Além disso, há muito tempo era conhecida a possibilidade de prolongar consideravelmente a duração dos alimentos perecíveis pelo frio, utilizando adegas subterrâneas, gelo natural, neve misturada com sais, etc.

Entretanto, foi com a invenção da máquina frigorífica na metade do século XIX que a conservação dos alimentos pelo frio tomou um grande impulso.

Inicialmente os alimentos eram apenas resfriados, mas logo a seguir (1860) verificou-se que o período de conservação dos mesmos poderia ser bastante dilatado pela redução de sua temperatura abaixo de 0°C e, passou-se à técnica do congelamento (CARNES CONGELADAS).

Ao contrário de outros processos de conservação de alimentos, o frio é o único capaz de manter inalterado o sabor, o odor e o aspecto natural do produto fresco.

A conservação pelo frio entretanto não consiste apenas num tratamento inicial, do produto a conservar, ela exige a manutenção permanente das condições ótimas de conservação como sejam a temperatura, a umidade relativa e o deslocamento do ar, o que pressupõe a existência de uma completa cadeia de frio que inclue, a preparação, o transporte, a armazenagem, a venda, isto é a proteção do produto desde a sua produção até o consumo.

Modernamente a técnica do frio, é suplementada por outras técnicas de conservação como, o uso de atmosfera controlada, agentes químicos, proteções superficiais com óleos, sais, açucares, envoltórios de papél tratado quimicamente, etc.

Por outro lado, a técnica do frio pode constituir-se tratamento para outros processos de conservação como a secagem (desidratação pelo frio – LIOFILIZAÇÃO), tecnologia considerada como a das mais avançadas no setor da conservação de produtos perecíveis.

9.2 – Alimentos

Para preencher as suas necessidades estruturais, funcionais e energéticas, os organismos vivos necessitam de alimentos.

Estes de uma maneira geral são constituídos de minerais e compostos orgânicos mais ou menos complexos, cuja carência varia com as diversas formas de vida.

As substâncias alimentícias são classificadas quanto a composição química em:

substâncias formadoras (substâncias albuminoides ou proteinas);

substâncias energéticas, como sejam os GLICIDEOS (Açucares e Hidratos de Carbono) e os LIPIDEOS (Gorduras);

substâncias protetoras, como sejam os Sais Minerais e as Vitaminas.

As substâncias albuminoides ou proteínas (exemplo a clara-de-ovo), são compostos nitrogenados complexos formados por macromoléculas de peso molecular da ordem de 150.000 a 180.000.

Seu principal valor dietético é fornecer os amino ácidos imprescindíveis à vida (um homem adulto necessita por dia cerca de 1,5 g de proteínas por kgf de peso).

Além disto as proteínas têm um valor energético igual ao dos hidratos de carbono, isto é 4 kcal por g.

Os glicídeos e os lipideos são as principais fontes de calorias do organismo, representando a sua reserva enezgética que se concentra no sangue, no fígado e nos músculos.

Os glicídeos têm em poder calorífico de 4 kcal por g, enquanto os lipideos têm 9 kcal por g.

Nestas condições o valor energético de um alimento qualquer, pode ser avaliado pela expressão:

$$\boxed{P_C \text{ kcal}/g \ = \ 4P + 4G + 9L} \qquad (9.2.1)$$

onde $P_s G$ e L são respectivamente as parcelas em peso das proteínas, glicídeos e lipideos no mesmo.

Entre os minerais essenciais à vida podemos relacionar: o cálcio (1g por dia), o magnésio, o fosforo, o ferro (15 mg por dia), o iodo, o sódio, o potássio, c cobalto (0,0001 mg por dia), etc.

Vitaminas são compostos orgânicos essenciais ao equilíbrio da vida.

Elas intervem, no crescimento, na fixação dos minerais nos tecidos, nos processos de cicatrização, no combate as infecções, na fisiologia dos sistemas circulatório, nervoso e digestivo.

Por outro lado, os alimentos de uma maneira geral contém água, a qual faz parte do protoplasma celular dos materiais orgânicos, na proporção de 60 a 80%.

A água quando atua como solvente se designa de água livre (80 a 95%).

Água ligada ou de constituição é aquela que entra na composição química (5 a 20%).

9.3 – Alterações dos Alimentos

As alterações sofridas pelos alimentos, com o tempo, podem ser classificadas como físicas, químicas e biológicas.

As alterações físicas são devidas principalmente a evaporação da água que entra na sua constituição, provocando o seu resecamento e, a volatilização de elementos aromáticos que alteram o odor e mesmo o sabor dos mesmos.

As alterações de natureza química são devidas essencialmente a intervenção das ENZIMAS, que provocam, tanto nos alimentos de origem animal como vegetal, complexos processos químicos.

As ENZIMAS ou HETEROPROTEÍNAS são catalizadores orgânicos (fermentos biológicos) elaborados pelos organismos vivos, com a finalidade de controlar as reações físico-químicas que caracterizam a vida.

Nos alimentos de origem animal, estes processos químicos provocam inicialmente, pela ação do GLICOGÊNIO (ácido lático), a coagulação das proteínas, com o conseqüente endurecimento da carne (RIGIDEZ CADAVÉRICA ou RIGOR MORTIS), o qual se verifica cerca de 8 a 20h após a morte (Figura 9.3.1).

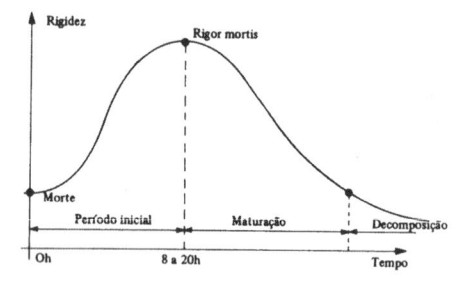

Figura 9.3.1

Passado este período inicial de enrigecimento, segue-se o período de MATURAÇÃO, no qual a carne adquire sua maciez e sabor.

O mesmo acontece com os frutos que, colhidos antes de seu completo amadurecimento, inicialmente completam a formação de açúcares, ácidos e componentes aromáticos, numa autopreservação temporária que nos é propíciada pela própria natureza.

Entretanto ao ser prolongada a armazenagem, sob a influência das ENZIMAS, começa a decomposição das proteínas (AUTOLISES), em compostos de nitrogênio, os quais se caracterizam pelo seu mau odor.

Por outro lado o oxigênio do ar provoca a oxidação dos alimentos que contém graxas, o que da origem a descoloração e ao aparecimento do ranço.

Os frutos por sua vez perdem seus componentes aromáticos e começam a apresentar fenômenos patológicos, com a destruição dos materiais orgânicos por uma série simultânea de fermentações, é a putrefação que se caracteriza pela grande produção de gases malcheirosos.

A ação biológica que decorre da rápida multiplicação dos germens entretanto, tem uma influência muito mais decisiva do que a AUTO-LISES na decomposição dos alimentos.

Realmente, os principais componentes de nossos alimentos como sejam os hidratos de carbono, graxas e substâncias albuminóides, são também alimento para os microorganismos, cujo metabolismo provoca a formação de ENZIMAS e modificações químicas prejudiciais.

Os microorganismos são organismos vivos microscópicos de dimensões da ordem do milésimo de milímetro (micron).

De acordo com a classificação adotada em botânica os microorganismos podem ser divididos em 3 grupos, todos eles pertencentes ao ramo das TALÓFITAS:

Mofos;
Leveduras (fermentos);
Bactérias.

Os 2 primeiros grupos formam a classe dos FUNGOS, enquanto que o terceiro pertence a classe das ALGAS.

As bactérias de acordo com a sua forma podem ainda ser classificadas em COCUS (esféricas) e bacteriáceas (grãos elípticos ou bastões), as quais podem ser batérias propriamente ditas (não esporuladas) e bacilos (esporuladas).

Os frutos são atacados pelos mofos (podridão), enquanto que, as carnes, peixes e ovos, são atacados preferencialmente pelas bactérias.

9.4 – Influência da Temperatura

Tanto o aumento como a redução da temperatura podem modificar a intensidade das alterações estudadas no item anterior.

Com efeito, todos os seres vivos têm uma temperatura ótima para o seu desenvolvimento.

Até mesmo as ENZIMAS são destruídas pela elevação da temperatura (70°C).

Os microorganismos são os mais sensíveis às variações de temperatura, podendo mesmo ser classificados de acordo com os limites de temperatura em que se desenvolvem.

Assim:

As TERMÓFILAS proliferam acima de 45°C.

As MESÓFILAS vivem acima de 10°C (excessão do Bacilo Botulínico que vive mesmo a $3,3^\circ$C), embora tenham o seu maior desenvolvimento entre 30 a 37°C (microorganismos patogênicos).

As CRIÓFILAS têm o seu habitat preferido entre 15 a 20°C, embora aguentem temperaturas de até -7°C.

As elevações de temperatura provocam inicialmente uma diminuição da vitalidade dos microorganismos, a seguir a impossibilidade de sua reprodução e, por último a sua morte definitiva.

A esterilização absoluta é obtida, para os líquidos pelo aquecimento a cerca de 115°C a 120°C durante 15 a 20 minutos e, para os sólidos pelo aquecimento a 170°C durante 30 a 45 minutos.

A TINDALIZAÇÃO consiste na esterilização pelo aquecimento até uma temperatura de apenas 80°C por 3 a 4 vezes sucessivas, com intervalos de 12 a 24 horas.

No primeiro aquecimento são destruídas a maior parte das formas vegetativas.

Nos aquecimentos posteriores, são destruídos os elementos jovens procedentes da germinação dos esporos, que não são destruídos a 80°C.

A esterilização relativa é obtida pelo aquecimento a baixas temperaturas (que não destroem os esporos – esterilização momentânea), adotando-se técnicas especiais.

Assim a PASTEURIZAÇÃO, consiste no aquecimento a cerca de 65°C a 70°C, durante 10 minutos, seguido em um rápido resfriamento.

Quanto à redução da temperatura, verifica-se praticamente que a velocidade das reações (tanto enzimáticas como microbianas) sofridas pelos alimentos, diminue rapidamente com o abaixamento da temperatura ambiente.

Baseado nas observações práticas anteriores VANT' HOFF estabeleceu a seguinte regra:

"Para cada $10°C$ de abaixamento da temperatura a velocidade de reação, sofre uma redução constante Q_{10}".

Assim chamando de "V" a velocidade de uma determinada reação à temperatura ambiente "t," podemos dizer que:

$$V_{(t + 10°C)} = Vt \cdot Q_{10}$$

$$V_{(t - 10°C)} = \frac{Vt}{Q_{10}}$$

O valor Q_{10} varia de reação para reação.

Tomando-se para o coeficiente de temperatura Q_{10} o valor médio de 2,5, podemos dizer que, a maior parte dos alimentos podem conservar-se a $0°C$, durante um tempo 15 vezes maior, de que a $30°C$.

Para alguns alimentos, o coeficiente de temperatura aumenta grandemente, na proximidade do ponto de congelamento.

O contrário acontece com alguns frutos que à baixas temperaturas sofrem reações que podem acarretar as chamadas enfermidades do frio.

É importante ressaltar entretanto que, embora os microorganismos deixem de multiplicar-se a baixas temperaturas, a maior parte das vezes, eles não morrem, voltando a multiplicar-se com a elevação da mesma.

A estabilização a custa do abaixamento da temperatura exige níveis muito baixos, que a tornam antieconômica.

Alguns autores consideram que a maior parte dos germens são eliminados em temperaturas da ordem de $-50°C$.

Tem-se verificado entretanto a sobrevivência de certos microorganismos, mesmo no nitrogênio líquido $(-195°C)$.

Portanto a preservação pelo frio exige uma manutenção da temperatura durante todo o período da armazenagem, tendo MONVOISIN estabelecido as bases da moderna técnica frigorífica para a conservação de alimentos perecíveis:

Produto são.
Refrigeração imediata.
Frio contínuo (cadeia frigorífica ininterrupta).

9.5 – Influência da Umidade Relativa e da Movimentação do Ar

A umidade relativa do ar nas câmaras de conservação de alimentos, influe na perda do peso dos produtos desidratáveis.

A perda de peso diminue grandemente com o aumento da umidade relativa do ar.

Entretanto, umidades relativas elevadas favorecem a multiplicação dos microorganismos.

Assim para $\varphi = 75\%$, a reprodução das bactérias é lenta mas as perdas de peso são grandes, enquanto que para $\varphi = 90$ a 95%, as perdas de peso são pequenas mas em compensação a multiplicação das bactérias só pode ser mantida dentro de limites toleráveis, com temperaturas inferiores a $0°C$.

Isto é, de uma maneira geral a umidade relativa pode ser tanto mais alta (para evitar a desidratação do produto), quanto mais baixa for a temperatura (para evitar a proliferação dos germes).

A circulação do ar, por outro lado, aumenta o coeficiente de transmissão de calor por convecção do ar em repouso de até 10 vezes, uniformiza a temperatura da câmara e, intensifica a evaporação da água do produto, impedindo a elevação da umidade na superfície dos gêneros (que criam condições favoráveis a multiplicação das bactérias).

Entretanto a circulação do ar aumenta a perda de peso, sendo aceitável para carnes em tendal somente quando a sua armazenagem é de pequena duração.

O cálculo da perda de peso, pode ser feito pelas fórmulas da evaporização[10], adotando-se um coeficiente "A" de difusão da umidade, característico de cada produto, isto é:

$$G = A \, K' S \, (x_s - x) \text{ kgf/h} \qquad (9.5.1)$$

onde:

K' é o coeficiente de evaporação dado por $28 + 21,3 \, c_{AR}$ m/s

"S" é a superfície do produto em m^2

x_s é o conteúdo de umidade do ar saturado à temperatura da superfície do produto em kgf/kgf de ar sêco.

"x" é o conteúdo de umidade do ar da câmara em kgf/kgf de ar sêco.

"A" é o citado coeficiente de difusão que tem os valores abaixo.

Produto	A
Água (superfície livre)	1
Gelo (em blocos)	0,27
Carne gorda	0,13
Carne meio gorda	0,17
Carne magra	0,22

Tabela 9.5.1

Nestas condições, considerando uma umidade relativa para a câmara da ordem de 90%, podemos relacionar para "$x_s - x$" os seguintes valores em função da diferença da temperatura produto-câmara.

Processo	$t_{produto} - t_{câmara}$	$x_s - x$
Resfriamento	30 − (−1)	0,0253
	20 − (−1)	0,0116
	10 − (−1)	0,0046
	2 − (−1)	0,0013
Congelamento	0 − (−40)	0,0037
	−10 − (−40)	0,0015
	−20 − (−40)	0,00056
	−25 − (−40)	0,00031
Armazenagem	0 − (− 5)	0,00352
	−25 − (−30)	0,00016

Tabela 9.5.2

Os valores registrados nos permitem concluir que as perdas em peso (imaginando uma carne de boi média):

— são elevadas durante o resfriamento, variando do início ao fim da operação de:

0,05% a 0,0003% por hora, em câmaras estáticas e, de 0,125% a 0,0007% por hora em câmaras com circulação forçada.

Como entretanto a duração da operação se reduz com a circulação forçada, esta solução é aceitável, como se pode notar pelos dados práticos abaixo.

Operação	Duração	Perda de Peso
Resfriamento ao ar em repouso	60 horas	1,32%
Resfriamento ao ar a 2m/s	40 horas	1,35%
Resfriamento ao ar a 4m/s	36 horas	1,40%

Tabela 9.5.3

— são baixos durante o congelamento em túneis, onde varia do início ao fim da operação de 1% a 0,05% ao dia, perfazendo uma perda total da ordem de 0,5%.

— são baixas na armazenagem como nos mostra a tabela abaixo.

Produto	Câmara	Perda de peso por dia
Carne resfriada	Circulação forçada	0,35%
Carne resfriada	Circulação natural	0,18%
Carne congelada	Circulação forçada	0,013%
Carne congelada	Circulação natural	0,0075%

Tabela 9.5.4

Assim mesmo, nas armazenagens prolongadas de carne resfriada em tendal, é preferível a solução de câmaras com ar em repouso e baixo "Δt", adotando-se uma grande superfície de transmissão de calor, constituída por serpentinas distribuídas pelas paredes e forro (câmaras estáticas), ou mesmo câmaras com paredes duplas, entre as quais é provocada a circulação forçada de ar frio (câmara tipo JAQUETA).

9.6 — Vantagens do Congelamento

A parte líquida dos gêneros alimentícios são formadas por soluções aquosas de substâncias minerais ou orgânicas.

Quando o esfriamento de um produto é suficiente para fazer passar os líquidos dos tecidos para o estado sólido, dis-se que há congelamento.

A água pura congela, quando à pressão atmosférica, a 0°C.

Quando a água contém em dissolução um corpo qualquer, a sua temperatura de congelamento torna-se inferior a 0°C, sendo este abaixamento de temperatura tanto maior, quanto maior for a concentração do soluto.

Em igualdade de concentração, as reduções da temperatura de congelamento, ocasionadas pela adição na água de substâncias diversas, são inversamente proporcionais aos seus respectivos pesos moleculares (lei de RAOULT).

Quando uma solução contém vários solutos, cada um altera o ponto de congelamento da solução como se estivesse sozinho, sendo a alteração total, a soma das alterações correspondentes a cada um dos solutos.

Quando uma solução é submetida a uma refrigeração progressiva, a temperatura inicialmente baixa até um certo valor, para a seguir manter-se constante por alguns instantes, é o início do congelamento (Figura 9.6.1).

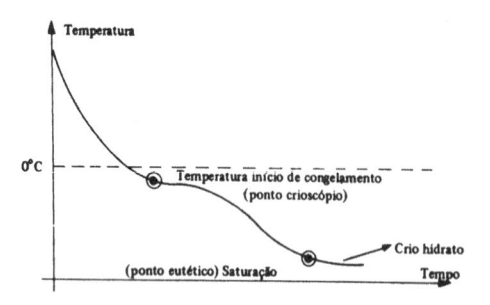

Figura 9.6.1

A temperatura de início do congelamento (ponto CRIOSCÓPICO), coincide com a separação de uma pequena quantidade de gelo puro, o qual está em equilíbrio com a solução primitiva.

A proporção que o gelo puro se separa da solução é evidente que a concentração da mesma aumenta, ocasionando o abaixamento de seu ponto de congelamento.

Esta redução de temperatura ocorre até que a solução atinja o ponto criohídrico (ponto EUTÉTICO).

A partir deste momento, verifica-se o congelamento integral da solução (CRIOHIDRATO), isto é da mistura EUTÉTICA que se solidifica como se fosse um corpo químico único.

Portanto a proporção da água congelada de uma solução, depende da temperatura, variando de zero à praticamente 100% do ponto crioscópio ao ponto criohídrico (EUTÉTICO).

Assim uma solução de NaCℓ a 2%, que corresponde aproximadamente ao suco de carne, tem seu ponto crioscópio a $-1,27°C$ e, seu ponto eutético a $-21°C$.

Tanto o ponto crioscópio como o ponto eutético dos tecidos é sempre inferior ao dos seus sucos.

Assim para a carne de boi, PLANK considera um ponto crioscópio de $-2,7°C$ e, um ponto eutético de $-56°C$.

Como geralmente os pontos eutéticos não são atingidos nos congelamentos industriais, pode-se dizer que, resta sempre uma pequena quantidade de líquido nos alimentos congelados.

A Figura 9.1.6.2 nos mostra a proporção de água congelada em diversos alimentos, em função da temperatura.

Portanto o congelamento não só abaixa a temperatura do produto como separa inicialmente a água que fica guardada nos tecidos em forma de cristais de gelo.

Tal efeito dificulta duplamente o desenvolvimento dos microorganismos e a ação enzimática, razão pela qual tem-se observado que o coeficiente de temperatura de VANT' HOFF na zona de congelamento é bastante superior aos encontrados na zona do resfriamento simples.

A rapidez do congelamento dos alimentos, influe sobre as modificações histológicas dos mesmos.

O tempo de resfriamento ou congelamento de um sólido mergulhado num fluido, depende de vários fatores [10].

Assim para o caso de placas planas, a velocidade linear de congelamento, pode ser calculada pela expressão:

$$w = \frac{d\ell}{d\tau} = \frac{t_c - t_f}{r\gamma} \cdot \frac{1}{\frac{1}{\alpha} + \frac{\ell}{k}} \qquad (9.6.1)$$

onde:

"w" é a velocidade linear de congelamento em m/h.

"t_c" é a temperatura de congelamento do sólido.

"t_f" é a temperatura de fluido que envolve o produto a refrigerar.

"$r\gamma$" é o calor latente volumétrico do produto a congelar, dado em $kcal/m^3$.

"α" é o coeficiente de condutividade externa do fluido em $kcal/m^2 h°C$.

"k" é o coeficiente de condutividade interna do sólido em $kcal/mh°C$ (para a carne k = 1,25).

"ℓ" é a profundidade do ponto onde se quer avaliar a velocidade, em "m".

A expressão anterior nos mostra que os fatores que influem substancialmente na velocidade linear de congelamento são:

a diferença de temperatura "$t_c - t_f$";

a espessura do sólido a congelar "ℓ";

o coeficiente de condutividade externa do fluido "α".

Nota-se também que para grandes espessuras ($\ell > 0,1$ m) no caso de congelamento ao ar ($\alpha_{ar} = 10$ a 100 $kcal/m^2 h°C$), a influência da velocidade deste é relativamente pequena.

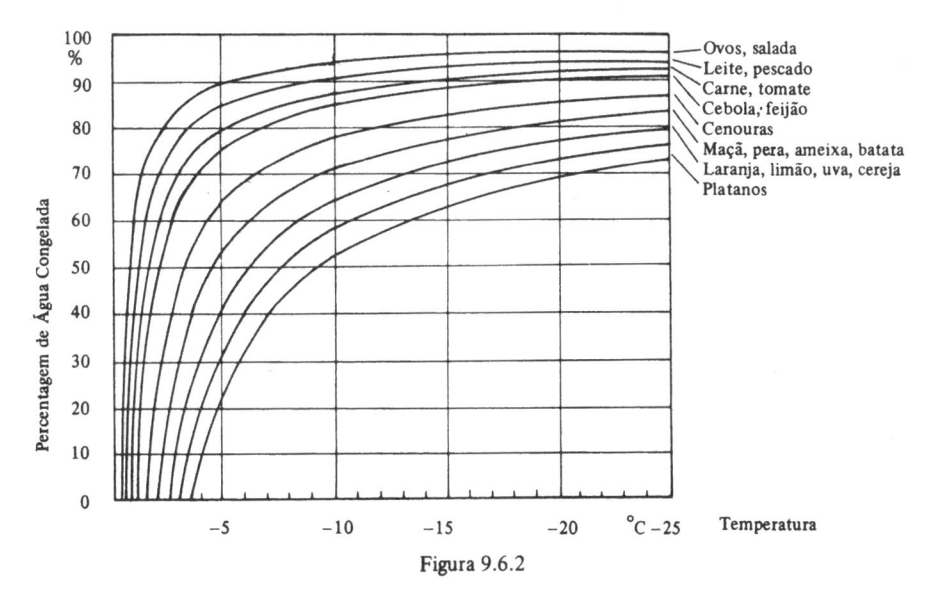

Figura 9.6.2

9.6.1 – Exemplo

Considerando um quarto de boi como uma placa de 20 cm de espessura e, fazendo:

$t_c = -2°C$

$t_f = -40°C$

$r \cdot \gamma \cong 50.000$ $kcal/m^3$

$c_{ar} = 3$ m/s ($\alpha_{ar} \cong 60$ $kcal/m^2 h°C$)

k = 1,25 $kcal/mh°C$

$\ell = 0,1$ m

obtemos para a parte central w = 0,79 cm/h.

Na realidade a distribuição das velocidades ao longo da espessura obedece aos valores da tabela abaixo.

ℓcm	Wcm/h	ℓcm	Wcm/h
1	3,17	6	1,19
2	2,38	7	1,06
3	1,90	8	0,95
4	1,58	9	0,86
5	1,38	10	0,79

Tabela 9.6.1.1

Enquanto que a velocidade linear média de congelamento nos seria dada por:

$$w = \frac{\ell}{\tau} = \frac{10 \text{ cm}}{7,5 \text{ h}} = 1,34 \text{ cm/h}$$

onde:

$$\tau = \int_0^\ell \frac{r\gamma}{t_c - t_f} \left(\frac{1}{\alpha} + \frac{\ell}{k}\right) d\ell =$$

$$= \frac{r\gamma}{t_c - t_f} \left(\frac{\ell}{\alpha} + \frac{\ell^2}{2k}\right) = 7,5 \text{ h}$$

Observações experimentais têm mostrado que, para velocidades superiores a 5 cm/h os cristais de gelo que se formam durante o congelamento são tão pequenos que dão a impressão de uma massa homogênea, de tal forma que a imagem microscópica do produto congelado pouco se diferencia daquela correspondente ao tecido fresco.

Se o congelamento é mais lento, começam a aparecer microscópicos bastões de gelo dentro de cada uma das fibras, cujo tamanho aumenta a proporsão que a velocidade diminue.

Breve se apresenta só uma coluna de gelo axial ou excêntrica no interior de cada fibra, a qual pode ocasionar a ruptura do tecido.

Quando as velocidades atingem valores da ordem de 0,1 a 0,2 cm/h, a água sai das fibras para os espaços entre os tecidos, antes de congelar e, se solidifica do lado externo, comprimindo as fibras que perdem o seu sumo.

Os cristais que se formam neste caso são em pequeno número e, tão grandes que podem ser identificados a olho nú.

Assim num congelamento adequado, a água livre que se separa das substâncias albuminoides deve se solidificar no interior das fibras, sem modificar o seu conteúdo, de tal forma que, um descongelamento possa restabelecer o estado inicial da carne fresca.

O processo deve ser portanto preponderantemente reversível.

Modernamente se aceita o congelamento como suficientemente rápido quando a velocidade linear média de congelamento é pelo menos de 1,25 cm/h.

Esta velocidade é mais importante na zona de máxima formação de cristais (Zona Crítica), a qual para a carne se verifica entre as temperaturas de -1°C a -5°C.

Para isto se recomenda uma pré-refrigeração logo após o abate (o que permite uma maturação sem contaminação) a qual é feita em câmaras especiais ou tuneis, nas seguintes condições:

temperatura -1°C;
umidade relativa 90 a 95%;
velocidade 3 m/s;
tempo 24 horas a 38 horas.

A seguir o produto a uma temperatura de 0°C a $+2^\circ$C sofre um congelamento rápido em tunel adequado onde:

temperatura -40°C;
umidade relativa 85 a 90%;
velocidade 5 m/s;
tempo 18 horas.

As vantagens de congelamento rápido são:

mínima perda de peso (cerca de 0,5%);
côr mais clara;
mínima perda de sumo;
melhor consistência e maciez após o descongelamento;
Economia de espaço nas câmaras já que o congelamento deve ser feito em tendal.

9.7 – Métodos de Congelamento

Antigamente o congelamento era feito em 3 a 4 dias, em câmaras estáticas, revestidas por evaporadores ou serpentinas de salmoura, cuja temperatura raramente atingia -12°C.

Modernamente o congelamento é feito:

α – *por meio de tuneis* com circulação forçada (3 a 5 m/s) de ar a -30°C a -50°C.

Os tuneis normalmente adotam a disposição de tendal com roldanas transportadoras, vagonetes com prateleiras ou mesmo correia transportadora.

β – *por meio de banhos líquidos*

Com a transmissão de calor entre o produto e o líquido é cerca de 10 vezes aquela que se verifica para o ar, o processo pode tornar-se mais econômico, sobretudo quando se trata de gêneros de pequeno porte.

Adota-se dentro desta técnica, gelo misturado com sal (para pescados) ou soluções concentradas de sal à baixa temperatura (−20°C);

γ − por meio de placas

Método no qual o produto é prensado entre placas refrigerantes, para aumentar a rapidez do congelamento (a transmissão do calor é por condução).

A placa superior geralmente é fixa e a inferior pode elevar-se por meio de um pistão hidráulico até exercer uma leve pressão sobre o produto a congelar.

O conjunto de placas é colocado em um armário vidrado (veja Figura 8.3.2.3);

σ por meio de nitrogênio líquido

Com a técnica atual dos supergelados, está se difundindo grandemente o congelamento ultrarápido por meio do nitrogênio líquido.

Como o N_2 líquido à pressão atmosférica (−195,8°C) tem um calor latente de vaporização de 38,45 kcal/kgf e um calor sensível de aquecimento entre −195,8°C e 0°C de 39,32 kcal/kgf é de todo interessante, do ponto de vista econômico, o aproveitamento desta possibilidade de retirada de calor.

Para isto são adotados os seguintes processos:

− congelador tipo tunel com correias transportadoras (MAGIC FREEZE da Figura 9.1.7.1, cuja produção é de 800 kgf/h).

Figura 9.7.1

no qual o material é inicialmente pré-refrigerado a custo de calor sensível do N_2, para a seguir ser congelado rapidamente, em contato direto com o N_2 líquido pulverizado e semi-vaporizado e, finalmente ter sua temperatura uniformizada até o interior.

Ao longo de todo o processo a transmissão de calor é ativada por uma circulação intensa de N_2 vaporizado provocada por ventiladores.

− Congelador tipo placa (Figura 9.7.2).

onde o azoto líquido percorre serpentinas inundadas que suportam o produto, de tal forma que a face inferior do

Figura 9.7.2

mesmo é refrigerada por transmissão sólido-sólido.

A face superior, por sua vez, é lambida pelo azoto gasoso expandido em circulação forçada por meio de ventiladores, aproveitando-se assim seu calor sensível.

9.8 – Descongelamento

O descongelamento dos alimentos congelados sobretudo da carne em quartos, deve ser lento afim de permitir a reabsorção da água pelos tecidos.

Por outro lado, considerando que por vezes as carnes são congeladas logo após o abate e que, o congelamento interrompe o processo de maturação das mesmas, deve-se levar em conta que as carnes recem descongeladas podem ser carnes não completamente maturadas.

Atualmente se considera que o melhor proceder seja o descongelamento em câmaras à temperatura de +5 a +8°C, onde a carne é disposta em tendal.

A umidade relativa a adotar é de 90 a 95%, com circulação adequada do ar para evitar a precipitação da umidade na superfície da carne.

A duração da operação é da ordem de 4 a 5 dias e, o descongelamento é considerado terminado quando a temperatura no interior da carne atinge −1°C.

Após, a carne deve permanecer em tendal, afim de completar a sua maturação, para a seguir ser distribuida ao consumo.

Na realidade a maturação é tanto mais rápida quanto mais elevada é a temperatura.

Assim para a carne de boi podem ser adotadas as seguintes durações:

Temperatura	Duração da maturação
25°C	3 a 5 horas
14°C	3 dias
6°C	8 dias
2°C	14 dias

Tabela 9.8.1

De acordo com KUPRIANOFF esta duração pode ser calculada pela expressão:

$$\log \tau_{\text{dias}} = 0,0515 \ (23,5 - t)$$

É interessante observar entretanto que os tempos assinalados podem aumentar com a gordura da carne.

9.9 – Atmosfera Controlada

Os vegetais são organismos vivos que respiram.

Esta respiração faz com que os vegetais consumam o oxigênio e desprendem gás carbônico, produtos odorantes e calor.

Assim na conservação de frutas em câmaras frias estanques, observa-se a queda progressiva da concentração de oxigênio, a qual pode baixar de 21% para 2%.

Em concentrações da ordem de 2% começa a extinção da respiração e o aparecimento da fermentação das frutas.

O princípio da conservação dos vegetais em atmosfera controlada consiste na estabilização da mistura gasosa empobrecida de oxigênio em valores da ordem de 3 a 10%.

A maturação das frutas conservadas nestas misturas gasosas é, consideravelmente retardada e mais facilmente controlada.

Por outro lado com a redução do metabolismo, pela diminuição da intensidade respiratória, se reduz também a emissão de produtos odorantes, que são a causa essencial do desenvolvimento de certas doenças que alteram a boa aparência das frutas.

Assim a conservação em atmosfera controlada apresenta as seguintes vantagens:

— grande aumento na duração da conservação, a qual pode atingir o dobro daquela obtida por simples refrigeração;

— redução de desenvolvimento dos microorganismos e portanto da podridão;

— redução das alterações da aparência e do aroma.

Vários são os tipos de misturas atualmente adotadas nas atmosferas controladas:

Mistura gasosa	%O_2	%CO_2	%N_2
AR	21	0	79
Tipo I	10	11	79
Tipo II	3	3 a 5	92 a 94
Tipo III	3	0	97

Tabela 9.9.1

A mistura tipo I é obtida naturalmente, basta para isto conservar as frutas em uma câmara estanque, pois a respiração das mesmas provocará um empobrecimento progressivo do O_2 e simultaneamente em enriquecimento do CO_2, tal que:

$$\% CO_2 + \% O_2 = 21\% = \text{constante}$$

No fim de algum tempo (cerca de 1 semana), é obtida a composição desejada, a qual pode ser facilmente estabilizada, pela substituição da parte da mistura pobre demais em O_2 por ar puro(ventilação controlada).

A mistura tipo II é atualmente a mais usada na conservação das frutas mais comuns.

A mistura tipo III só é aplicada na conservação de frutas muito sensíveis à presença do CO_2.

Em princípio uma câmara com atmosfera controlada é uma câmara frigorífica comum que permite a estabilização da mistura gasosa desejada.

Para isto além do isolamento e equipamento frigorífico adequado para manter temperaturas de 0 a 4°C com umidades relativas da ordem de 90%, ela deve apresentar:

— uma estanqueidade perfeita não só das paredes como das portas isotérmicas e visores para o controle do produto armazenado;

— uma instalação de produção da mistura gasosa desejada;

— aparelhos de controle e segurança como sejam:

manômetro de coluna dágua;
analisadores de O_2 e CO_2;
um fecho hidrico para equilíbrio e segurança da pressão;
máscaras de oxigênio para respiração no interior da câmara.

A estanqueidade de uma câmara com atmosfera controlada é indispensável afim de evitar a penetração de O_2 de exterior, onde reina uma pressão parcial bastante superior a do interior da câmara.

É muito difícil determinar teoricamente o valor da estanqueidade, razão pela qual ela é apenas verificada praticamente, estabelecendo-se uma sobrepressão na câmara da ordem de 25 mmH_2O (não mais por questão de resistência das paredes) e, medindo o tempo no qual esta pressão cai para a metade do seu valor (para a pressão atmosférica e as temperaturas externa e interna constantes).

Assim o estanqueidade é classificada como:

EXCELENTE para tempo superior a 30 minutos;

BOA para tempo da ordem de 10 a 20 minutos;

INSUFICIENTE para tempos inferiores a 10 minutos.

Uma boa estanqueidade pode ser obtida com inpermeabilização a base de folha de alumínio com asfalto, chapa metálica soldada, poliester ou mesmo painéis isolantes tipo autoportantes (FRILAME).

Para a produção da mistura gasosa desejada, podem ser adotados os seguintes processos:

α — redução natural da concentração de O_2 pela respiração e após, estabilização da mesma por meio de uma ventilação controlada, enquanto que a concentração de CO_2 excedente é eliminada por meio de lavadores (absorvedores de CO_2).

Estes podem ser de vários tipos:

Absorvedores a cal (CaO);
Absorvedores a solução de 36° Beaumé de KOH e NaOH;
Absorvedores a Etanolamina.

β — preparação do ar no exterior da câmara por meio das seguintes operações (veja Figura 9.9.1):

Queimador de propano (para reduzir o teor de O_2);

Absorvedor de CO_2 (para reduzir o teor de CO_2).

γ — por meio de aparelhos chamados "TROCADORES-DIFUSORES" que funcionam sobre o princípio da permeabilidade relativa de certas membranas.

Estes aparelhos são constituídos de mangas de elastômero de silicone, através das quais o CO_2 difunde 6 vezes mais do que o O_2.

Assim pode-se obter uma mistura estável do tipo $3\%O_2 + 3$ a $5\%CO_2$, pelo simples jogo da respiração das frutas em conservação e da difusão seletiva através das membranas de silicone.

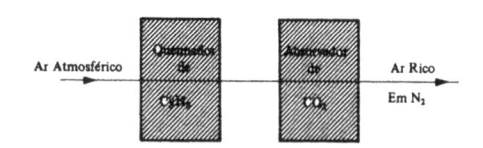

Figura 9.9.1

As Figuras 9.9.2 e 9.9.3 nos dão idéia, de um equipamento deste tipo (SOFILTRA) e, de sua instalação em uma câmara frigorífica estanque.

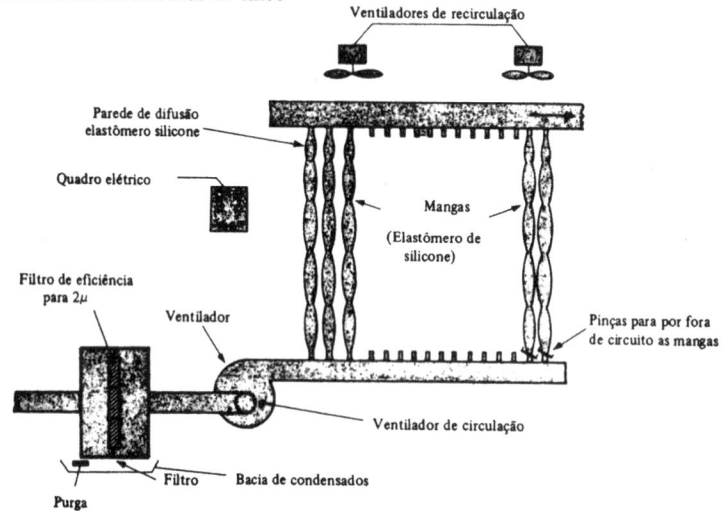

Figura 9.9.2

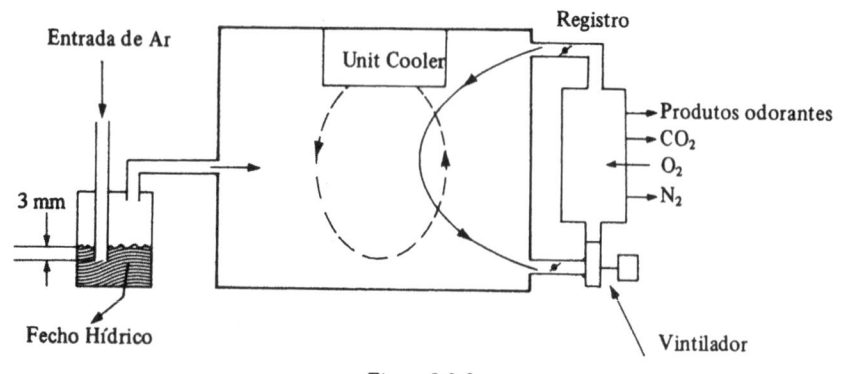

Figura 9.9.3

A obtenção da mistura citada leva inicialmente cerca de 3 semanas.

Para acelerar a mistura gasosa desejada, pode-se adotar a injeção de N_2, a qual reduz o tempo acima para 4 dias.

9.10 – Agentes Químicos

A finalidade do uso de agentes químicos na preservação dos alimentos é, bactericida e antioxidante (contra o ranço e as mudanças de côr).

O seu uso tem sido limitado, não só pelo aspecto econômico como também pelo aspecto bromatológico (sabor).

Os denominados antigerminantes (FENI-LURETANO) retardam o metabolismo e são usados nos tuberculos (batatas, etc.).

Além disto, são usados um grande número de fungicidas como o ozônio (1 a 2 mg por kgf de ar), o dióxido de enxofre (1% no ar para uvas), etc.

Os agentes bactericidas também se utilizam adicionados ao gelo para a conservação do pescado (NITRITO DE SÓDIO).

Nos Estados Unidos da América é permitido o uso de antibióticos (AEROMICINA) para a conservação da carne (7 mg/kgf).

9.11 – Radiações

É sabido que as radiações ultravioletas e sobretudo as radiações RONTGEN e GAMA, provocam a esterilização dos produtos sem elevação de sua temperatura.

Assim as radiações ultravioletas possuem ação bactericida no intervalo de comprimentos de onda de $0,2\,\mu$ a $0,32\,\mu$ (a lâmpada de Hg de baixa pressão é monocromática de $0,254\,\mu$).

Como entretanto as radiações ultravioletas têm pouca penetração, sua ação bactericida é superficial, adotando-se mais para a esterilização do ar (2 a $3\ w/m^2$).

Com os raios RONTGEN de grande tensão (120kV a 250kV) pode-se conseguir a esterilização em profundidade dos alimentos.

Entretanto alimentos irradiados com doses excessivas de raios RONTGEN (2 kcal/kgf), mostraram efeitos indesejáveis, como formação de acidos, sabor desagradável, etc.

Os raios GAMA por sua vez, devido a sua grande penetração, mesmo quando usados em pequenas doses, provocam a eliminação de 90 a 99% dos germens.

9.12 – Condições ótimas para a Conservação dos alimentos

As condições recomendadas para a conservação dos alimentos variam com o produto, tipo, procedência e mesma duração de armazenagem.

As Tabelas 9.1.12.1 relacionam os dados do Instituto Internacional do Frio, relativo a um grande número de produtos.

As condições de temperatura, umidade relativa e duração indicadas são válidas para alimentos sãos e em estado fresco, isto é tratados pelo frio logo após a colheita, captura ou abate.

Qualquer atraso no tratamento inicial pelo frio reduz a duração da conservação.

Tanto a temperatura como a umidade relativa devem ser mantidas tão constantes quanto possível, pois oscilações de $\pm 1^\circ$C, para alguns produtos já são prejudiciais.

A circulação do ar deve ser suficientemente intensa para garantir a uniformidade tanto da temperatura como da umidade da câmara.

Por duração máxima de conservação se entende aquela, para a qual a perda de qualidade do produto é muito pequena e, que permite manter o alimento ainda em boas condições, durante o tempo necessário para a sua distribuição ao consumidor.

Para uma grande parte dos alimentos se pressupõe também o emprego de embalagens adequadas e higienicamente perfeitas.

Produto	Temperatura	Umidade relativa	Tempo de armazenagem
Frutas			
Abacaxi maduro	7,0	90	2 a 4 sem.
Abacaxi verde	10,0	90	2 a 4 sem.
Abricó	0 a +1,0	85 a 90	4 a 6 sem.
Abricó seco	–1,0 a 0	60 a 70	12 meses
Ameixa	0 a +2,0	85	5 a 6 sem.
Ameixa seca	4,5	75	6 meses
Amora	–0,5 a +1,0	85 a 95	7 a 10 dias
Azeitona	7,0 a 10,0	85 a 90	4 a 6 sem.
Bananas	11,5	85	3 sem.
Castanha	+1,0	85 a 90	10 meses
Caquis	–0,6 a 0	85 a 90	3 sem.
Cereja	–1,0 a 0	85 a 90	1 a 4 sem.
Côcos	0	80 a 85	1 a 2 meses
Damasco	–1,0 a 0	90	2 a 4 sem.
Figo fresco	–2,2 a 0	65 a 75	1 sem.
Figo seco	4,0 a 7,0	65 a 75	9 a 12 meses
Framboesa	–1,0 a +1,0	90	1 a 2 sem.
Fruta congelada	–23,0 a –15,0	80 a 90	6 a 12 meses
Fruta seca	0 a 5,0	70	6 a 18 meses
Groselha	–0,5 a 1,0	80 a 90	2 a 4 sem.
Laranja	0 a 1,2	85 a 90	8 a 10 sem.
Limão	5,0 a 10,0	80 a 90	2 meses
Lima	9,0 a 10,0	85 a 90	6 a 8 sem.
Lúpulo	1,0 a 4,0	50 a 70	2 a 6 sem.
Maçã	–1,0 a 1,0	85 a 90	2 a 7 meses
Mamão	10,0	90	2 a 3 sem.
Manga	10,0	90	2 a 5 sem.
Marmelo	0 a 0,5	80 a 85	2 meses
Massa de fruta	+1,0	80	6 meses
Melancia	2,0 a 4,0	75 a 85	2 a 3 sem.
Melão	0 a 4,0	80 a 85	3 a 4 sem.
Morango	1,0 a +1,0	90	2 a 3 sem.
Noses	0	70	8 a 12 meses
Peras	1,0 a 2,0	90 a 95	1 a 8 meses
Pera seca	0,5	75	6 meses
Pêssegos	0 a 1,0	85 a 90	4 a 6 sem.
Romã	1,0 a 2,5	90	2 a 4 meses
Suco de frutas	15,0 a 23,0	80 a 90	2 a 8 meses
Suco de maçã	4,5	85	3 meses
Tamara	2,0 a 0	70	4 a 8 meses
Tangerina	1,0 a 2,0	75 a 80	1 a 3 meses
Uvas	1,0 a 3,0	85 a 90	1 a 4 meses

Legumes e verduras			
Abóbora	0 a 3,0	80 a 85	2 a 3 sem.
Agrião	1,7	80	2 sem.
Aipo	−1,0 a −0,5	85 a 90	5 a 6 meses
Alcachofra	−0,5 a 0	90 a 95	1 a 2 sem.
Alface	0 a 1,0	85 a 90	1 a 2 sem.
Alho	−1,5 a 0	70 a 75	6 a 8 meses
Aspargo	0 a 0,5	85 a 95	2 a 4 sem.
Batatas	3,0 a 6,0	85 a 90	6 meses
Batata-doce	13,0 a 15,0	80 a 85	4 a 6 meses
Beringela	7,0 a 10,0	85 a 90	10 dias
Beterraba branca	0	90 a 95	4 a 5 meses
Beterraba roxa	0	90 a 95	10 a 15 dias
Brócoli	0 a 1,6	90 a 95	7 a 10 dias
Cebola	1,5	80	3 meses
Cebola de ano	0	85 a 90	1 a 3 meses
Cenoura	0 a 1,0	90 a 95	4 meses
Champignon	0 a 2,0	80 a 85	1 a 2 sem.
Couve-flor	−1,0 a 0	90	4 sem.
Erva-doce	0 a −0,5	95 a 98	2 a 4 meses
Ervilhas	−0,5 a 0	85 a 90	1 a 3 sem.
Ervilhas em vages	0	85 a 90	1 a 2 sem.
Espinafre	−0,5 a 0	90 a 95	2 a 6 sem.
Feijão seco	5,0 a 7,0	70 a 75	9 a 12 meses
Feijão verde	2,0	90	3 a 4 sem.
Legumes congelados	−24,0 a −18,0	− x −	6 a 12 meses
Nabos	0 a 1,0	90	1 a 4 meses
Azeitonas frescas	7,0 a 10,0	85 a 90	4 a 6 sem.
Pepinos	2,0 a 7,0	75 a 85	10 a 14 dias
Pimenta	0	85 a 90	4 a 5 sem.
Rabanetes	0	90 a 95	3 a 4 sem.
Rábano cavalo	0	90 a 95	10 a 12 meses
Repolhos	0 a 1,0	85 a 90	1 a 3 sem.
Ruibarbo	0 a 1,0	85 a 90	1 a 3 sem.
Salsa	0 a 1,0	85 a 90	1 a 2 meses
Tomates maduros	0	85 a 90	1 a 3 sem.
Tomates verdes	11,5 a 13,0	85 a 90	3 a 5 sem.
Vegetais em geral	1,0	85	2 sem.

Carnes e derivados			
Aves congeladas	−12,0	95 a 100	3 meses
Aves congeladas	−18,0	95 a 100	6 a 8 meses
Banha de porco	−1,0 a 0	80 a 85	4 a 6 meses
Banha de porco cong.	−18,0	90	12 meses
Bovina	−1,5 a 0	90	4 a 5 sem.
Bovina congelada	−24,0 a −18,0	85 a 95	3 a 12 meses
Caça congelada	−12,0	80	3 meses
Caça em geral	0,5	70	2 sem.
Carne defumada	1,0 a 5,0	75 a 80	6 meses
Carneiro	−1,0 a 0	90	1 a 3 sem.
Carneiro congelado	−12,0 a −18,0	80 a 85	3 a 8 meses

Coelho	0 a 1,0	80 a 90	5 a 10 dias
Coelho congelado	−24,0 a −12,0	80 a 90	6 meses
Cordeiro	0 a 1,0	85 a 90	5 a 10 dias
Cordeiro congelado	−24,0 a −12,0	80 a 90	10 meses
Fígado	−24,0 a −12,0	90 a 95	3 a 4 meses
Frango, Galinha (fresca)	0	80	1 sem.
Frango, Galinha (limpa)	−30,0	80	12 meses
Miúdos	−12,0	80	3 meses
Peles	1,0	60	6 meses
Perú	−12,0	75	6 meses
Porco	0 a 1,0	80 a 90	3 a 10 dias
Porco congelado	−24,0 a −18,0	85 a 95	2 a 8 meses
Presunto	0 a 1,0	85 a 90	7 a 12 dias
Presunto congelado	−24,0 a −18,0	90 a 95	6 a 8 meses
Presunto defumado	−10,0 a −2,0	70	3 meses
Presunto salgado	15,0 a 18,0	75 a 80	12 meses
Salsicha	4,0 a 5,0	85 a 90	1 a 3 sem.
Salsicha defumada	1,0 a 5,0	80 a 85	6 meses
Toucinho crú	−23,0 a −10,0	90 a 95	4 a 6 meses
Toucinho defumado	−3,0 a −1,0	80 a 90	1 mês
Vitela	0 a 1,0	90	5 a 10 dias

Peixes			
Arenques	−18,0	− x −	3 a 4 meses
Arenques	−25,0	− x −	5 a 8 meses
Arenques defumados	0 a −10,0	85	1 a 8 sem.
Bacalhau	−10,0 a −4,0	85	2 sem.
Bacalhau	−20,0	80	6 meses
Cavala	−18,0	− x −	3 a 4 meses
Haddock	−20,0 a −5,0	80 a 85	6 meses
Halibu congelado	−20,0	80	6 meses
Lagosta	−7,0	80	1 mês
Mariscos	−18,0	− x −	4 meses
Mariscos	−25,0	− x −	8 meses
Ostras	0	90	2 meses
Peixe congelado	−20,0 a −12,0	90 a 95	8 a 10 meses
Peixe defumado	4,0 a 10,0	50 a 60	6 a 8 meses
Peixe fresco	−0,5 a 4,0	90 a 95	1 a 2 sem.
Peixe pouco salgado	−2,0 a 1,0	80 a 90	4 a 8 meses
Peixe seco	−9,0 a 0	75 a 80	3 meses
Pescados gordurosos	−18,0	− x −	3 a 4 meses
Pescados gordurosos	−25,0	− x −	5 a 8 meses
Pescados magros	−18,0	− x −	3 a 4 meses
Pescados magros	−25,0	− x −	6 a 8 meses
Salmão defumado	−10,0 a 0	75	1 a 15 sem.

Laticínios			
Coalhada	0	85	1 mês
Creme	0 a 2,0	80	1 sem.
Leite	0 a 2,0	80 a 85	1 sem.
Leite em pó	0 a 1,5	75 a 80	1 a 6 meses
Manteiga	−1,0 a 4,0	75 a 80	45 dias
Manteiga	−14,0 a −10,0	80 a 85	12 meses
Margarina	0 a 2,0	70 a 75	6 meses
Queijo	1,0 a 1,0	65 a 75	3 a 10 meses

Diversos			
Açúcar	7,0 a 10,0	60	1 a 3 anos
Caviar	−3,0 a −1,0	85 a 90	3 meses
Cerveja	0 a 5,0	− x −	6 meses
Chocolate	4,5	75	6 meses
Corn flakes	1,7	65	6 meses
Essências	1,7	75	6 sem.
Fermento	0	75	2 sem.
Flores	1,1	85	2 sem.
Fumo, pacotes	1,0	75	6 meses
Geléia	1,0	75	6 meses
Gêlo	−4,0	80	− x −
Mel	1,0	75	6 meses
Óleos	1,0 a 12,0	− x −	6 a 12 meses
Ovos	−1,0 a 0	85 a 90	6 a 7 meses
Ovos congelados	−18,0	− x −	12 meses
Ovos desidratados	2,0	Pratic. nula	6 meses
Plasma do sangue	3,3	75	2 meses
Sorvete	−30,0 a −20,0	85	2 a 12 sem.
Vinho	10,0	85	6 meses
Xarope, enlatado	1,0	80	6 sem.

Tabela 9.12.1

9.13 – Liofilização

9.13.1 – Generalidades

A Liofilização ou "CRYO-SECAGEM" é uma técnica de secagem por sublimação de produtos previamente congelados.

Inicialmente o produto a liofilizar é congelado e refrigerado até uma temperatura bastante baixa (-30°C a -50°C).

Se procede a seguir a sublimação do gelo em recinto sob vácuo.

Embora o produto deva permanecer congelado durante esta fase, é necessário fornecer uma quantidade apreciável de calor, para a sublimação do gelo (~ 700 kcal/kgf).

Após o gelo, é necessário extrair do produto, a água não congelável, absorvida pelas substâncias orgânicas.

Esta secagem secundária é efetuada igualmente sob vácuo mas a temperatura do produto é elevada acima de 0°C.

A secagem a partir do produto congelado permite a conservação da textura do produto e de seus componentes aromáticos.

Realmente um produto liofilizado é caracterizado por uma estrutura uniforme de uma porosidade muito fina.

Esta estrutura porosa, permite a rehidratação muito fácil de produto (o nome "LYOPHILE" vem da facilidade de rehidratação de produto, que permite recompor o seu aspecto inicial) e, explica igualmente a retenção dos componentes aromáticos, apezar da permanência sob vácuo.

Por outro lado a existência de uma vasta superfície, torna o produto muito sucessível tanto ao vapor dágua como ao oxigênio de ar ambiente.

Os produtos liofilizados entretanto, são susceptíveis de uma conservação praticamente indefinida, se forem mantidas em uma atmosfera rigorosamente seca e inerte.

Após uma estocagem à temperatura ambiente que pode durar vários anos, o produto pode ser usado como está ou após rehidratação.

No estado atual a liofilização concorre com outros processos de desidratação, como a secagem por meio de ondas curtas e secagem por explosão (PUFF DRYING), que permite obter produtos de boa qualidade a um custo bastante inferior.

Esta é a razão pela qual a liofilização está sendo empregada somente para a secagem de produtos frageis, de valor elevado, em particular os que exigem uma preservação dos componentes aromáticos, entre os quais podemos citar, o café, o camarão, o champignon, alhuns tipos de sucos de fruta, sangue, peças anatômicas de pequeno porte, etc.

Portanto a liofilização que é ainda uma técnica cara, não é forçosamente sempre o melhor método de secagem para determinadas condições.

9.13.2 — Instalações de Liofilização

Uma instalação completa de liofilização deve efetuar as 5 operações que seguem:

Tratamento prévio.
Congelamento.
Secagem.
Condicionamento.
Estocagem.

O esquema geral temperatura-tempo, correspondente a estas operações aparece na Figura 9.13.2.1.

A secagem ou liofilização propriamente dita é a parte especializada deste processo.

A água entra em vaporização a uma temperatura que é função da pressão.

Assim a água ferve a $0°C$, a uma pressão de 4,7 mmHg.

Se a pressão é inferior a este valor, a água vei ferver a uma temperatura inferior a $0°C$, isto é, o gelo vai se transformar diretamente em vapor sem derreter (sublimação).

Isto é, a 1 mmHg o gelo sublima a $-17,3°C$

a 0,1 mmHg o gelo sublima a $-39,5°C$

a 0,01 mmHg o gelo sublima a $-70°C$

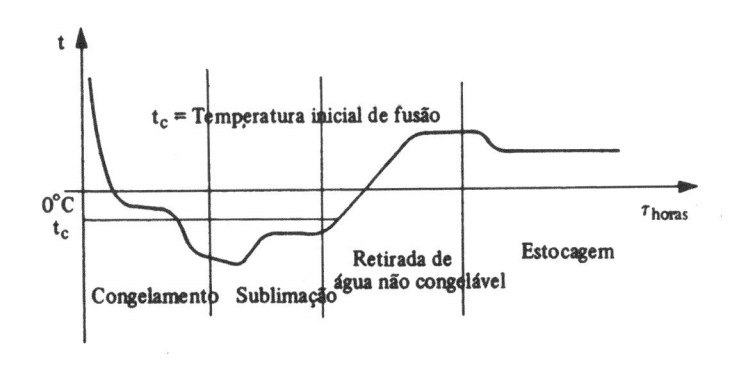

Figura 9.13.2.1

Portanto a secagem de um produto nestas condições além de ser feita numa temperatura na qual os processos biológicos cessam, evita a transferência de substâncias solúveis em água (sucos celulares) para a superfície.

Esta secagem a baixa pressão exige entretanto a retirada contínua do ar (incondensáveis) e do vapor dágua (1g de vapor dágua a 0,1 mmHg ocupa em colume de 10 m^3) formados durante o processo.

Existem 3 alternativas para realizar esta operação:

— extração do ar e do vapor dágua por meio de ejetores de vapor (5 estágios).

Esta solução é de um custo operacional elevado e exige grandes quantidades de água para a condensação do vapor dos ejetores (Figura 9.13.2.2).

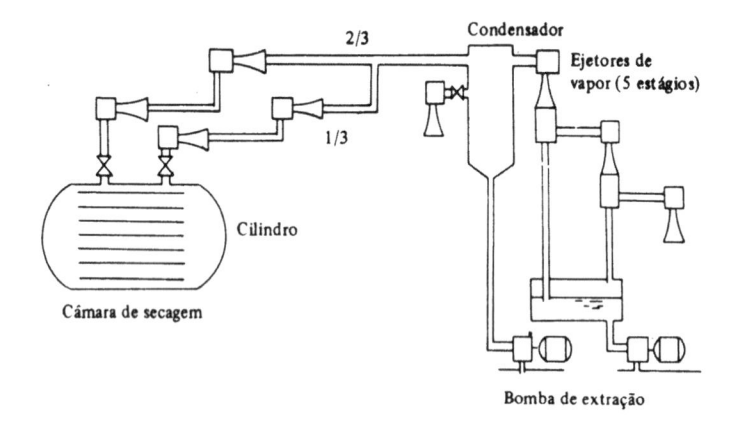

Figura 9.13.2.2

— extração dos incondensáveis por meio de bombas de vácuo (alternativas ou tipo ROOT auxiliada por uma bomba rotativa de palhetas) e condensação do vapor dágua por meio de um sistema de refrigeração mecânica ou de absorção (purga frigorífica – Figura 9.13.2.3).

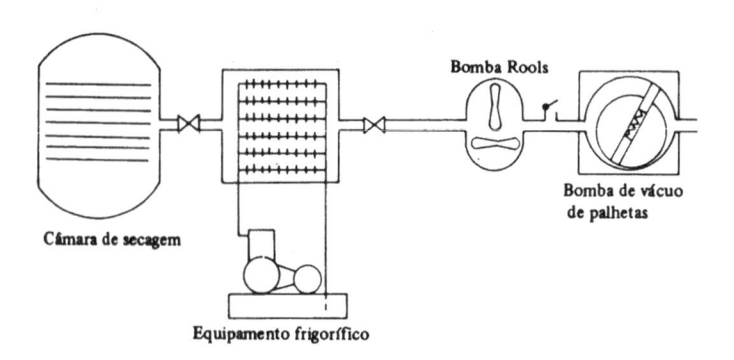

Figura 9.13.2.3

Este sistema embora mais caro no investimento inicial é de operação mais econômica, razão pela qual tem sido o mais adotado.

– extração dos incondensáveis por meio de pequenos ejetores de vapor (5 estágios) e condensação do vapor dágua por meio de um sistema de refrigeração mecânica ou de absorção (Figura 9.13.2.4)

Este sistema combina a economia da condensação direta do vapor dágua, com a robustez da instalação dos ejetores, razão pela qual é o indicado quando se dispõe do vapor vivo.

A liofilização por sua vez exige:

– que o produto seja dividido em pequenos pedaços de 10 a 20 mm;

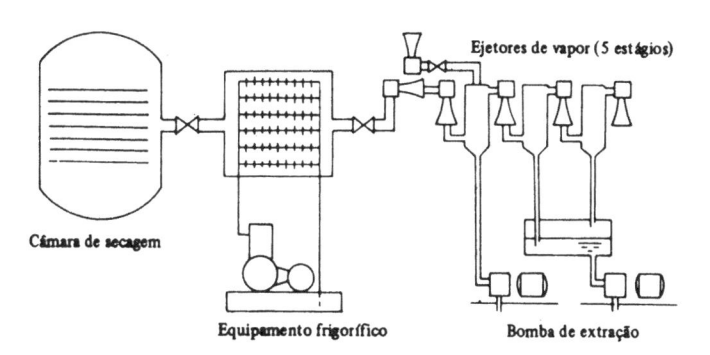

Figura 9.13.2.4

– que o produto seja poroso, para permitir a saída do vapor dágua (a maçã por exemplo não pode ser liofilizada).

Para a liofilização de um líquido, o mesmo é disposto congelado, em placas de pequena espessura ou, na forma de granulado congelado (maior superfície externa).

A temperatura de sublimação deve ser bastante inferior à temperatura de congelamento (temperatura inicial de fusão), a qual depende da constituição do produto.

A pressão do vapor dágua na câmara (vácuo) por sua vez, deve ser inferior a pressão de saturação correspondente à temperatura do gelo em sublimação:

$$p_s = f(T_{gelo}) > p_v$$

Isto significa que a temperatura da purga frigorífica (condensação do vapor) deve ser inferior a do material em liofilização.

Para acelerar o processo, a pressão dos incondensáveis também deve ser tão pequena quanto possível, sendo usual fazer:

$$p_i \leqslant \frac{p_s}{2}$$

Durante a secagem o produto deve ser aquecido com aproximadamente 700 kcal por kgf de gelo sublimado.

Este calor só pode ser transmitido ao produto por condução ou irradiação donde os diversos processos de aquecimento:

placas aquecidas por meio de água quente ou resistências elétricas;

aquecimento eletromagnético;

aquecimento dielétrico de alta freqüência (35 MHz);

radiações infravermelhas.

Por outro lado o calor deve atravessar o produto congelado, donde um gradiente de temperatura elevada.

Como este gradiente não deve em hipótese alguma descongelar o produto em sublimação, é importante controlar continuamente a temperatura da parte mais quente do mesmo.

9.13.3 – Dados práticos

As instalações de liofilização de natureza industrial atualmente em funcionamento tem superfícies (prateleiras) de secagem da ordem de 320 m^2.

A carga de produto úmido por metro quadrado de prateleira varia de 10 a 15 kgf/m^2.

A taxa de evaporação, isto é água evaporada por metro quadrado de prateleira, depende fundamentalmente da natureza do produto (porosidade) e das características de funcionamento de equipamento ($p_s - p_v$), podendo variar de 0,5 a 2,5 kgf/m^{2}h.

O consumo de energia e de vapor pode ser considerado em média como de:

0,75 kwh por kgf de água evaporada;

2 kgf de vapor por kgf de água evaporada.

A Tabela 9.13.4 relaciona alguns dados práticos sobre instalações industriais de liofilização de carne de boi, suco de fruta e café.

Produto	% umidade	Duração do ciclo	Carga	Produção em produto seco	Taxa de Evaporação	Quantidade H$_2$O evaporada	Potência	Consumo de vapor
Carne de boi	60	4h	15kgf/m^2	11.520kgf/dia	2.28kgf/m^{2}h	17.280kgf/dia	540kW	1.440kgf/h
Suco de fruta	90	14h	10kgf/m^2	548,6kgf/dia	0,65kgf/m^{2}h	4.937kgf/dia	155kW	412kgf/h
Café	55	8h	15kgf/m^2	6.480kgf/dia	1,03kgf/m^{2}h	7.920kgf/dia	248kW	660kgf/h

Tabela 9.13.4

9.13.4 — Conservação dos produtos liofilizados

Os produtos liofilizados devem ser conservados ao abrigo da umidade e do oxigênio do ar.

Para tal, já no fim da operação de liofilização, o vácuo da câmara de secagem, deve ser quebrado com N$_2$.

A seguir o produto deve ser colocado em recipiente sob vácuo ou atmosfera inerte.

Para isto são usadas latas de folhas de flandres, sacos de poliester com alumínio, etc.

A umidade residual é importante.

As reações enzimáticas desaparecem para umidades inferiores a 10%.

Reações não enzimáticas (REAÇÕES DE MAILLARD), como alterações de côr, alterações de gosto, perda de vitamina C, etc., entretanto, só desaparecem para umidades inferiores a 1%.

Alguns produtos não são muito sucessíveis a influência da umidade.

Assim a carne pode ser conservada por alguns meses com 3 a 4% de umidade e, a batata inglesa pode ser conservada mesmo com umidades da ordem de 10%.

Outra influência substâncial é a do oxigênio, que produz reações de oxidação como a descoloração, a maturação, a formação do ranço, etc.

Entretanto alguns produtos são pouco sensíveis ao oxigênio e, podem ser conservados ao ar seco, como por exemplo, a couve-flor, a batata inglesa, etc.

A escolha dos limites de desidratação e mesmo isolamento do O$_2$, depende, do produto, da qualidade desejada, da duração da conservação, e é fundamentalmente um problema econômico.

Assim produtos biológicos para uso médico, devem ser conservados em vácuo ou, em atmosfera de N$_2$ completamente seco.

Os produtos alimentícios por sua vez, podem ser conservados em umidade e O$_2$ reduzidos.

Para melhorar a conservação sob condições menos rigorosas são usados também aditivos que servem como:

— protetores iniciais;

— suportes mecânicos (para microorganismos)

— inibidores das reações de Maillard, etc.

10. ENTREPOSTOS FRIGORÍFICOS

10.1 – Definição

Entrepostos frigoríficos são conjuntos de câmaras frias, que permitem a refrigeração, a congelação e a conservação pelo frio de gêneros peressíveis.

Além das câmaras frias, um entreposto frigorífico compreende geralmente:

Uma casa de máquinas para, o equipamento de produção de frio, subestação e, na possibilidade de falta de energia elétrica, uma eventual usina de emergência.

Um serviço de administração, constituído por, escritório, laboratórios de análise bromatológica, oficinas de manutenção, vestiários, sanitários, etc.

Plataformas de recepção e expedição.

Eventualmente um hall de classificação e embalagem dos gêneros e, corredores de manutenção.

Os entrepostos frigoríficos podem dispor ainda de instalações anexas como:

fábrica de gelo;
abate e preparação de carne de gado;
abate e preparação de aves;
salga;
tratamento de vinhos, mostos e sucos de frutas;
cremes gelados;
triagem, calibragem e embalagem de frutas e legumes;
local para a comercialização por atacado dos produtos frigorificados, etc, etc.

10.2 – Classificação

Os entrepostos frigoríficos podem ser classificados:

– Quanto à natureza dos gêneros, em

– *Polivalentes,* quando destinados a conservação de diversos tipos de alimentos

– *Especializados,* quando destinados a conservação de produtos definidos, geralmente anexos a uma instalação específica, de produtos agrícolas, abatedouro, leiteria, estação fruteira, etc, etc.

– Quanto à situação jurídica em

Públicos ou Privados

– Quanto a zona de implantação, em

Entrepostos de produção, geralmente especializados e localizados junto a fonte do produto.

Entrepostos de trânsito, como gares frigoríficas, frigoríficos portuários, depositos frigoríficos, de aeroportos, etc.

Entrepostos de consumo, geralmente junto aos centros de abastecimento.

10.3 – Concepção geral

10.3.1 – Tamanho

Para a implantação de um entreposto frigorífico o dado inicial mais importante é a sua capacidade e tamanho, características estas que dependem dos seguintes fatores:

Zona – Se de produção, trânsito ou consumo.

Raio de ação – O qual é fixado atualmente como razoável na ordem dos 30 km.

Densidade populacional da região se o entreposto é de consumo.

Produção agrícola e pastoril se o entreposto é de produção.

Densidade de armazenagem, o qual varia com o produto na proporsão que segue (referida às dimensões brutas):

Em Paletes – Produtos resfriados – 150 a 200 kgf/m³

Produtos congelados – 250 kgf/m³

Em Tendal – Carnes resfriadas – 125 a 300 kgf/m²

Duração média da estocagem isto é da rotação do produto.

Como dado prático podemos indicar que atualmente se admite como razoável para os centros de consumo um tamanho da ordem de 35 m³ de câmaras frias para cada 1000 habitantes.

10.3.2 – Formas

Antigamente para reduzir as perdas térmicas através das paredes e economizar material isolante, os frigoríficos eram lançados em forma cúbica (relação S/V mínima), com vários pavimentos (Figura 10.3.2.1).

Atualmente esta solução é adotada somente em casos de falta de área de solo ou custo de terreno muito elevado.

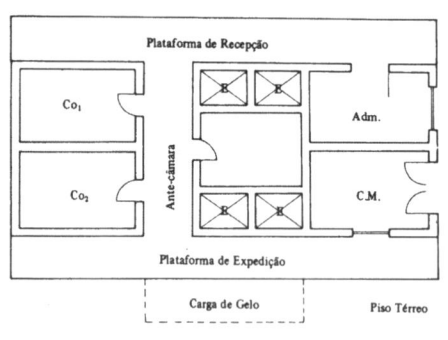 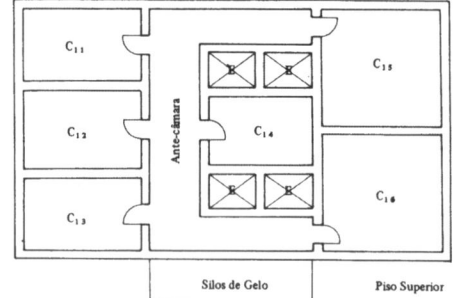

Figura 10.3.2.1

Atendendo a facilidade de transporte com a utilização de PALETES com empilhadeiras mecânicas, a solução mais adotada modernamente, tem sido a de entrepostos de pavimento único, com um número reduzido de grandes câmaras (400 a 1000 m²), com pés direitos da ordem de 6 a 12 m.

O corredor de manutenção interno (4 a 6 m) é discutível, preferindo-se a disposição das câmaras frias entre as duas plataformas de recepção e expedição.

Estas devem ser amplas, adotando-se para o caso de acesso rodoviário larguras de 6 a 10 m com 1 m de altura do solo e, para o caso de acesso ferroviário, larguras de 4 a 6 m com 1,3 m de altura do solo.

Em alguns casos, a casa de máquinas é localizada em sub-solo ou em construção a parte, o que evita não só trepidações como também a intensa transmissão de calor deste recinto que normalmente é mais quente que os demais.

O deslocamento interno é feito por meio de empilhadeiras elétricas ou trilhos aéreos com roldanas, para o resfriamento e congelamento de carnes, ou mesmo para estocagem de carnes resfriadas.

As portas são normalmente corrediças, de acionamento mecânico ou pneumático, com larguras de 150 a 180 cm e alturas de 220 cm a 250 cm para a movimentação por meio de empilhadeiras e 310 cm para a movimentação por meio de trilhos aéreos.

São adotadas comumente portas duplas (uma de plástico) ou simples com cortina de ar.

A Figura 10.3.2.2 nos mostra a disposição construtiva de um frigorífico da Societé Francaise de Transports et Entrepots Frigorifiques (STEF), deste tipo.

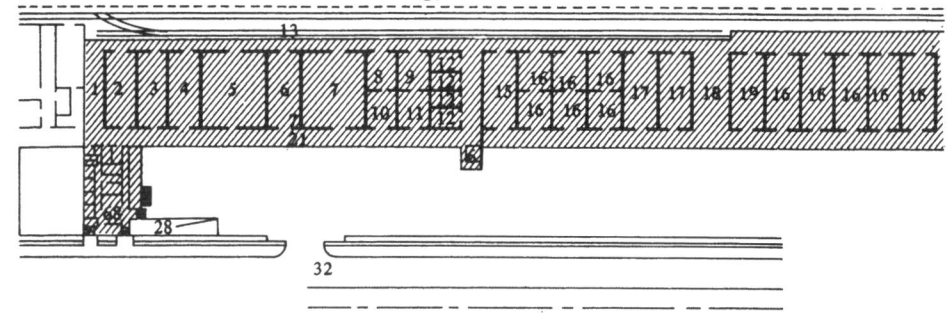

1 – Comunicação entre Gares
2 – Sala de Máquinas
3 – Câmara fria de – 25°C
4 – Câmara fria de – 25°C
5 – Câmara fria de – 25°C
6 – Sala de Expansão
7 – Câmara fria de – 25°C
8 – Câmara fria
9 – Sala de estocagem
10 – Câmara fria de – 25°C

11 – Laboratório
12 – Tuneis de congelamento –40°C e –30°C
13 – Via Férrea
14 – Limite do terreno
15 – Sala de Máquinas
16 – Câmara fria de 0 a –25°C
17 – Câmara fria de 0 a –25°C
18 – Corredor
19 – Sala a 0°C

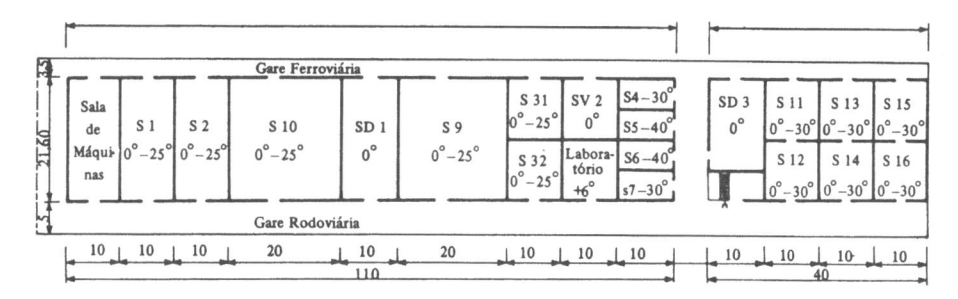

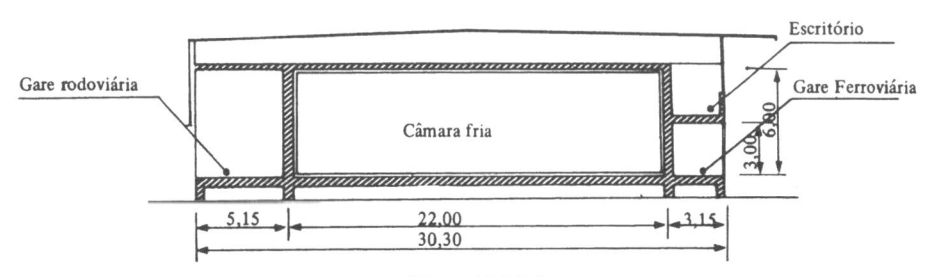

Figura 10.3.2.2

10.3.3 – Construção

Normalmente o piso dos frigoríficos modernos são lançados contra o solo, admitindo-se uma sobrecarga de 2000 a 4000 kgf/m².

Se a temperatura das câmaras é inferior a 0°C é necessário tomar precauções para evitar o congelamento do solo, pelo seu aquecimento por meio de tubos percorridos por um líquido quente ou resistências elétricas

Outra solução é o uso de porão ventilado, sobretudo quando o frigorífico é lançado ao nível de plataforma.

Para temperaturas bastante superiores a 0°C, não há necessidade de isolamento do solo, preferindo-se aprofundar as paredes isoladas, no mesmo, até uma profundidade da ordem de 0,8 m (para reduzir a penetração de calor pelos alicerces).

O contrapiso deve ser em qualquer caso provido de barreira de vapor adequada.

A estrutura dos entrepostos frigoríficos pode ser tanto de concreto armado como metálicas.

O enchimento das paredes deve ser feito com material o mais econômico possível.

Normalmente se adotam tijolos cheios, furados ou aglomerados de cimento que resistem melhor às baixas temperaturas.

Pode-se utilizar também elementos pré-fabricados.

A argamassa adotada deve ser de cimento e areia, na proporsão de 1:3 para o levantamento da alvenaria e 1:5 para rebocos, que resiste melhor às baixas temperaturas e não ataca o isolante.

O forro pode ser também de chapa de concreto armado ou do próprio material isolante, o qual é preso por meio de estrutura de ferros em T, ligada à estrutura principal por meio de suspensão curta e articulada.

A estrutura principal geralmente se distância de 2,4 m em 2,4 m e, os ferros de suspensão de 50 $\times$ 2 são espaçados de 1,75 m.

Sobre cada um é soldado uma chapa metálica de 200 $\times$ 200 $\times$ 2 mm destinada a facilitar a estanqueidade.

A este conjunto é ligada a estrutura de ferros T, formando quadriláteros de 2,50 $\times$ 0,50 m.

O forro isolante é realizado em 2 camadas de poliestireno expandido, uma por baixo e outra por cima dos ferros T.

As duas camadas de isolante são fixados por barras de ligação galvanizadas formando uma estrutura sanduiche.

A superfície superior do isolamento recebe uma barreira de vapor semelhante a das paredes, colada a quente sobre uma emulsão de asfalto.

No contorno das câmaras, a vedação entre as paredes e o forro é feita por colagem de material impermeabilizante (folha) com uma gran-

de onda, prevendo a possibilidade de uma dilatação apreciável.

A cobertura normalmente é de cimento amianto ou placas metálicas, de alumínio preferencialmente.

Os terraços não são recomendáveis, devido ao risco de infiltração, difíveis de evitar.

É preferível o uso de forros ventilados cuja temperatura é inferior a dos terraços e, permite a colocação das canalizações do circuito frigorígeno.

A barreira de vapor pode ser realizada por meio de:

emulsão de asfalto mantido em suspensão na água por meio de materiais coloidais (Hidroasfalto);
feltro ou papelão asfaltado;
feltro asfaltado revestido de uma folha de alumínio;
folhas de alumínio coladas sobre uma tela plastificada e recobertas por um revestimento plástico de proteção;
filme termoplástico soldado.

Nos cantos a barreira de vapor deve ser reforçada por meio de cantoneiras de chapa.

Nas ligações sujeitas a dilatação o lençol impermeabilizante deve ser ondulado.

O isolante é lançado normalmente com emulsão de asfalto ou asfalto puro de baixo ponto de fusão aquecido e, ossatura de madeira espaçadas as horizontais de 3 m e as verticais de 0,60 m, para um melhor suporte.

Na França se prefere a cortiça para o isolamento de paredes e pisos e o poliestireno expandido para o forro, pois este para baixas temperaturas, sobretudo os de baixa densidade, apresentam uma contração muito elevada.

Como proteção do isolante se adota, nos pisos uma chapa de concreto armado de 5 a 6 cm de espessura, sobre o qual se executa um revestimento de 15 a 20 mm de cimento com endurecimento (cristais de corindon sintético) ou substâncias flexíveis.

Nas paredes e forros se emprega estuque de argamassa de cimento fixada sobre o isolante por meio de tela de fio de ferro.

É comum também o uso nas paredes de placas planas de cimento amianto perfuradas ou não, fixadas por meio de parafusos de aço inoxidável, em juntas verticais de madeira, ou ainda placas metálicas onduladas preferencialmente de alumínio.

Pode-se eventualmente deixar o isolante nú, ao menos no forro.

10.3.4 – Tipos de Câmaras

As câmaras atualmente em uso nos entrepostos frigoríficos modernos, podem ser tanto com circulação natural como circulação forçada do ar.

As câmaras com circulação natural do ar são adotadas para a conservação de produtos altamente desidratáveis como carnes resfriadas dispostas em tendal.

Neste caso os evaporadores são constituídos por grande número de serpentinas de tubos lisos ou aletados, colocados nas paredes e forros da câmara.

Outra solução, embora bastante cara, é o uso de toda superfície das paredes como resfriador da câmara.

Para isto as câmaras são executadas com paredes duplas (JAQUETA), com circulação de ar gelado entre as mesmas, solução que em virtude da grande superfície de transmissão de calor disponível, permite trabalhar com pequenas diferenças de temperatura, o que reduz a desidratação de produto.

As câmaras com circulação forçada adotam evaporadores de tubos lisos ou aletados com circulação do ar por meio de ventiladores (UNIT COOLERS).

Esta solução é adotada normalmente na disposição tendal, para a armazenagem a curto prazo de carnes resfriadas, resfriamento rápido de carne fresca (Figura 10.3.4.1),

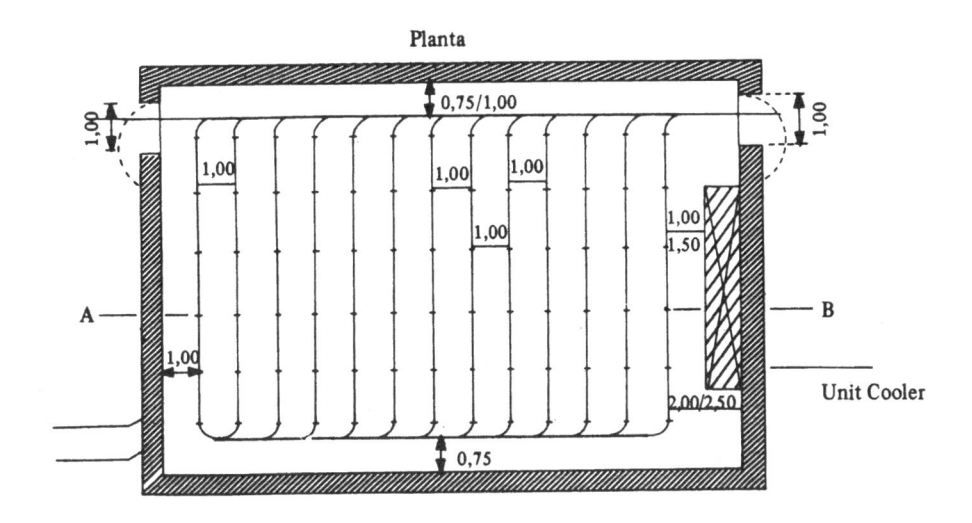

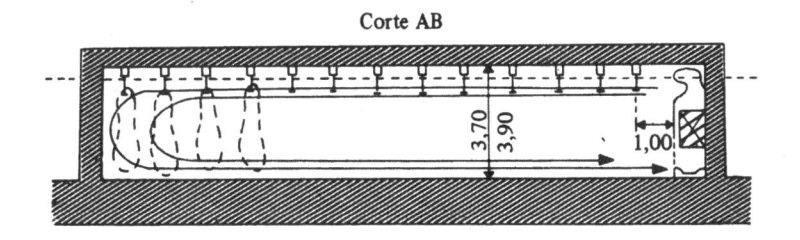

Figura 10.3.4.1

congelamento rápido de carne em tuneis com circulação longitudinal (Figura 10.3.4.2) ou transversal (Figura 10.3.4.3), na armazenagem em paletes dos frigoríficos polivalentes, etc., etc.

Estes evaporadores de ar forçado constituem solução prática econômica e eficiente quando bem dimensionados.

Normalmente eles adotam serpentinas com superfícies aletadas da ordem de 20 a 30 m² por TR com vazões de ar de 1 m³/fgh o que corresponde a um índice de movimentação do ar de 20 a 40 para câmaras de armazenagem e de 100 até 300 para tuneis de congelamento rápido.

TÚNEL DE CONGELAMENTO COM VENTILAÇÃO LONGITUDINAL

Planta

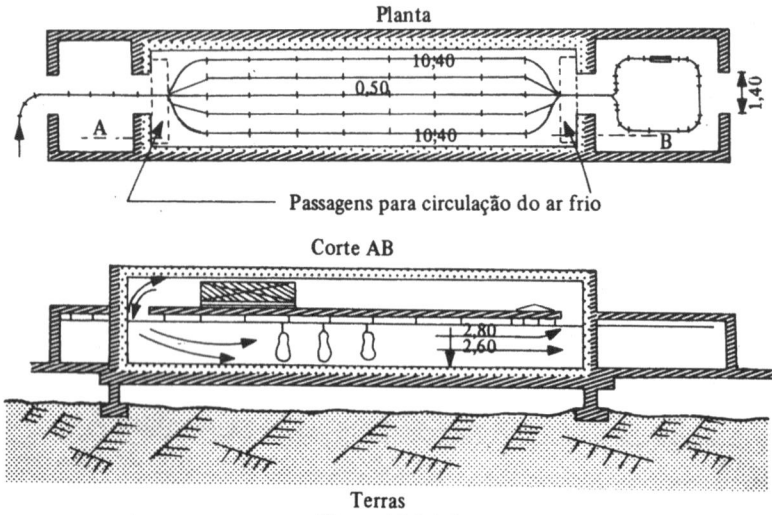

Passagens para circulação do ar frio

Corte AB

Terras

Figura 10.3.4.2

TÚNEL DE CONGELAMENTO COM VENTILAÇÃO TRANSVERSAL

Planta C

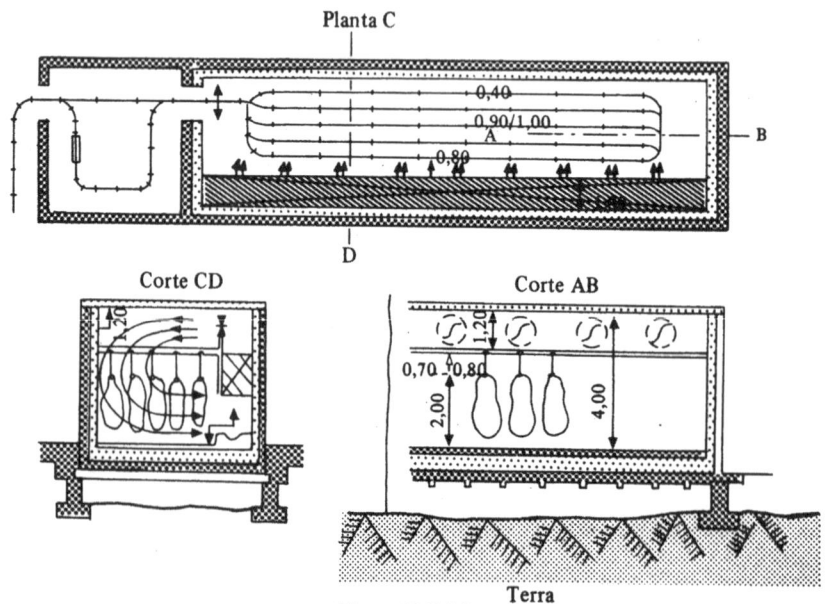

Corte CD

Corte AB

Terra

Figura 10.3.4.3

10.3.5 – Instalações Complementares

Como instalações complementares de um entreposto frigorífico, podemos citar:

A instalação elétrica de luz e força, com eventual usina de emergência.

A instalação de telefones internos e externos.

A instalação de água potável, de degelo, de incêndio e de condensação.

A instalação elétrica deve ser executada pelo lado de fora do isolante e os fios e cabos devem ter isolamento apropriado para resistir às baixas temperaturas (NEOPRENE).

A iluminação normalmente é incandescente ou fluorescente com lâmpadas especiais para funcionamento a baixas temperaturas.

As instalações de água e esgoto devem ser realizadas na parte externa das câmaras para evitar problemas de congelamento.

Os canos que inevitavelmente são colocados dentro das câmaras, quando sem escoamento, devem ser mantidos sem água.

10.3.6 – Sistema de controle

O sistema de controle do fluido frigorígeno é feito geralmente por meio de válvula de expansão tipo bóia, colocada tanto na alta como na baixa pressão, com válvula solenóide de interrupção.

Os compressores podem ser de 1 ou 2 rotações e com sistema de redução de capacidade por levantamento das válvulas de aspiração em função da pressão de sucção.

Os evaporadores são executados em 1 ou mais circuitos de modo a permitir a variação da potência frigorífica de cada câmara.

Pode-se adotar também o uso de vários ventiladores ou ventiladores de duas rotações, que permitem variar a potência frigorífica dos evaporadores sem alterar substancialmente as características do seu condicionamento.

A admissão do fluido frigorígeno é controlada por meio de termostatos que acionam válvulas solenoides ou simplesmente válvulas termostáticas.

Válvulas de redução de pressão são instaladas nas câmaras de mais alta temperatura afim de garantir uma temperatura de evaporação adequada.

Termometros de pares termoelétricos permitem a leitura remota das temperaturas de todas as câmaras.

10.4 – Projetos de frigoríficos

10.4.1 – Dados iniciais

Para a elaboração do projeto completo de um entreposto frigorífico, são necessários, uma série de dados entre os quais podemos relacionar:

Dados sobre o local

Como latitude, altitude, vias de acesso (marítima, fluvial, rodoviária, ferroviária), orientação geral do terreno, disponibilidade de água, condições ambientes (temperaturas TTS e TTU médias das máximas de verão).

Finalidade e capacidade

Se de produção, trânsito ou de consumo.

Se polivalente ou especializado.

Tipos e quantidades de mercadorias a estocar, resfriar ou congelar.

Condições de embalagem e de conservação (temperatura, umidade, atmosfera, duração).

Características técnicas sobre os produtos como, calores específicos antes e após o congelamento, percentagem de água, temperatura de congelamento, calor latente de congelamento, calor vital, perda de umidade, etc.

Construção

Partido inicial para o projeto da construção civil (disposição horizontal, número de pavimentos e orientação).

Tipos de estrutura, piso, paredes, forro e cobertura.

Sistema de transporte horizontal e eventualmente vertical.

Instalações complementares e instalações anexas.

Tipo de iluminação com horas-dia de funcionamento e carga por m^2.

Lâmpadas germicidas.

Isolamento

Tipo de isolamento.

Penetração admissível ou especificação equivalente para o cálculo da espessura do isolante.

Tipo de lançamento e técnica de colocação.

Barreira de vapor.

Isolamento dos equipamentos e canalizações.

Equipamentos

Fator de funcionamento, o qual deve estar compreendido entre 16h a 20h/dia.

Ciclo frigorígeno a adotar (estágios de compressão e expansão, fluido, degelo, etc.).

Tipos de compressores disponíveis, com suas principais características.

Tipo de condensador a adotar, condições de funcionamento e especificação.

Tipos de resfriadores a adotar, condições de funcionamento e especificação.

Equipamentos auxiliares a considerar.

Sistema de comando controle e segurança

Descrição geral do sistema elétrico de alimentação com seus respectivos bloqueios de segurança.

Sistema de controle a adotar para a manutenção das temperaturas de evaporação do ciclo e, das temperaturas e umidades das diversas câmaras.

Medidas das temperaturas e umidades das diversas câmaras.

Sistema de degelo a adotar.

10.4.2 – Escolha do tipo e das Áreas das Câmaras

De acordo com o tipo e quantidades de mercadorias a estocar, resfriar ou congelar, com suas respectivas condições de tratamento ou conservação, podemos selecionar as câmaras a adotar com suas respectivas dimensões

A seguir pode ser, escolhida a disposição geral a adotar no projeto e, elaborada as plantas e cortes da construção.

10.4.3 – Cálculo do isolamento

Segue-se o cálculo do isolamento, o qual é orientado de acordo com o capítulo [8]

10.4.4 – Cálculo da carga térmica de refrigeração

A carga térmica de refrigeração de um frigorífico pode ser dividida nos seguintes itens:

Penetração.
Infiltração.
Produto.
Diversos (Iluminação, Motores, Pessoas, etc.).

O cálculo da carga térmica é feito normalmente para 24 horas.

Os equipamentos, como compressores, condensadores, evaporadores, etc., entretanto devem funcionar menos do que 24 h por dia, afim de permitir a sua manutenção, a operação de degelo, assim como uma reservá de capacidade para sobrecargas momentâneas.

Nestas condições a potência frigorífica instantânea em fg/h nos será dada por:

$$P_f = \frac{\text{Carga térmica de refrigeração em 24 h}}{n}$$

$$(10.4.4.1)$$

onde "n" é o número de horas diárias de funcionamento do equipamento (fator de funcionamento), o qual normalmente varia de 16 a 20 h/dia.

Penetração

É a parcela da carga térmica que corresponde ao calor transmitido através das paredes pisos e forros das câmaras, a qual é definida no cálculo do isolamento:

$$Q_{\text{penetração}} = KS\Delta t \; 24 \text{ horas kcal/dia}$$

$$(10.4.4.2)$$

onde "$K\Delta t$" nos é dada pela Tabela 8.1.6.

Infiltração

É a parcela da carga térmica correspondente ao calor do ar de ventilação que atinge a câmara através de suas aberturas.

$$Q_{\text{infiltração}} = V_E \; m^3/\text{dia} \; \gamma\Delta H$$

$$(10.4.4.3)$$

onde "V_E" é a vazão do ar exterior em m^3/dia, o qual pode ser calculada pelo índice de renovação diária de ar (Tabela 10.4.4.1).

$$n = \frac{V_E}{V_{\text{câmara}}}$$

$V_{câmara}$ m³	Câmaras	
	com t < 0°C	com t > 0°C
7,0	29,0	38,0
8,5	26,2	34,5
11,5	22,5	29,5
14,0	20,0	26,0
17,0	18,0	23,0
23,0	15,3	20,0
28,0	13,5	17,5
42,0	11,0	14,0
57,0	9,3	12,0
85,0	8,1	9,5
115,0	7,4	8,2
140,0	6,3	7,2
170,0	5,6	6,5
230,0	5,0	5,5
280,0	4,3	4,9
420,0	3,8	3,9
570,0	2,6	3,5
700,0	2,3	3,0
850,0	2,1	2,7
1.150,0	1,8	2,3
1.400,0	,1,5	2,0
2.000,0	1,3	1,6

Tabela 10.4.4.1

e, "$\gamma \Delta H$" é a diferença de entalpia por unidade de volume, referido às condições da câmara, entre o ar exterior e o ar da câmara (Tabela 10.4.4.2).

A média das máximas, das condições de verão do ar exterior, para as principais cidades do Brasil estão registradas na Tabela 10.4.4.3.

Produto

A parcela de carga térmica devido ao produto, pode ser constituída pelos seguintes calores.

calor sensível de refrigeração antes do congelamento (calor de resfriamento);

calor latente de congelamento;
calor sensível de refrigeração após o congelamento;
calor vital.

Câmara $\varphi = 85\%$			EXTERIOR							
γ_{AR}	t	H	31°C 56%	32 56	31 58	34 58	32 60	33 60	31 62	32 64	33 64	32 66
1,191	+ 18	11,00	7,29	8,31	7,74	10,90	9,17	10,25	8,57	10,12	11,25	10,62
1,202	+ 16	9,65	8,98	10,01	9,43	12,62	10,88	11,97	10,28	11,84	12,98	12,34
1,213	+ 14	8,47	10,49	11,53	10,95	14,17	12,41	13,51	11,80	13,38	14,53	13,89
1,222	+ 12	7,32	11,97	13,03	12,44	15,68	13,91	15,02	13,29	14,88	16,04	15,40
1,234	+ 10	6,29	13,36	14,42	13,83	17,10	15,31	16,44	14,70	16,30	17,47	16,82
1,244	+ 8	5,30	14,70	15,77	15,18	18,47	16,67	17,80	16,05	17,66	18,85	18,19
1,254	+ 6	4,40	15,95	17,03	16,43	19,75	17,93	19,07	17,30	18,93	20,13	19,46
1,264	+ 4	3,51	17,20	18,29	17,68	20,03	19,05	20,35	18,57	20,21	21,41	20,74
1,274	+ 2	2,70	18,37	19,47	18,85	22,23	20,38	21,54	19,75	21,40	22,61	21,94
1,285	0	1,90	19,56	20,66	20,05	23,45	21,59	22,76	20,94	22,67	23,84	23,16
1,295	− 2	1,12	20,72	21,83	21,21	24,64	22,77	23,94	22,12	23,80	25,03	24,35
1,305	− 4	0,39	21,83	22,95	22,33	25,79	23,89	25,08	23,24	24,94	26,18	25,49
1,316	− 6	0,31	22,94	24,07	23,44	26,92	25,02	26,21	24,36	26,07	27,32	26,62
1,326	− 8	1,00	24,03	25,17	24,53	28,04	26,12	27,33	25,46	27,18	28,44	27,74
1,337	− 10	1,62	25,05	26,20	25,56	29,11	27,17	28,38	26,50	28,24	29,51	28,80
1,348	− 12	2,22	26,07	27,23	26,58	30,15	28,20	29,43	27,53	29,28	30,56	29,84
1,358	− 14	2,81	27,06	28,23	27,58	31,18	29,21	30,45	28,53	30,30	31,59	30,87
1,369	− 16	3,40	28,09	29,27	28,61	32,24	30,25	31,50	29,57	31,35	32,65	31,92
1,380	− 18	3,94	29,06	30,25	29,59	33,24	31,24	32,50	30,55	32,35	33,66	32,93
1,391	− 20	4,46	30,02	31,21	30,55	34,23	32,21	33,48	31,52	33,33	34,65	33,91
1,402	− 22	5,02	31,04	32,25	31,57	35,29	33,25	34,53	32,55	34,38	35,71	34,96
1,413	− 24	5,54	32,02	33,23	32,55	36,30	34,25	35,54	33,54	35,38	36,72	35,97
1,425	− 26	6,07	33,04	34,27	33,59	37,36	35,30	36,59	34,58	36,44	37,79	37,03
1,436	− 28	6,56	34,00	35,24	34,55	38,35	36,27	37,58	35,55	37,42	38,79	38,02
1,448	− 30	7,06	35,01	36,26	35,56	39,40	37,30	38,62	36,58	38,46	39,83	39,07

Tabela 10.4.4.2

Cidade	TTS	TTU	φ	H
Curitiba	31	24,0	56	17,12
Belo Horizonte	31	24,0	56	17,12
Brasília	31	24,0	56	17,12
Goiânia	31	24,0	56	17,12
Florianópolis	32	25,0	56	17,98
Fortaleza	32	25,0	56	17,98
São Paulo	31	24,5	58	17,50
Manaus	34	26,5	58	20,15
Natal	32	25,5	60	18,70
João Pessoa	32	25,5	60	18,70
Maceió	32	25,5	60	18,70
Aracajú	32	25,5	60	18,70
Vitória	32	25,5	60	18,70
Rio de Janeiro	32	25,5	60	18,70
Porto Alegre	32	25,5	60	18,70
Cuiabá	33	26,0	60	19,61
Salvador	31	25,0	62	18,20
São Luiz	32	26,0	64	19,50
Belém	33	26,5	64	20,45
Recife	32	26,5	66	19,92

Tabela 10.4.4.3

Os 3 primeiros podem ser englobados na expressão geral:

$$Q_{produto} = G \left[C(t_i - t_o) + r + C'(t_o - t_f) \right] \ 24 \text{ horas}$$

(10.4.4.4)

onde:

G kcal/h é o peso do produto em trânsito por hora;

"t_i" é a temperatura inicial de produto;

"t_o" é a temperatura de congelamento do material;

"t_f" é a temperatura final do produto;

"r" é o calor latente de congelamento do produto;

"C" é o calor específico do produto antes do congelamento;

"C'" é o calor específico do produto após o congelamento. Chamando de a e b, os componentes em peso respectivamente da umidade e dos materiais se-

cos que constituem o produto, podemos fazer com boa aproximação:

$$C = a + 0,4b$$
$$r = 80a$$
$$C' = 0,5a + 0,4b$$

Os valores de C C' t_o r para os principais alimentos vegetais e animais estão registrados na Tabela 10.4.4.4.

O calor vital por sua vez resulta do metabolismo dos vegetais, os quais mesmo após a sua colheita continuam com suas reações vitais consumindo O_2 e produzindo CO_2 e vapor dágua (calor sensível e calor latente).

Os calores vitais liberados pelos principais alimentos vegetais estão registrados na Tabela 10.4.4.5 em função da sua temperatura de armazenagem.

Produto	Calor específico kcal/kgf · °C		Calor latente de solidificação	Temperatura de congelamento
	produto resfriado	produto congelado	kcal/kgf	°C
Abacaxi	0,90	0,50	71,0	– 2,0
Aipo	0,91	– x –	70,0 a 76,0	– 1,07
Alface	0,90	0,45	76,0	0
Aspargo	0,95	0,44	74,5	– 1,22
Bananas maduras	0,90	0,36	– x –	– 1,0
Bananas verdes	0,90	0,36	60,0	– 1,0
Batatas	0,80	0,42	58,0	– 1,71
Batata irlandesa	0,86	0,47	63,0	– 2,0
Cebola	0,91	0,51	64,0 a 71,0	– 1,6 a – 1,9
Cenoura	0,87	0,45	66,0	– 1,35
Cereja	0,92	– x –	66,0	– 2,35
Couve	0,93	0,47	73,0	0
Carne congelada	0,75	0,40	54,0	– 3,0
Carne de porco	0,72	0,40	52,0	– x –
Carne de porco congel.	0,68	0,38	48,0	– 2,0
Chocolate	0,76	– x	30,0	– x –
Ervilhas verdes	0,80	0,42	60,0	– x –
Feijão seco	0,30	0,25	10,0	– x –
Feijão verde	0,92	0,47	71,0	– 1,25
Fígado fresco	0,72	0,40	52,25	– x –
Gelo	1,00	0,50	80,0	0
Laranja	0,92	0,47	68,0	– 2,23
Leite fresco	0,94	0,49	70,0	0
Limão	0,92	– x –	66,0 a 71,0	– 2,16
Maçã	0,90	0,49	68,0	– 2,0
Manga	0,90	0,46	74,0	0
Manteiga	0,64	0,34	8,0	– 18 a – 1,0
Mel	0,35	0,26	14,0	– x –
Melão	0,92	– x –	71,0	– 1,6 a – 1,9
Nozes	– x –	– x –	9,0	– 6,5
Ostras em concha	0,84	0,44	64,0	– x –
Ostras sem concha	0,90	0,46	69,0	– x –
Ovos	0,76	0,40	54,5	– x –
Ovos congelados	0,76	0,40	55,0	– 3,0
Ovos em caixa	0,76	0,40	55,0	– 3,0
Peixe fresco	0,82	0,41	58,25	– 2,0
Peixe congelado	0,80	0,41	56,0	– 2,0
Peixe desecado	0,56	0,34	36,0	– x –
Peras	0,92	0,49	67,0	– 2,2 a – 2,8
Pêssegos	0,92	0,48	70,0	– 1,45
Queijo	0,64	0,36	43,0	– 13
Sorvetes	0,78	0,45	26,0	– 18 a – 3,0
Tomates	0,93	0,46	75,0	– 0,90
Uvas	0,85	0,45	62,0	– 2,0

Tabela 10.4.4.4

Produto	Temperatura °C	Calor vital kcal/kgf·24h
Aipo	0	0,740
Alface	0	2,947
Bananas	12,2	0,859
Batatas	5,0	0,275 a 0,440
Beterraba	0	0,690
Cebola	0	0,171 a 0,286
Cenoura	0	0,554
Cereja	0	0,330 a 0,440
Feijão	5,0	0,676
Framboesa	2,2	1,145 a 1,718
Laranja	0	0,179 a 0,234
Limão	4,4	0,210
Maçã	0	0,171 a 0,260
Melão	2,0	0,126
Morango	0	0,710 a 0,989
Pêssegos	0	0,221 a 0,359
Peras	0	0,171 a 0,229
Pimenta	4,4	1,224
Tomates	4,4	0,278
Tomates	15,6	1,622
Tomates	0	0,265
Uvas	2,2	0,171 a 0,286

Tabela 10.4.4.5

Parte do calor retirado dos produtos é trocado na forma de calor latente, seja pela evaporação de parte da sua umidade (desidratação), seja pela respiração dos produtos vegetais.

A umidade que resulta da respiração é englobada no calor vital.

Quanto à evaporação, esta se faz a custa do calor do próprio produto e, portanto não altera a carga térmica de refrigeração da câmara.

Entretanto, quando se quer controlar as condições de umidade do ambiente, é necessário conhecer com exatidão as parcelas de calor latente (F.C.L.) e calor sensível (F.C.S.) a retirar nos resfriadores para dimensioná-los adequadamente.

A parcela de calor latente de uma câmara de refrigeração:

$$FCL = 1 - FCS = \frac{Q_L}{Q_s + Q_L}$$

depende do produto, acondicionamento do mesmo, condição de refrigeração ou armazenagem, da infiltração de ar exterior, etc.

A Tabela 10.4.4.6 nos fornece os valores de FCS para câmaras de resfriamento e armazenagem de diversos produtos (veja também Desidratação no capítulo [9]).

Produto	Fator de calor sensível	
	durante o resfriamento	durante o armazenamento
Abacaxi	0,83 a 0,80	0,80 a 0,74
Bananas (verdes e maduras)	0,83 a 0,77	0,77 a 0,71
Batatas	0,86 a 0,83	0,80 a 0,77
Batatas ielandesas	0,90 a 0,86	0,86 a 0,83
Cebola	0,86 a 0,83	0,80 a 0,77
Couve	0,83 a 0,80	0,77 a 0,71
Carne congelada	– x –	0,95
Carne verde	0,71 a 0,66	0,86 a 0,80
Carne de porco	0,71 a 0,66	0,86 a 0,80
Carne de porco congelada	0,71 a 0,66	0,86 a 0,80
Camarão e lagosta viva	0,83 a 0,80	0,83 a 0,80
Feijão seco	– x –	0,90 a 0,86
Gelo	– x –	0,90 a 0,83
Laranja	0,83 a 0,80	0,80 a 0,74
Leite fresco	0,90 a 0,83	0,90 a 0,83
Maçã	0,83 a 0,80	0,80 a 0,74
Manga	0,86 a 0,83	0,80 a 0,77
Manteiga	0,90 a 0,86	0,98 a 0,95
Ovos congelados	– x –	0,95 a 0,90
Ovos em caixa	0,90 a 0,86	0,86 a 0,83
Pêssegos	0,83 a 0,80	0,80 a 0,74
Peras verdes	0,83 a 0,80	0,80 a 0,74
Peixe fresco	0,86 a 0,83	0,83 a 0,80
Peixe congelado	– x –	0,95
Queijo	0,90 a 0,86	0,83 a 0,80
Sorvetes	0,98 a 0,92	0,98 a 0,92
Tomates maduros	0,83 a 0,80	0,77 a 0,71
Uvas	0,83 a 0,80	0,80 a 0,74
Alface	0,83 a 0,80	0,77 a 0,71

Tabela 10.4.4.6

Diversos

A parcela de carga térmica englobada sob o título de diversos, é devida aos equipamentos mecânicos, iluminação, pessoas e, demais elementos que constituem fonte de calor no interior das câmaras.

Os equipamentos mecânicos são normalmente, os ventiladores dos UNIT COOLERS cuja potência é da ordem de 0,5 a 1 c.v. por cada T.R., bombas, empilhadeiras, etc.

O calor dissipado pelos mesmos pode ser calculado como segue, dependendo da situação:

Motor e carga no interior da câmara

$$Q_{motor + carga} = \frac{P_{c.v.}}{\eta_{motor}} \, 632\tau \quad \text{kcal/dia}$$

(10.4.4.5)

Carga no interior e motor fora da câmara

$$Q_{carga} = P_{c.v.} \, 632\tau \quad \text{kcal/dia} \quad (10.4.4.6)$$

Motor no interior e carga fora da câmara

$$Q_{motor} = \frac{1 - \eta_{motor}}{\eta_{motor}} \, P_{c.v} \, 632 \, \tau \quad \text{kcal/dia}$$

(15.4.4.7)

onde:

"τ" é o número de horas de funcionamento por dia de equipamento;

e "η_{motor}" é o rendimento do motor elétrico de acionamento, o qual vale (Tabela 10.4.4.7).

$P_{c.v.}$	η_{motor}
$< \frac{1}{2}$ c.v.	0,6
$\frac{1}{2}$ a 3 c.v.	0,68
3 a 20 c.v.	0,85

Tabela 10.4.4.7

De modo que podemos elaborar a tabela que segue (Tabela 10.4.4.8).

$P_{c.v.}$	kcal dissipadas por c.v.h		
	Motor+carga na câmara	Carga na câmara	Motor na câmara
$< \frac{1}{2}$ c.v.	1052	632	420
$\frac{1}{2}$ a 3 c.v.	922	632	390
3 a 20 c.v.	732	632	100

Tabela 10.4.4.8

A dissipação provocada pela iluminação nos é dada por:

$$Q_{iluminação} = 0,86 \, w \, \tau \quad \text{kcal/dia}$$

(10.4.4.8)

As pessoas por sua vez liberam pelo seu metabolismo, uma quantidade de calor que nos é dada por:

$$Q_{pessoas} = n \cdot q \cdot \tau \quad \text{kcal/dia}$$

(10.4.4.9)

onde:

"n" é o número de pessoas

e "q" o calor liberado por pessoa e por hora, o qual cresce com o abaixamento de temperatura de acordo com a Tabela 10.4.4.9:

$t_{câmara}$	kcal/h.pessoa
$+10\,^{\circ}C$	180
$+4$	215
-1	240
-7	265
-12	300
-18	330
-24	360

Tabela 10.4.4.9

A carga térmica de refrigeração de uma câmara frigorífica, pode ser calculada rapidamente, de uma maneira aproximada por meio da tabela prática 10.4.4.10, selecionando-se valores correspondentes aos 3 itens: penetração, infiltração-diversos e produto.

Observação: Para refrigeradores comerciais, veja também o item 8.3.2.

Tamanho da câmara	Grande	Média	Pequena
$V_m{}^3$	~ 1000	~ 100	~ 10
Característica S_{total}/V	0,5	1	3
1 – Penetração	5 fg/m³h	10 fg/hm³	30 fg/hm³
2 – Infiltração – diversos	7,5 fg/m³h	15 fg/hm³	45 fg/hm³
3 – Produto			
Armazenagem pura	0	0	0
Movimentação leve *	3,5	7	20
Movimentação média *	5	10	30
Movimentação pesada *	7,5	15	45
Resfriamento rápido	100 a 300	100 a 300	100 a 300
Congelamento rápido	200 a 1000	200 a 1000	200 a 1000

* A carga térmica do produto é calculada considerando-se para o mesmo, uma temperatura de entrada $5\,^{\circ}C$ superior à temperatura da câmara.

Tabela 10.4.4.10

10.4.5 – Escolha do ciclo de refrigeração e lançamento do circuito correspondente

Calculadas as potências frigoríficas em jogo e, fixadas as temperaturas de funcionamento da instalação, podemos escolher o ciclo de refrigeração mais conveniente (atendendo ao rendimento e ao investimento inicial da instalação), o qual poderá então ser traçado num diagrama TS ou pH.

A fixação das temperaturas de funcionamento da instalação, normalmente exige, o cálculo prévio dos condensadores e evaporadores, o qual deve preceder neste caso este item (veja exemplo).

A seguir pode-se localizar os equipamentos em plantas e traçar as canalizações do fluido frigorígeno com seus respectivos acessórios, afim de possibilitar os cálculos subseqüentes.

10.4.6 – Cálculo e especificação dos equipamentos

Segue-se o cálculo definitivo dos diversos equipamentos da instalação, o qual pode obedecer a ordem abaixo:

Condensadores torres e bombas dágua
Resfriadores
Compressores
Separadores de óleo
Válvulas de expansão
Canalizações e seus acessórios
Bombas de fluido frigorígeno
Separadores de líquido
Depósitos de líquido
Sistema de degelo
Isolamentos
Instalação elétrica de alimentação
Sistema de controle e segurança

10.4.6.1 – Exemplo

Projeto de um entreposto frigorífico para frutas e carne congelada

10.4.7 – Dados

Situação – Porto Alegre – RS

Vias de acesso – Fluvial ferroviária e rodoviária.

Disponibilidade de água – Guaíba

Condições Climáticas – T.T.S. = $= 32°C$ – TTU = $25,5°C$

Finalidade

– Recongelamento em tendal de 40 tons/dia de carne de boi de $-10°C$ a $-25°C$.

– Armazenagem em estoquinetes de 200 tons. de carne de boi a $-25°C$.

– Resfriamento de 20tons./dia de maçãs em caixas de $+32°C$ a $0°C$.

– Armazenagem de 280 tons. de maçãs em caixas de $0°C$.

Construção

– Estrutura de concreto com enchimento de alvenaria, lançada em um único pavimento com pé direito de 7 m.

– A disposição deve ser a de dupla plataforma para uma fácil movimentação por meio de empilhadeiras.

– As paredes serão de 1 tijolo com acabamento externo em pastilhas de côr média.

– A cobertura será de cimento amianto (côr média) com forro não ventilado (pior situação).

– A argamassa será de cimento e areia na proporção de 1:3 para o levantamento da alvenaria e 1:5 para os rebocos.

– O transporte será efetuado por meio de:

trilhos com roldanas na câmara de recongelamento;

(10 homens hora/24 horas);

empilhadeiras elétricas de 10 c.v. nas câmaras de armazenagem (2 empilhadeiras hora + 5 homens hora, cada 24 horas em cada câmara).

Para a casa de máquinas deverá ser escolhido local amplo de no mínimo 2 m²/T.R.

Como instalações complementares, deve ser previsto um setor de administração completo, incluindo escritórios, laboratórios, oficina, vestuários e sanitários numa área total de 480 m².

A iluminação será fluorescente especial para baixas temperaturas na proporção de 10W/m² (acendimento 4 horas/24 horas).

Serão previstas também lâmpadas germicidas na proporção de $2W/m^2$.

Isolamento

O isolamento será de poliestireno expandido de 15 kgf/m^3 para as paredes e forros e 30 kgf/m^3 para os pisos.

O coeficiente de condutividade interna prática, a adotar para o mesmo será de $0,03 \text{ kcal/mh}^\circ C$.

A penetração admissível, para evitar problemas de condensação superficial, tanto nas paredes das câmaras como nos equipamentos e canalizações, será de, no máximo $10 \text{ kcal/m}^2 \text{h}$.

A técnica de lançamento do isolante será em câmara estanque, com recobrimento onde necessário.

A colocação será efetuada em 2 camadas de igual espessura com barreira de vapor pelo lado quente, constituída de feltro asfaltado revestido de alumínio.

Equipamentos

O projeto dos diversos equipamentos da instalação em consideração obedecerá a seguinte orientação geral:

fator de funcionamento 16 h/24 h
fluido frigorígeno "NH_3"
ciclo em compressão por estágios com expansão fracionada;
degelo por gás quente;
condensadores tipo *Shell and TUBE* aberto de 3 m de altura com tubos de 2".
resfriadores tipo UNIT COOLER, com tubos aletados de 1".
compressores tipo alternativo marca MADEF cujas características são:

Número cilindros	Curso	Diâmetro	Rotação máxima
2, 3, 4 e 6	110mm	160mm	750 RPM
1, 2, e 3	80mm	110mm	950 RPM

Tabela 10.4.7.1

$\xi = 0,02 \qquad \eta_m = 0,9$

$\dfrac{T_1}{T_a} f = 0,93 \qquad \eta_a = 0,9$

válvula de expansão tipo bóia;
depósito de líquido para armazenar todo o refrigerante da instalação;
separadores de líquido;

canalizações com dimensões adequadas a uma perda de carga limite correspondente a um $\Delta t = 1,1^\circ C$;
equipamentos auxiliares que se tornarem necessários para o recolhimento de líquido e de óleo, carga, descarga, degelo, manobras, etc.;

Sistema de comando controle e segurança

Este sistema deve incluir:

contactores magnéticos com fusíveis para todos os motores, com os bloqueios de segurança que forem necessários;
pressostatos de ALTA, BAIXA e DIFERENCIAL DE ÓLEO nos compressores;
uma válvula fluxostática (FLOW SWITCH) ou pressostato de água no circuito de água de condensação;
válvulas de segurança no condensador e depósito de líquido;
válvulas solenoides para controlar a alimentação e o degelo dos evaporadores;
controle da temperatura das câmaras por meio de termostato ambiente, atuando sobre o motor do ventilador dos UNIT COOLERS (que serão de 1 ou 2 velocidades) ou solenoide de alimentação dos evaporadores;
termômetros remotos e higrômetros em todas as câmaras;
termômetros e manômetros no circuito frigorígeno.

10.4.8 — Escolha das Áreas

Lembrando o parágrafo 10.3.1, podemos selecionar as seguintes áreas:

recongelamento em 24 h de 40 tons. de carne (tendal a 200 kgf/m^2) com 20% de área adicional para circulação -240m²;
armazenagem de 200 tons. de carne (estoquinetes em paletes a 1000 kgf/m^2) com 20% de área adicional para circulação -240m²;
resfriamento de 20 tons. em 24 h e armazenagem de 280 tons. de maçãs (caixas em paletes a 1500 kgf/m^2) com 20% de área adicional para circulação -240m²;
administração incluindo escritórios, laboratórios, oficina, vestuários e sanitários 480m²; distribuídos em 2 pavimentos de 3,5 m cada um;
casa de máquinas -240m².

A disposição adotada aparece na Figura 10.4.8.1.

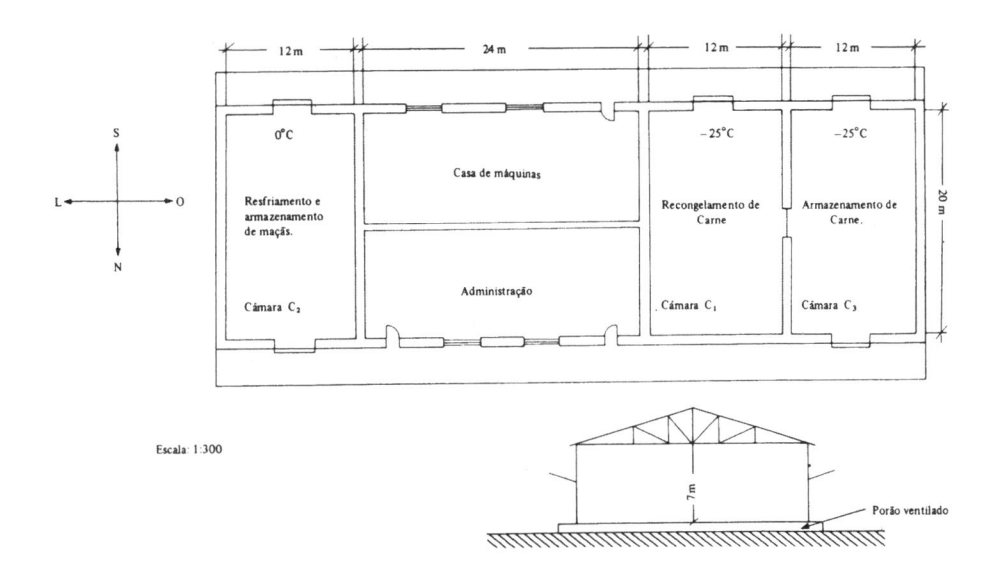

Figura 10.4.8.1.

10.4.9 – Cálculo do Isolamento

O cálculo do isolamento é feito a partir da expressão geral da resistência termica de uma parede plana

$$Rt = \frac{\Delta t}{Q} = \frac{1}{\alpha_1 S} + \Sigma \frac{\ell}{k\,S} + \frac{1}{\alpha_2 S} \cong \frac{\ell_i}{k_i\,S}$$

donde a expressão 8.1.1:

$$\ell_i \cong \frac{k_i}{Q/S}\,\Delta t = \frac{k_i}{Q/S}\,(t_e - t_c)$$

onde:

$k_i = 0,03\ \text{kcal/mh}^{\circ}\text{C}$

$Q/S = 10\ \text{kcal/m}^2\,\text{h}$ (penetração dada)

t_e = temperatura externa, média das máximas de verão corrigida da instalação Tabelas 8.1.3 e 8.1.4)

t_c = temperatura da câmara.

As espessuras calculadas e a adotar, em duas camadas, multiplas de 2,5 cm, constam da Tabela 10.4.9.1.

Separação	S(m²)	t_e	$t_{câmara}$	Δt	ℓ_i (cm)	ℓ_i adotado (cm)
Câmara C_1						
Parede "N"	84	32,2	– 25	57,2	17,16	10 + 7,5
Parede "S"	84	32	– 25	57	17,10	10 + 7,5
Parede casa de máquinas	140	32	– 25	57	17,10	10 + 7,5
Parede divisória câmara C_3	140	32	– 25	57	17,10	5 + 5
Fôrro	240	38	– 25	63	18,90	10 + 10
Piso	240	32	– 25	57	17,10	10 + 7,5
Câmara C_2						
Parede "N"	84	32,2	0	32,2	9,66	5 + 5
Parede "S"	84	32	0	32	9,6	5 + 5
Parede "L"	140	35,5	0	35,5	10,65	7,5 + 5
Parede casa de máquinas	140	32	0	32	9,6	5 + 5
Fôrro	240	38	0	38	11,4	7,5 + 5
Piso	240	32	0	32	9,6	5 + 5
Câmara C_3						
Parede "N"	84	32,2	– 25	57,2	17,3	10 + 7,5
Parede "S"	84	32	– 25	57	17,1	10 + 7,5
Parede "O"	140	35,5	– 25	60.5	18,15	10 + 10
Parede divisória câmara C_1	140	32	– 25	57	17,1	5 + 5
Fôrro	240	38	– 25	63	18,9	10 + 10
Piso	240	32	–25	57	17,1	10 + 7,5

Tabela 10.4.9.1

10.4.10 – Cálculo da carga térmica de refrigeração

De acordo com o parágrafo 10.4.4.4, o cálculo da carga térmica de refrigeração das diversas câmaras do frigorífico em estudo, pode ser dividido nos seguintes itens:

Penetração dada pela expressão 9.3.2.

$$Q_{penetração} = KS\Delta t \ 24 \ horas \ kcal/dia$$

onde:

$$K\Delta t = \frac{Q}{S} = 10 \ kcal/m^2 h \ (tabela \ 8.1.5)$$

$$S = 240 + 240 + 64 \cdot 7 = 928 \ m^2 \quad (igual \ para \ todas \ as \ câmaras).$$

De modo que para cada uma das câmaras

$$Q_{penetração} = 10 \cdot 928 \cdot 24 = 222.720 \ kcal/dia$$

Infiltração dada pela expressão 9.3.3.

$$Q_{infiltração} = n \ V_{câmara} \ \gamma_{ar} \ \Delta H \ kcal/dia$$

onde:

$$n = \frac{V_E}{V_{câmara}} = f(V_{câmara}, t_{câmara}) \ (tabela \ 10.4.4.1)$$

$$\gamma_{ar} \ \Delta H \ (tabelas \ 10.4.4.2 \ e \ 10.4.4.3)$$

De modo que podemos calcular para cada câmara:

Câmara	$t_{câmara}$	$V_{câmara}$	n	$\gamma_{ar}\Delta H$	$Q_{infiltração}$
C_1	$-25°C$	$1680mm^3$	1,4	34,775	81791kcal/dia
C_2	$0°C$	$1680mm^3$	1,8	21,59	65288kcal/dia
C_3	$-25°C$	$1680mm^3$	1,4	34,775	81791kcal/dia

Tabela 10.4.10.1

Produto dado pela expressão 10.4.4.4, o qual para a câmara C_1, destinada ao recongelamento diário de 40 tons. de carne de boi de $-10°C$ a $-25°C$, assume o aspecto:

$$Q_{produto} = G \ C'(t_i - t_f) \ 24 \ horas \ kcal/dia$$

onde:

$$G kgf/h = \frac{40.000}{24}$$

$$C' = 0,4 \ kcal/kgf°C \ (tabela \ 10.4.4.4)$$

de modo que para a câmara C_1, teremos:

$$Q_{produto} = \frac{40.000}{24} \cdot 0,4 \ (-10 + 25) \ 24 =$$

$$= 240.000 \ kcal/dia$$

E, para a câmara C_2, destinada ao resfriamento diário de 20 tons. de maçãs de $+32°C$ a $0°C$, além da armazenagem de 280 tons. de mesmo produto, teremos igualmente:

$$Q_{produto} = GC(t_i - t_f) \ 24 \ horas \ kcal/dia$$

onde:

$$G = \frac{20.000}{24} \ kcal/h$$

$$C = 0,9 \ kcal/kgf°C \quad (tabela \ 10.4.4.4)$$

de modo que:

$$Q_{produto} = \frac{20.000}{24} \cdot 0,9 \ (32 - 0) \ 24 = 576.000 kcal/dia$$

Além do calor de resfriamento, na câmara C_2, deverá ser considerado o calor vital do produto, o qual de acordo com a Tabela 10.4.5, vale:

$$Q_{vital} = 300.000 \ kgf \cdot 0,26 \ kcal/kgf \ 24 \ h =$$

$$= 78.000 \ kcal/dia$$

Observação A câmara C_3, por ser uma câmara de pura armazenagem, não tem carga térmica devido ao produto.

Diversos

As parcelas de carga térmica de refrigeração reunidas neste item são devidas a: iluminação, lâmpadas germicidas, pessoas, empilhadeiras e motores – ventiladores dos UNIT COOLERS, a seguir detalhados:

$$Q_{iluminação} = 0,86 \ W\tau \ kcal/dia \ (equação \ 10.4.4.8)$$

onde:

$$W = 10 \ W/m^2 \cdot 240 \ m^2 = 2400 \ W \ (veja \ dados)$$

$$\tau = 4 \ h/dia \ (veja \ dados)$$

de modo que para qualquer uma das câmaras:

$$Q_{\text{iluminação}} = 0,86 \cdot 2400 \cdot 4 = 8256 \text{ kcal/dia}$$

$$Q_{\text{lamp. germicidas}} = 0,86 \, W\tau \text{ kcal/dia}$$
(equação 10.4.4.8)

onde:

$$W = 2 \, W/m^2 \cdot 240 = 480 \, W \text{ (veja dados)}$$

$$\tau = 24 \text{ h/dia}$$

de modo que para cada uma das câmaras teremos:

$$Q_{\text{lamp. germicidas}} = 0,86 \cdot 480 \cdot 24 =$$
$$= 9.907,2 \text{ kcal/dia}$$

$$Q_{\text{pessoas}} = n \, q \, \tau \text{ kcal/dia (equação 10.4.4.9)}$$

onde:

"$n\,\tau$" é o número de homens-hora em atividade por dia em cada câmara (veja dados);

"q" é a quantidade de calor liberada por cada homem-hora, a qual é função da temperatura da câmara (Tabela 10.4.4.9)

De modo que podemos calcular para cada câmara:

$$Q_{\text{empilhadeiras}} = \frac{P_{c.v.}}{\eta_{\text{motor}}} \, 632 \, \tau \text{ kcal/dia}$$

(equação 10.4.4.5)

Câmara	$t_{\text{câmara}}$	q	Mτ	Q_{pessoas}
C_1	$-25°C$	365	10	3650 kcal/dia
C_2	$0°C$	235	5	1175 kcal/dia
C_3	$-25°C$	365	5	1825 kcal/dia

Tabela 10.4.10.2

onde:

$$P_{c.v.} = 10 \text{ c.v. (veja dados)}$$

$$\eta_{\text{motor}} = 0,85 \text{ (tabela 10.4.4.7)}$$

$$\tau = 2 \text{ h/dia}$$

De modo que, para cada uma das câmaras de armazenagem (C_2, C_3) teremos:

$$Q_{\text{empilhadeiras}} = \frac{10}{0,85} \cdot 632 \cdot 2 = 14.870 \text{ kcal/dia}$$

$$Q_{\text{motor-ventilador}} = \frac{P_{c.v.}}{\eta_{\text{motor}}} \, 632 \, \tau \text{ kcal/dia}$$

(equação 10.4.4.5)

onde:

"$P_{c.v.}$" é a potência mecânica real absorvida pelo ventilador do UNIT COOLER;

"η_{motor}" é o rendimento do motor elétrico de acionamento (tabela 10.4.4.7);

"τ" é o número de horas de funcionamento por dia do equipamento (Fator de Funcionamento).

Observação: O cálculo da potência mecânica do ventilador, exige o dimensionamento prévio deste equipamento o que nos obriga a uma solução de interações sucessivas, já que a carga térmica de refrigeração é o ponto de partida para o cácculo do UNIT COOLER.

Como orientação inicial pode-se adotar uma potência mecânica de 0,5 a 1 c.v. por T.R.

Nestas condições (veja cálculo dos ÚNIT COOLERS) podemos registrar para cada câmara:

Câmara	τ	$P_{c.v.}$	η_{motor}	$Q_{\text{motor-ventilador}}$
C_1	16h	11,1	0,85	131.932
C_2	16h	30,0	0,85	348.560
C_3	16h	6,658	0,85	79.468

Tabela 10.4.10.3

A tabela que segue, relaciona todos os itens da carga térmica anteriormente calculados:

Idem	Câmara C_1	Câmara C_2	Câmara C_3
Penetração	222.720	222.720	222.720
Infiltração	81.791	65.288	81.791
Produto	240.000	576.000	–
Calor vital	–	78.000	–
Iluminação	8.256	8.256	8.256
Lâmpadas germicidas	9.907	9.907	9.907
Pessoas	3.650	1.175	1.825
Empilhadeiras	–	14.870	14.870
Motores-ventiladores	131.932	348.560	79.468
Total kcal/dia	698.256	1.324.776	418.837
Total fg/h	43.641	82.798	26.177
Total TR	14,43	27,38	8,65

Tabela 10.4.10.4

10.4.11 – Escolha do ciclo de refrigeração

De acordo com os dados iniciais, o fluido frigorígeno a adotar será a amônia e o ciclo o de compressão por estágios, com expansão fracionada e degelo por gás quente.

Arbitrando-se por outro lado, para um bom rendimento, as diferenças de temperaturas em jogo no condensador, que será um *Shell and tube vertical*, funcionando com água do rio em circuito aberto:

temperatura da água de entrada "t_e" = = TTU = 25,5°C;

temperatura da água de saída "t_s" = t_e + + (5 a 10) = 31°C;

temperatura de condensação "t_c" = t_s + + (2 a 4) = 34°C.

Lembrando as temperaturas de evaporação já calculadas previamente no dimensionamento dos UNIT COOLERS

$$t_{E_1} = -33,967°C \quad (-34°C)$$
$$t_{E_2} = -6,189°C \quad (-6,2°C)$$
$$t_{E_3}{}' = -33,97°C \quad (-34°C)$$

E, considerando uma queda de temperatura de 1°C para entreter as perdas de carga tanto na descarga como na sucção dos compressores, podemos selecionar as seguintes temperaturas de funcionamento do ciclo:

compressor de baixa −35°C/−5°C;
compressor de alta −7°C/+35°C.

donde o ciclo de refrigeração representado no diagrama TS da Figura 10.4.11.1.

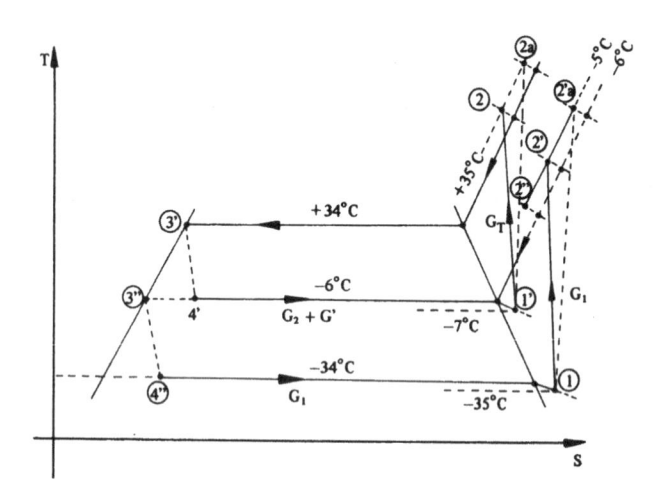

Figura 10.4.11.1

onde:

$$H_1 = 290,4 \text{ kcal/kgf}$$
$$H_2{}' = 337,6 \text{ kcal/kgf}$$
$$H_1{}' = 299,6 \text{ kcal/kgf}$$
$$H_2 = 350,7 \text{ kcal/kgf}$$
$$H_3 = H_3{}' = H_4{}' = 38,5 \text{ kcal/kgf (sem subresfriamento)}$$
$$H_3{}'' = H_4{}'' = -6,5 \text{ kcal/kgf}$$

$$H_{2a} = H_1{}' + \frac{H_2 - H_1{}'}{\eta_a} = 299,6 + \frac{350,7 - 299,6}{0,9} =$$
$$= 356,38 \text{ kcal/kgf}$$

$$H_2{}'a = H_1 + \frac{H_2{}' - H_1}{\eta_a} = 290,4 + \frac{337,6 - 290,4}{0,9} =$$
$$= 342,84 \text{ kcal/kgf}$$

Como a descarga do compressor de baixa (ponto 2a') verifica-se a uma temperatura de 76°C (veja diagrama TS do NH_3), é interessante arrefece-la até uma temperatura de 30°C (ponto 2") por meio da água ambiente, antes de colocá-la no intercambiador intermediário, de modo que:

$$H_2{}'' = 318,7 \text{ kcal/kgf}$$

O esquema geral da instalação, correspondente ao ciclo de refrigeração em estudo, esta representado na Figura 10.4.11.2, enquanto que a disposição dos equipamentos aparece na planta e perspectiva anexas.

Baseado nas potências frigoríficas calculadas para os diversos níveis de temperatura (evaporadores):

$$E_1 \ (-34^\circ C) \to P_{f_1} = 69.818 \ fg/h$$

$$E_2 \ (-,6^\circ C) \to P_{f_2} = 82.798 \ fg/h$$

podemos calcular [8]

$$G_1 \doteq \frac{P_{f_1}}{H_1 - H_4{}''} = \frac{69.818}{290,4 + 6,5} = 235,156 \ kgf/h$$

$$G_2 = \frac{P_{f_2}}{H_1{}' - H_4{}'} = \frac{82.798}{299,6 - 38,5} = 317,112 \ kgf/h$$

$$G'(H_1{}' - H_4{}') = G_1(H_2{}'' - H_1{}') + G_1(H_4{}' - H_3{}'')$$

$$G' = \frac{235,156 \ (318,7 - 299,6) + 235,156 \ (38,5 + 6,5)}{299,6 - 38,5} =$$

$$= 57,731 \ kgf/h$$

$$G_T = G_1 + G_2 + G' = 235,156 + 317,112 +$$

$$+ 57,731 = 610,00 \ kgf/h$$

ou ainda:

$$g_1 = \frac{G_1}{G_T} = \frac{H_1{}' - H_4{}'}{(H_2{}'' - H_3{}'') + \dfrac{P_{f_2}}{P_{f_1}} (H_1 - H_4{}'')} =$$

$$= \frac{299,6 - 38,5}{(318,7 + 6,5) + \dfrac{82798}{69818} (290,4 + 6,5)} = 0,385$$

$$g_2 = \frac{G_2}{G_T} = \frac{H_1 - H_4{}''}{(H_1 - H_4{}'') + \dfrac{P_{f_1}}{P_{f_2}} (H_2{}'' - H_3{}'')} =$$

$$= \frac{299,4 + 6,5}{(290,4 + 6,5) + \dfrac{69818}{82798} (318,7 + 6,5)} = 0,52$$

$$g' = \frac{G'}{G_T} = \frac{(H_2{}'' - H_3{}'') - (H_1{}' - H_4{}')}{\dfrac{P_{f_2}}{P_{f_1}} (H_1 - H_4{}'') + (H_2{}'' - H_3{}'')} =$$

$$= \frac{(318,7 + 6,5) - (299,6 - 38,5)}{\dfrac{82798}{69818} (290,4 + 6,5) + (318,7 + 6,5)} = 0,095$$

valores estes que conferem exatamente com os anteriores.

donde:

A potência mecânica do compressor de baixa.

$$P_{mB} = \frac{G_1 \ AL_{mB}}{632\eta_m} = \frac{G_1 \ (H_2{}'a - H_1)}{632\eta_m} =$$

$$= \frac{235,156 \ (342,84 - 290,4)}{632 \cdot 0,9} = 21,68 \ c.v.$$

A potência mecânica do compressor de alta

$$P_{mA} = \frac{G_T \ AL_{mA}}{632\eta_m} = \frac{G_T \ (H_2a - H_1{}')}{632\eta_m} =$$

$$= \frac{610 \ (356,38 - 299,6)}{632 \cdot 0,9} = 60,89 \ c.v.$$

A potência calorífica a dissipar no condensador:

$$P_c = G_T Q_c = G_T \ (H_2a - H_3{}') =$$

$$= 610 \ (356,38 - 38,5) = 193906,8 \ kcal/h$$

A potência calorífica a dissipar no arrefecedor situado na descarga do compressor de baixa

$$P_c{}' = G_1 Q_c{}' = G_1 \ (H_2{}'a - H_2{}'') =$$

$$= 235,156 \ (342,84 - 318,7) = 5676,67 \ kcal/h$$

valores estes que verificam o balanço energético

$$Q_{E1} + Q_{E2} + AL_{mB} + AL_{mA} \equiv Q_c + Q_c{}'$$

isto é:

$$P_{f_1} + P_{f_2} + P_{m_B} \ 632\eta_m + P_{m_A} \ 632\eta_m \equiv P_c + P_c{}'$$

$$69.818 + 82798 + 21,68 \cdot 632 \cdot 0,9 +$$

$$+ 60,89 \cdot 632 \cdot 0,9 \equiv 193.906,8 + 5,676,67$$

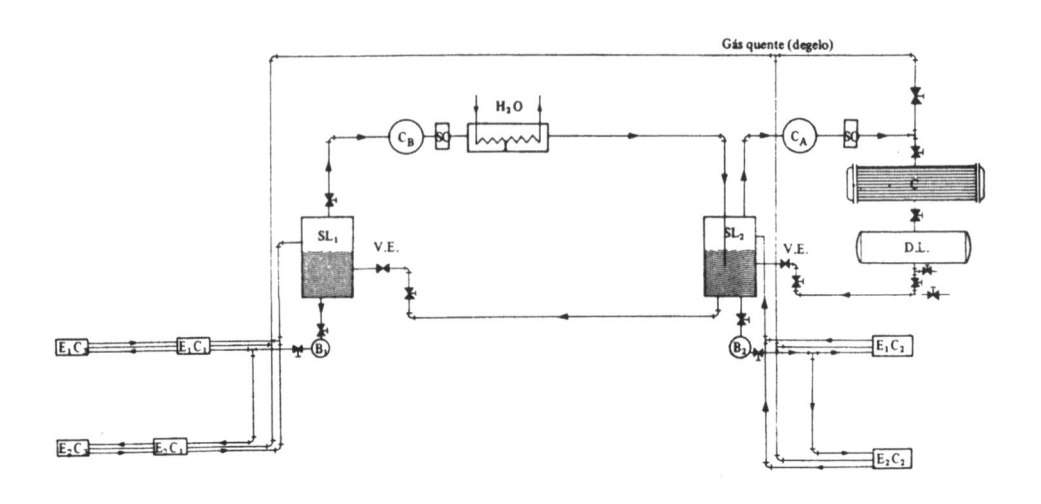

Figura 10.4.11.2

10.4.12 – Cálculo dos Equipamentos

10.4.12.1 – Resfriadores

Os resfriadores serão do tipo UNIT COOLERS,[8] com serpentinas aletadas MADEF de 25 mm de diâmetro externo, com aletas espaçadas de 10 mm ($t_c < 0°C$), cujas características construtivas são:

$$D_1 = 0,019 \text{ m}$$
$$D_2 = 0,025 \text{ m}$$
$$\Omega_f = 1 \text{ m}^2$$
$$\Omega_o = 0,49 \text{ m}^2$$
$$L = 18,2 \text{ m/fileira}$$
$$S_1 = 1,086 \text{ m}^2\text{/fileira}$$
$$S_p = 1,425 \text{ m}^2\text{/fileira}$$
$$S_a = 6,98 \text{ m}^2\text{/fileira}$$
$$S_{total} = 8,405 \text{ m}^2\text{/fileira}$$

As quais para uma velocidade de face de 3 m/s com 10 fileiras, nos fornecem um F_{BP} igual a 0,27.[8]

Baseado nas condições de funcionamento das câmaras:

$$t_c$$
$$\varphi_o \text{ (tabela 9.12.1)}$$

e, nas características das cargas térmicas das mesmas:

$$P_f$$
$$\text{F.C.S (tabela 10.4.4.6)}$$
$$Q_s = \text{F.C.S.} \cdot P_f$$
$$Q_L = P_f - Q_s$$

Podemos calcular o ponto de orvalho "t_o" em que deve funcionar a serpentina (veja carta Psicométrica).

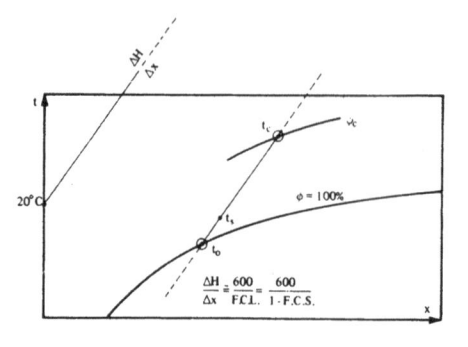

Figura 10.4.12.1.1

PERSPECTIVA DAS INSTALAÇÕES

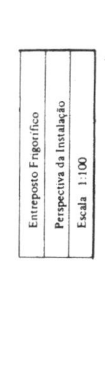

	Descarga
	Sucção
	Líquido
	Degelo

Entreposto Frigorífico
Perspectiva da Instalação
Escala 1:100

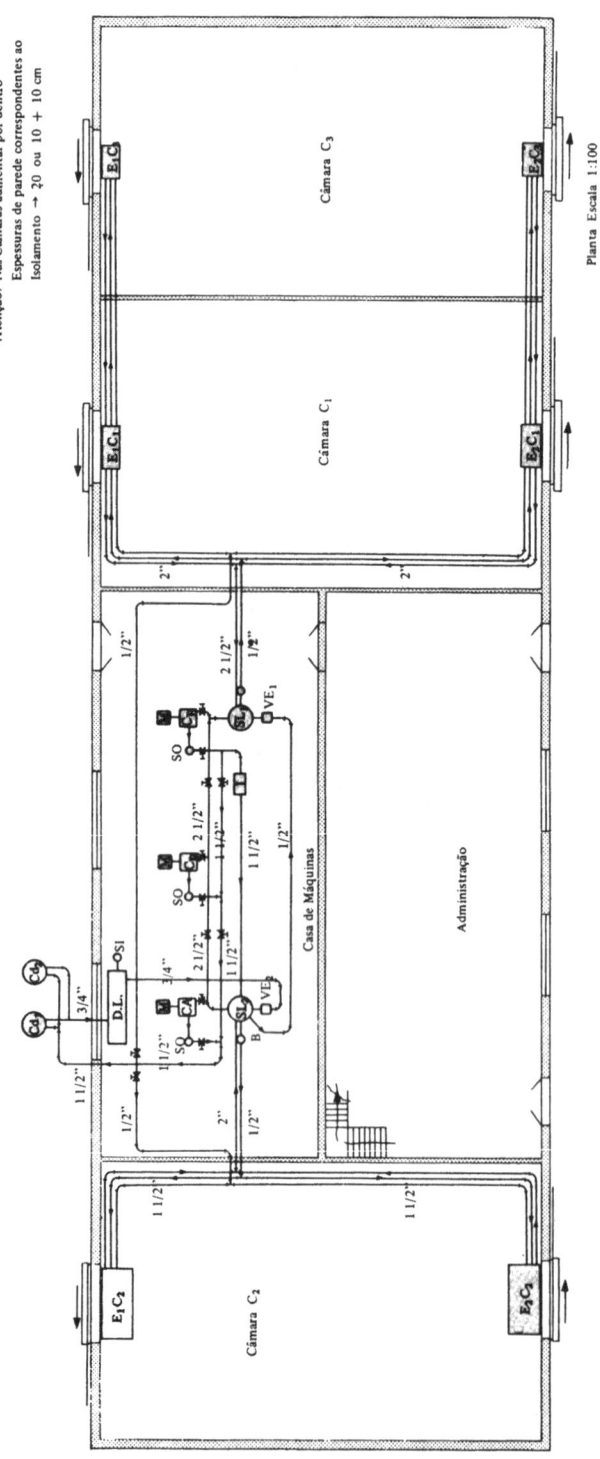

A seguir podemos calcular:

— as temperaturas de saída do ar das serpentinas "t_s"

$$F_{BP} = \frac{t_s - t_o}{t_c - t_o}$$

$$t_s = t_o + F_{BP}(t_c - t_o)$$

— os volumes de ar em circulação

$$V_i = \frac{Q_s}{\gamma C_p (t_c - t_s)}$$

onde:

$$\gamma = \gamma_o \frac{T_o}{T_s} \frac{p}{p_o} = \frac{1,293 \cdot 273}{273 + t_s}$$

— as secções de face a adotar para as serpentinas

$$\Omega_f = \frac{V_i}{3600\, C_f} = \frac{V_i}{3600 \cdot 3}$$

— a perda de carga nos circuítos do ar

$$\Delta_{pt} = J_{entrada} + J_{serpentina} + J_{descarga}$$

onde:

$$J_{entrada} = \lambda_1 \frac{C_c^2}{2g} \gamma = 2 \frac{4^2}{2g} \gamma = 1,63\, \gamma\, mmH_2O$$

$$J_{serpentina} = 0,4\, \eta\, C_f^2 = 36\, mm\, H_2O$$

$$J_{descarga} = \frac{C_d^2}{2g} \gamma = \frac{10^2}{2g} \gamma = 5,1\, \gamma\, mm\, H_2O$$

As potências mecânicas dos ventiladores

$$P_m = \frac{V_i \Delta pt}{3600 \cdot 75 \cdot \eta_{vent.}} \cong \frac{V_i \cdot \Delta pt}{3600 \cdot 75 \cdot 0,5} =$$

$$= \frac{V_i \cdot \Delta pt}{135.000}\, c.v.$$

As potências elétricas dos motores de acionamento dos ventiladores.

$$P_{elétrica} = \frac{P_m}{\eta_m} = \frac{P_m}{0,85}\, c.v.$$

onde "η_m" vale 0,85 (veja Tabela 10.4.4.7)

A temperatura de evaporação por sua vez nos é dada, a partir da expressão da resistência térmica entre a superfície externa da serpentina e a amônia:

$$Rt = \frac{t_o - t_E}{P_f} = \frac{\ell_{gelo}}{k_{gelo} S_{mgelo}} + \frac{\ell_{ferro}}{k_{ferro} S_{mferro}} +$$

$$+ \frac{1}{\alpha_{NH_3} \cdot S_1}$$

onde:

$$k_{gelo} = 1,9\, kcal/mh^{\circ}C$$

$$k_{ferro} = 50\, kcal/mh^{\circ}C$$

$$\alpha_{NH_3} = 6,434 \left(\frac{P_f}{S_1}\right)^{0,7} = 495,4\, \Delta t^{2,333}$$

$$\ell_{ferro} = 0,003\, m$$

$$\ell_{gelo} = 0,006\, m$$

$$S_1 = \pi D_1\, Ln\, \Omega_f = 1,086 n\, \Omega_f$$

$$S_{mferro} = \pi D Ln \Omega_f = \pi \cdot 0,022 \cdot 18,2 n \Omega_f = $$

$$= 1,258 n \Omega_f$$

$$S_{mgelo} = \pi D Ln \Omega_f = \pi \cdot 0,031 \cdot 18,2 n \Omega_f = $$

$$= 1,772 n \Omega_f$$

Todos os valores calculados de acordo com a orientação apresentada, estão registrados na Tabela 10.4.12.1.1.

As superfícies totais das serpentinas:

$$S_{total} = S_2 n \Omega_f = 8,405 \cdot n\, \Omega_f$$

que aí aparecem nos permite caracterizar a área global de transmissão de calor, em contato com o ar, adotada por cada tonelada de refrigeração.

Observação: As potências mecânicas achadas para os ventiladores devem ser incluídas nas cargas térmicas das diversas câmaras, razão pela qual, esta tabela foi recalculada para as novas potências frigoríficas que daí decorrem.

Baseado nos valores calculados e, adotando 2 resfriadores para cada câmara, podemos relacionar para os mesmos, as seguintes características construtivas (v. Figura 10.4.12.1.1).

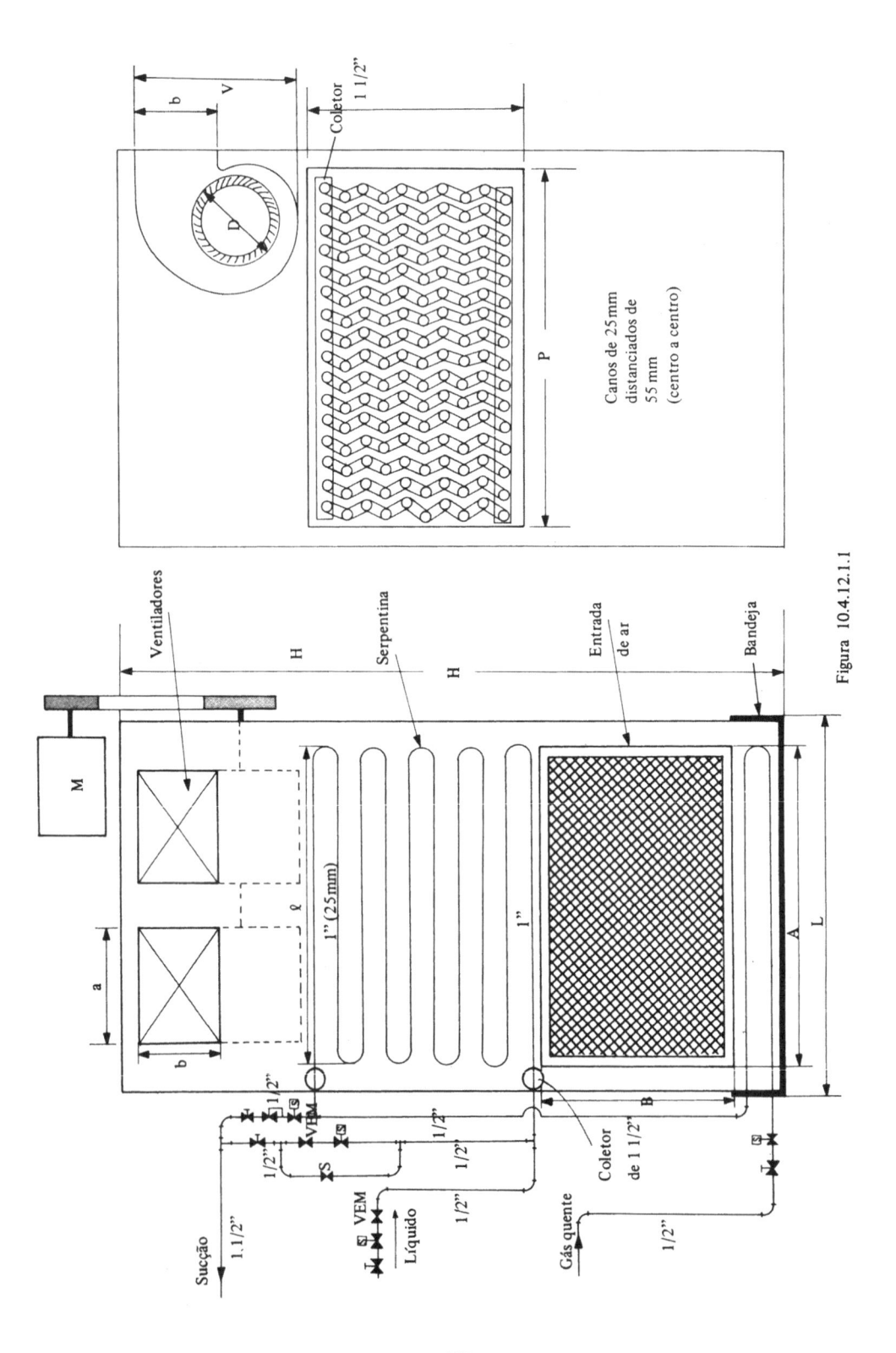

Figura 10.4.12.1.1

	C_1	C_2	C_3
t_C	$-25^\circ C$	$0^\circ C$	$-25^\circ C$
φ_C	90%	85%	90%
FCL	0,05	0,20	0,05
FCS	0,95	0,80	0,95
P_f (TR)	14,43	27,38	8,65
P_f (fg/h)	43.641	82.798	26.177
Q_S (fg/h)	41.459	66.238	24.868
Q_L (fg/h)	2.182	16.560	1.309
t_O	$-30^\circ C$	$-3,2^\circ C$	$-30^\circ C$
n	10	10	10
C_f (m/s)	3	3	3
F_{BP}	0,27	0,27	0,27
t_S	$-28,65$	$-2,34$	$-28,65$
γ	1,444	1,304	1,444
V_i (m^3/h)	32.775	90.449	19.659
Ω_f (m^2)	3,035	8,37	1,82
$J_{serpentina}$ (mmH_2O)	36	36	36
$J_{entrada\ do\ ar}$ (")	2,36	2,13	2,36
$J_{saída}$ (")	7,36	6,65	7,36
Δ_{pt}	45,72	44,78	45,72
P_m ventilador	11,1 c.v.	30 c.v.	6.658 c.v.
$P_{elétrica\ total}$	13,06 c.v.	35,29 c.v.	7,83 c.v.
α_{NH_3} kcal/m^2h$^\circ$C	985,868	758,77	986,047
$t_E\ ^\circ C$	$-33,967$	$-6,189$	$-33,97$
S_{total} m^2	254,94 m^2	703,08	152,88
ST/pf m^2/TR	17,6	25,6	17,7

Tabela 10.4.12.1.1

Câmara	C_1	C_2	C_3
Quantidade	2	2	2
Motor	7,5 c.v.	20 c.v.	4 c.v.
P_f	7,21 TR	13,69 TR	4,32 TR
V_i	4,55 m^3/h	12,5 m^3/h	2,73 m^3/h
Ω_f	1.517 m^2	4,18 m^2	0,91 m^2
n	10	10	10
Diâmetro rotores "D"	40cm	65cm	30cm
Altura ventiladores "V"	80cm	130cm	60cm
Bocas de descarga "a x b"	60 x 40cm	95 x 65cm	45 x 30cm
Largura total "L"	180cm	285cm	135cm
Face serpentina "ℓ x p"	170 x 90cm	275 x 150cm	120 x 75cm
Altura serpentina "h"	55cm	55cm	55cm
Tomada de ar "A x B"	170 x 67cm	275 x 114cm	120 x 57cm
Altura total "H"	232cm	339cm	207cm
N.º circuitos	16	28	14
q kcal/hcm²	470	510	320

Tabela 10.4.12.1.2

onde:

— os ventiladores em número de 2, de dupla aspiração, do tipo SIROCO, para uma velocidade de 10 m/s, tem seu diâmetro dado pela expressão:

$$\frac{V_i}{4} = 10\ \frac{\pi D^2}{4}$$

(arredondado para um multiplo de 5 cm)

A altura dos ventiladores é aproximadamente igual a 2 vezes o seu diâmetro.

A boca de descarga igualmente, para garantir uma velocidade de 10 m/s nos é dada aproximadamente por: 1,5 D X D.

A tomada de ar que abrange toda a largura da serpentina foi calculada para uma velocidade de 4 m/s.

As demais dimensões resultam de uma disposição geométrica adequada.

Quanto ao número de circuitos do fluido frigorígeno (entrada de NH_3), em se tratando de evaporadores tipo inundado, embora o valor de "q" se torne inferior aos recomendados, [8]

$$q = 1250\ a\ 2500\ fg/hcm^2$$

é preferível adotar o número de tubos de cada camada horizontal, afim de facilitar a separação do vapor formado:

$$n = \frac{\text{Profundidade da serpentina}}{5,5\ cm}$$

Nestas condições, lembrando que cada tubo tem uma secção de 2,9 cm^2, obteremos valores de $q = P_f$ fg/h/2,9n, da ordem de 500 fg/hcm² (veja tabela).

10.4.12.2 – Condensadores

Os condensadores em número de 2, para uma mais fácil manutenção, serão do tipo *Shell and tube vertical* e, devem obedecer os dados adotados na caracterização do ciclo de refrigeração:

$t_e = 25,5^\circ C$
$t_s = 31^\circ C$
$t_c = 34^\circ C$
$P_c = 193.906,8$ kcal/h

O cálculo da área necessária é feito a partir da expressão da transmissão de calor:

$$Q = KS\Delta t$$

onde:

$$S = n \, \pi \, D \, H$$

$$\Delta t = \frac{(t_c - t_e) - (t_c - t_s)}{\ell_n \dfrac{t_c - t_e}{t_c - t_s}} = 5,28°C$$

de modo que fazendo:

$$D = 2" = 0,0508 \text{ m}$$
$$H = 3 \text{ m}$$
$$Q = \frac{193.906,8}{2} = 96.953,4 \text{ kcal/h (para cada condensador)}$$

obtemos:

$$nK = \frac{Q}{\pi DH\Delta t} = \frac{96.953,4}{\pi \cdot 0,0508 \cdot 3 \cdot 5,28} = 38352,6$$

e, lembrando que:

$$V\ell/min. = \frac{Q}{60 \, (t_s - t_e)} = \frac{96.953,4}{60 \cdot 5,5} = 293,8 \, \ell/min.$$

$$V\ell/min. \text{ tubo } 2" = \frac{V\ell/min.}{n}$$

$$K = f \, (V\ell/min. \text{ tubo } 2")[8]$$

Podemos elaborar a planilha de cálculo direto abaixo:

n	Vℓ/min tubo 2"	Kkcal/m²h°C	nK
40	7,35	1.032	41.280
38	7,73	1.048,4	39.839
36	8,16	1.064,4	38.318
34	8,64	1.077,6	36.638
32	9,18	1.092,5	34.960
30	9,80	1.109,5	33.285

Tabela 10.4.12.2.1

Adotaremos portanto n = 37 e, o diâmetro externo do *Shell* pode ser fixado pela expressão:

$$n \cdot (1,5 \, D_e)^2 \cong \frac{\pi\phi^2}{4}$$

$$\boxed{\phi \cong 3D_e \sqrt{\frac{n}{\pi}}}$$

onde sendo $D_e = 5,7$ cm, obtemos $\phi = 58,7$ cm

A água de condensação será movimentada por meio de canalizações de:

$$\Omega = \frac{V m^3/s}{C m/s} = \frac{293,8}{60.000 \cdot 2} = 0,00236 \text{ m}^2$$

isto é:

$$D = 0,055 \text{ m} \quad (2")$$

A bomba adotada terá uma altura manométrica de,

$$H_{manométrica} =, H + \frac{i \, L}{\gamma}$$

onde fazendo:

$$H = 8 \text{ m}$$
$$L = 25 \text{ m}$$
$$i = 120 \text{ kfg/m}^2 \text{ m} \quad [7]$$

obtemos:

$$H_{manométrica} = 8 + \frac{120 \cdot 25}{1000} = 11 \text{ m}$$

donde a potência mecânica de acionamento:

$$P_m = \frac{G \, H_{manométrica}}{75 \cdot \eta_{bomba}} = \frac{293,8 \cdot 11m}{60 \cdot 75 \cdot 0,7} = 0,99 \text{ c.v.}$$

isto é as bombas em número de 2 terão as seguintes características:

$$V = 293,8 \, \ell/min.$$
$$H_{total} = 11 \text{ m}$$
$$P_m = 1 \text{ c.v.}$$

Canalizações − 2"

O arrefecedor situado na descarga do compressor de baixa, que tem as seguintes características:

$$P_c' = 5676,67 \text{ kcal/h}$$
$$t_i = 76°C$$
$$t_f = 30°C$$
$$t_{e_{H_2O}} = 25,5°C$$
$$t_{s_{H_2O}} = 28,5°C$$

seria um intercambiador tipo *Shell and tube horizontal* com circulação de 1,892 m³/h de água pelos tubos (1 m/s) e o gás quente por chicanas externas (20 m/s), de tal forma que fazendo:

$$\Delta t \cong 53 - 27 = 26°C$$

$$K \cong 100 \ kcal/m^2 h °C \quad [8]$$

Tubos de 13 X 19 mm

Podemos calcular:

$$S = 2,18 \ m^2 \ \text{(de superfície externa)}$$

$$L = \frac{S}{\pi D_e} = 36,5 \ m$$

Tubos estes que, dispostos em 4 circuitos paralelos (para garantir uma velocidade da água de 1 m/s) e, 5 passagens, dariam em intercambiadores de 1,825 m de comprimento util e 0,2 m de diâmetro.

Adotando-se tubos aletados este tamanho poderia ser grandemente reduzido.

10.4.12.3 – Compressores

Baseado nos dados já calculados na escolha do ciclo de refrigeração:

Compressores de baixa:
temperaturas $-5°C/-35°C$

$$G_1 = G_B = 235,156 \ kgf/h$$

$$P_{m_B} = 21,68 \ c.v.$$

Compressor de alta
Temperaturas $+35°C/-7°C$

$$G_T = G_A = 610 \ kgf/h$$

$$P_{m_A} = 60,89 \ c.v.$$

e, na expressão da capacidade de compressor

$$\boxed{G = a \ V_c \ \gamma_1 \ \eta_g \ N \ 60 \ kgf/h}$$

onde: [8]

$$\eta_g = \left[1 + \xi - \xi \left(\frac{p_2}{p_1} \right)^{\frac{1}{n}} \right] \frac{T_1}{T_a} f$$

podemos relacionar os seguintes valores que obedecem a nomenclatura da Figura 10.4.11.1.

Grandeza	Compressor de baixa	Compressor de alta	Observações
t_1	$-35°C$		veja ciclo
t_{2a}	$-5°C$		veja ciclo
t'_1		$-7°C$	veja ciclo
t_{2a}		$+35°C$	veja ciclo
P_1	0,95 kgf/cm²		vapor saturado de NH_3
P'_{2a}	3,62 kgf/cm²		vapor saturado de NH_3
P'_1		3,36 kgf/cm²	vapor saturado de NH_3
P_{2a}		13,77 kgf/cm²	vapor saturado de NH_3
P_1 corrigido	0,93 kgf/cm²		-2% na sucção
P'_{2a} corrigido	3,69 kgf/cm²		$+2\%$ na descarga
P'_1 corrigido		3,29 kgf/cm²	-2% na sucção
P_{2a} corrigido		14,05 kgf/cm²	$+2\%$ na descarga
γ_1	0,77 kgf/m³		diagrama TS do NH_3
γ_1'		2,63 kgf/m³	diagrama TS do NH_3
ξ	0,02	0,02	veja dados iniciais
$T_1/T_a/f$	0,93	0,93	veja dados iniciais
n	1,3	1,3	características do NH_3
η_g	0,895	0,892	
$aV_c N$	5,687	4,33	

Tabela 10.4.12.2.2

Nestas condições, considerando os dados iniciais a respeito dos compressores e, adotando o compressor de maior tamanho, isto é:

$$V_c = \frac{\pi D^2}{4} L = \frac{\pi \cdot 0,16^2}{4} \cdot 0,11 = 0,0022 \ m^3$$

Podemos selecionar, para evitar ultrapassar 750 RPM, as seguintes soluções:

Compressor	L	D	Vc	a	N_{RPM}
Baixa	110mm	160mm	0,0023m³	4	646
	110mm	160mm	0,0023m³	6	431
Alta	110mm	160mm	0,0023m³	3	656
	110mm	160mm	0,0023m³	4	492

Tabela 10.4.12.3.1

Das quais, por comodidade de manutenção de um compressor de reserva, adotaremos o de 4 cilindros tanto para a baixa como para a alta.

10.4.12.4 – Valvulas de expansão

As válvulas de expansão são calculadas pela expressão: [8]

$$\boxed{G_h = 3600 \ \mu \ \Omega \ c \ \gamma \ kgf/h}$$

onde:

$$\mu = 0,96 \ \text{(paredes grossas com arestas vivas)}$$

$$\Omega = \frac{\pi D^2}{4}$$

$$c = 91,53 \sqrt{\Delta H}$$

"ΔH" é a variação de entalpia numa expansão suposta isentrópica, desde a pressão de entrada na válvula até a pressão crítica, a qual vale aproximadamente:

$$P_{crítica} \cong 0,5\ P_{entrada}$$

"γ" é o peso específico correspondente a estas condições críticas.

De modo que, podemos relacionar:

Grandeza	Válvula de expansão n.º2	Válvula de expansão n.º1	Observações
G_h	610 kgf/h	235,156 kgf/h	
p'_3	13,39 kgf/cm^2	– x –	$t'_3 \approx +34^{\circ}$C
p_3"	– x –	3,49 kgf/cm^2	t_3" = –6°C
$P_{crítica}$	⌐ 6,695 kgf/cm^2	⌐ 1,745 kgf/cm^2	
$t_{crítica}$	+ 11,85°C	–22,5°C	vapor saturado de NH$_3$
$\gamma_{crítica}$	54,347 kgf/m^3	17,09 kgf/m^3	diagrama TS do NH$_3$
H_3'	38,5 kcal/kgf	– x –	diagrama TS do NH$_3$
H_3"	– x –	–6,5 kcal/kgf	diagrama TS do NH$_3$
$H_{crítica}$	37,0 kcal/kgf	–7,2 kcal/kgf	diagrama TS do NH$_3$
c	112,1 m/s	76,579 m/s	
Ω	0,00002897 m^2	0,00005199 m^2	
D	6,073 mm	8,136 mm	

Tabela 10.4.12.4.1

10.4.12.5 – Canalizações de NH$_3$

O cálculo de todas as canalizações de AMÔNIA, esta registrado na Tabela 10.4.12.5.1, onde:

– as linhas de descarga, sucção e de líquido, com circulação a custa da pressão do próprio sistema, foram dimensionadas para as descargas já calculadas, considerando-se uma perda de carga máxima igual a uma diferença de pressão de saturação correspondente a 1,1°C;

– as velocidades assim obtidas foram ainda comparadas com as velocidades máximas recomendadas, adotando-se a menor delas;

– as linhas de alimentação dos evaporadores cuja circulação é por bomba, foram dimensionadas para o dobro das descargas já calculadas (sistema de recirculação), adotando-se a velocidade limite de 1,25 m/s e, calculando-se a perda de carga correspondente;

– as linhas de retorno dos evaporadores, por sua vez, foram dimensionadas junto com as linhas de sucção (Δp$_{1,1}$$^{\circ}$C) adotando-se a descarga normal (vapor) e, desprezando-se a fração de líquido que devido a recirculação passa em igual peso pela mesma.

Trecho	G kgf/h	t°C	P kgf/cm^2	γ kgf/m^3	Δp1°C	L_{em}	i	iγ	D	$C_{calculado}$	$C_{recalculado}$	$C_{adotado}$	$D_{adotado}$
$C_A - C_d$	610	+35	13,77	7,75	4.350	24	181,25	1 1/2"	18,3	15–30	18,3	1 1/2"	
$C_d - D$	610	+34	13,40	589,04	4.290	5	147,93	87,136	5/8"		1,46	0,5–1,25	1,014	3/4"
$D - SL_2$	610	+34	13,40	589,04		24							
$SL_2 - C_A$	610	–7	3,36	2,63	1.439	5	71,95	189	2"	31,78	15–25	25	2 1/2"
$C_B - SL_2$	235,156	–5	3,39	2,174	1.554	30	51,8	112,6	1 1/2"	26,5	15–30	26,5	1 1/2"
$SL_2 - SL_1$	"	–6	3,49	646,64	1.430	34	42,06	27,198	1/2"	0,79	0,5–1,25	0,79	1/2"
$SL_1 - C_B$	"	–35	0,95	0,77	535,7/2	5	26,78	20,62	2"	41,85	15–25	25	2 1/2"
SL_2 – ramificação	2 x 317,112	–6	3,49	646,64	2.505	18	139,18	90.000	5/8	– x –	0,5 1,25	1,25	5/8" (0,0166)
Ramificação – E_1C_2	2 x 158,55	"	"	"	128,75	12	107,48	69.500	1/2	– x –	"	1,25	1/2" (0,0117)
Ramificação – E_2C_2	2 x "	"	"	"	2149,6	20	107,48	69.500	1/2"	– x –	"	1,25	1/2 "
E_1C_2 – ramificação	158,55	"	"	2,784	715–338	12	31,42	1 1/2"	13,87	15–25	15	1 1/2"	
E_2C_2 – ramificação	"	"	"	"	1430/2	20	18,81	52,36	1 1/2"	13,87	"	15	1 1/2"
Ramificação – SL_2	317,112	"	"	"		18			2"	15,61	"	15,61	2"
SL_1 – ramificação	2 x 235,156	–34	1,004	682,5	1186,74	18	65,93	45.00	5/8"	– x –	0,5–1,25	1,25	5/8"
Ramificação – E_1C_1	2 x 117,58	"	"	"	3516,5	12	293,04	200.000	3/8"	– x –	"	1,25	1/2"
$E_1C_1 - E_1C_3$	2 x 44,084	"	"	"	5274,7	18	293,04	200.000	1/4"	– x –	"	1,25	1/2"
Ramificação – E_2C_1	2 x 117,58	"	"	"	5860,8	20	293,04	200.000	3/3"	– x –	"	1,25	1/2"
$E_2C_1 - E_2C_3$	2 x 44,084	"	"	"	5274.7	18	293,04	200.000	1/4"	– x –	"	1,25	1/2"
$E_2C_3 - E_2C_1$	44,084	"	"	0,866	294–110	18	4,84	4.19	1 1/2"	12,42	15–25	15	1 1/2"
E_2C_1 – ramificação	117,58	"	"	"		20			2"	18,6	"	18,6	2"
$E_1C_3 - E_1C_1$	44,084	"	"	"		18			1 1/2"	12,4	"	15	1 1/2"
E_1C_1 – ramificação	117,58	"	"	"	588/2	12	6,125	5,3	2"	18,6	"	18,6	2"
Ramificação – SL_1	235,157	"	"	"		18			2 1/2"	23,9	"	23,8	2 1/2"
Degelo (alimentação)						160							1/2"

Tabela 10.4.12.5.2

De acordo com a orientação dada no Tomo I Seção III-18, os cálculos obedecem a seguinte ordem: [8]

G kgf/h – ciclo de refrigeração

t, p, γ – características do NH_3 dadas em tabela de vapor saturado ou diagrama TS

$\Delta p_{1,1\,°C}$ – tabela de vapor saturado do NH_3

Le_m – comprimento equivalente das canalizações tirado da planta (perspectiva) e adicionado de 20% para atender os acessórios

$$i = \frac{\Delta p_{1,1\,°C}}{Le} - \text{perda de carga unitária em kgf/m}^2\,\text{m}$$

$$D = f(G, i\gamma) - \text{diagrama} \quad [8]$$

$$c_{\text{calculado}} = \frac{G\,\text{kgf/h}}{3600\,\dfrac{\pi D^2}{4}\,\gamma}$$

$$c_{\text{recomendado}} - \text{tabela} \quad [8]$$

10.4.12.6 – Separadores de líquido SL_1 e SL_2

Os separadores de líquido, para evitar simplesmente o arraste de líquido, estando as válvulas de expansão ligadas na baixa, podem ser dimensionadas como segue:

diâmetro = 10 · diâmetro canalização de sucção

altura = 2 · diâmetro

de modo que teremos:

Grandezas	SL_1	SL_2
Diâmetro sucção	2½"	2½"
Diâmetro separador	65cm	65cm
Altura separador	130cm	130cm

Tabela 10.4.12.6.1

As bombas de NH_3 ligadas aos separadores de líquido, deverão ter capacidade para bombear todo o NH_3, mesmo o de recirculação, através das linhas de alimentação.

Para isto, as mesmas devem apresentar as seguintes características:

Grandezas	Bomba SL_1	Bomba SL_2
G kgf/h	470,3	634,22
Desnível	5	5
$J_{\text{canalização}}$ kgf/m^2	12.321,84	4.654,6
$\gamma_{\text{líquido}}$ kgf/m^3	682,5	646,64
$H_{\text{total}} = H + J/\gamma$ m	23,1	12,3
Pm c.v.	0,058	0,042

Tabela 10.4.12.6.2

10.4.12.7 – Depósito de líquido

O depósito de NH_3 líquido ficará localizado próximo aos condensadores e, deverá ter capacidade, com folga de 30% para armazenar toda a Amônia da instalação.

Para isto todo peso de NH_3 contido na instalação deverá ser avaliado e calculado o seu volume quando líquido a 34°C.

Adotaremos para isto a planilha de cálculo 10.4.12.7.1, onde para cada equipamento foi caracterizado as parcelas em volume de líquido e vapor contidos, assim como os respectivos pesos específicos da fase líquida e da fase vapor, de tal forma que:

$$G = \Sigma \gamma_m \quad V = \Sigma(\theta_\ell \gamma_\ell + \theta_v \gamma_v)\,V$$

nestas condições podemos calcular:

$$V_{\text{depósito}} = \frac{G}{0,7\,\gamma_{\text{líquido 34°C}}} = \frac{854,64}{0,7 \cdot 589,04} =$$

$$= 2,073\,\text{m}^3$$

donde as dimensões:

L = 3,48 m

D = 0,87 m

	D"	L_m	V_m^3/m	V_m^3	Q_ℓ	γ_ℓ kgf/m³	Q_v	γ_v kgf/m³	γ_m kgf/m³	G kgf
Compressor de alta	– x –	– x –	– x –	0,0088	– x –	– x –	1	2,63	2,63	0,023
Condensadores	– x –	– x –	– x –	1,08	0,2	589,04	0,8	7,5	123,81	133,71
Separado d · líquido SL₂	– x –	– x –	– x –	0,4313	0,5	646,64	0,5	2,784	324,71	140,047
Compressor de baixa	– x –	– x –	– x –	0,0088	– x –	– x –	1	0,77	0,77	0,0068
Separador de líquido SL₁	– x –	– x –	– x –	0,4313	0,5	682,5	0,5	0,866	341,68	147,366
Intercambiador	– x –	– x –	– x –	0,054	– x –	– x –	1	7,75	7,75	0,4185
Linha de descarga compressor de alta	1 1/2"	20	0,00114	0,0228	– x –	– x –	1	7,75	7,75	0,1767
Linha de líquido C_d – SL₂	3/4"	24	0,00029	0,0069	1	589,04	– x –	– x –	589,04	4,0997
Linha de sucção compressor .e alta	2 1/2"	8	0,0032	0,0256	– x –	– x –	1	2,63	2,63	0,0673
Linha de descarga compressor de baixa	1 1/2"	25	0,00114	0,0285	– x –	– x –	1	2,174	2,174	0,0619
Linha de líquido SL₂ – SL₁	1/2"	28,5	0,000126	0,0036	1	646,64	– x –	– x –	646,64	2,328
Linha de sucção compressor de baixa	2 1/2"	8	0,0032	0,0256	– x –	– x –	1	0,77	0,77	0,0197
Linha de alimentação dos evaporadores C₂	5/8"	15	0,0002	0,003	1	646,64	– x –	– x –	646,64	1,9400
	1/2"	26,7	0,000126	0,0033	1	646,64	– x –	– x –	646,64	2,1339
Linha de retorno dos evaporadores C₂	2"	15	0,002	0,03			1	2,63	5,26	0,1578
	1 1/2"	16,7	0,00114	0,019			1	2,63	5,26	0,1000
	1 1/2"	10	0,00114	0,0114			1	2,63	5,26	0,060
Linha de alimentação dos evaporadores C e C₃	5/8"	15	0,0002	0,003	1	682,5	– x –	– x –	682,5	2,296
	1/2"	26,7	0,000126	0,0033	1	682,5	– x –	– x –	682,5	2,296
	1/2"	30	0,000126	0,0038	1	682,5	– x –	– x –	682,5	2,5798
Linha de retorno dos evaporadores C₁ e C₃	2 1/2"	15	0,0032	0,048			1	0,866	1,732	0,083
	2"	10	0,002	0,02			1	0,866	1,732	0,0346
	2"	16,7	0,002	0,0334			1	0,866	1,732	0,0578
	1 1/2"	15	0,00114	0,0171			1	0,866	1,732	0,0296
	1 1/2"	15	0,00114	0,0171			1	0,866	1,732	0,0296
Linha de degelo (alimentação) +35	1/2"	160	0,000126	0,0202	– x –	– x –	1	7,75	7,75	0,1562
$E_1C_1 + E_2C_1$	3/4"	552,37	0,00029	0,160	0,9	682,5	0,1	0,866	614,33	98,29
$E_1C_2 + E_2C_2$	"	1523,34	"	0,442	"	646,64	"	2,784	582,25	257,35
$E_1C_3 + E_2C_3$	"	331,24	"	0,096	"	682,5	"	0,866	614,33	58,97
										854,64

Tabela 10.4.12.7.1

10.4.12.8 – Isolamento Canalizações e Acessórios

Todas as canalizações e acessórios cujas temperaturas são inferiores à temperatura ambiente, devem ser isolados.

O isolamento adotado será de calhas de Poliestireno expandido (k = 0,035 kcal/mh°C) com barreira de vapor constituída por cadarço de algodão impregnado de impermeabilizante e, proteção mecânica de chapa de alumínio corrugado de 0,1 a 0,15 mm.

A espessura do isolante é calculada a partir da formula: (veja item 8.1.6).

$$t = t_a - 1,5 - \frac{10\,R_2}{k_i} \ell\, n\, \frac{R_2}{R_1}$$

$$t = 30,5 - \frac{10}{0,035}\,R_2\,\ell\, n\, \frac{R_2}{R_1}$$

ou ainda para diâmetros superiores a 400 mm:

$$\ell_i = \frac{k_i}{Q/S}\,\Delta t = \frac{0,035}{10}\,\Delta t$$

de modo que obtemos os valores da tabela 10.4.12.8.1.

Canalização ' ou equipamento	t	D	Espessura isolante
SL₂ – C_A	–7°C	2 1/2"	78 mm
C_B – SL₂	–5°C	1 1/2"	67 mm
SL₂ – SL₁	–6°C	1/2"	57 mm
SL₁ – C_B	–35°C	2 1/2"	119 mm
SL₂ – ramificação	–6°C	5/8"	58 mm
Ramificação – E_1C_2	–6°C	1/2"	57 mm
Ramificação – E_2C_2	–6°C	1/2"	57 mm
E_1C_2 – ramificação	–6°C	1 1/2"	69 mm
E_2C_2 – ramificação	–6°C	1 1/2"	69 mm
Ramificação – SL₂	–6°C	2"	72 mm
SL₁ – ramificação	–34°C	5/8"	90 mm
Ramificação – E_1C_1	–34°C	1/2"	89 mm
E_1C_1 – E_1C_3	–34°C	1/2"	89 mm
Ramificação – E_2C_1	–34°C	1/2"	89 mm
E_2C_1 – E_2C_3	–34°C	1/2"	89 mm
E_2C_3 – E_2C_1	–34°C	1 1/2"	108 mm
E_2C_1 – ramificação	–34°C	2"	113 mm
E_1C_3 – E_1C_1	–34°C	1 1/2"	108 mm
E_1C_1 – ramificação	–34°C	2"	113 mm
Ramificação – SL₁	–34°C	2 1/2"	117 mm
SL₁	–34°C	650 mm	231 mm
SL₂	–6°C	650 mm	133 mm

Tabela 10.4.12.8.1

10.4.12.9 – Sistema de comando controle e segurança

No sistema elétrico de comando e controle, devem ser adotados como segurança, a seguinte seqüência de operação com seus respectivos bloqueios (veja Figura 10.4.12.9.1).

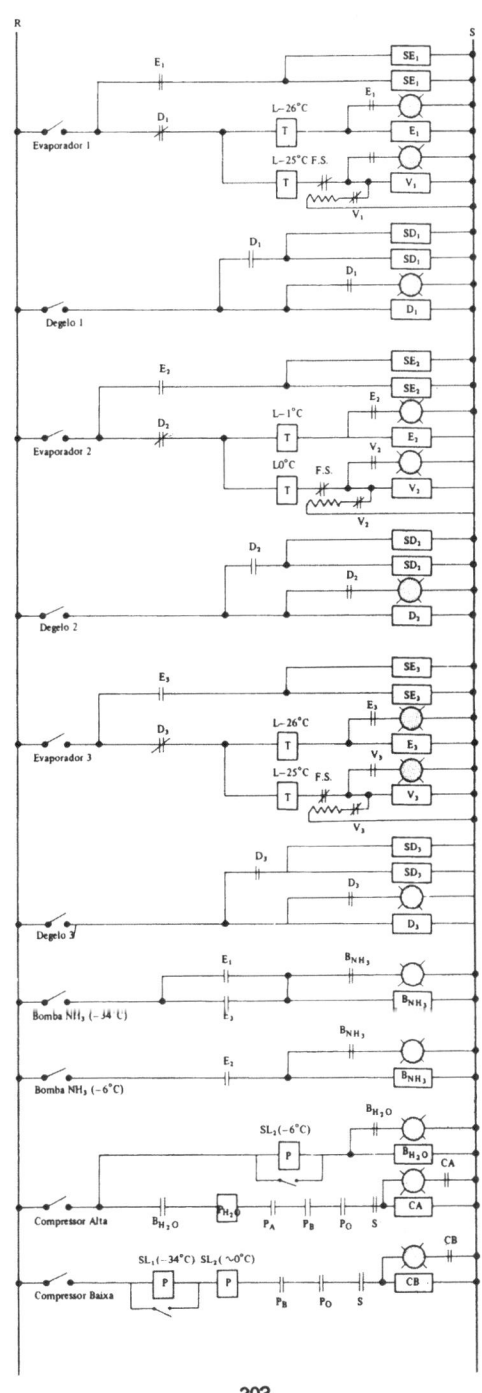

Figura 10.4.12.9.1

Os evaporadores serão ligados normalmente por interruptores tipo painel e, controlados automaticamente por meio de termostatos limites de máxima que abrem as 2 válvulas solenóides de alimentação de NH_3 líquido e, eventualmente para uma regulagem mais uniforme, por um termostato de máxima adicional (regulado para uma temperatura maior) que liga e desliga o ventilador.

Uma FLOW SWITCH evita que o contactor do ventilador permaneça ligado, caso este não girar (corrêia rebentada).

O degelo será comandado manualmente por um interruptor tipo painel que liga as 2 solenóides de circulação de gás quente, ao mesmo tempo que corta as 2 solenóides de circulação de NH_3 líquido.

As bombas de NH_3 líquido serão comandadas manualmente por interruptores tipo painel e, automaticamente pela ligação dos contactores dos evaporadores.

A bomba de água de condensação e o compressor de alta serão comandados manualmente por um interruptor tipo painel.

O pressostato de sucção registrando uma pressão superior à necessária ($-6°C$) chama a bomba de circulação da água de condensação cujo contactor liga o contato de bloqueio do compressor.

Além do bloqueio do contactor da bomba de água de condensação, o compressor de alta será bloqueado por um pressostato ou Flow Switch de água, em pressostato de alta, um pressostato de baixa, em pressostato diferencial de óleo e eventualmente um termostato de segurança colocado no enrolamento do motor do próprio compressor.

Atingida a pressão de sucção necessária ($-6°C$) o pressostato de controle cortará a bomba e imediatamente o compressor de alta também desligará.

O compressor de baixa por sua vez será comandado também manualmente por um interruptor tipo painel e, só poderá ser ligado quando a sua pressão de descarga (SL2) estiver reduzida.

Isto se consegue bloqueando-o por um pressostato de alta regulado em $\sim 0°C$.

Por outro lado um pressostato ou termostato limite de máxima regulado em $-34°C$ e conetado em SL1 controlará automaticamente a ligação do compressor de baixa quando necessário.

Além do bloqueio de pressão de descarga (pressostato de alta regulado em $0°C$) o compressor de baixa deverá ser bloqueado por um pressostato de baixa, um pressostato diferencial de óleo e, um eventual termostato de segurança.

Para o recolhimento de todo o fluido da instalação, os pressostatos de controle deverão ter dispositivo para a sua colocação fora de serviço (interruptor em paralelo).

Para permitir a colocação em serviço do compressor de reserva, tanto como compressor de baixa como compressor de alta este deverá dispor de rotação e potência adequadas e, todos os elementos de controle comuns e estes 2 equipamentos.

Termômetros tipo par termoelétrico permitirão a leitura remota da temperatura em todas as câmaras.

Higrômetros ou higrografos registrarão a umidade relativa das mesmas.

11. FABRICAÇÃO DE GELO D'ÁGUA

11.1 – Generalidades

O gelo dágua pode ser opaco ou transparente.

O gelo dágua opaco é obtido da água potável comum, sem qualquer tratamento antes da congelação.

Sua aparência se deve a presença de bolhas de ar imobilizadas durante a congelação.

Para obter um gelo transparente (que mantêm entretanto um núcleo opaco) são adotados diversos processos:

- usando água destilada e desaerada;
- usando água com um conteúdo reduzido de sal e efetuando uma congelação lenta;
- agitando a água seja por meios mecânicos, seja por injeção de ar comprimido a alta ou baixa pressão.

Todos estes processos são atualmente pouco empregados.

O gelo CRISTAL, isto é conpletamente transparente é obtido, pela retirada da água central da barra antes da congelação total, substituindo-a por água destilada.

11.2 – Processos de fabricação de gelo dágua

Diversos são os processos de fabricação de gelo dágua atualmente em uso.

Entre os principais, podemos citar:

α – fabricação de gelo em barras;

β – processo RAPID-ICE;

γ – processo RICHELLI da SAMIFI;

σ – processo GRASSO;

Σ – fabricação de gelo em placas;

φ – processo PACK-ICE;

ψ – processo FLACK-ICE;

μ – processo TUBE-ICE;

ν – fabricação de gelo sob vácuo.

11.2.1 – Fabricação de gelo em barras

O equipamento convencional para fabricação de gelo em barras é constituído por um tanque de aproximadamente 1,8 m de profundidade, com 2 compartimento cheios de salmoura, um contendo o evaporador e o outro, as formas cheias de água a congelar (Figura 10.2.1.1

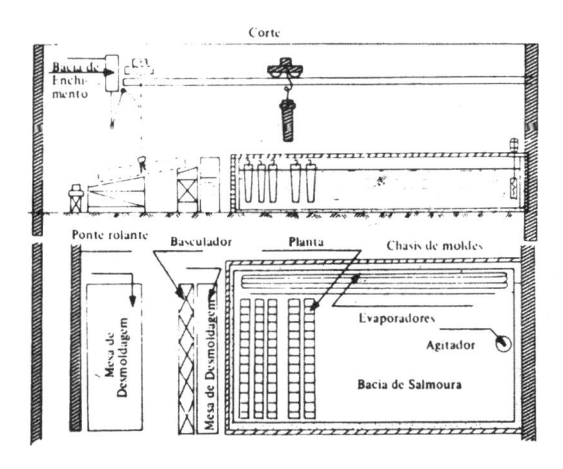

Figura 11.2.1.1

A salmoura é posta em movimento por meio de um agitador ou bomba, que mantêm velocidades da ordem de 0,15 m/s no compartimento de congelamento e, 0,75 m/s no compartimento dos evaporadores.

Os moldes são agrupados por meio de armações em linhas paralelas que abrangem toda a largura do tanque.

Para suspende-las adota-se comumente uma ponte rolante que desloca uma linha inteira de moldes de cada vez, permitindo o seu enchimento com água potável, sua colocação no tanque de congelamento, seu deslocamento para o tanque de desmoldagem logo que o gelo é feito e, assim sucessivamente.

Os moldes são troncos de pirâmides invertidas, para facilitar a retirada do gelo.

Seu volume que é calculado pela expressão:

$$V = \frac{H}{3}\left(S_{base} + S_{boca} + \sqrt{S_{base} \cdot S_{boca}}\right)$$

é elevado (10 a 50ℓ e, até mesmo 100ℓ)

O tempo de formação do gelo, depende da temperatura da salmoura, da secção do molde (quadrada ou retangular) e do peso do bloco de gelo, podendo ser avaliado com boa aproximação pelas fórmulas práticas de R. PLANK:

– para secção quadrada

$$\tau h = \frac{3120}{t_s} \ell (\ell + 0,036)$$

– para secção retangular ($\sim$ 1:2)

$$\tau h = \frac{4540}{t_s} \ell (\ell + 0,026)$$

onde "t_s" é a temperatura média da salmoura e "ℓ" é o lado menor da secção em "m"

11.2.2 – Processo RAPID-ICE

O equipamento é constituído por uma bateria de formas de parede dupla, formando um bloco compacto (Figura 11.2.2.1).

Os moldes são abertos em cima e fechados em baixo por uma comporta munida de contrapeso.

A formação de gelo é obtida por expansão direta da Amônia na parede dupla e num tubo cego colocado no centro do molde.

A desmoldagem é feita por gás quente e abrindo a comporta inferior.

O congelamento é rápido podendo-se considerar uma duração de cerca de 2 horas para blocos de 25 ℓ .

11.2.3 – Processo RICHELLI da SAMIFI (Itália)

Este processo utiliza moldes ocos onde se expande a amônia (Figura 11.2.3.1).

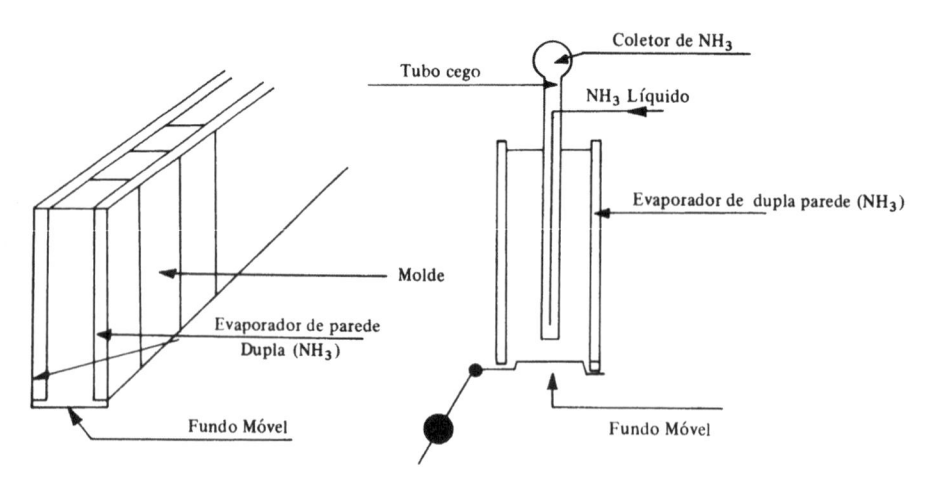

Coletor de NH$_3$

Tubo cego

NH$_3$ Líquido

Evaporador de dupla parede (NH$_3$)

Molde

Evaporador de parede Dupla (NH$_3$)

Fundo Móvel

Fundo Móvel

Bateria de Moldes

Figura 11.2.2.1

O congelamento é acelerado por reentrâncias verticais que penetram no interior do bloco.

A desmoldagem é feita por gás quente.

Os blocos ao serem soltos saem verticalmente dos moldes e flutuam na parte superior do tanque em que os mesmos são colocados, donde são retirados por transportadores tipo corrente.

No meio de cada 2 serpentinas, é colocado um tubo perfurado, por onde durante o congelamento, é injetado ar comprimido que se eleva em pequenas bolhas, tornando bem transparente o gelo produzido.

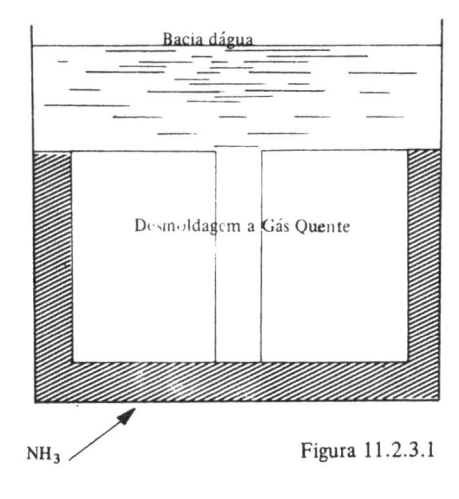
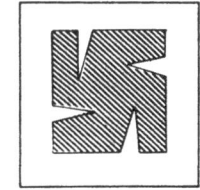

Figura 11.2.3.1

11.2.4 – Processo GRASSO (Holanda)

Semelhante ao processo anterior, o processo GRASSO adota o congelamento da água em torno de 9 tubos ocos, dispostos como os moldes de barras.

O conjunto fica imerso num tanque com água e as operações são idênticas as do processo SAMIFI.

A duração do congelamento, entretanto é maior, podendo-se considerar como de 3 horas para blocos de 25ℓ.

11.2.5 – Fabricação de gelo em placas

O gerador de gelo em placas é constituído de um grande reservatório que contêm no sentido da largura células verticais estreitas.

Estas células, separadas entre si de cerca de 80 cm, contêm serpentinas evaporadoras verticais protegidas de cada lado por chapas metálicas.

Sobre estas superfícies metálicas a água pré-refrigerada a cerca de $+1^{\circ}C$ congela.

Logo que a espessura do gelo desejada é atingida, a desmoldagem é feita por gás quente

e, as placas de gelo removidas por meio de uma ponte rolante, cuja corrente é ligada a ganchos presos aos blocos durante o congelamento.

A duração da operação pode ser calculada com boa aproximação pela fórmula:

$$\tau h = 1,25 \left(\frac{\text{espessura das placas em ``Cm''}}{2,5} \right)^2$$

11.2.6 – Processo PACK-ICE

O equipamento é constituído por um cilindro de dupla parede entre oa quais evapora a amônia (Figura 11.2.6.1).

A água é colocada no interior do cilindro e o gelo se forma sobre a face interior ondulada do mesmo, donde é retirado por meio de raspadores rotativos.

A mistura da água e gelo sai da máquina e cai sobre uma peneira onde são retidos os cristais de gelo.

O gelo úmido é em seguida prensado em briquetes em forma de ovo com o auxílio de uma prensa adicional.

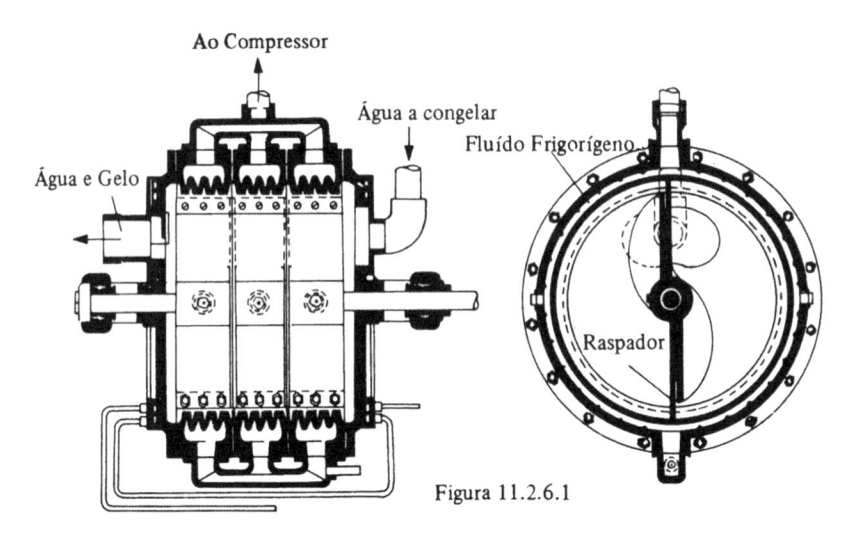

Figura 11.2.6.1

11.2.7 – Processo FLACK-ICE

A máquina de fabricação de gelo em escama "FLACK" é constituída de um tambor refrigerado internamente por salmoura que gira na água formando uma camada fina de gelo (Figura 11.2.7.1).

Por deformação da parede do cilindro esta camada quebra e cai em forma de pequenas escamas.

Como parte da solução separada é que congela rapidamente, esta máquina permite produzir gelo eutético a partir de soluções salinas.

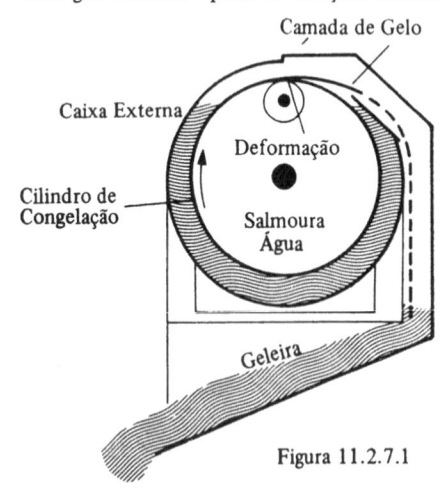

Figura 11.2.7.1

11.2.8 – Processo TUBE-ICE

O equipamento usado neste processo, é constituído basicamente de uma carcaça vertical com tubos de 2" semelhante a um condensador *"Shell and tube aberto"* (Figura 11.2.8.1).

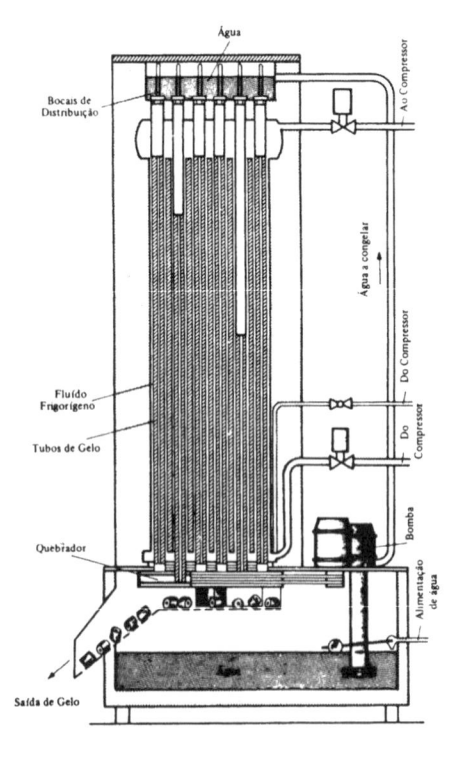

Figura 11.2.8.1

A água a congelar é distribuída na parte superior, formando um filme uniforme que escorre ao longo das paredes internas dos tubos.

Logo que o gelo formado atinge uma espessura determinada, ele é destacado por meio de gás quente.

A saída os tubos de gelo são quebrados em pequenos pedaços.

Algumas firmas utilizam em vez de carcaça (SHELL), duplos tubos com expansão do fluido frigorígeno no espaço (ESCHER WYSS-WERKE).

No processo denominado gelo em escama, o fluido se evapora em tubos verticais cegos e, a produção de gelo se faz no exterior dos tubos.

11.2.9 – Fabricação de gelo sob vácuo

O gerador de gelo sob vácuo de BALCKE-LINDE trabalha com uma máquina frigorífica de ejeção de vapor.

A água a congelar é borrifada num recipiente sob vácuo onde é refrigerada pela suà vaporização parcial a uma pressão de vapor inferior a 4,5 mmHg.

O gelo poroso formado é retirado por meio de um parafuso sem fim, e, comprimido sob forma de cilindros compactos através de um disco perfurado com furos cônicos.

No início do funcionamento dispositivo colocado a saída da prensa é fechado para evitar a entrada de ar.

O vácuo é obtido por meio de 2 estágios de ejeção de vapor e um terceiro estágio de bomba de vácuo alternativa comum (Figura 11.2.9.1).

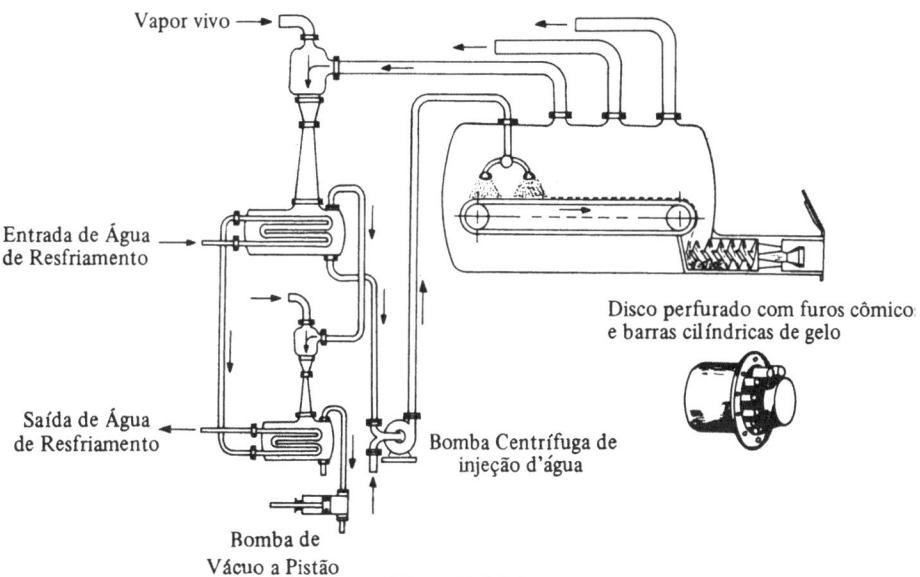

Figura 11.2.9.1

11.3 – Frio necessário a fabricação do gelo dágua

Lembrando que:

- o calor específico da água $C = 1$ kcal/kgf°C;
- o calor específico do gelo $C' = 0,5$ kcal/kgf°C;
- o calor latente de solidificação da água $r = 79,25$ kcal/kgf

A quantidade de calor a retirar da água à temperatura "t_i" para transforma-la em gelo à temperatura "t_f" será:

$$Q = C(t_i - o) + r + (o - t_f) C' =$$
$$= (t_i + r - 0,5\ t_f)\ kcal/kgf$$

Isto é considerando uma temperatura inicial de 20°C e, uma temperatura final de −5°C, para garantir uma boa resistência para o produto:

$$Q \cong 20 + 80 + 2,5 = 102,5 \text{ kcal/kgf}$$

Além destas retiradas de calor entretanto, devem ser levadas em conta:

– as perdas por desmoldagem ($\sim$ 10% Q)

– as perdas por transmissão ($\sim$ 15% Q)

– as perdas durante o transporte ($\sim$ 8% Q)

De modo que o frio necessário para a fabricação de cada kgf de gelo entregue ao consumo deve ser considerado como aproximadamente 130 a 150 frigorias.

11.4 – Conservação do gelo dágua

Quando o consumo de gelo não é uniforme é necessário garantir um volante, pela estocagem do mesmo.

A quantidade de gelo a armazenar é função das condições de produção e consumo.

Em média a capacidade das reservas deve ser cerca de 10 vezes a capacidade de produção diária.

O gelo em barras é empilhado horizontalmente colocando-se entre cada 2 camadas sarrafos de 15 X 30 mm para evitar que colem entre si.

As câmaras são mantidas a temperaturas de $-3°C$ a $-5°C$, sendo a solução de câmara estática ou dupla parede (JAQUETA) as mais recomendadas.

No caso de gelo dividido são usados 2 métodos de estocagem:

– silos de dupla parede, colocados sob a fábrica de gelo e, provido eixo central giratório com corrente para despregar o gelo durante a descarga (Figura 11.4.1).

– câmaras frias comuns, donde o gelo em pedaços é arrastado com o auxílio de uma espécie de draga que leva o gelo para a abertura de saída (STALL-SUÉCIA).

O transporte final pode ser feito pneumaticamente por compressão.

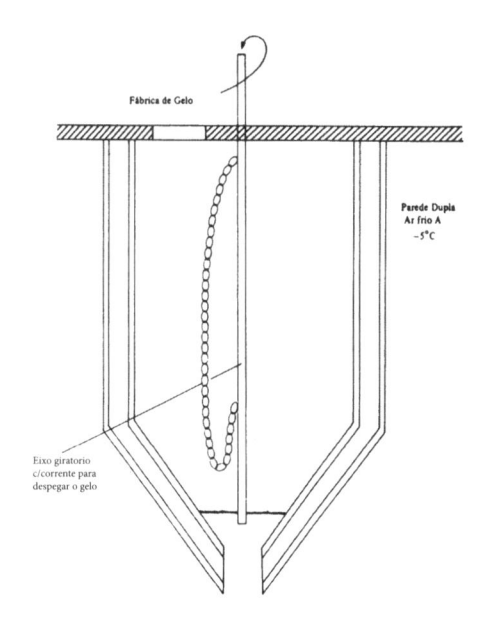

Fábrica de Gelo

Parede Dupla
Ar frio A
$-5°C$

Eixo giratorio
c/corrente para
despegar o gelo

Figura 11.4.1

11.5 – Pistas de gelo para patinação (Rinks)

As pistas de gelo para patinação podem ser ao ar livre ou em recintos fechados (salas de patinação).

Quando destinadas a jogos (HOCKEY), elas tem dimensões de 61 X 26,5 m. (Figura 11.5.1).

A camada de gelo é obtida por meio de uma serpentina de tubos de 3/4" a 2" de diâmetro interno, distânciadas entre si de 2D, no interior dos quais circula o fluido frigorígeno ou salmoura a cerca de $-10°C$.

A salmoura é preferida em virtude de seu volante térmico e, por questões de segurança sobretudo em se tratando de recintos fechados.

Um tubo de distribuição adequado liga os tubos dispostos em paralelo à fonte de frio.

Para reduzir as perdas por transmissão através do solo e ao mesmo tempo evitar o congelamento deste, que poderia eventualmente deformar a pista, adota-se normalmente lançar os tubos sobre uma base, constituída de baixo para cima de (Figura 11.5.2):

Figura 11.5.1

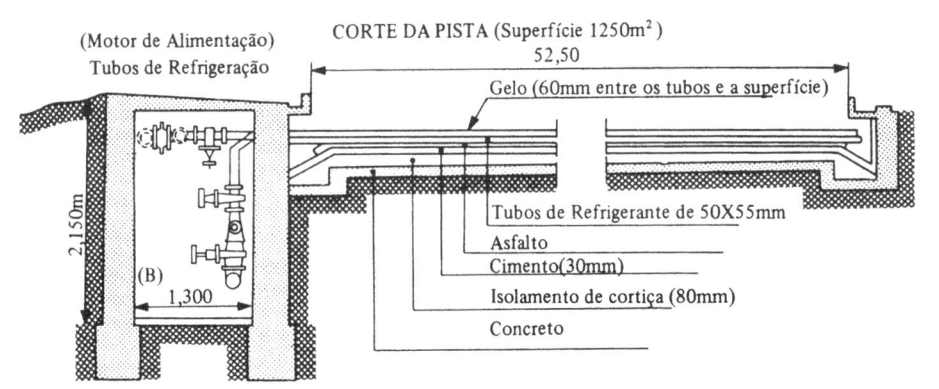

(Motor de Alimentação)
Tubos de Refrigeração

CORTE DA PISTA (Superfície 1250m^2)

52,50

Gelo (60mm entre os tubos e a superfície)

2,150m

(B)

1,300

Tubos de Refrigerante de 50X55mm

Asfalto

Cimento(30mm)

Isolamento de cortiça (80mm)

Concreto

Figura 11.5.2

— lage de concreto resistente formando uma bacia;
— isolamento de 8 cm de cortiça ou similar;
— 3 cm de espessura de cimento de proteção e uniformização de carga;
— asfalto impermeabilizante.

Para reduzir a duração de congelamento pode-se enterrar os tubos numa camada de aréia, aflorando apenas a borda superior dos mesmos, de modo que a espessura da camada de água ou seja a camada de gelo pode ser de apenas 2 a 4cm.

A potência frigorífica a adotar é calculada a partir do frio necessário para a manutenção da camada de gelo a uma temperatura da ordem de $-5°C$.

Para isto devem ser levados em conta as seguintes parcelas:

— calor ganho do solo por condução;
— calor ganho do ar por convecção;
— calor devido a irradiação solar, seja direta, seja através das nuvens;
— calor devido à chuva;
— o calor ganho do solo por condução se verifica em regime não permanente (sólido de espessura infinita[10])e, pode ser

311

calculado para um tempo "0 a τ" pela expressão:

$$Q = \frac{2k\,(t_1 - t_2)\,\sqrt{\tau}}{\sqrt{\pi a}}$$

Assim considerando um terreno arenoso de características médias:

$\gamma = 1500 \text{ kgf/m}^3$

$k = 0,705 \text{ kcal/mh}^\circ C$

$C = 0,21 \text{ kcal/kgf}^\circ C$

$a = \dfrac{k}{C\gamma} = 0,00224$

$t_1 = 20^\circ C$

Podemos calcular para um espaço de tempo inicial de 100 horas, uma perda média de 42 kcal/m² h, valor este que deve ser inferior, pois ao começar o funcionamento a temperatura "t_2" não é igual a $-5^\circ C$.

Por outro lado o abaixamento da temperatura do solo em função da profundidade "x", pode ser analisado por meio da fórmula:

$$\frac{\Delta t_x}{\Delta t} = e^{-x\sqrt{\frac{\pi}{a\tau}}}$$

De modo que, para evitar o congelamento do solo:

$$\frac{\Delta t_x}{\Delta t} = \frac{20 - 0}{20 - (-5)} = 0,8$$

mesmo para um funcionamento durante. 1000 horas caso a pista não fôr isolada, basta drenar o solo até uma profundidade de:

$$x = \frac{\ell_n \dfrac{\Delta t}{\Delta t_x}}{\sqrt{\dfrac{\pi}{a\tau}}} = \frac{0,223}{\sqrt{1,4}} = 0,19 \text{ m}$$

— o calor ganho do ar por convecção é função da temperatura do ar, de sua umidade relativa e de sua velocidade, podendo ser calculado pela expressão :

$$Q = K'r\,(x_{S_{H_2O}} - x_{ar}) + \alpha_{ar}\,(t_{ar} - t_{H_2O})$$

onde:

$$K' = 28 + 21,3\,c_{ar}$$

$$\alpha_{ar} = K'C_p$$

de modo que, considerando:

$c_{ar} = 0 \text{ m/s}$

$t_{ar} = 20^\circ C \quad \varphi_{ar} = 70\%$

$t_{H_2O} = -5^\circ C$

podemos calcular:

$K' = 28$

$\alpha_{ar} = 0,24 \cdot 28 = 6,7 \text{ kcal/m}^2 h^\circ C$

$Q = 28 \cdot 680\,(0,011 - 0,0025) + 6,7[(20 - (-5)] =$

$= 330 \text{ kcal/m}^2 h$

— fora da atmosfera terrestre, a constante solar vale em média 1200 kcal/m² h.

Ao entrar em contato com a atmosfera, grande parte deste calor é refletido para o espaço interplanetário, outra parte é absorvida pelo vapor dágua e anidrido carbônico, restando uma parcela da ordem de 30% que incide sobre a superfície da terra durante o dia.

Durante a noite as partes quentes da terra, irradiam calor de grande comprimento de onda que é em grande parte absorvido pela atmosfera e devolvido para a terra sob o nome de radiação inversa.

A radiação inversa se soma a radiação direta da terra sobre certas superfícies concavas, dando origem a uma radiação noturna resultante, chamada radiação efetiva a qual varia de 60 a 120 kcal/m² h.

— o calor devido a chuva, corresponde ao congelamento de cerca de 2ℓ/hm² de água o qual corresponde a cerca de 170 kcal/m² h.

Como entretanto neste momento o calor de irradiação desaparece, a potência frigorífica deve ser calculada considerando-se apenas este último que é o maior.

Do exposto podemos concluir que as quantidades de calor a retirar de uma pista de gelo para patinação são da seguinte ordem:

Condução do solo	7 a 50 kcal/m²h
Convenção do ar	100 a 600 kcal/m²h
Irradiação diurna	240 a 360 kcal/m²h
Irradiação noturna	60 a 120 kcal/m²h
Chuva	170 kcal/m²h

Tabela 11.5.1

Na Europa é usual adotar-se potências frigoríficas da ordem de 150 a 300 kcal/m²h durante o inverno e até 450 kcal/m²h durante o verão.

No Brasil estes valores são bastante superiores, atingindo durante o verão em pistas não isoladas e em recintos abertos até cerca de 1000 kcal/m²h.

A retirada de calor efetuada pela serpentina é praticamente toda ela proveniente da superfície do gelo, de modo que podemos analisá-la como segue.[10]

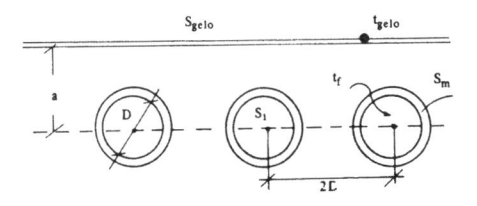

Figura 11.5.3

$$Rt = \frac{\Delta t}{Q} = \frac{t_{gelo} - t_f}{Q} =$$

$$= \frac{1}{2\pi L k_{gelo}} \ell \frac{4a}{n \, D} + \frac{\ell f_c}{\beta f_c \, S_m} + \frac{1}{\alpha S_1}$$

onde para $S_{gelo} = 1 \ m^2$:

$$L = \frac{S_{gelo}}{2D} = \frac{1}{2D} \text{ (comprimento dos tubos)}$$

$$S_1 = \pi DL = \frac{\pi D}{2D} = \frac{\pi}{2}$$

$$a \cong 1,5D$$

$$\ell f_e \cong 0,003 \ m$$

$$S_m = 1,1 \, S_1 = 1,1 \frac{\pi}{2}$$

$$\beta f_c = 50 \ kcal/mh°C$$

$$k_{gelo} = 1,9 \ kcal/mh°C$$

$$\alpha \cong 500 \ kcal/m^2h°C \ (P/O \ NH_3 \ a \frac{Q}{S} \cong 500)$$

$$1500 \ kcal/m^2h°C \ (P/a \ salmoura \ a \ 1 \ m/s)$$

de modo que podemos chegar, com boa aproximação à fórmula prática

$$\boxed{\Delta t = 0,33 \ Q \ D}$$

Isto é, adotando-se diâmetros de 2" para um fluxo térmico médio de 300 kcal/h por metro quadrado de pista, teríamos:

$$\Delta t = 5°C$$

e a temperatura de evaporação da amônia ou salmoura a adotar seria $-10°C$.

12.1 – Generalidades

Entende-se por criogenia (do grego KRIOS = GELADO, GENES – GERAR), o conjunto de técnicas destinadas à produção e a utilização de baixissimas temperaturas.

Seus principais produtos são os gases liquefeitos cujas temperaturas de liquefação são muito baixas.

A liquefação dos gases é obtida em equipamentos especiais onde, o próprio gás age como refrigerante ou, para aumentar o rendimento do processo, são usados refrigerantes adicionais.

De uma maneira ou de outra um gás só pode ser liquefeito quando sua temperatura atinge valores inferiores à sua temperatura crítica, sendo a sua temperatura de liquefação tanto menor quanto menor fôr a pressão suportada pelo mesmo.

Assim a pressão atmosférica normal, podemos relacionar as seguintes temperaturas de liquefação para os gases mais comuns:

propano C_3H_8	$-42°C$
anidrido carbônico CO_2	$-78,5°C$
Etileno C_2H_4	$-93°C$
metano CH_4	$-161°C$
oxigênio O_2	$-184°C$
ar	$-191°C$
oxido de carbono CO	$-191°C$
nitrogênio N_2	$-195°C$
neon N_e	$-246°C$
hidrogênio H_2	$-252,5°C$
hélio H_e	$-269°C$

12.2 – Liquefação dos gases

Para obtenção de tão baixas temperaturas são usados basicamente 4 ciclos de refrigeração distintos :

– o de LINDE que consiste em expandir o gás comprimido sem executar trabalho externo.

– o de CLAUDE que consiste em expandir o gás comprimido executando trabalho externo;

– o de STIRLING, adotado nas máquinas de liquefação de ar da PHILIPS;

– o ciclo em cascata.

12.2.1 – Sistema LINDE

O sistema LINDE adota uma compressão inicial em vários estágios (geralmente 3), seguida de um resfriamento e expansão do gás a baixa temperatura, através de uma válvula (Figura 12.2.1.1).

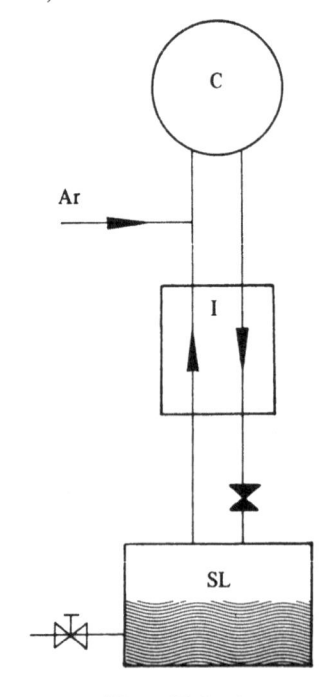

Figura 12.2.1.1

O ar é comprimido a cerca de 100 a 200 kgf/cm² e resfriado a $-120°C$ para a seguir ser expandido até a pressão atmosférica, operação na qual é liquefeito cerca de 10% do ar.

A parte restante é aproveitada no inter-bambiador para o resfriamento do ar comprimido, para a seguir voltar ao compressor, juntamente com 10% de ar novo.

Para melhorar o rendimento deste sistema se adota o sistema LINDE com resfriamento adicional por meio de uma máquina frigorífica de NH_3 (Figura 12.2.1.2).

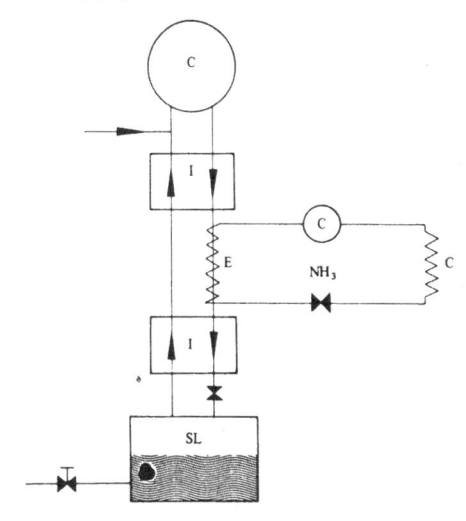

Figura 12.2.1.2

Ou o sistema LINDE em 2 estágios de expansão (Figura 12.2.1.3).

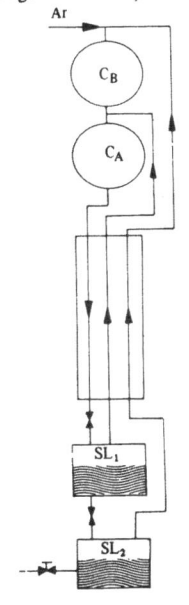

Figura 12.2.1.3

Neste sistema o ar sofre uma compressão inicial (2 estágios) a 40 kgf/cm² e uma final a 200 kgf/cm²

Após passar pelo resfriamento o ar sofre uma 1.ª expansão até 40 kgf/cm².

Deste ar cerca de 80% retorna ao compressor de alta enquanto que os restantes 20% sofrem uma 2.ª expansão até a pressão atmosférica, onde cerca de 8% do gás original é liquefeito.

A economia resultante é da ordem de 16% em relação ao ciclo de 1 estágio de expansão, economia esta que pode ser aumentada adotando-se a pré-refrigeração do ar comprimido por meio de uma máquina frigorífica adicional.

12.2.2 – Sistema CLAUDE

O sistema CLAUDE adota a expansão do gás comprimido e resfriado, com produção de trabalho mecânico (expansor mecânico).

O ar é comprimido até cerca de 40 kgf/cm² e a seguir resfriado num 1.º intercambiador.

Após, cerca de 20% deste ar sofre dois resfriamentos adicionais, para a seguir ser expandido por meio de uma válvula até a pressão atmosférica.

Os 80% do ar restante são expandidos num expansor mecânico coclocado entre as linhas de compressão e aspiração do compressor e sofre um abaixamento de temperatura que intensifica o resfriamento no 2.º intercambiador (Figura 12.2.2.1).

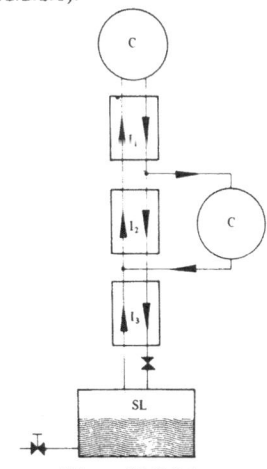

Figura 12.2.2.1

No sistema chamado CLAUDE-HEYLAND, a pressão adotada é de 200 kgf/cm^2 e a temperatura ideal de entrada do expansor mecânico passa a ser a temperatura ambiente, de modo que o 1.º intercambiador pode ser dispensado.

Nesta solução 55% do gás comprimido é expandido no expansor mecânico (Turbina acoplada diretamente ao turbo compressor ou dinamo) e, os restantes 45% na válvula de expansão.

12.2.3 – Produção do O$_2$ e do N$_2$ líquido

A separação do O$_2$ e do N$_2$ do ar atualmente é feita por destilação fracionada do ar liquefeito, pelo processo CLAUDE (Figura 12.2.3.1)

Para isto o ar é comprimido num 1.º estágio a 6 kgf/cm^2 e descarbonado por processos físico-químicos.

A seguir o ar é comprimido até 200 kgf/cm^2 e secado por adsorção.

O ar assim purificado e a temperatura ambiente é resfriado inicialmente até $-20°C$ num primeiro intercambiador e, dividido em 2 partes.

A primeira ($\sim$ 65%) é enviada ao expansõr mecânico onde sofre uma expansão até a pressão de 6 kgf/cm^2 atingindo uma temperatura de $-160°C$.

A parte restante (35%) passa por um 2.º intercambiador onde é liquefeita a $-160°C$, trocando calor com o N$_2$ gasoso a $-195°C$.

Uma válvula de expansão expande este ar até a pressão de 6 kgf/cm^2 e o coloca a $-170°C$ na base da coluna de destilação onde ele encontra o ar expandido pelo expansor mecânico.

A coluna de destilação a dupla retificação é composta de 2 colunas superpostas, ligadas por um intercambiador de calor denominado vaporizador.

A inferior onde penetra as 2 partes do ar refrigerado é dita de média pressão (M.P.) e, a superior de baixa pressão (B.P.).

Todas 2 colunas são providas de pratos que asseguram a separação do gás por destilação e a retificação.

A coluna de média pressão (6 kgf/cm^2) separa o ar em 2 frações principais:

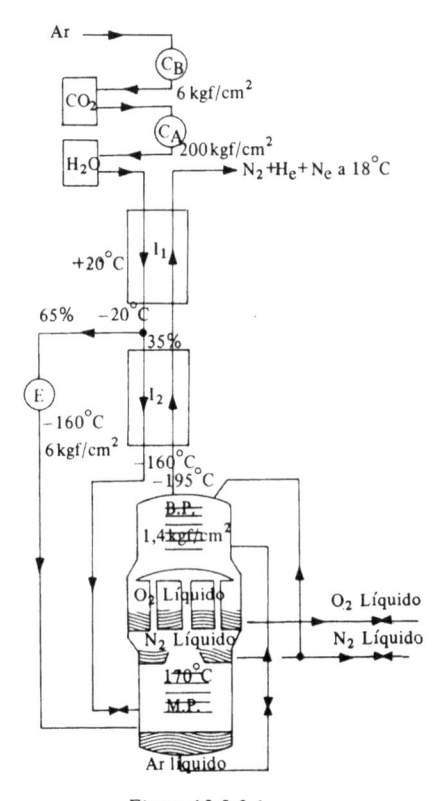

Figura 12.2.3.1

- N$_2$ líquido obtido na parte de cima, o qual é retirado parte para a estocagem e parte para a coluna de baixa pressão (através de válvula de expansão);
- líquido rico com O$_2$ ($\sim$ 40%) obtido na parte de baixo, o qual é enviado para a coluna de baixa pressão (através da válvula de expansão).

O H$_e$ e o N$_e$, mais difíceis de liquefazer são retiradas em mistura com o N$_2$ gasoso na parte superior da coluna de baixa pressão.

A coluna de baixa pressão ($\sim$ 1,4 kgf/cm^2) é resfriada na cabeça pelo N$_2$ líquido e alimentada a meia altura pelo ar líquido rico em O$_2$.

Ela separa na base o O$_2$ líquido que é estocado e na parte superior o N$_2$ gasoso juntamente com o H$_e$ e o N$_e$ a $-195°C$ que é aproveitado nos intercambiadores I$_2$ e I$_1$ e finalmente rejeitado a uma temperatura de $18°C$.

Uma mistura contendo ARGON sai ao meio da coluna entre o O$_2$ e o N$_2$.

O vaporizador fornece à coluna de média pressão o arrefecimento necessário para a liquefação do N_2, e à coluna de baixa pressão o aquecimento necessário para a separação de N_2.

É interessante salientar que o N_2 e o O_2 líquidos são retirados em quantidades tais que o conjunto permanece em equilíbrio frigorífico perfeito.

12.2.4 – Liquefação do H_2 e do H_e

Para a liquefação do H_2 ($-252,5°C$) ou de H_e ($-269°C$) são adotados atualmente os seguintes processos:

a – o sistema LINDE com o auxílio de refrigeração adicional obtida por meio do N_2 líquido (Figura 12.2.4.1).

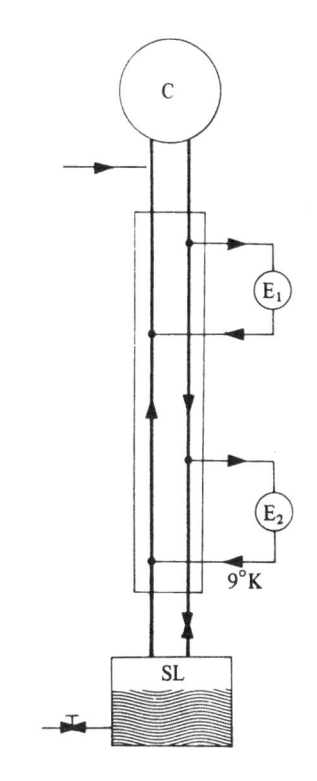

Figura 12.2.4.2

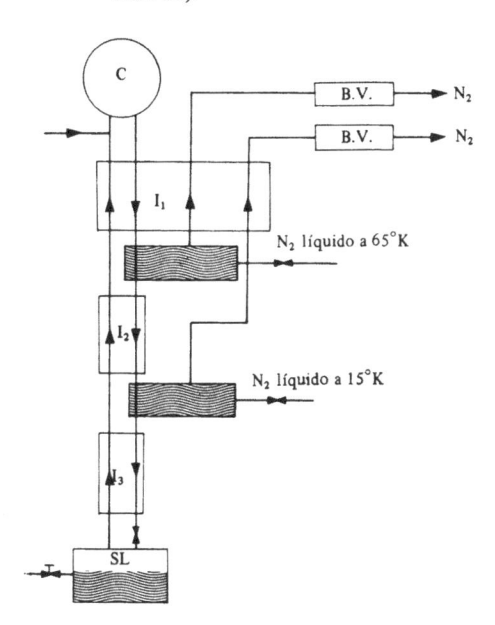

Figura 12.2.4.1

b – o sistema CLAUDE com dupla expansão mecânica (sistema COLLINS adotado no USA – Figura 12.2.4.2).

c – o sistema misto, isto é sistema CLAUDE com dupla expansão, com o auxílio de refrigeração adicional obtida por meio de N_2 líquido (Figura 12.2.4.3).

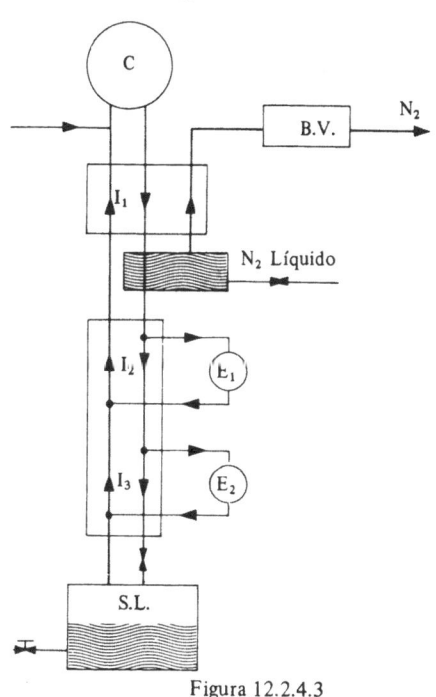

Figura 12.2.4.3

12.2.5 – Máquina PHILIPS

O ciclo de refrigeração a gás [8] é constituído por uma compressão, um arrefecimento à temperatura ambiente, uma expansão mecânica e um reaquecimento até a temperatura ambiente.

Adotando-se uma máquina única com 2 compartimentos, um de compressão e outro de expansão a diferentes temperaturas, o sistema torna-se construtivamente bastante simples (semelhante ao conhecido motor a ar STIRLING).

Teoricamente o ciclo de funcionamento de uma tal máquina pode ser analisado a partir da Figura 12.2.5.1 onde está representado um cilindro contendo 2 pistões.

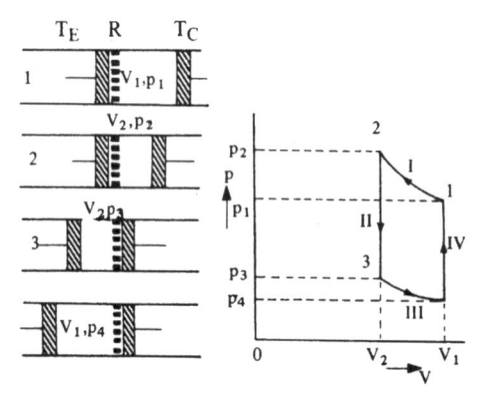

Figura 12.2.5.1

O da direita se move na região do cilindro que esta a alta temperatura "T_C", isto é à temperatura ambiente, enquanto que o da esquerda se move na região do cilindro que está à baixa temperatura T_E.

Entre as duas partes do cilindro se encontra o REGENERADOR "R".

O ciclo se desenvolve em 4 fases:

I – compressão 1-2, a qual se verifica à temperatura constante T_C, isto é todo calor de compressão é retirado durante a transformação (zona de arrefecimento);

II – na fase 2-3, o gás é transferido sem mudança de volume para a região de baixa temperatura do cilindro.

O decrescimo de temperatura do gás durante esta fase, causa a queda da pressão do mesmo;

III – expansão 3-4, a qual se verifica também à temperatura constante "T_E", isto é, todo o calor necessário é retirado do meio nesta região do cilindro (zona de resfriamento);

IV – na fase final 4-1, o gás é transferido novamente sem mudança de volume para a região de alta temperatura T_C do cilindro.

O acrescimo de temperatura do gás durante esta fase, causa o aumento da pressão do mesmo.

O regenerador já citado é essencial para o funcionamento do sistema.

No regenerador é retirado calor do gás, quando o mesmo passa da região de alta temperatura para a região de baixa temperatura (fase 2-3).

Esta quantidade de calor é estocada temporariamente.

Ao retornar da região de baixa temperatura para a região de alta temperatura (fase 4-1) o gás reabsorve o calor estocado no Regenerador, de tal forma que as trocas térmicas com o exterior só se verificam teoricamente nas fases isotérmicas 1-2 e 3-4.

Como resultado destas operações, se obtem um ciclo termodinâmico cujo efeito frigorífico é igual ao de um ciclo de CARNOT que funciona entre os mesmos limites de temperaturas.

Com efeito, de acordo com o diagrama da Figura 12.2.5.1 podemos escrever [5]:

– para o trabalho global isotérmico:

$$AL = \int_{p_2}^{p_1} ApdV - \int_{p_3}^{p_4} ApdV$$

e como

$$p = \frac{RT}{V} \quad V_1 = V_4, \quad V_2 = V_3$$

$$AL = \int_{V_2}^{V_1} ART_C \frac{dV}{V} - \int_{V_3}^{V_4} ART_E \frac{dV}{V}$$

$$\boxed{AL = AR (T_C - T_E) \ell n \frac{V_1}{V_2}}$$

E para a retirada de calor ao longo da isotérmica "T_E"

$$Q_E = AL = ART_E \ell \; n \frac{V_1}{V_2}$$

donde, o coeficiente de efeito frigorífico:

$$\xi = \frac{Q_E}{AL} = \frac{T_E}{T_c - T_E}$$

portanto, idêntico ao de CARNOT para as temperaturas de funcionamento T_E e T_c.

Uma máquina desta natureza entretanto não é realizável praticamente, devido ao movimento descontínuo dos pistões.

Podemos entretanto imaginar um movimento armônico mas defazado de 2 pistões que em conjunto nos forneça aproximadamente os deslocamentos citados, isto é (veja Figura 12.2.5.2).

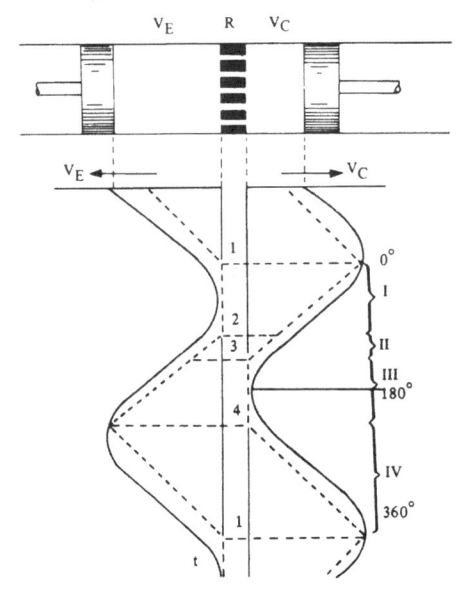

I — Compressão na direita.
II — Deslocamento a volume constante da direita para a esquerda.
III — Expansão na esquerda.
IV — Deslocamento a volume constante da esquerda para a direita.

Figura 12.2.5.2

Tal máquina foi realizada pela PHILIPS, para a liquefação do ar.

Ela é constituída dos seguintes elementos (Figura 12.2.5.3).

O ângulo entre as bielas 7 e 11 deve ser tal que o movimento do deslocador tenha a desejada defazagem em relação ao movimento do pistão principal.

O cárter é fechado e contêm o gás que serve como refrigerante numa pressão igual a "$P_{mínimo}$".

O suprimento de gás é feito pelo cilindro 27 através do carter (válvula de redução de pressão calibrada em $P_{mínimo}$).

Logo que o pistão principal se desloca, a pressão se reduz no espaço de trabalho e o gás penetra no mesmo através da canalização 28.

Depois que a máquina está cheia de gás refrigerante só uma perda incidental que cause a redução da pressão "$P_{mínimo}$" abaixo da estabelecida, acarretará automaticamente o reenchimento da instalação.

O gás sai do espaço de compressão através da janela 12 para o arrefecedor, o regenerador e o resfriador.

A parte superior do resfriador se comunica com o espaço de expansão.

O maior problema deste tipo de máquina é a necessidade de manter o espaço de trabalho completamente livre de óleo.

Por outro lado, como a diferença de temperatura não é criada pela compressão que é isotérmica e, sim pelo deslocamento isotérmico de uma região para outra do cilindro, as relações de compressão e expansão usadas, mesmo para baixíssimas temperaturas são bastante pequenas, o que reduz as perdas mecânicas.

Assim para a liquefação do ar à pressão atmosférica ($-194°C$) adotando-se o H_2 ou o H_e como gás refrigerante, as características destas máquinas são as seguintes:

$D = 70$ mm
$L = 52$ mm
$N_{RPM} = 1440$
$P_{máxima} = 35$ kgf/cm^2
$P_{mínima} = 16$ kgf/cm^2
$\dfrac{P_{máxima}}{P_{mínima}} = 2,2$
$t_{H_2O} = 15°C$
$P_m = 5,8$ kW
Produção = 5,8 kgf AR Líquido/h
Período para entrar em regime = 13 minutos

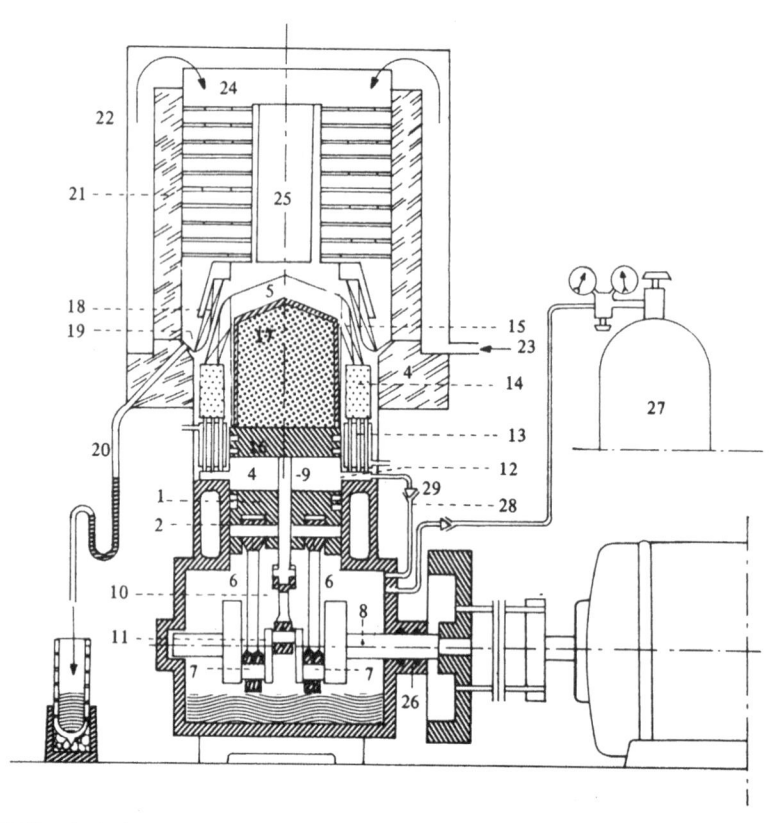

1 – Pistão principal	17 – Coberta isoladora do pistão secundário
2 – Cilindro	18 – Condensador do ar a ser liquefeito
4 – Espaço inferior	19 – Canal para o recolhimento do ar liquefeito
5 – Espaço superior	20 – Tubo para a retirada do ar liquefeito com
6 – Duas bielas principais	sifão de vedação
7 – Manivelas do pistão principal	21 – Isolamento
8 – Eixo de manivelas	22 – Camisa de ar
9 – Haste do pistão secundário (deslocador)	23 – Tomada de ar
10 – Biela do pistão secundário	24 – Pratos para a separação de gelo dágua e
11 – Manivela do pistão secundário	CO_2
12 – Janela inferior	25 – Estrutura tubular de ligação
13 – Arrefecedor a água	26 – Selo de vedação do eixo
14 – Regenerador	27 – Cilindro de gás refrigerante (H_2 ou H_e)
15 – Resfriador	28 – Canalização de gás refrigerante
16 – Pistão secundário (deslocador)	29 – Válvulas de retenção.

Figura 12.2.5.3

12.2.6 – Ciclo em cascata

O ciclo de refrigeração em cascata para a liquefação de gases, adota uma série de fluidos de pontos de ebulição progressivamente menores.

Cada fluido é usado como meio de refrigeração para condensar o fluido de ponto de ebulição imediatamente inferior.

Escolhendo judiciosamente os fluidos frigorígenos e as suas respectivas temperaturas de funcionamento, é possível atingir a temperatura de liquefação do N_2 ($-196°C$) com pressões de alta inferiores a 30 kgf/cm² e, pressão de baixa superiores a 1 kgf/cm².

Tal é o caso de ciclo em cascata que funciona com as 4 etapas relacionadas a seguir (Figura 12.2.6.1).

Etapa	Fluido	Temperaturas	Pressões
1ª	NH_3	$-33°C/+30°C$	1kgf/cm²/11,7kgf/cm²
2ª	C_2H_4	$-104°C/-28°C$	1kgf/cm²/21kgf/cm²
3ª	CH_4	$-161°C/-99°C$	1kgf/cm²/28kgf/cm²
4ª	H_2	$-194°C/-155°C$	1kgf/cm²/23kgf/cm²

Tabela 12.2.6.1

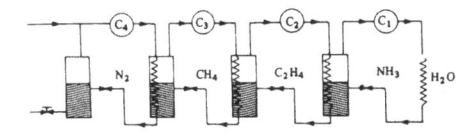

Figura 12.2.6.1

Atualmente no Norte da África é feita a liquefação do gás natural 'METANO'', por meio de processo semelhante a este, usando como fluidos frigorígenos intermediários o ETILENO e o PROPANO.

Apezar de seu bom rendimento, como bem nos mostra a Tabela 12.2.6.2, onde estão registrados os consumos de potência por kgf/h de N_2 líquido para os diversos processos estudados, o uso do ciclo em cascata é bastante restrito devido a sua conplexidade.

Processo	c.v.h/kgf N_2 líquido
Carnot	0,29
Cascata	0,73
Claude	1,19
Linde	1,41

Tabela 12.2.6.2

BIBLIOGRAFIA

1 – AMERICAN SOCIETY OF HEATING, REFRIGERATING AND AIR-CONDITIONING EN-GINEERS (ASHRAE). *Refrigeration fundamentals.* New York, 1949.

2 – ATLAS [Prospecto publicitário da]

3 – BORSIG [Prospecto publicitário da]

4 – CARRIER [Prospecto publicitário da]

5 – CRUZ DA COSTA, Ênnio. *Termodinâmica.* Porto Alegre, Globo, 1971, I Parte.

6 – ———. *Termodinâmica.* Porto Alegre, Globo, 1973, II Parte.

7 – ———. *Mecânica de fluidos.* Porto Alegre, Globo, 1973.

8 – ———. *Física Industrial. Refrigeração.* Porto Alegre, PUC/EMMA, 1975, v.I.

9 – ———. *Compressores.* Porto Alegre, PUC/EMMA [no prelo]

10 – ———. *Transmissão de calor.* Porto Alegre, PUC/EMMA [no prelo]

11 – DEUTSCHEN KÄLTETECHNISCHER VEREIN. *Règles pour machines frigorifiques.* Paris, Institute International du Froid, 1964.

12 – KÖHLER, J.W.L. & JONKERS, C.O. *I.Fundamentals of the gas refrigerating machine. II. Construction of a gas refrigerating machine* [Separata da Philips Technical Review, *16* (3): 69-78, set. 1954 e *16* (4): 105-115, out. 1954]

13 – KOMAROV, N.S. *Tratado de refrigeración.* Buenos Aires, Cartago, 1958, t. II.

14 – MONVOISIN, A. *Conservación por el frío.* Barcelona, Reverté, 1953.

15 – MOTZ, William H. *Principles of refrigeration.* Chicago, Nickerson & Collins, 1947.

16 – MOYER & I ITTZ. *Refrigeración.* Buenos Aires A cina, 1952.

17 – PLANK, R. *El empleo del frío en la indústria de la alimentación.* Barcelona, Reverté, 1963.

18 – POHLMANN, W. *Formulaire du frigoriste.* Paris, Dunod, 1967.

19 – THRELKED, J.L. *Thermal environment engineering.* Englewood Cliffs, New Jersey, Prentice Hall, 1962.

20 – VIVES, José. *Instalaciones frigoríficos.* Barcelona, Reverté, 1951.

21 – WOOLRICH & BARTLETT. *Handbook of refrigerating engineering.* New York, Van Nostrand,1948.